普通高等教育土建类教材

工程结构力学

主编　程选生
参编　张贵文　党　育　陈　明
主审　杜永峰

机械工业出版社

本书是按照全国非力学类结构力学及弹性力学课程教学指导委员会制定的《结构力学课程教学基本要求》编写的。全书共分13章，内容包括：绪论，平面结构的几何构造分析，静定结构的内力分析，结构的位移计算，超静定结构内力分析的基本理论——力法，拱结构的内力分析，工程结构实用分析的基本理论——位移法，杆系结构的计算机分析，工程结构的定性分析，平面结构的影响线及其应用，结构的动力分析，结构稳定性计算，结构的极限荷载等内容。

本书的特点是概念清晰、内容精练、深入浅出，文字力求通俗流畅，满足结构力学与工程结构紧密结合的需要。

本书可作为高等院校土木、水利、工程力学专业本科教材，也可供非力学类专业研究生、高等院校力学教师及相关工程技术人员参考。

图书在版编目（CIP）数据

工程结构力学/程选生主编．—北京：机械工业出版社，2009.3（2010.1重印）

普通高等教育土建类教材

ISBN 978-7-111-26043-1

Ⅰ．工…　Ⅱ．程…　Ⅲ．工程结构-结构力学-高等学校-教材　Ⅳ．TU311

中国版本图书馆CIP数据核字（2009）第003009号

机械工业出版社（北京市百万庄大街22号　邮政编码100037）

责任编辑：马军平　版式设计：张世琴　责任校对：姜婷

封面设计：张　静　责任印制：李　妍

北京诚信伟业印刷有限公司印刷

2010年1月第1版第2次印刷

184mm×260mm·18.25印张·448千字

标准书号：ISBN 978-7-111-26043-1

定价：32.00元

凡购本书，如有缺页、倒页、脱页，由本社发行部调换

电话服务

社服务中心：（010）88361066

销 售 一 部：（010）68326294

销 售 二 部：（010）88379649

读者服务部：（010）68993821

网络服务

门户网：http：//www.cmpbook.com

教材网：http：//www.cmpedu.com

封面无防伪标均为盗版

前言

本教材是根据全国高等学校土建类专业本科教育的培养目标和培养方案编写而成的，是土木工程类、水利工程类、理论及应用力学等专业的一门专业基础课教材。

在编写本书时，贯彻《中国教育改革和发展纲要》的精神，本着“厚基础、重能力、求创新、以培养应用型人才为主”的总体思路，在保证课程体系完整的基础上，注重加强基本理论、基本技能和基本知识的训练，做到以教学为主、深入浅出、内容精练，文字力求通俗流畅，满足结构力学与工程结构紧密结合的需要。

本教材的具体内容是按照全国非力学类结构力学及弹性力学课程教学指导委员会制定的《结构力学课程教学基本要求》和编者多年的教学和科研经验编写的。本教材共分13章，内容包括：绪论，平面结构的几何构造分析，静定结构的内力分析，结构的位移计算，超静定结构内力分析的基本理论——力法，拱结构的内力分析，工程结构实用分析的基本理论——位移法，杆系结构的计算机分析，工程结构的定性分析，平面结构的影响线及其应用，结构的动力分析，结构稳定性计算，结构的极限荷载等内容。为了使学生能较好地掌握基本概念和基本理论，章后附有习题。

本书由程选生主编，编写分工如下：第1、8、9、12、13章及第7.2～7.4节由兰州理工大学程选生编写；第2、3、6章及7.1节由兰州理工大学张贵文编写，第4、10、11章由兰州理工大学党育编写，第5章由兰州理工大学陈明编写。此外，兰州理工大学苏佳轩、谢颖川和李万润参编了部分章节的内容。本书由兰州理工大学杜永峰教授主审，在此表示衷心的感谢。

在编写本书过程中，参考了许多同行专家的研究成果，在此向这些专家表示诚挚的谢意；同时，本书的出版得到了“兰州理工大学优秀青年教师培养计划”项目的资助，在此表示感谢。

在本书出版之际，特向兰州理工大学教务处表示感谢，他们对本书的出版给予了多方面的支持和帮助。

限于编者的水平，书中缺点和错误在所难免，敬请读者不吝指正。

编　者

目　　录

第 2 篇　结构的动力分析、稳定分析和极限荷载

第1章　绪　论

1.1　结构及结构的分类

在土木工程中，由建筑材料构成的能承受和传递荷载而起骨架作用的建筑物和构筑物（如房屋、桥梁、隧道、挡土墙、水坝等）统称为工程结构（简称结构），如图 1-1 所示。

a)

b)

c)

d)

图 1-1　工程结构

a）东方明珠电视塔　b）长江三峡水利工程　c）上海南浦大桥　d）深圳帝王大厦

根据结构在空间的几何特征，可分为杆系结构、板（壳）结构、实体结构和薄膜结构四类。

(1) 杆系结构　如图 1-2 所示，当结构的长度 l 远大于厚度 h 和宽度 b 时称为杆件。由杆件所组成的结构称为杆系结构，如梁、拱、桁架、刚架等。

(2) 板（壳）结构（又称薄壁结构）　如图 1-3 所示，当结构的厚度 h 比长度 l 和宽度 b 小得多时称为板（壳）。由板所组成的结构称为板结构，如图 1-4 所示；由壳所组成的结构称为薄壳结构，如图 1-5 所示。

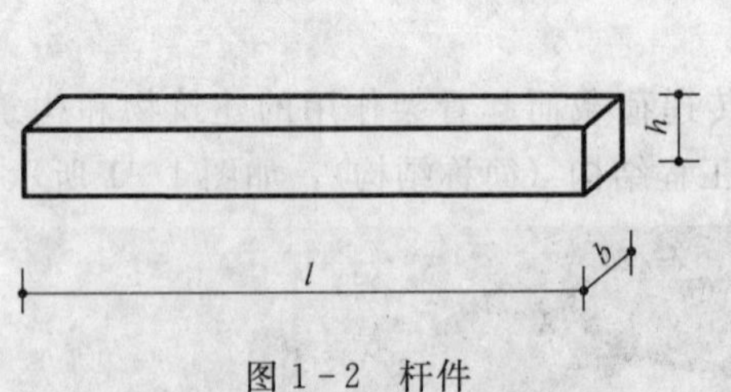

图 1-2　杆件

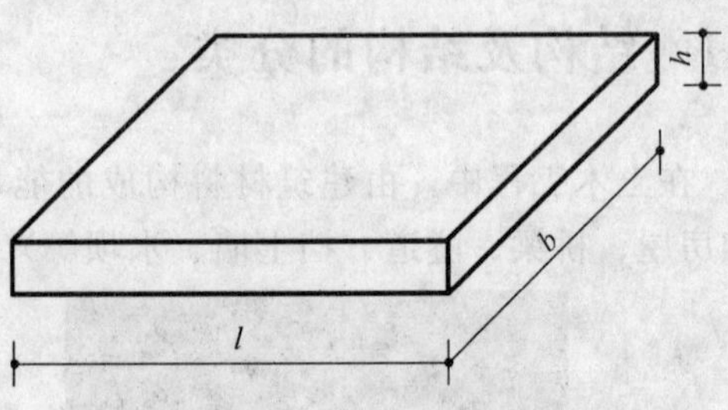

图 1-3　平板

图 1-4　折板结构

图 1-5　薄壳结构（悉尼歌剧院）

(3) 实体结构　如图 1-6 和图 1-7 所示，当结构的长度 l、宽度 b、厚度 h 大体相当时称为实体结构。

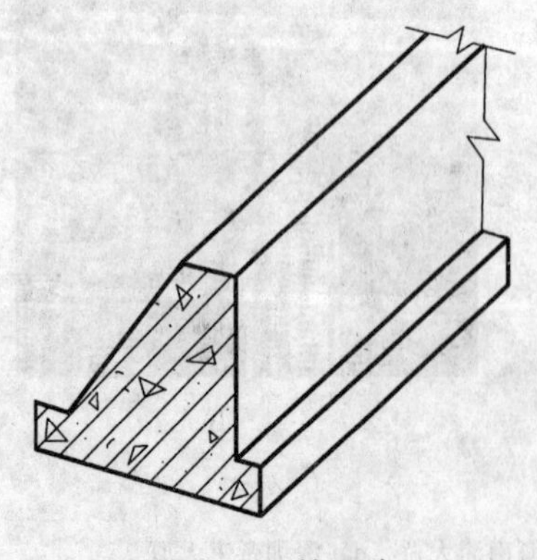

图 1-6　挡土墙

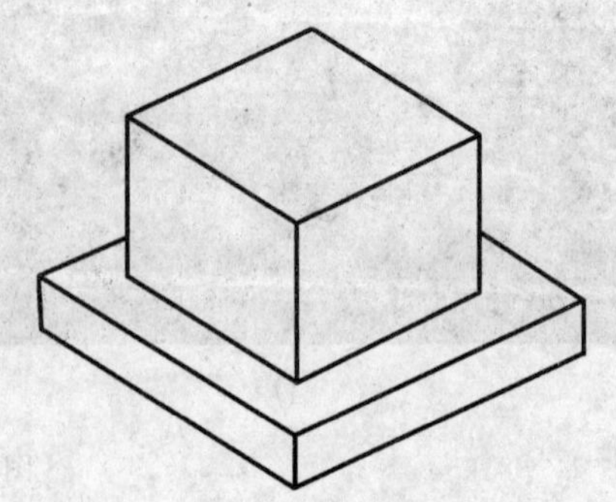

图 1-7　块体基础

(4) 薄膜结构　当结构的厚度 h 与长度 l 和宽度 b 相比接近零时称为薄膜结构，它是将薄膜材料通过一定方式使其内部产生拉应力，以形成某种空间结构形状作为覆盖结构，并能承受一定外荷载的空间结构形式。薄膜结构可分为张拉式薄膜结构（也称帐篷结构），又称预应力薄膜结构、充气式薄膜结构。

1.2 研究内容和学习方法

限于篇幅，本书仅讨论平面杆系结构的力学规律及其在工程中的应用，简称工程结构力学。它是土木工程专业的一门重要的专业基础课，在各门课程的学习中起着承上启下的作用。

工程结构力学是理论力学和材料力学的后续课程。理论力学研究的是刚体及刚体体系的机械运动（包括静止和运动）的基本规律；材料力学研究的是单根杆件的强度、刚度和稳定性问题；而工程结构力学则是研究杆件体系的强度、刚度、稳定和动力学规律。因此理论力学和材料力学是学习工程结构力学的基础课程，为工程结构力学提供了力学分析的基本原理和基础。同时，工程结构力学又为后续的弹性力学、混凝土结构、砌体结构和钢结构等专业课程提供了进一步的力学知识基础。因此，工程结构力学课程的学习在土木工程的房屋建筑、道路、桥梁、水利及地下工程各专业方向的学习中均占有相当重要的地位。

工程结构力学的研究内容包括以下几个方面：

1）结构的几何构造规律、合理形式以及计算简图的合理选择。

2）结构内力和变形的计算方法，以便进行结构的强度计算和刚度验算。

3）结构动力反应、结构的稳定性和极限荷载。

工程结构力学的计算问题必须满足平衡和约束两个条件；对于超静定结构问题，还必须满足变形的连续条件。学习工程结构力学时要注意其与其他课程的联系。对于已学过的理论力学和材料力学的知识，应根据具体情况作必要的复习，并在运用中得到巩固与提高。

学习工程结构力学过程中应注意分析方法与解题思路。学习时要着重掌握各种方法的解题思路，特别是要从这些具体的算法中学习分析问题的一般方法。

1.3 结构的计算简图

1.3.1 计算简图及其选择原则

工程中的结构是十分复杂的，完全按照结构的实际工作状态进行力学分析是不可能的，同时也没有必要。因此，在对实际结构进行力学分析之前必须进行简化，略去一些次要因素的影响，用一个能反映其基本受力和变形性能的简化图形来代替实际结构。这种代替实际结构的简化计算图形称为结构的计算简图。结构的受力分析都是在计算简图中进行的。因此，选择计算简图是结构受力分析的基础。若选择不当，则计算结果不能反映构件的实际工作状态，甚至引起严重的工程事故。所以，对计算简图的选取一定要给予充分的重视。

计算简图的选择应遵循下列两条原则：①正确地反映实际结构的受力情况和主要性能；②略去次要因素，便于分析和计算。

计算简图是在上述原则的指导下根据具体结构的具体要求和条件来选择的，并不是一成不变的。如对重要的结构应采用比较精确的计算简图；对于次要结构可以考虑较为简单的计算简图。如在方案的初步设计阶段，可以使用粗略的计算简图；而在技术设计阶段再使用比较精确的计算简图。如用手算，则可采用较为简单的计算简图；若用计算机计算，则可以采用较为复杂的计算简图。

工程结构力学的计算是在假设构件的材料为连续、均匀、各向同性和完全弹性的前提下进行的，这种假设在小变形情况下，对于金属材料是符合实际的，但对于混凝土、砖石等材料具有较大的近似性。

1.3.2 结构的简化

1. 结构体系的简化

实际工程中的结构都是空间结构，各部分连接成为一个整体，用以承受来自各个方向的荷载。但在土木、水利、铁路和公路、地下结构等工程中，有着大量的空间杆件结构，在一定条件下，通常可以简化为平面杆系结构进行计算。本书讨论平面杆系结构的计算问题。

2. 杆件及杆件间连接的简化

杆件结构中，杆件的横向尺寸（宽度、厚度）通常比杆件的长度小得多（一般地说，横向尺寸小于长度的1/4），可以近似地采用平截面假定，因此截面上的应力可根据截面的含力（为简单方便起见，以下称为“内力”）来确定。由于内力只是沿杆长变化的一元函数，因此，在计算简图中，杆件可用其纵轴线表示。对于由杆件相互联结而成的结构，杆件之间的联结区，用位于各杆轴线的交点处的结点来表示。由不同材料制作的平面杆系结构，在杆件的联结方式上各有不同的做法。根据它们的受力变形特点，在计算简图中常归纳为以下三种情况：

（1）刚结点　刚结点的特点是被连接杆件在结点处不能相对移动，也不能相对转动；在刚结点处不但能承受和传递力，而且能够承受和传递弯矩。如钢筋混凝土框架边柱和梁的结点（图 1-8a），由于梁和柱之间的钢筋布置以及用混凝土将它们浇筑成整体，使梁和柱不能产生相对移动和转动，计算时简化为一个刚结点，其计算简图如图 1-8b 所示。

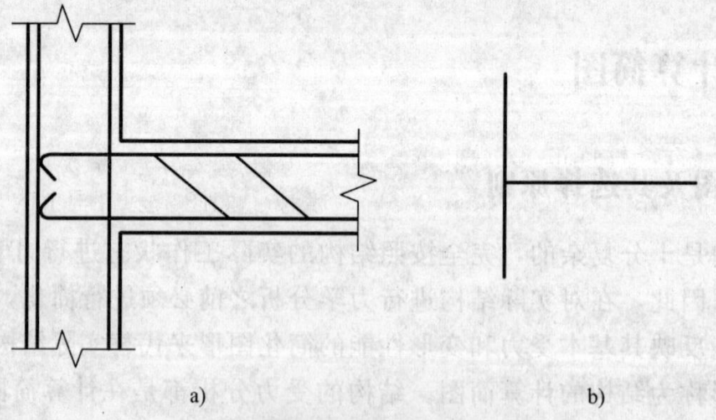

图 1-8　钢筋混凝土框架梁柱结点

（2）铰结点　理想的铰结点的特点是被连接的杆件在结点处不能相对移动，但可以绕铰自由转动；在铰结点处可以承受和传递力，但不能承受和传递弯矩。这种理想情况在实际结构中是很难遇到的。如木屋架端结点（图 1-9a），由于连接的作用使各杆件之间不能相对移动，但相互间有微小的转动，计算时简化为一铰结点，其计算简图如图 1-9b 所示。另外，如钢桁架的结点（图 1-10a），由于杆件通过结点板焊接在一起，实际上各杆端是不能相对转动的，但在桁架中各杆主要是承受轴力，因此计算时仍把这种结点简化为铰结点（图

1-10b)。

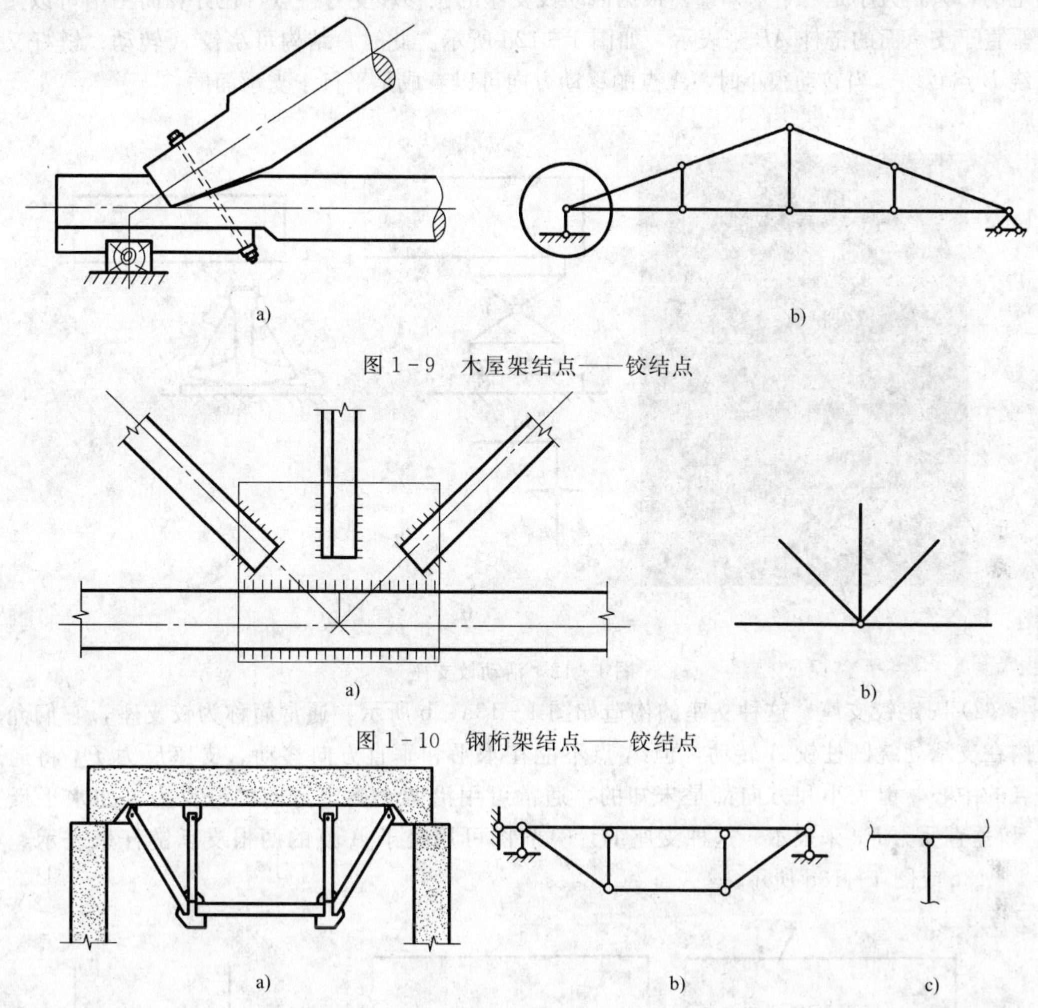

图 1-9　木屋架结点——铰结点

图 1-10　钢桁架结点——铰结点

图 1-11　加劲梁

(3) 组合结点　若各杆件汇交于同一结点，当其中某些杆件的联结视为刚结，而另一些杆件间简化为铰结更符合实际时，便形成了组合结点，如图 1-11 所示的加劲梁，图 1-11b 所示为其计算简图，梁两端放置于支座上。当横向荷载作用于实际工程中的加劲梁时，横梁以受弯为主，其他杆件主要承受轴力。为了表示这种受力特点，结点 C 即可视为一个组合结点，如图 1-11c 所示。

3. 结构与基础间连接的简化

结构与基础的连接装置为支座。支座的作用是把结构固定于基础上，同时，结构所受的荷载，通过支座传递到基础和地基。支座对结构的反作用称为支座反力。平面结构的支座，一般简化为如下四种情形。

(1) 活动铰支座（滚轴支座）　图 1-12a 所示为一桥梁结构活动铰支座的照片；图1-12b、c 所示为桥梁结构中辊轴支座和摇轴支座的简化图形。它们允许结构在支承处绕圆柱 A 转动和沿平行于支承面 $m-n$ 的方向移动，但 A 点不能沿垂直于支承面的方向移动。当不考虑摩擦时，支座反力 F_{yB} 将通过铰 A 的中心并与支承平面 $m-n$ 垂直，即反力的作用点和方向都是确定的，只是大小是一个未知量。根据活动铰支座的位移和受力特点，在计算简图中可以用一根垂直于支承面的链杆 AB 来表示，如图 1-12d 所示。此时，结构可绕铰 A 转动；链杆又可以绕 B 点转动。当转动很小时，A 点的移动方向可以看成是平行于支承面的。

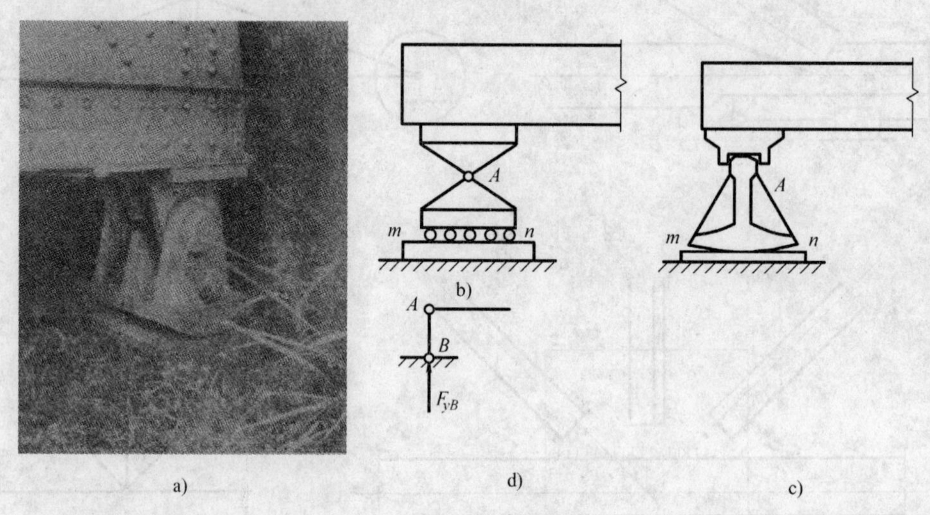

图 1-12　活动铰支座

(2) 固定铰支座　这种支座的构造如图 1-13a、b 所示，通常简称为铰支座，它们允许结构在支承处绕圆柱铰 A 转动，但 A 点不能在水平和垂直方向移动。支座反力 F_A 将通过 A 点的中心，但大小和方向都是未知的，通常可用沿两个确定方向的分反力，如水平反力 F_x 和垂直反力 F_y 来表示。这种支座的计算简图可用交于 A 点的两根支承链杆来表示，如图 1-13c 或图 1-13d 所示。

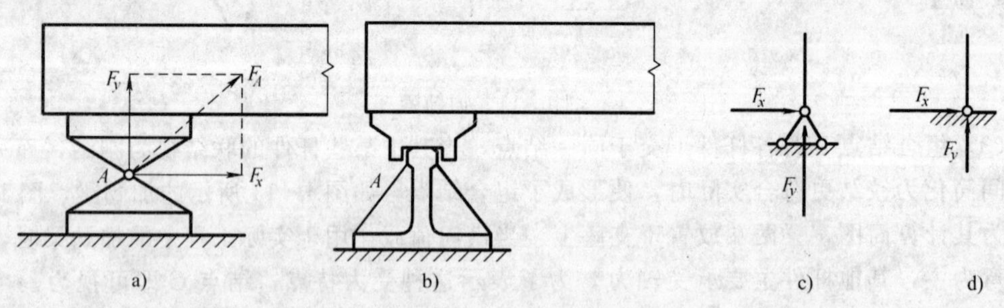

图 1-13　固定铰支座

图 1-14a 所示的预制混凝土柱，插入杯形基础，杯口的空隙用沥青麻丝填充，柱子可以有微小的转动，但在水平方向和垂直方向的移动受到限制，可以简化为一个铰支座。图 1-14b 中 A 处所示为一水工结构弧形闸门铰支座，闸门开启时可绕固定圆轴 A 旋转。

(3) 固定支座　这种支座不允许结构在支承处发生任何移动和转动，其反力的大小、方向和作用点的位置都是未知的，通常用水平反力 F_x、垂直反力 F_y 和弯矩 M 来表示，计算简图如图 1-15b 所示。

图 1-15a 所示悬臂梁，当梁端插入墙身有相当深度且与四周有良好密实性时，梁端完全被固定，即可视为固定支座。

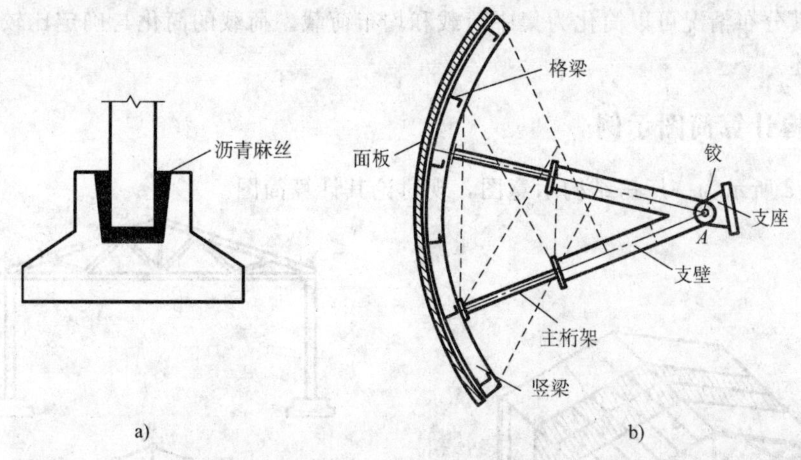

图 1－14　预制混凝土柱

图 1－15c 所示为一预制钢筋混凝土柱，插入杯形基础，杯口的空隙用细石混凝土填实。当预制柱插入基础有一定深度时，柱在基础内的移动和旋转均受到限制，可以简化为固定支座。

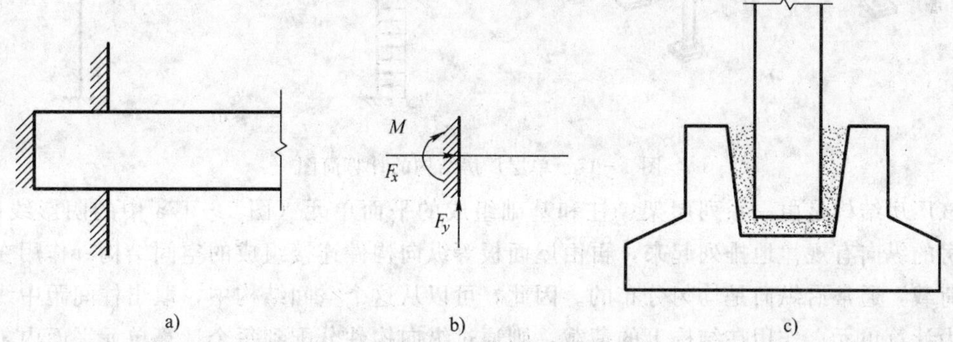

图 1－15　固定支座

（4）定向支座　结构在支承处不能转动，不能沿垂直于支承面的方向移动，但是可以沿支承面方向滑动，其反力为一个垂直于支承面的力 F_y 和一个反力矩 M_A，计算简图可用垂直于支承面的两根平行链杆表示（图 1－16）。

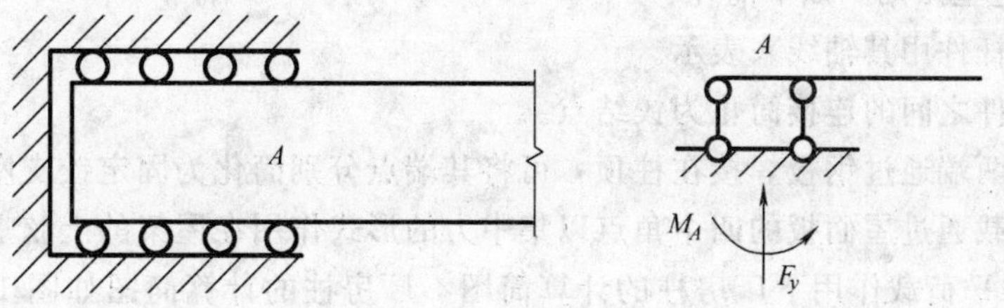

图 1－16　定向支座

1.3.3　荷载的简化

结构承受的荷载可分为体积力和表面力两大类。体积力是指结构的重力或惯性力等；表面力则是由其他物体通过接触面而传给结构的作用力，如土压力、车辆的轮压力等。在杆件结构中把杆件简化为轴线，因此不管是体积力还是表面力都可以简化为作用在杆件轴线上的力。荷载按其分布情况可以简化为集中荷载和均布荷载。荷载的简化与确定比较复杂，下面还要专门论述。

1.3.4 结构计算简图示例

图 1-17a 所示为一厂房结构示意图，现讨论其计算简图。

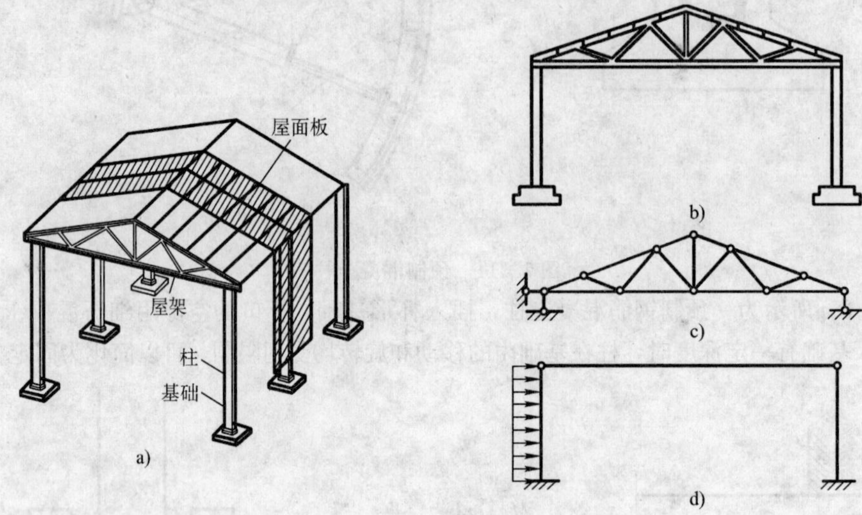

图 1-17 单层厂房结构的计算简图

该厂房结构是由一系列屋架、柱和基础组成的平面单元（图 1-17a 中的阴影线部分）沿厂房的纵向有规律地排列起来，再由屋面板等纵向构件连接组成的空间结构。作用在厂房上的荷载，通常沿纵向是均匀分布的。因此，可以从这个空间结构中，取出柱间距中线的部分作为计算单元；作用在结构上的荷载，则通过纵向构件分配到每个计算单元平面内。在计算单元中，荷载和杆件都在同一平面内，这样，就把一个空间结构分解成为平面结构（图 1-17d）。

下面对图 1-17b 所示平面结构，分别讨论其屋架和厂房柱的计算简图。

（1）垂直荷载作用下屋架的计算简图　在垂直荷载的作用下，屋架的计算简图如图 1-17c 所示。这里采用了以下简化：

1）屋架的杆件用其轴线来表示。

2）屋架杆件之间的连接简化为铰结点。

3）屋架的两端通过钢板焊接在柱顶，可将其端点分别简化为固定铰支座和活动铰支座。

4）屋面荷载通过屋面板的四个角点以集中力的形式作用在屋架的上弦上。

（2）横向水平荷载作用下厂房柱的计算简图　厂房柱的计算简图如图 1-17d 所示。这里采用了以下的简化：

1）柱用其轴线表示。

2）屋架在两端均以铰与柱顶联结；计算柱时，屋架的作用如同一个两端为铰的链杆，将两柱在顶部连接在一起。

3）柱插入基础后，用细石混凝土填实。柱基础视为固定支座。

图 1-17d 所示的结构，成为铰接排架，是单层工业厂房常用的一种结构形式。

结构计算简图的选择十分重要，又很复杂；需要选择者有较多的实际经验，并善于判断各种不同因素的相对重要性。对一些新型结构，往往要通过多次的试验和实践，才能获得比较合理的计算简图；但对于常用的结构形式，已有前人总结的经验，可以直接取其常用的计算简图。所以，选择结构计算简图的能力是在本课程、后续结构课程以及长期工程实践中逐步形成的。

1.4 杆系结构的分类

杆系结构的分类，实际上是计算简图的分类。常用的结构按其组成和受力特点，可以分为以下几类。

(1) 梁　梁的轴线通常可以认为是直线，水平梁在垂直荷载的作用下无水平支座反力，内力有弯矩和剪力。梁有单跨梁（图 1-18a、b）和多跨梁（图 1-19a、b）。

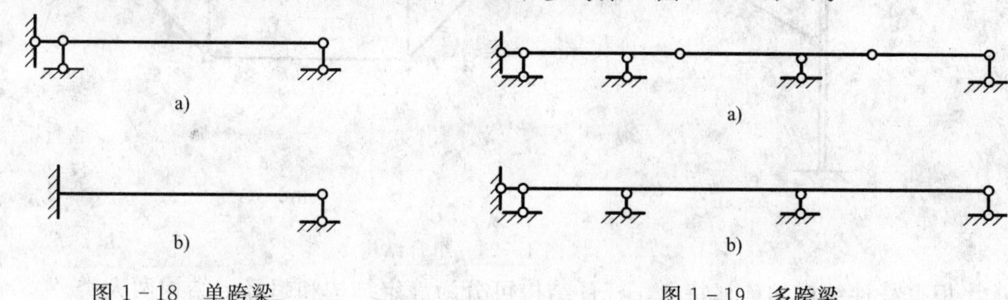

图 1-18　单跨梁　　　　图 1-19　多跨梁

(2) 拱　拱的轴线为曲线，在垂直荷载的作用下有水平推力（图 1-20a、b）。水平推力的存在大大改善了拱的受力特性。

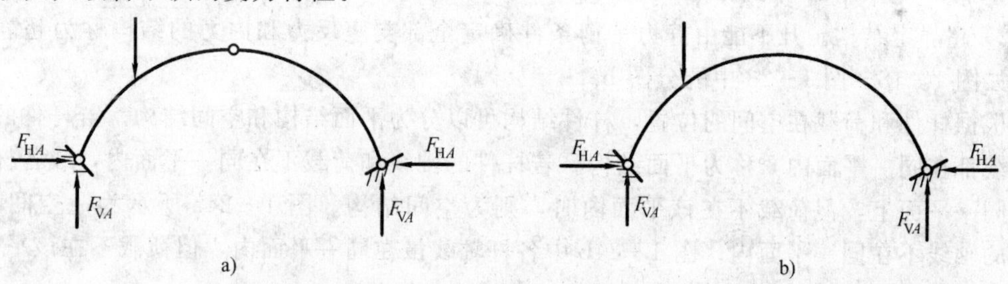

图 1-20　拱结构

(3) 刚架　刚架是由全部和部分刚结点所组成的结构（图 1-21）；杆件内力一般有弯矩、剪力和轴力，其中弯矩为主要内力。

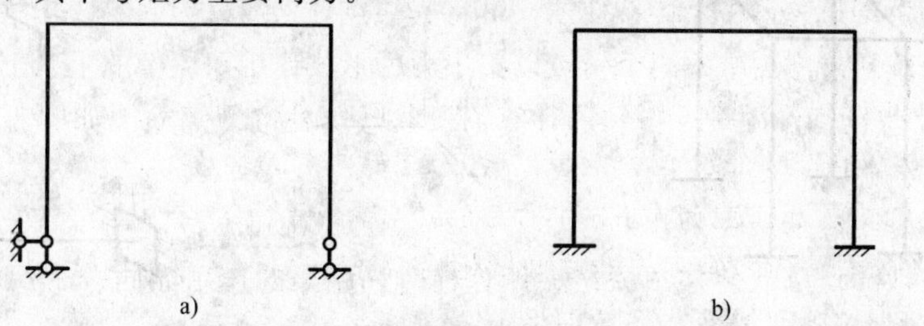

图 1-21　刚架

(4) 桁架　桁架是由两端为铰的直杆（链杆）所组成的结构；当荷载作用于结点时，各杆只受轴力作用（图 1-22）。

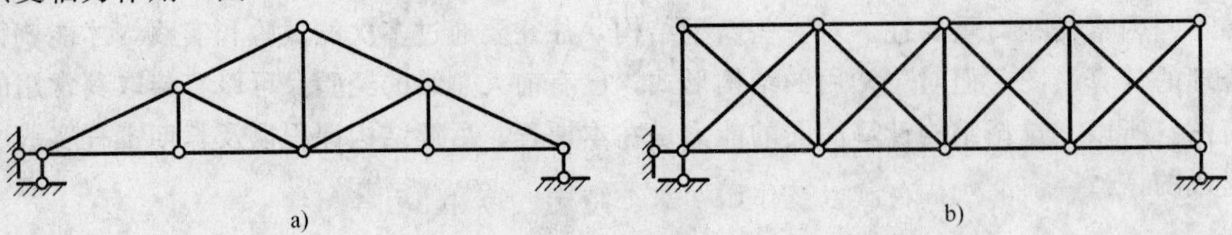

图 1-22　桁架

(5) 组合结构　组合结构是由梁式杆（以弯矩为主的杆）和链杆组成的结构，如图 1-23所示。

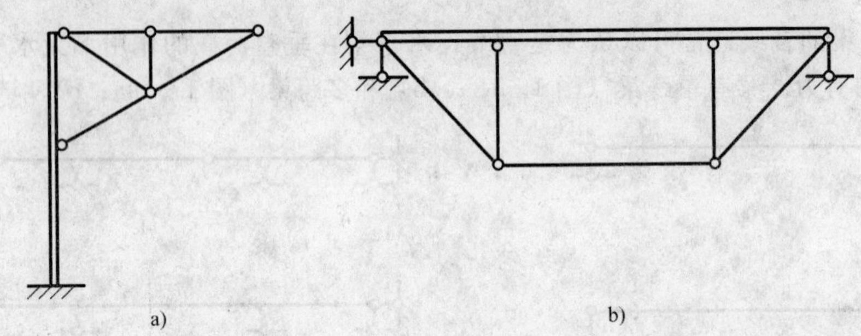

图 1-23　组合结构

根据杆件结构的计算特点，杆件结构可分为静定结构和超静定结构两大类。

1）静定结构。凡用静力平衡条件可以确定全部支座反力和内力的结构称为静定结构，如图 1-18～图 1-23 中的分图 a。

2）超静定结构。凡不能由静力平衡条件确定全部支座反力和内力的结构称为超静定结构，如图 1-18～图 1-23 中的分图 b。

根据杆件和荷载在空间的位置，杆件结构可以分为平面结构和空间结构。若杆件的轴线和荷载都在同一平面内，称为平面结构。若杆件的轴线和荷载不在同一平面内，或各杆件轴线在同一平面上，但荷载不在该平面内时，则为空间结构。图 1-24a 所示为一空间刚架，各杆的轴线不在同一平面内；图 1-24b 中各杆轴线虽在同一平面内，但荷载不在该平面内，亦为空间结构。

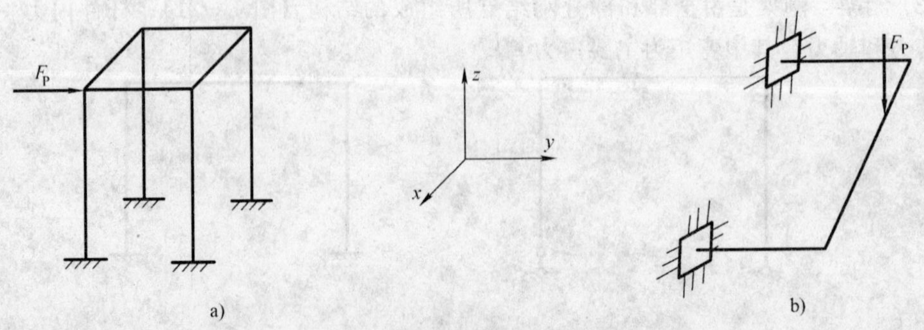

图 1-24　空间结构

1.5 荷载的分类

荷载是主动作用于结构上的外力，如结构的自重、工业厂房结构上的起重机（吊车）荷载、行驶在桥梁上的车辆荷载以及作用在水工结构上的水压力等。

根据荷载作用时间的长短，可以分为如下几类：

(1) 恒载　永久作用在结构上的不变荷载，如结构的自重、固定于结构上的设备重量等。

(2) 活载　暂时作用在结构上的可变荷载，如楼面上的人群、起重机的荷载以及风荷载和雪荷载等。

活载按其作用位置的变化情况，还可以分为：

1) 可动荷载：能作用于结构的任意位置的荷载，如风荷载和雪荷载等。

2) 移动荷载：一系列相互平行、间距保持不变，但能在结构上移动的活载，如列车的荷载和起重机的荷载等。

根据荷载的作用性质，可以分为：

(1) 静力荷载　静力荷载的大小、方向和位置不随时间变化而变化或变化极为缓慢，不会使结构产生显著的振动，因而可略去惯性力的影响。结构的恒载都是静力荷载。只考虑位置改变，不考虑动力效应的移动荷载，也是静力荷载。

(2) 动力荷载　动力荷载是随时间迅速变化的荷载，使结构产生显著的振动，因而惯性力的影响不能忽略。如机械运转时产生的荷载，地震时由于地面运动对结构的动力作用以及爆炸引起的冲击波等。

除此以外，还有其他一些因素也可以使结构产生内力或位移，如温度变化、支座沉陷、制造误差、材料收缩以及松弛、徐变等。从广义上来说，这些因素也可视为广义荷载。

第 2 章　平面结构的几何构造分析

2.1　概述

杆系结构是由若干个杆件以一定的方式相互连接并与基础相连而形成的体系。如果体系的所有杆件和相互之间的联系及外荷载均处于同一平面内，则成为平面体系。按照几何学原理对体系发生运动的可能性进行分析，则称为体系的几何构造分析。由于材料应变引起的结构形状的改变量与结构原来的尺寸相比是微小的，因此，在进行体系的几何构造分析时，忽略材料应变，即把每根杆件当作是刚性的，也就是说，在杆件完全刚性的条件下研究结构的稳定性。

在不计材料应变的条件下，在很小的荷载作用下，若体系的形状和各杆的相对位置保持不变，则称为几何不变体系（图 2-1a）；若体系的形状或各杆的相对位置可以改变，则称为几何可变体系（图 2-1b）。

在实际工程中，只有几何不变体系才能承受各种荷载，最终将荷载传递到地基，所以结构必须采用几何不变体系，而几何可变体系是不能作为结构的。因此，每个结构设计者都应当具备几何构造分析的知识，掌握结构的组成规律，从而避免实际结构出现几何可变体系，这就是进行几何构造分析的目的。其次，通过几何构造分析，可以了解体系中各个部分的相互关系，从而改善和提高结构的受力性能。

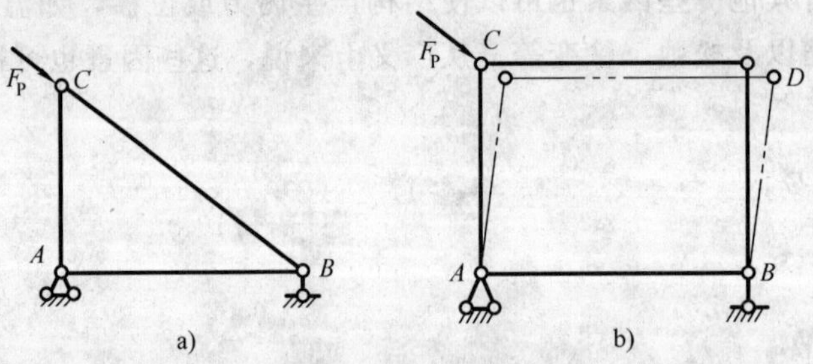

图 2-1　几何不变体系与几何可变体系

2.2　几何构造分析的几个概念

1. 刚片

在几何构造分析中，由于不考虑材料的变形，因此可以把一根杆件或已知是几何不变的部分看作是一个刚体，在平面体系中又将刚体称为刚片。如图 2-2 所示体系中，用双点画线画出的各个部分（即 1、2 和 3）都可分别看作为刚片。

2. 自由度

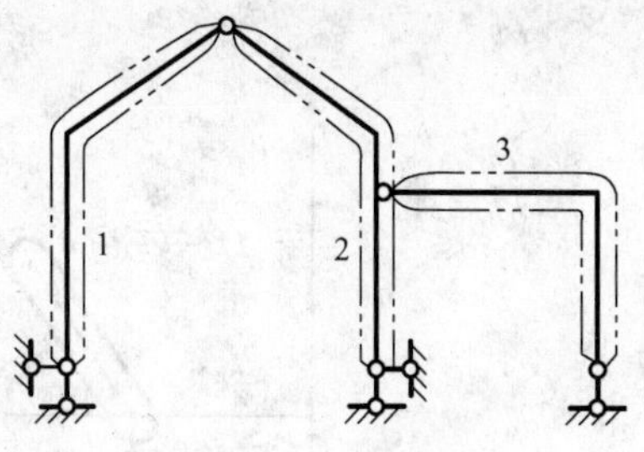

图 2-2 刚片的概念

判别一个体系是否为几何可变，实际上就是判别该体系是否存在刚体运动的自由度。所谓体系的自由度，是指体系运动时可以独立变化的几何参数的数目，也就是确定物体位置所需的独立坐标数目。例如，一个点 A 在平面内自由运动时，其位置要用两个坐标 x 和 y 来确定（图 2-3a），所以一个点的自由度等于 2。又如，一个刚片在平面内自由运动时，其位置可由其上任一点 A 的坐标 x、y 和任一直线 AB 的倾角 φ 来确定（图 2-3b），因此一个刚片的自由度等于 3。

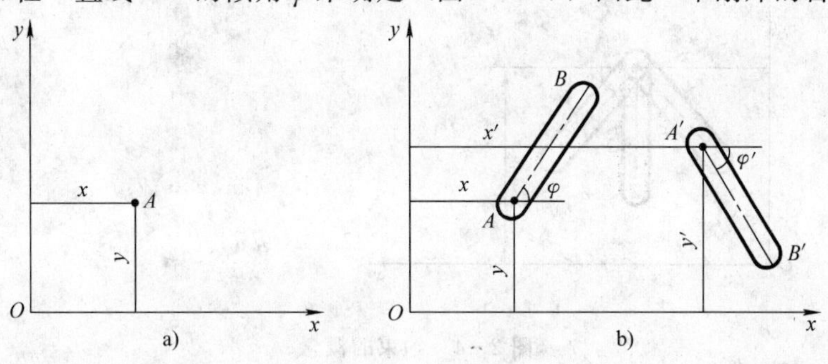

图 2-3 自由度的概念

3. 约束

平面体系各部分之间以及杆件与基础之间存在一定的联系，这种联系对体系各部分之间的位置关系形成一定的限制，称为约束。体系的联结方式常见的有链杆联结、铰联结和刚性联结等。

如图 2-4a 所示，刚片 AB 用一根链杆与基础相连（即固定坐标 y），则刚片 AB 还剩下两个运动独立参数（x 和 φ），刚片 AB 的自由度由 3 个减少为 2 个，即减少 1 个自由度。由此可知，1 个链杆相当于 1 个约束，可以减少 1 个自由度。

联结两个刚片的铰称为单铰。如图 2-4b 所示，刚片 1、2 用单铰 A 相连后，还剩下 4 个运动独立几何参数（x，y，φ_1，φ_2），则刚片的自由度由 6 个减少为 4 个，即减少 2 个自由度。由此可知，1 个单铰相当于 2 个约束，可以减少 2 个自由度。

以此类推，联结两个以上刚片的铰称为复铰。如图 2-4c 所示，3 个刚片用复铰 A 联结后，刚片的自由度由 9 个减少为 5 个，即减少 4 个自由度。由此可知，联结 n 个刚片的复铰可以当作 $n-1$ 个单铰，减少 2（$n-1$）个自由度。

连接两个刚片的刚性联接称为单刚结点。如图 2-5a 所示，互不相连的 2 个刚片 1 和 2，在其平面内，用单刚结点 A 联结后，刚片的自由度由 6 个减少为 3 个，即减少 3 个自由度。由此可知，联结 2 个刚片的单刚结点相当于 3 个约束，可以减少 3 个自由度。

以此类推，联结两个以上刚片的刚结点称为复刚结点。如图 2-5 b 所示，互不相连的刚片 1、2 和 3 在其平面内用刚结点 A 联结，自由度由 9 个减少为 3 个，减少 6 个自由度。由此可知，联结 n 个刚片的复刚结点可以当作 $n-1$ 个单刚结点，减少 3（$n-1$）个自由度。

如果体系中有的约束对组成几何不变体系来说是必须的，这种约束称为必要约束，而必要约束之外的约束称之为多余约束。每一个必要约束都可以使体系的自由度减少 1 个，而多余约束并不减少体系的自由度。如图 2-6 中，A 点在平面内的自由度原来为 2，用两根不

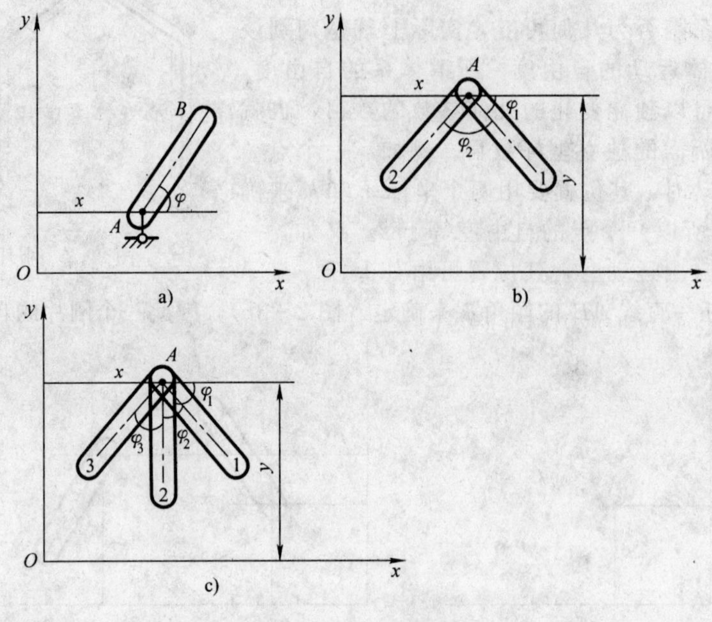

图 2-4　约束的概念

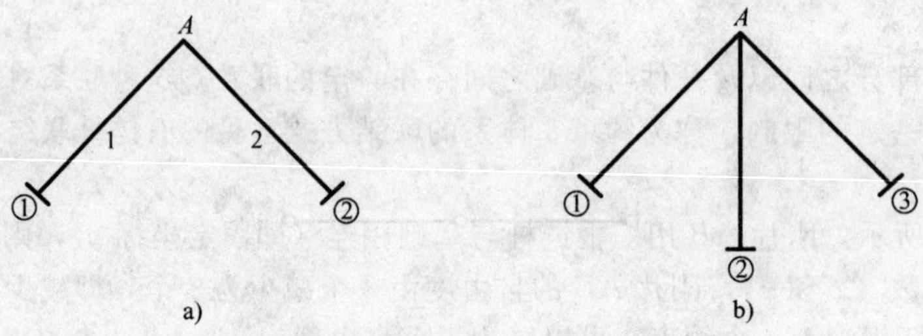

图 2-5　单刚结点与复刚结点

共线的链杆将 A 点与基础相连，这时 A 点被完全固定，体系的自由度为零。但是再增加一根链杆，体系的自由度仍为零，增加的链杆并不会使得体系的自由度减少，增加的链杆就是多余约束。应当注意的是，多余约束和必要约束是相对而言的。如图 2-6b 中，链杆 AB、AC 是必要约束，则链杆 AD 就是多余约束。同理，链杆 AB、AC、AD 都有可能分别作为必要约束，也有可能分别作为多余约束，两者是相对而言的。

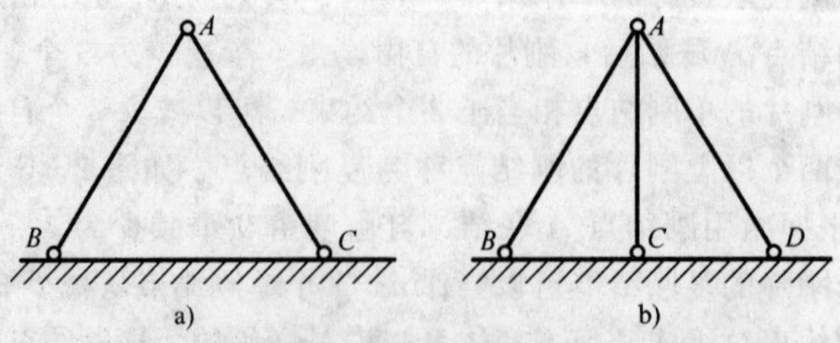

图 2-6　必要约束与多余约束

2.3 平面几何不变体系的组成规则

在具体分析或检查体系的几何组成之前，先必须了解几何不变体系的组成规则。在平面体系中，组成几何不变体系的基本规则主要有以下三种。

2.3.1 点和刚片的组成规则

由前可知，一点在平面内具有 2 个自由度。如果用一根链杆把 A 点与基础上的 B 点相连，如图 2-7a 所示，A 点仍有可能在以 B 为圆心、以链杆长度 AB 为半径的圆弧上运动。若再用一根链杆将其与基础上的 C 点相连，如图 2-7b 所示，则 A 点的位置就被完全固定而不能再作任何运动了。但是如果两根链杆 AB、AC 成一条直线，即 A 点位于两个连接铰 B、C 的连线上，如图 2-7c 所示，则 A 点仍有可能在垂直于 BC 的方向上作微小的运动。这种微小的运动仅在开始施加荷载的一瞬间发生。一旦发生微小的运动，三铰已不在一条直线上，因而 A 点不可能继续运动。这种本来是几何可变的，经微小的运动后成为几何不变的体系称为瞬变体系。

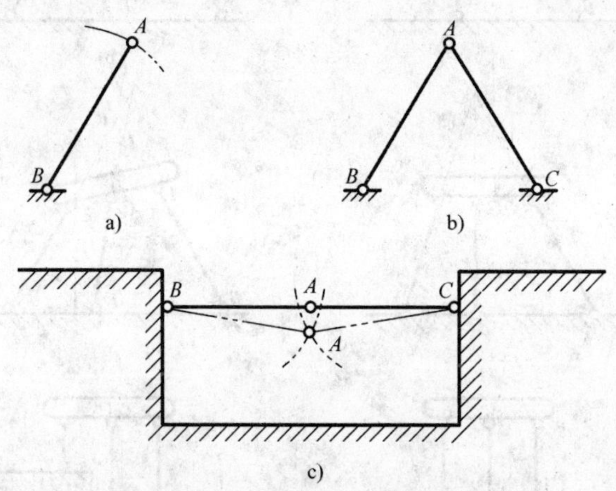

图 2-7 点和刚片的组成规则

瞬变一般发生在体系的刚片间本有足够的约束，但其布置不合理，因而不能限制瞬时运动的情况。

规则一：一点与一个刚片通过两根链杆相联结，且两链杆不共线，则组成没有多余约束的几何不变体系。有时也称它为二元片的组成规则，其中两根链杆称为二元片。

2.3.2 两刚片组成规则

如前所述，一个刚片在平面内具有 3 个自由度。若用 AB、CD 两根链杆（即 2 个约束）把刚片Ⅰ与基础相连，如图 2-8a 所示，则刚片Ⅰ仍能绕着 AB、CD 两根链杆的交点 O 转动，O 点称为瞬时转动中心。此情形就好像把刚片Ⅰ与基础用铰在 O 点相联结，由于铰的位置是在链杆 AB、CD 的延长线上，而且它的位置随链杆的转动而改变，故与一般实铰不同，称这种铰为虚铰。

如果再增加一根链杆 EF，如图 2-8b 所示，则此三根链杆具有 O、R、P 三个交点。

此时，若刚片Ⅰ要运动，则它必须同时绕三个点运动，这是不可能的。所以，刚片Ⅰ不能再作任何运动，因而它的位置被完全固定。

但是，假如三根链杆都交于一点 O，如图 2-8c 所示，则刚片Ⅰ仍有可能绕 O 点作微小的转动。这种微小的运动，也只是在开始施加荷载的一瞬间发生。当三根链杆不再交于一点（即变为图 2-8d 中双点画线所示的三个交点 O'、P' 和 R' 的位置）时，它就成为几何不变体系了，所以它是瞬变体系。如果用三根等长的平行链杆将刚片Ⅰ与基础相连，如图 2-8e 所示，则此三链杆将始终保持平行，刚片Ⅰ可以作很大的平移运动，所以它是常变体系。若改用三根不等长的平行链杆将刚片Ⅰ与基础相连，如图 2-8f 所示，则可认为三根平行链杆交于无限远处的一点，故刚片Ⅰ也可作微小的转动。但当三根链杆不再交于一点时，它也成为几何不变体系，因而也是瞬变体系。

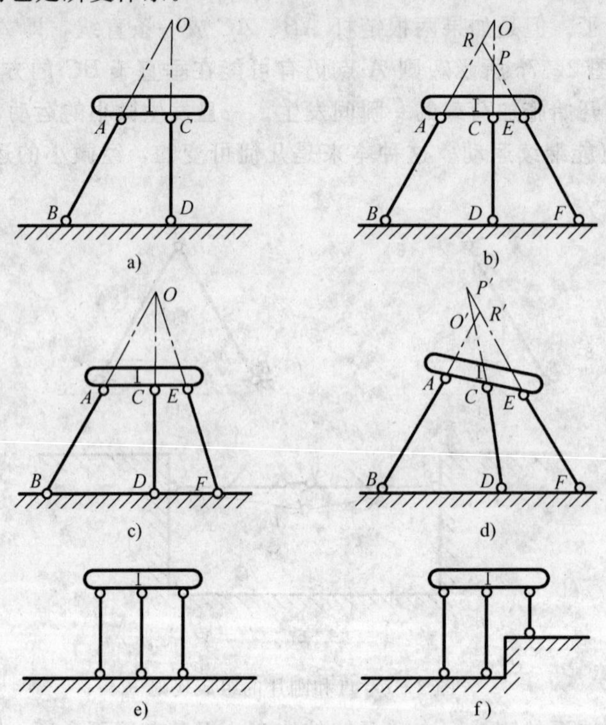

图 2-8　两刚片组成规则

因为两根链杆就相当于一个单铰，所以连接刚片Ⅰ的两根链杆 AB、CD 相当于一个单铰，如图 2-8a 所示，此铰的位置就在该两根链杆的交点 O 处。所以，两个刚片用一个单铰和不通过该铰的一根链杆相连也可组成一个几何不变体系。

规则二：两个刚片用一个铰和不通过该铰的一根链杆或用不交于一点也不互相平行的三根链杆相联结，则组成没有多余约束的几何不变体系。

2.3.3　三刚片组成规则

图 2-9a 所示铰结三角形，每一根杆件均为一个刚片，每两个刚片间均用一个单铰联结，这就是“三角形规律”，即边长给定的三角形的形状是唯一确定的。假如刚片Ⅰ不动（可把Ⅰ看成地基），则刚片Ⅱ只能绕铰 A 转动，其上的 C 点只能在以 A 为圆心以 AC 为半径的圆弧上运动；刚片Ⅲ只能绕铰 B 转动，其上的 C 点只能在以 B 点为圆心以 BC 为半径

的圆弧上运动，但是刚片Ⅱ、Ⅲ又用铰 C 联结，铰 C 不可能同时沿两个方向不同的圆弧运动，因而只能在两个圆弧的交点处固定不动。于是各刚片间不可能发生任何相对运动。因此，这样组成的体系是几何不变的。

图 2-9b 中Ⅰ、Ⅱ两刚片及Ⅰ、Ⅲ两刚片用虚铰 O_2、O_3 联结，Ⅱ、Ⅲ两刚片用实铰 O_1 联结。不论实铰或虚铰，只要三铰不在一条直线上，组成的体系都是几何不变、且无多余约束的。

规则三：三个刚片用不在同一直线上的三个铰两两联结，则组成没有多余约束的几何不变体系。

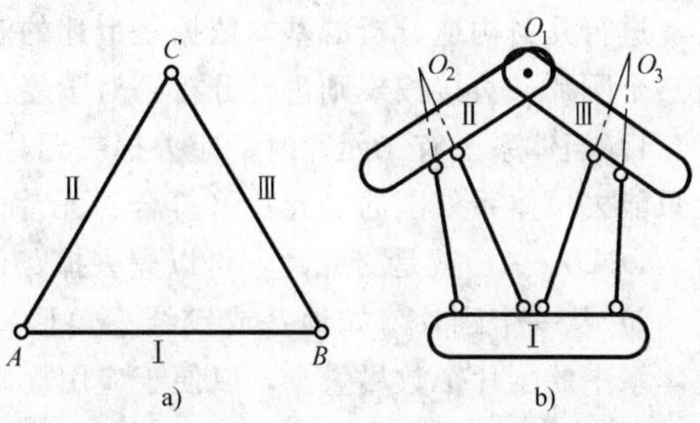

图 2-9 三刚片组成规则

现在来讨论三刚片联结的特殊情况。如果两个刚片之间是通过平行链杆联结，则其形成的虚铰将在无穷远处。图 2-10 分别表示三个刚片之间的联结包括一对、两对和三对平行链杆的情况。

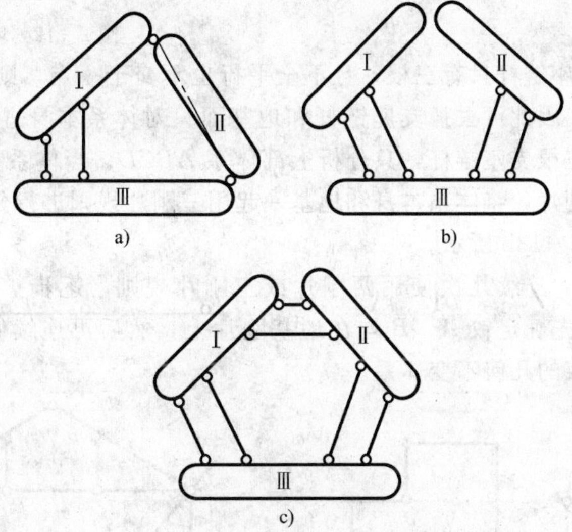

图 2-10 三刚片联结的特殊情况

如图 2-10a 所示体系，三个刚片用两个铰和一对平行链杆两两联结，若两铰的连线不与平行链杆平行，则组成内部无多余约束的几何不变体系；若两铰的连线与平行链杆平行，则组成瞬变体系。

如图 2-10b 所示体系，两组平行链杆所形成的虚铰均在无穷远处。根据几何学原理，当两组平行线方向不同时，它们形成的两个交点在不同的无穷远点；当两组平行线方向相同时，它们形成的交点在同一无穷远点。于是可以得出结论：三个刚片用一个铰和两对平行链杆两两联结，若两对平行链杆方向不同，则组成内部无多余约束的几何不变体系；反之，体系几何可变。

如图 2-10c 所示体系，三个刚片由三对平行链杆两两联结，三组平行链杆所形成的三个虚铰均在无穷远处。根据几何学原理，平面上各无穷远点都在同一直线上，也就是说三个虚铰位于同一条直线上。于是可以得出结论：三个刚片用三对平行链杆两两联结，则组成几何可变体系。

2.3.4 几何构造分析的方法

进行几何构造分析的基本依据是上述的三个规则。对于比较简单的体系，可以选择两个或三个刚片，直接按规则进行分析；对于复杂体系，可以采用以下方法。

1）当体系上有二元片时，应去掉二元片使体系简化，以便于应用规则。但需注意，每次只能去掉体系外围的二元片（符合二元片的定义），而不能从中间任意抽取。如图 2-11 所示，AB、AE 就是二元片，可以先去掉，但中间的 CF、CG 就不能先去掉。

2）从一个刚片（如地基或铰结三角形）开始，依次增加二元体，尽量扩大刚片范围，使体系中的刚片个数尽量少，以便于应用规则，如图 2-12 所示。

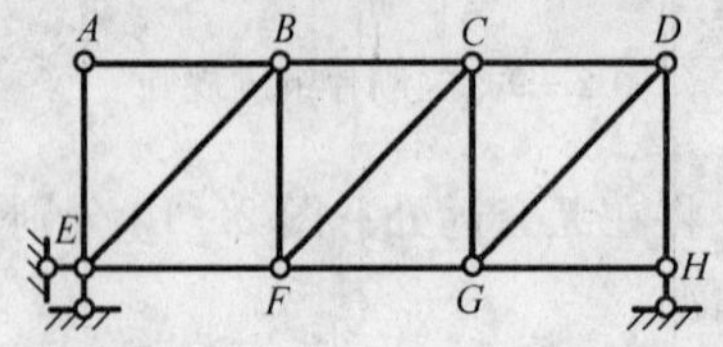

图 2-11　去掉二元片

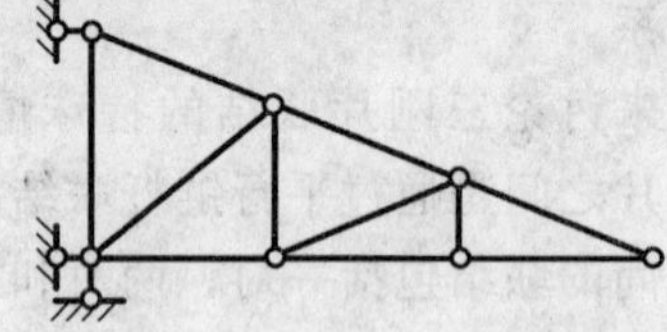

图 2-12　增加二元体

3）如果体系的支座链杆只有三根，且不全平行也不交于一点，则地基与体系本身的联结已符合两刚片规则，因此可去掉支座链杆和地基而只对体系本身进行分析。如图 2-13a 所示，分析时可去掉三根支座链杆，只分析上部体系 $ABCD$。当体系支座链杆多于三根时，应考虑把地基作为一刚片，将体系本身和地基一起用三刚片规则进行分析；否则，往往会得出错误的结论，如图 2-13b 所示。

4）先确定一部分，连续几次使用两刚片或三刚片规则，逐步扩大到整个体系。如图 2-14所示体系，可以先确定铰 A、B 均在地基刚片上，然后再连续使用两次两刚片规则，就可判定是无多余约束的几何不变体系。

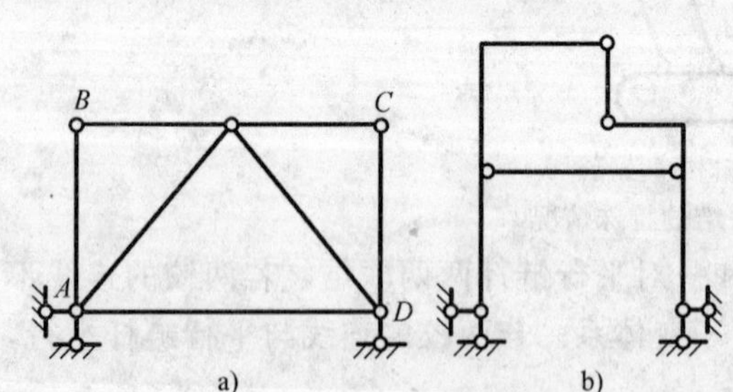

图 2-13　支座链杆的处理

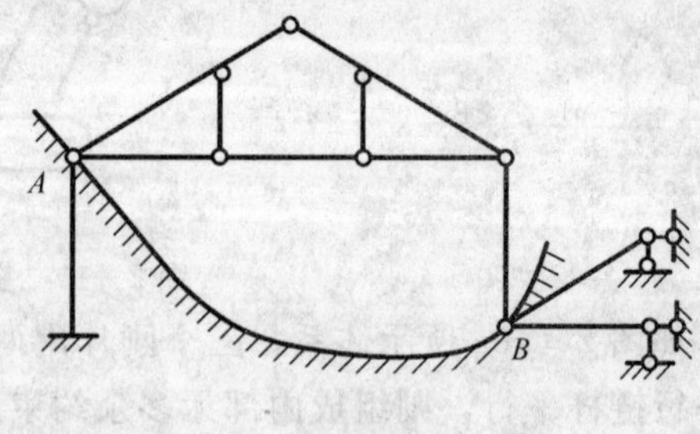

图 2-14　规则的重复使用

5）链杆和刚片可以相互转化。如图 2-15 所示体系，分析时可以将刚片 ABC、DEF 看成是等效链杆 AC、DF，刚片Ⅰ用三根不交于一点也不相互平行的链杆 AC、DF、GH 联结，组成没有多余约束的几何不变体系。

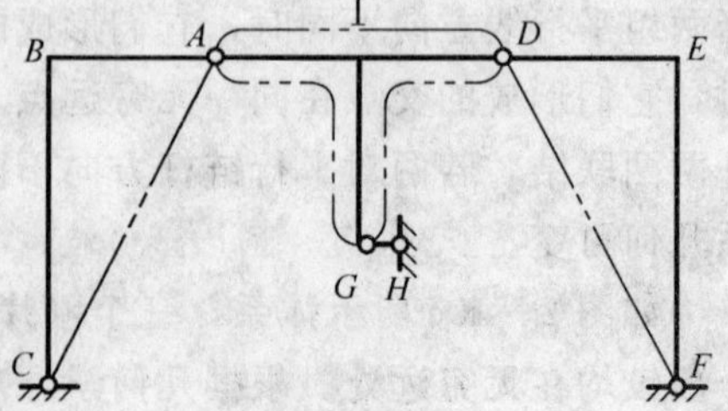

图 2-15　链杆与刚片的相互转化

在进行分析时，体系中的每根杆件和约束都不能遗漏，也不可重复使用（复铰可重复使用，但重复使用的次数不能超过其相当的单铰数)。当分析进行不下去时，一般是所选择的刚片或约束不恰当，应重新选择刚片或约束再试。对于某一体系，可能有多种分析途径，但结论是唯一的。

2.4 平面体系几何构造分析示例

利用 2.3 节所述的规则及方法能够解决一般工程上常见的平面杆件体系的几何构造分析问题。具体分析时可将易直观判定为内部几何不变的部分当作刚片，并应注意检查刚片之间的联结是否符合两刚片或三刚片的组成规则。

【例 2-1】 试分析图 2-16 所示体系的几何构造。

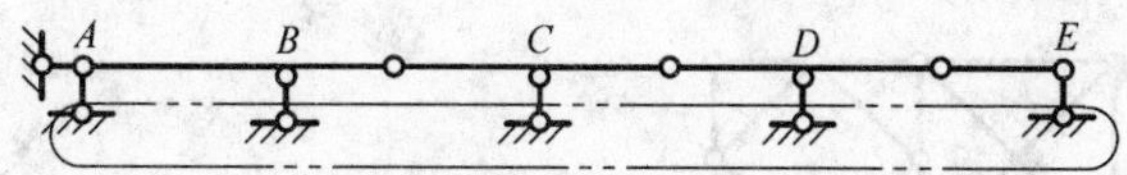

图 2-16 例 2-1 图

解：地基为一刚片，首先，*AB* 段梁与地基用三根链杆按“两刚片规则”相连，为无多余约束的几何不变体系。此不变体系可看作是一个扩大了的刚片。其次，*BC* 段梁与上述扩大了的刚片之间用一铰一链杆按“两刚片规则”相连，于是形成一个包括 *BC* 段梁在内的“大刚片”；同样 *CD* 段梁又与上述“大刚片”按两刚片规则相连，最后 *DE* 段梁也可同样分析。因此，整个体系为没有多余约束的几何不变体系。

【例 2-2】 试分析图 2-17 所示体系的几何构造。

解：*AC*、*BC* 和基础分别看成刚片Ⅰ、Ⅱ、Ⅲ。刚片Ⅰ与基础Ⅲ之间用链杆 1 和 2 相连，链杆 1 和 2 在其交点处为瞬铰 *D*；同理，连接刚片Ⅱ和基础Ⅲ之间的链杆 3 和 4 在其交点处为瞬铰 *E*；刚片Ⅰ和Ⅱ用铰 *C* 相连。*C*、*D*、*E* 三铰不在一直线上，则形成无多余约束的几何不变体系。

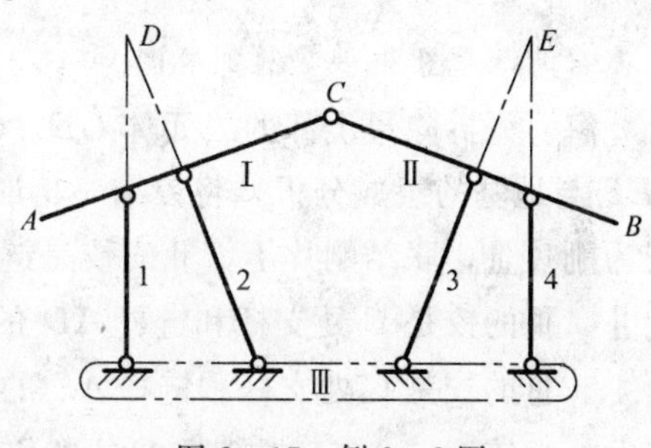

图 2-17 例 2-2 图

【例 2-3】 试分析图 2-18a 所示体系的几何构造。

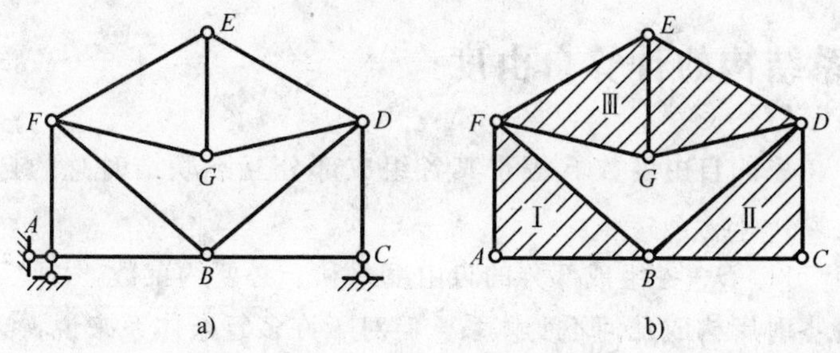

图 2-18 例 2-3 图

解：此体系的支座链杆只有三根，且不全平行也不交于一点。若体系本身为一刚片，则它与地基是按两刚片规则组成的，因此只需分析体系本身是不是一个几何不变的刚片即可。先去掉三根支杆，得到图 2-18b 所示体系。根据二元体（或三刚片）规则，先分成几何不变部分 *ABF*、*BCD* 及 *DEFG*，分别看成大刚片Ⅰ、Ⅱ、Ⅲ。刚片Ⅰ、Ⅱ、Ⅲ之间用铰 *B*、

D、F 两两相连，且三铰不在一直线上，故体系内部不变，加上三支杆后仍几何不变，则体系为几何不变体系，且无多余约束。

【例 2-4】 试分析图 2-19a 所示体系的几何构造。

解：去掉与地基联结的三根链杆，得到图 2-19b 所示体系。分析时可从左右两边均按结点 1，2，3，…的顺序拆去二元体，最后剩下刚片 9-10，但当拆到结点 6 时，即发现二元体的两杆在一直线上，故此体系为瞬变体系。当然也可以把中间的 9-10 杆当作基本刚片，而按结点 8，7，…的顺序增加二元体，当加到结点 6 时同样可发现二元体的两杆在一直线上，故知为瞬变体系。

【例 2-5】 试分析图 2-20a 所示体系的几何构造。

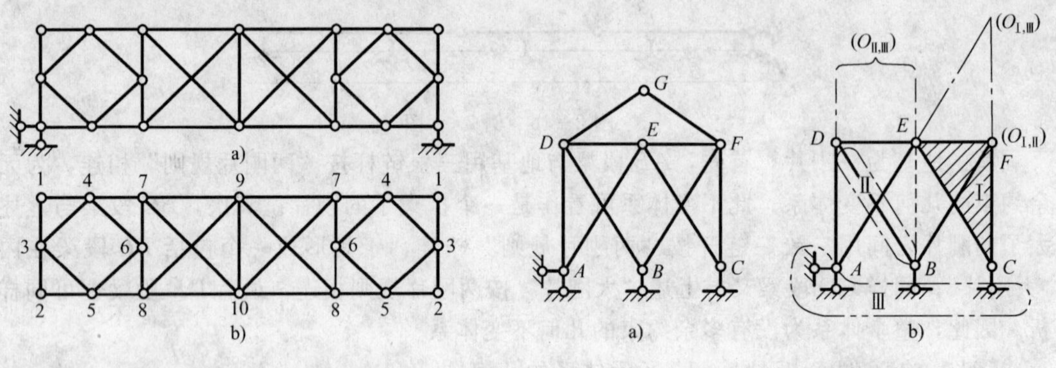

图 2-19 例 2-4 图　　　　图 2-20 例 2-5 图

解：先拆除最上部的二元体 GD、GF，得到图 2-20b 所示体系，不影响对下部 $ABCDEF$ 与地基的组成分析。将铰结三角形 CEF 视为刚片Ⅰ，BD 视为刚片Ⅱ，地基连同铰 A 视为刚片Ⅲ；联结刚片Ⅰ、Ⅱ的铰是链杆 BF 和链杆 DE 的交点 F，也就是 $O_{Ⅰ,Ⅱ}$，联结刚片Ⅱ、Ⅲ的铰是 B 处支杆和链杆 AD 的交点 $O_{Ⅱ,Ⅲ}$（两杆平行，交点在无穷远处），联结刚片Ⅰ、Ⅲ的铰是 C 处支杆和链杆 AE 的交点 $O_{Ⅰ,Ⅲ}$。交点 $O_{Ⅰ,Ⅱ}$ 和交点 $O_{Ⅰ,Ⅲ}$ 的连线与形成无穷远处虚铰 $O_{Ⅱ,Ⅲ}$ 的一根链杆 DA 和 B 处支杆相互平行，则形成瞬变体系（注意：所有刚片和约束都用了，没有重复的，也没有没用的）。

2.5 平面杆系结构的计算自由度

由前述可知，体系的自由度数 S 等于其各组成部分互不联结时总的自由度数减去体系中的必要约束数，即

$$S=\text{各组成部分的自由度总和}-\text{必要约束数} \tag{2-1}$$

当上述差值为零时则构成几何不变体系。但对于许多复杂体系来说，必要约束并非都易直观判定，因此就需要引入有关计算自由度 W 的概念。

$$W=\text{各组成部分的自由度总和}-\text{全部约束数} \tag{2-2}$$

式（2-2）中只需要知道全部约束的总数，而不需要研究哪些约束是必要约束这个难题。

由于全部约束数减去必要约束数便是多余约束数 n，因此由式（2-1）减去式（2-2），

得

$$S-W=n \tag{2-3}$$

这就是计算自由度 W、自由度 S 和多余约束数 n 三者之间的关系式。

把体系看作是由许多刚片受铰结、刚结和链杆等约束而组成的，以 m 表示体系中刚片的个数，则刚片自由度总和为 $3m$。以 g 代表单刚结的数目，h 代表单铰结的数目，b 代表链杆根数（包括支杆），则约束总数为 $3g+2h+b$。因此体系的计算自由度 W 可表示为

$$W=3m-(3g+2h+b) \tag{2-4}$$

将体系中的结点看作是具有自由度的对象，而将链杆（包括支杆）看作对结点施加的约束。体系中的复杂链杆应折合成单链杆计入。以 j 代表结点个数，b 代表单链杆根数，则 W 可表示为

$$W=2j-b \tag{2-5}$$

求体系的计算自由度时应注意：①复铰要换算成单铰；②固定铰支座、定向支座相当于两个支承链杆，固定端相当于 3 个支承链杆。

任何平面体系的计算自由度，按式（2-4）或式（2-5）计算的结果，将有以下三种情况：

1）W 并不一定是体系的实际自由度，仅说明体系必须的约束数目够不够，即 $W>0$，表明体系缺少足够的联系，因此是几何可变的；$W=0$，表明体系具有成为几何不变所必需的最少联系数目；$W<0$，表明体系具有多余约束；$W\leqslant 0$ 时，体系是否几何不变取决于体系的具体构造。

2）S 和 n 不仅与体系所具有的部件和约束有关，还与体系的具体构造有关；而 W 只与体系所具有的部件和约束有关。

3）由于体系的实际自由度 S 和多余约束 n 都不会是负数，所以由式（2-4）、式(2-5)尽管得不到体系的自由度 S 和多余约束 n，但可以得到它们的下限

$$S\geqslant W,\ n\geqslant -W$$

【例 2-6】 求图 2-21 所示体系的计算自由度。

解：铰结体系，用式（2-5）计算。铰结点 $j=6$，链杆数 8，支杆数 4，则总数 $b=8+4=12$

所以 $W=2j-b=2\times 6-12=0$

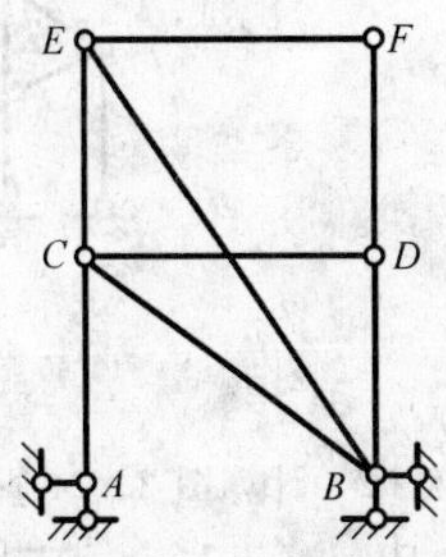

图 2-21　例 2-6 图

【例 2-7】 求图 2-22 所示体系的计算自由度。

解：刚片体系，用式（2-4）计算。AB、BC、CDE 各是一个刚片，$m=3$；B 及 C 处各为一个单铰，$h=2$；A 处固定支座相当于 3 个支杆；D 处铰支座相当于两个支杆，$b=3+2=5$，所以 $W=3m-(3g+2h+b)=3\times 3-(3\times 1+2\times 1+0)=0$。

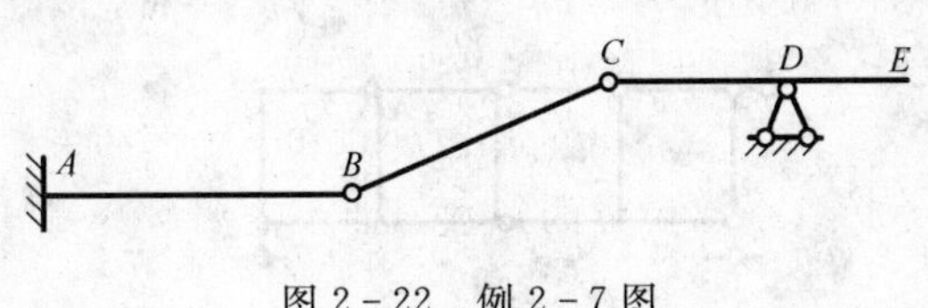

图 2-22　例 2-7 图

习 题

2-1 试对图示平面体系进行几何构造分析。

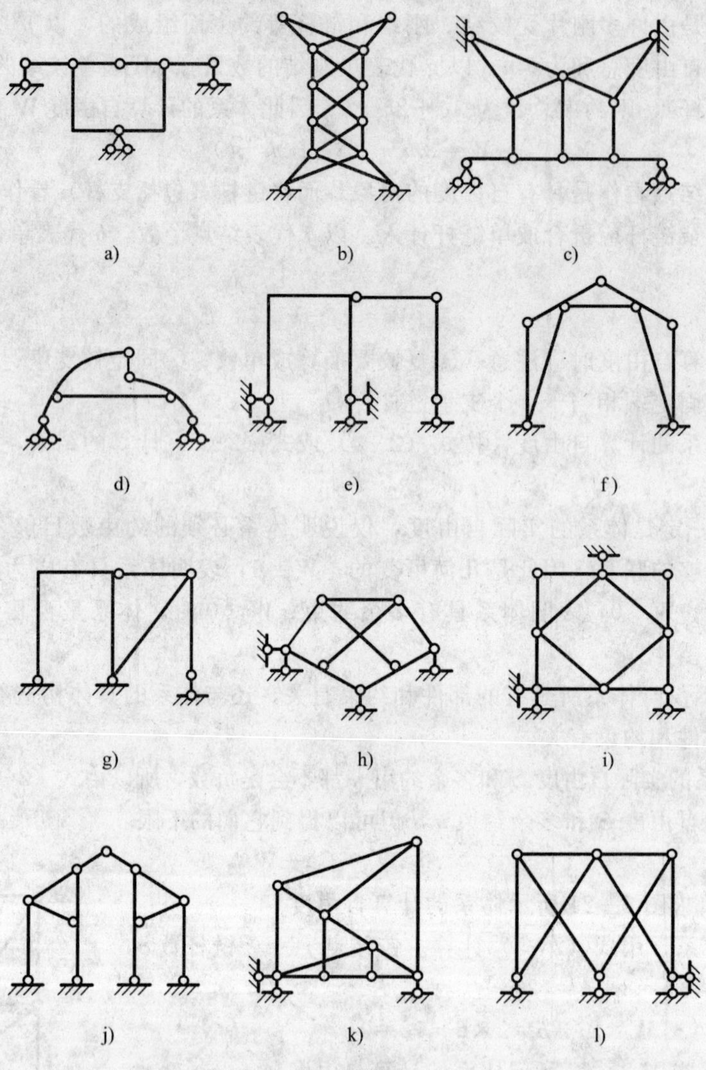

图 2-23 习题 2-1 图

2-2 计算图 2-24 所示体系的自由度，并分析体系的几何构造。

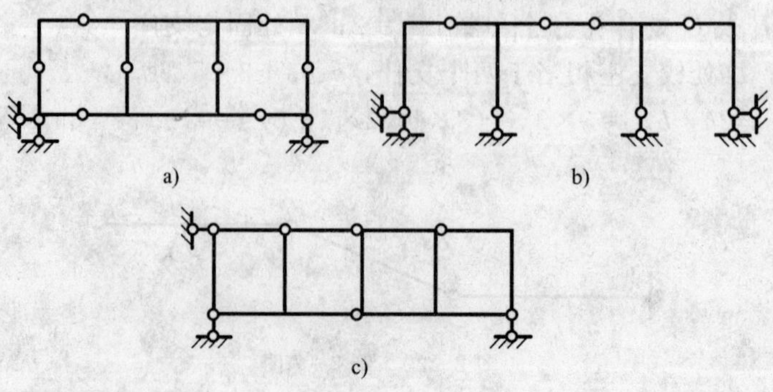

图 2-24 习题 2-2 图

第1篇　结构的静力分析

第3章　静定结构的内力分析

3.1　概述

静定结构在实际工程中应用很广，例如，多跨静定梁可用作檩条，桁架可用作桥梁或屋盖支承体系等。静定结构内力的计算是结构位移计算和超静定结构内力计算的基础，因此，熟练地掌握静定结构内力的计算方法，深入地了解各种结构的力学性能，在结构力学的学习过程中是至关重要的。

静定结构的种类很多，包括静定梁、静定刚架、静定桁架和静定组合结构，如图3-1所示。本章结合工程中常见的结构形式来讨论静定结构的受力和传力问题，为结构力学后续相关内容打下良好的基础。

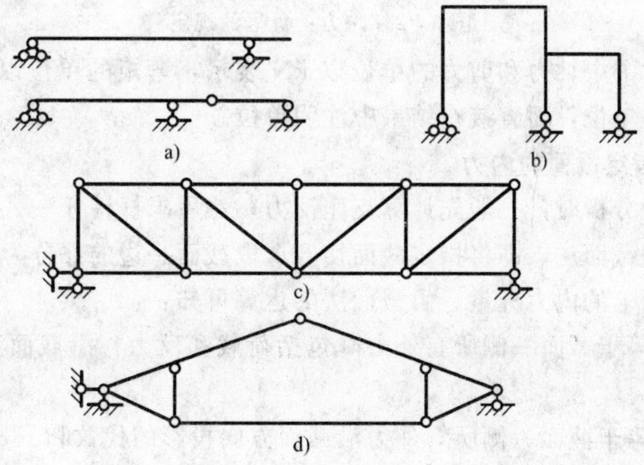

图3-1　常见静定结构

由上一章内容可知，静定结构是没有多余约束的几何不变体系，超静定结构是具有多余约束的几何不变体系。因此静定结构的静力特征为：在任意荷载作用下，静定结构的全部反力和内力都可以根据静力平衡条件求得，而且满足静力平衡条件的解答是唯一的（变形条件和约束条件自然满足）。

静定结构内力分析的方法是适当地选取隔离体，正确地运用静力平衡条件计算约束反力及内力。由材料力学可知，静力平衡条件就是在平面内沿 x、y 轴方向的平衡条件和平面内任一点的力矩平衡条件，其方程的形式为 $\sum F_x = 0$、$\sum F_y = 0$ 和 $\sum M = 0$ 。求解联立的平衡方程，可得静定结构的所有支座反力和内力。但在静定结构的内力分析中，不能仅满足于这种能够求解的要求，而应该力求避免求解联立方程，最好做到一个平衡方程中只含一个未知数，或者使联立方程式的数目尽量减少，以简化计算工作。

3.2 静定梁的内力分析

3.2.1 单跨静定梁

1. 平面结构的内力、正负号及其单位的规定

平面杆件的任一截面上一般有三个内力分量：轴力 F_N、剪力 F_Q 和弯矩 M。

截面上应力沿杆轴切线方向的合力称为轴力 F_N，以拉力为正，压力为负（图 3-2a）。

截面上应力沿杆轴法线方向的合力称为剪力 F_Q。当剪力对所取隔离体产生的力矩为顺时针方向时为正，逆时针方向时为负（图 3-2b）。

截面上应力对截面形心的力矩称为弯矩 M。对水平杆件，常设使杆件下部受拉的弯矩为正，上部受拉的为负（图 3-2c）。

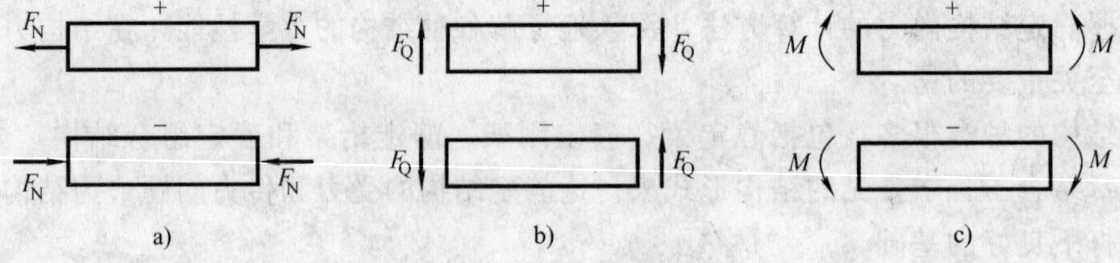

图 3-2 内力正负号的规定

为方便起见，本书中轴力和剪力的单位以 kN 表示，弯矩的单位以 kN · m 表示，这样在计算过程中可略去单位，而直接在结果中注明单位。

2. 截面法求解指定截面的内力

对杆件进行受力分析时，一般先计算支座反力，然后求杆件任一截面内力。计算指定截面内力的基本方法是截面法，即将指定截面切开，取截面一边的部分为隔离体，由隔离体的平衡条件确定此截面上的内力分量。由截面法的运算可知：

1）轴力的数值等于截面一侧所有外力（包括荷载和反力）沿截面法线方向投影的代数和。

2）剪力的数值等于截面一侧所有外力沿截面方向投影的代数和。

3）弯矩的数值等于截面一侧所有外力对截面形心的力矩的代数和。

应用截面法时，要注意以下几点：

1）隔离体与其周围的约束要全部截断，而以相应的约束力代替。

2）隔离体受力图中只画隔离体本身所受的荷载与截断约束处的约束力，不画隔离体施加给周围的力。

3）隔离体上的未知力一般假设为正方向，已知力按实际方向画出。由隔离体平衡条件解得未知力时，若计算结果为正值，则内力的实际方向与假设的方向一致；反之，则内力的实际方向与假设的方向相反。

3. 内力与荷载的关系

材料力学中论述的内力与荷载之间的关系，反映了内力图的特征，熟悉掌握内力图的特征将便于绘制和校核内力图，而内力图的特征可由内力与荷载的微分关系得知。

在简支梁 AB 中，如图 3-3a 所示，取 x 轴与梁轴重合，以向右为正。荷载垂直于杆轴并以向下为正。从梁内取出微段 dx 为隔离体，微段上的内力和荷载集度如图 3-3b 所示。

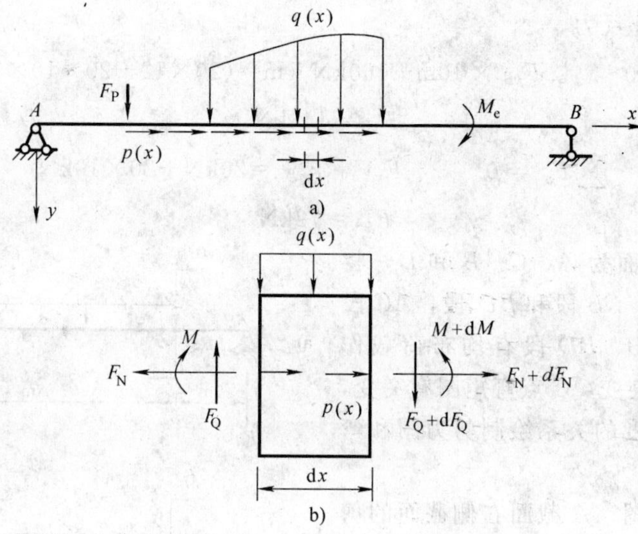

图 3-3　简支梁内力与荷载分析

应用静力平衡条件，并略去高阶微量，可导出杆件内力之间以及内力与荷载集度之间的微分关系

$$\frac{dF_Q}{dx}=-q$$

$$\frac{dM}{dx}=F_Q$$

$$\frac{d^2M}{dx^2}=-q$$

由以上微分关系可以看出：

1）梁上无荷载[$q(x)=0$]的区段，F_Q 为一常数，故剪力图为与杆件轴线平行的直线，而弯矩图为一斜直线，其斜率就等于杆的剪力。

2）梁上有均布荷载区段，剪力图为斜直线，而弯矩图为二次抛物线，抛物线凸的方向与荷载的指向相同。

3）集中力作用点的两侧，剪力图有突变，其差值等于该集中力。在集中力作用点处弯矩是连续的，但因两侧斜率不同，故在弯矩图上形成尖点。

4）集中力偶作用下，剪力图无变化，但在集中力偶两侧弯矩有突变，其差值等于该力偶矩，在弯矩图中形成台阶。又因集中力偶作用面两侧的剪力值相同，所以作用面两侧弯矩图的切线应互相平行。

在绘制内力图时，先在杆件上找出控制截面，即集中力、集中力偶作用点，以及分布荷载的起点和终点，这些控制截面将杆件划分成若干区段，每个区段要么没有荷载作用，要么只有分布荷载作用；只要求得各控制截面的内力，利用上述内力与荷载之间的微分关系，就可以将内力图作出。结构力学中规定内力图竖标应垂直杆件轴线画出。在绘制轴力图和剪力图时，图形的正号部分可画在杆件的任一侧，负号部分则画在另一侧，并要注明正负号；而弯矩图则应画在杆件纤维受拉的一侧，不注正负号。

【例 3-1】 如图 3-4 所示的外伸梁。已知：$q=20\text{kN/m}$，$F_P=20\text{kN}$，$M_e=160\text{kN}\cdot\text{m}$，绘此梁的剪力图和弯矩图。

解：(1) 求支座反力

$$\sum M_A=0 \qquad F_{yB}\times 10\text{m}+160\text{kN}\cdot\text{m}=(20\times 12+20\times 10\times 7)\text{kN}\cdot\text{m}$$

$$F_{yB}=148\text{kN}$$

$$\sum F_y=0 \qquad F_{yA}+F_{yB}=20\text{kN}+20\times 10\text{kN}$$

$$F_{yA}=72\text{kN}$$

此梁的控制截面为 A、C、B 和 D，将此梁划分为 AC 段、CB 段和 BD 段，AC 段没有荷载作用，CB、BD 段有均布荷载作用，B 点剪力图有突变，C 点弯矩图有突变，根据内力和荷载集度的关系绘制剪力图和弯矩图。

(2) 绘制剪力图　A 截面右侧截面的剪力等于支反力 F_{yA}，因 F_{yA} 绕着 AD 梁顺时针方向旋转，为正，$F_{yA}=72\text{kN}$，又因为 AC 段无荷载作用，所以 AC 段的剪力图为一水平线。

B 截面有集中力 F_{yB}，所以 B 截面左、右两侧的剪力不同。

$$F_{QB左}=F_{yA}-q\times 8\text{m}=-88\text{kN}$$

$$F_{QB右}=F_P+q\times 2\text{m}=60\text{kN}$$

CB 段作用有均布荷载，剪力图为一斜线。

D 截面有集中力 F_P 作用，F_P 绕 AD 梁顺时针方向旋转，故为正值，$F_P=20\text{kN}$。又因 BD 段上作用有均布荷载，剪力图为一斜线。

因 B 截面有集中力 $F_{yB}=148\text{kN}$，集中力作用点的两侧，剪力图有突变，突变值为 $(88+60)\text{kN}=148\text{kN}$。

(3) 绘制弯矩图　A 点为简支端，弯矩 $M_A=0$。C 点有集中力偶作用，在截面 C 处

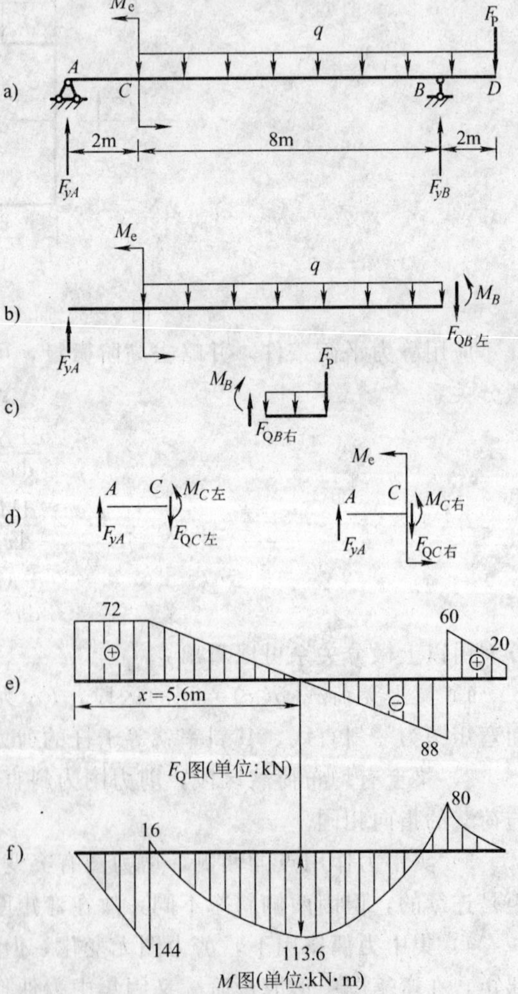

图 3-4　例 3-1 图

弯矩图有突变，$M_{C左}=F_{yA}\times 2\text{m}=144\text{kN}\cdot\text{m}$，$AC$ 段无均布荷载，弯矩为一斜直线。再求出 $M_{C右}=F_{yA}\times 2\text{m}-M_e=-16\text{kN}\cdot\text{m}$，$M_B=-F_P\times 2\text{m}-q\times 2\text{m}\times 1\text{m}=-80\text{kN}\cdot\text{m}$，$CB$ 段有均布荷载作用，弯矩图是一条二次抛物线，且向下凸，但必须注意：CB 段剪力图上有剪力等于零的截面，弯矩图在该截面上斜率必为零，有极值弯矩。要求出极值弯矩，首先必须求出剪力等于零的截面位置，如果该截面离 A 支座的距离用 x 表示，可令 $F_Q(x)=0$，求出 x 的值，即

$$F_Q(x)=F_{yA}-q(x-2)=72-20(x-2)=0$$

得

$$x=5.6\text{m}$$

故

$$M_{极值}=F_{yA}x-M_e-q\frac{(x-2)^2}{2}=[72\times 5.6-160-20\times\frac{(5.6-2)^2}{2}]\text{kN}\cdot\text{m}=113.6\text{kN}\cdot\text{m}$$

BD 段，已求出 $M_B=-80\text{kN}\cdot\text{m}$，而 D 为自由端 $M_D=0$，同时 BD 段有均布荷载作用，弯矩图为二次抛物线，且向下凸。

4. 区段叠加法绘制弯矩图

对于线弹性结构的直杆段，用区段叠加法作弯矩图是很简便的。

现以一简支梁来说明。如图 3-5a 所示的简支梁，在各种荷载作用下保持平衡，取其中的一段直杆 AB 为隔离体，如图 3-5b 所示。AB 段在均布荷载 q 及 A、B 截面的内力的共同作用下维持平衡，A、B 截面的内力可以用截面法求得，AB 杆 A 端的弯矩、剪力和轴力分别为 M_{AB}、F_{QAB} 和 F_{NAB}，AB 杆 B 端的弯矩、剪力和轴力分别为 M_{BA}、F_{QBA} 和 F_{NBA}。在线弹性小变形理论中，杆端轴力 F_{NAB} 和 F_{NBA} 对杆 AB 的弯矩没有影响，暂不考虑这两个内力。将 AB 段看成是一简支梁 AB，简支梁 AB 承受均布荷载 q 和端截面集中力矩 M_{AB}、M_{BA} 的作用，简支梁 AB 的支座反力分别等于杆段 AB 的端截面剪力 F_{QAB} 和 F_{QBA}。根据叠加原理，图 3-5c 的弯矩图可由图 3-5d 和图 3-5e 叠加而成。图 3-5d 和 e 叠加时，先画出杆端弯矩 M_{AB} 和 M_{BA} 的纵标，并连以虚线作为叠加的基线，如图 3-5d 所示，再将均布荷载作用下的简支梁弯矩图（图 3-5e）叠加在图 3-5d 上，得 AB 段最终弯矩图（图 3-5f）。应注意：两个弯矩图的叠加不是图形的简单拼合，而是指弯矩纵标的叠加。

上述直杆弯矩图的叠加法可叙述为：任一直杆，如果已知两端的弯矩，则杆件的弯矩图等于在两端弯矩纵标的连线上再叠加将该杆作为简支梁在外荷载作用下的弯矩图。

这一方法的作图步骤为：首先在全结构上用截面法求出杆端弯矩，再垂直于杆轴方向画出杆端弯矩纵标（注意哪一侧受拉），将区段两端的弯矩纵标连以虚直线，然后以此虚直线为基线，叠加以简支梁在荷载作用下的弯矩图，所得的图线与原水平基线之间所包含的图形，即为原梁该区段的弯矩图。上述的区段叠加法可以明显地表示出一个图形较复杂的弯矩图是由哪几个简单图形所组成的，这就为今后利用图乘法计算结构位移提供了许多方便。

如果荷载不是均布荷载，以及当荷载不垂直于杆轴时，上述直杆弯矩图的叠加法仍然有效。

【例 3-2】 绘制图 3-6a 所示梁的剪力图和弯矩图。

解：首先计算支座反力。取全梁为隔离体，由 $\sum M_B=0$

知 $F_{yA}\times 8\text{m}-20\times 9\text{kN}\cdot\text{m}-30\times 7\text{kN}\cdot\text{m}-5\times 4\times 4\text{kN}\cdot\text{m}-10\text{kN}\cdot\text{m}+16\text{kN}\cdot\text{m}=0$

得

$$F_{yA}=58\text{kN}\ (\uparrow)$$

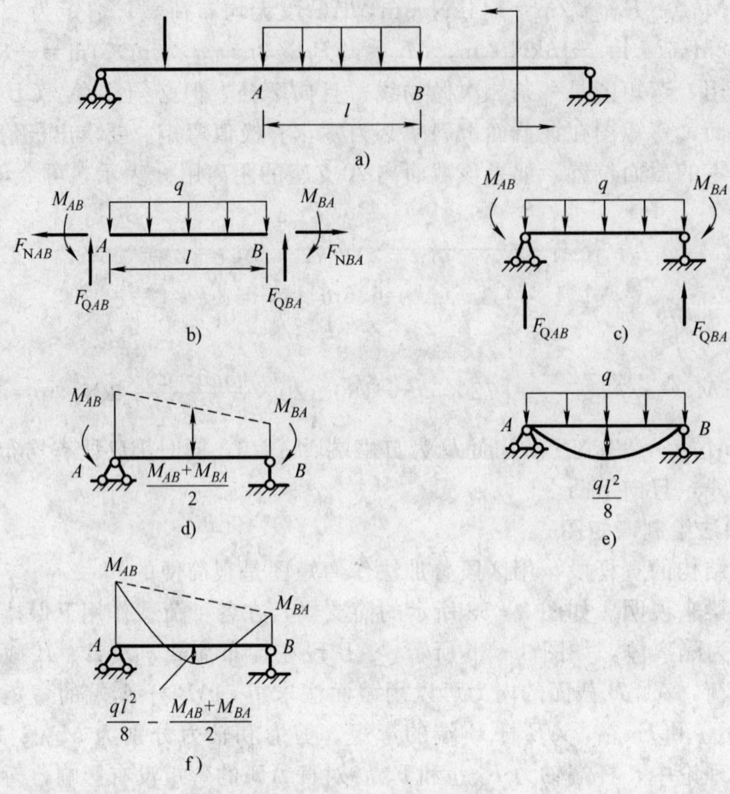

图 3-5　区段叠加法作弯矩图

再由 $\sum F_y=0$，可知

$$F_{yB}=(20+30+5\times4-58)\text{kN}=12\text{kN}(\uparrow)$$

绘制剪力图，用截面法算出下列各控制截面的剪力值：

$$F_{QC右}=-20\text{kN}$$

$$F_{QA右}=(-20+58)\text{kN}=38\text{kN}$$

$$F_{QD右}=(-20+58-30)\text{kN}=8\text{kN}$$

$$F_{QE}=F_{QD右}=8\text{kN}$$

$$F_{QF}=-12\text{kN}$$

$$F_{QB}=-12\text{kN}$$

绘制剪力图，如图 3-6b 所示。

绘制弯矩图，用截面法求出下列各控制截面的弯矩值：

$$M_C=0$$

$$M_A=-20\times1\text{kN}\cdot\text{m}=-20\text{kN}\cdot\text{m}$$

$$M_D=(-20\times2+58\times1)\text{kN}\cdot\text{m}=18\text{kN}\cdot\text{m}$$

$$M_E=(-20\times3+58\times2-30\times1)\text{kN}\cdot\text{m}=26\text{kN}\cdot\text{m}$$

$$M_F=(12\times2-16+10)\text{kN}\cdot\text{m}=18\text{kN}\cdot\text{m}$$

$$M_{G左}=(12\times1-16+10)\text{kN}\cdot\text{m}=6\text{kN}\cdot\text{m}$$

$$M_{G右}=(12\times1-16)\text{kN}\cdot\text{m}=-4\text{kN}\cdot\text{m}$$

$$M_{B左}=-16\text{kN}\cdot\text{m}$$

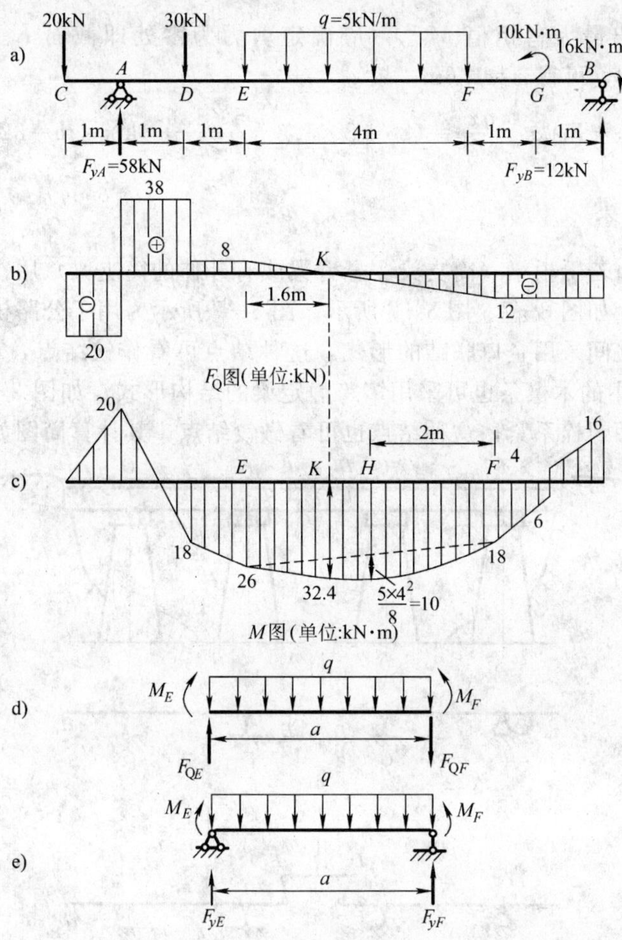

图 3-6　例 3-2 图

此时可绘制弯矩图，如图 3-6c 所示，其中 EF 段梁的弯矩图可用叠加法绘出。取出 EF 段梁为隔离体，如图 3-6d 所示，不难看出它与一个跨度等于此段梁长度并承受同样荷载 q 及端弯矩 M_E、M_F 作用的相应简支梁（图 3-6e）的受力情况是相同的。因为若在两者中分别用平衡条件求 F_{QE}、F_{QF} 和 F_{yE}、F_{yF}，便可得知 $F_{QE}=F_{yE}$，$F_{QF}=-F_{yF}$，即它们所求外力完全相同，因而两者具有相同的内力图。于是，在绘 EF 段梁的弯矩图时，就可以先将其两端弯矩 M_E、M_F 画出并连以直线（图中虚线），然后以此直线为基线再叠加相应的简支梁在荷载 q 作用下的弯矩图。此段梁中点 H 处的弯矩为

$$M_H=\frac{M_E+M_F}{2}+\frac{qa^2}{8}=\left(\frac{26+18}{2}+\frac{5\times4^2}{8}\right)\text{kN}\cdot\text{m}=(22+10)\text{kN}\cdot\text{m}=32\text{kN}\cdot\text{m}$$

这种绘制某段梁弯矩图的叠加法，可称为"拟简支梁的区段叠加法"，它对任何直杆区段都是适用的。此题中的 AE 段梁也可用同样的方法画出其弯矩图，即把 AE 段梁看成是一个承受跨中集中荷载 30kN 和端弯矩 M_A、M_E 作用的简支梁，画出 A、E 截面的弯矩 M_A、M_E，连以直线，然后以此直线为基线叠加相应简支梁在集中荷载作用下的弯矩图，AE 段梁中点处的弯矩为

$$M_D=\frac{M_E-M_A}{2}+\frac{30\times2}{4}\text{kN}\cdot\text{m}=\left(\frac{26-20}{2}\right)\text{kN}\cdot\text{m}+15\text{kN}\cdot\text{m}=18\text{kN}\cdot\text{m}$$

最后，为了求出最大弯矩值 $M_{\max}$，应确定剪力为零处即截面 K 的位置。由 $F_{QK}=F_{QE}-qx=8-5x=0$，可得 $x=1.6\text{m}$。故

$$M_{\max}=M_E+F_{QE}x-\frac{qx^2}{2}=(26+8\times1.6-\frac{5\times1.6^2}{2})\text{kN}\cdot\text{m}=32.4\text{kN}\cdot\text{m}$$

3.2.2 多跨静定梁

多跨静定梁是由若干根梁（简支梁、悬臂梁或有外伸的简支梁）用铰联结，并与基础联结而成的静定结构，如图 3-7、图 3-8 所示。图 3-7 所示为用于公路桥的钢筋混凝土多跨静定梁，各单跨梁之间采用企口联结的形式，这种结点可看作铰结点，其计算简图如图 3-7b 所示。房屋建筑中的木檩条也可采用多跨静定梁的结构形式，如图 3-8 所示。在檩条接头处采用斜搭接并用螺栓系紧，这种结点也可看做铰结点，其计算简图如图 3-8b 所示。

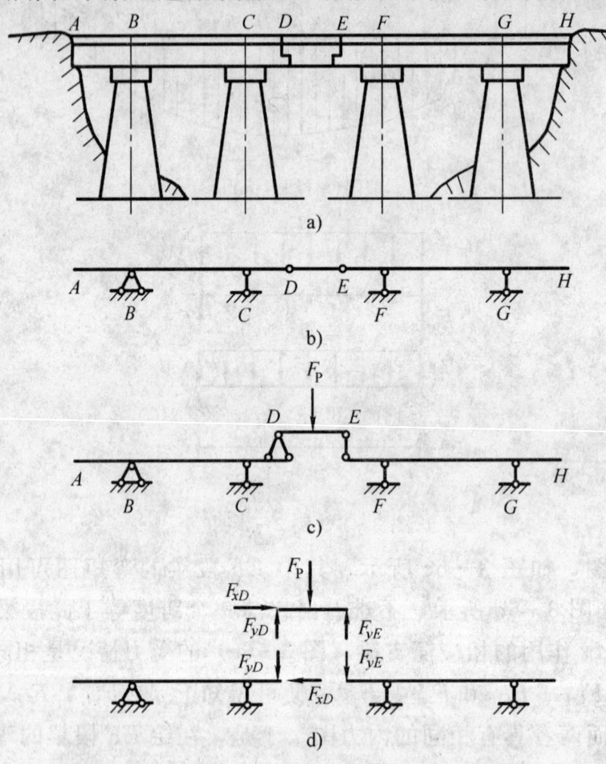

图 3-7　公路桥的钢筋混凝土多跨静定梁

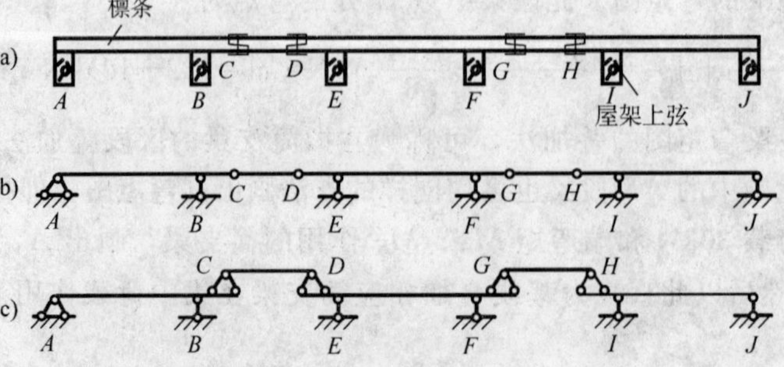

图 3-8　房屋木檩条的多跨静定梁

从几何构造来看，多跨静定梁可分为基本部分和附属部分。不依靠其他部分而能独立承受荷载的几何不变体系称为基本部分，如图 3－7 所示，其中的 ABC 段，由必需的链杆与地基联结，不必依赖其他部分的存在而独立地维持其几何不变性，这就是基本部分；FGH 段也是一基本部分。必须依靠基本部分才能独立承受荷载的几何不变体系称为附属部分，如图 3－7 中的 DE 段，必须依靠 ABC 段和 FGH 段才能维持几何不变性。显然，若附属部分被破坏或拆除，基本部分仍为几何不变；反之，若基本部分被破坏，则附属部分必然已被破坏。为了更清晰地表示各部分之间的支承关系，可以把基本部分画在下层，而把附属部分画在上层，如图 3－7c、图 3－8c，称为层叠图。

从受力分析来看，多跨静定梁是由几根梁组成的，组成的次序是先固定基本部分，后固定附属部分。多跨静定梁的层叠图清楚地表明了各部分之间的传力路线，作用在基本部分上的荷载对附属部分的内力不产生影响，而作用于附属部分的荷载还对支承它的基本部分产生内力。因此，计算多跨静定梁的顺序应是先计算附属部分，再计算基本部分。计算时，应根据层叠图将附属部分的支座反力，反向作用在它的基本部分上，按此逐层计算，如图 3－8c 所示。这样，就把多跨梁拆成了单跨梁，各个解决，从而避免解算联立方程。当每取一部分为隔离体计算时，其支座反力和内力的计算均与单跨梁的情况相同。将单跨梁的内力图连在一起，就是多跨梁的内力图。多跨梁弯矩和剪力的正负号规定，同单跨梁。绘制弯矩图时，一般把纵向距离画在纤维受拉的一侧。

【例 3－3】 绘制图 3－9a 所示梁的剪力图和弯矩图。

解：AB 梁为基本部分，$CDEF$ 梁虽只有两根纵向支座链杆与地基联结，但在垂直荷载作用下能独立维持平衡，故在垂直荷载作用下它为一基本部分。BC 梁及 FG 梁为附属部分。层叠图如图 3－9b 所示。分析应先从附属部分 FG 梁和 BC 梁开始，然后再分析 AB 梁和 $CDEF$ 梁。各段梁的隔离体图如图 3－9c 所示。

因梁上只承受垂直荷载，由整体平衡条件可知水平支座反力 $F_{xA}=0$，从而可推断出各铰结处的水平约束力均为零，全梁均不产生轴力。求出 FG 段梁的垂直反力后，将其反向即为作用在基本部分 $CDEF$ 段梁上的荷载，求出 BC 段梁的垂直反力后，将其反向即为作用在基本部分 AB 段梁和 $CDEF$ 段梁上的荷载，其中 $CDEF$ 段梁在铰 C 处除承受梁 BC 传来的反力 5kN（↓）外，还承受原作用在该处的荷载 10kN（↓）。其他各约束力和支座反力的数值均标明在图中，求出支座反力和约束力之后，即可按照上述方法逐段作出梁的弯矩图和剪力图，如图 3－9d、e 所示。

【例 3－4】 图 3－10a 所示多跨静定梁，全长承受均布荷载 q，各跨长度均为 l。若欲使梁上最大正、负弯矩的绝对值相等，试确定铰 B、E 的位置。

解：先分析附属部分，后分析基本部分（图 3－10b）。截面 C 的弯矩绝对值为

$$M_C=\frac{q(l-x)}{2}x+\frac{qx^2}{2}=\frac{qlx}{2}$$

由叠加法和对称性可绘出弯矩图的形状，如图 3－10c 所示。显然，全梁的最大负弯矩发生在截面 C、D 处。现在来分析全梁的最大正弯矩发生在何处。CD 段梁的最大正弯矩发生在其跨中截面 G 处，其值为

$$M_G=\frac{ql^2}{8}-M_C$$

而 AC 段梁中点的弯矩为

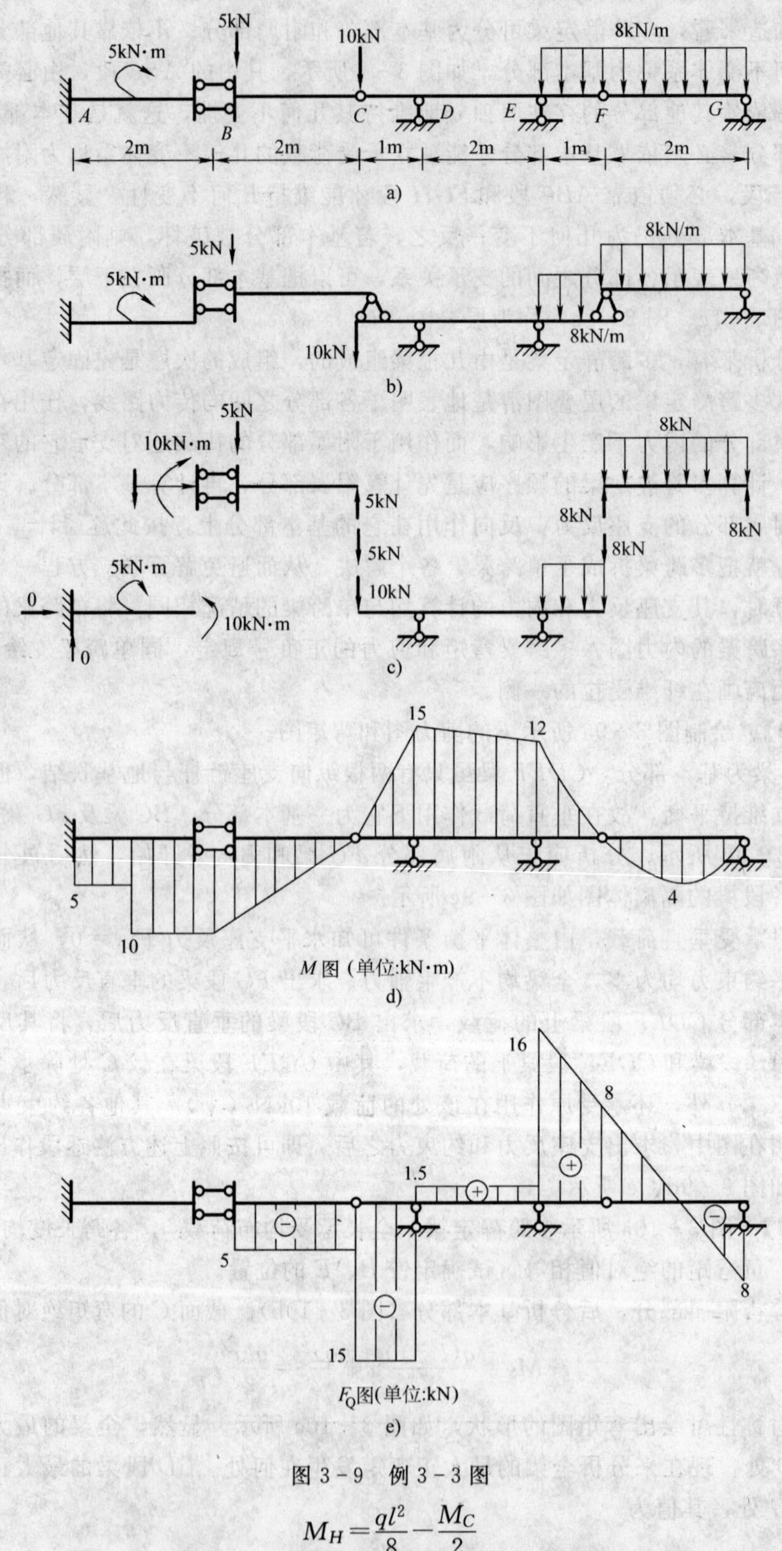

图 3-9 例 3-3 图

$$M_H=\frac{ql^2}{8}-\frac{M_C}{2}$$

可见 $M_H>M_G$。而在 AC 段梁中，最大正弯矩还不是 M_H，而是 AB 段中点处的 M_I，亦即 $M_I>M_H$，因而 $M_I>M_G$。因此，全梁的最大弯矩即为 M_I，其值为

$$M_I=\frac{q(l-x)^2}{8}$$

按题意要求，应使 $M_I=M_C$，从而得

$$\frac{q(l-x)^2}{8}=\frac{qlx}{2}$$

解得
$$x=(3-2\sqrt{2})l=0.1716l$$

并可求得
$$M_I=M_C=\frac{qlx}{2}=\frac{3-2\sqrt{2}}{2}ql^2=0.0858ql^2$$

及
$$M_G=\frac{ql^2}{8}-M_C=0.0392ql^2$$

若将此多跨静定梁的弯矩 M 图与相应多跨简支梁的弯矩图 M^0（图 3-10d）比较，可知前者的最大弯矩值要比后者的小 31.3%。这是由于在多跨静定梁中布置了伸臂梁的缘故，它一方面减小了附属部分的跨度，一方面又使得伸臂上的荷载对基本部分产生负弯矩，从而部分地抵消了跨中荷载所产生的正弯矩。因此，多跨静定梁比相应多跨简支梁在材料用量上较省，但构造上要复杂一些。

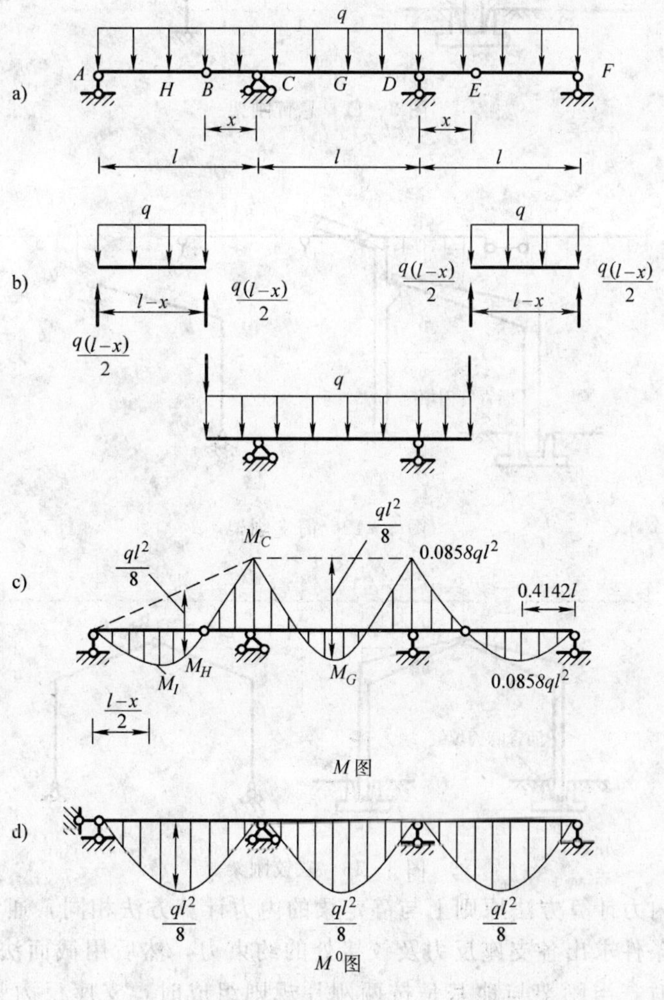

图 3-10　例 3-4 图

3.3 静定平面刚架的内力分析

一般由直杆组成、且全部结点或部分结点是刚结点的结构称为刚架。刚结点具有如下的特点：从变形角度来看，在刚结点处各杆不能发生相对转动，因而在变形前后各杆之间的夹角保持不变；从受力角度来看，刚结点可以承受和传递弯矩，在刚架中弯矩是主要内力。杆轴及荷载均在同一平面内且无多余约束的几何不变刚架称为静定平面刚架。静定平面刚架的基本型式有悬臂刚架（图 3-11）、简支刚架（图 3-12）及三铰刚架（图 3-13）。

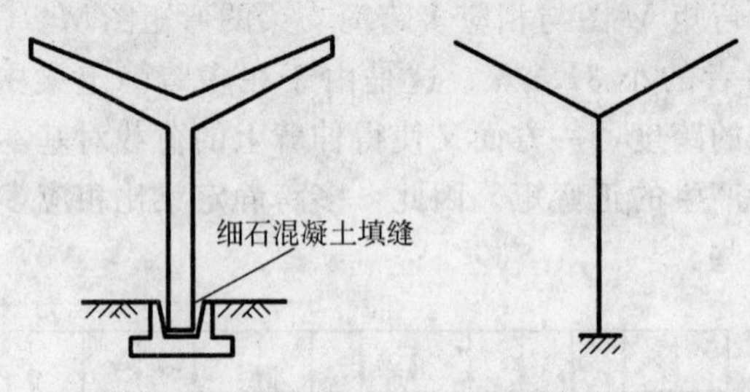

图 3-11 悬臂刚架

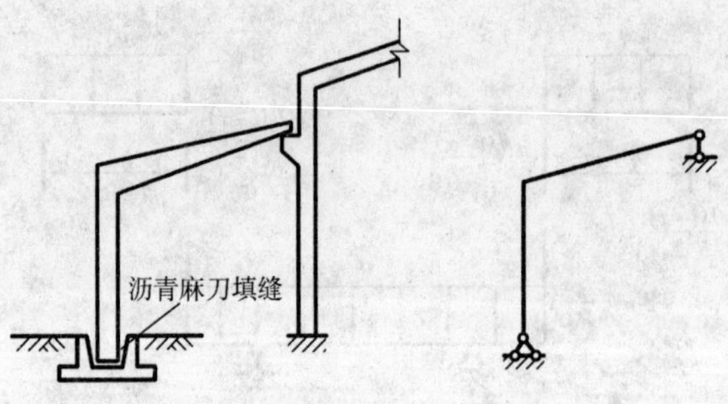

图 3-12 简支刚架

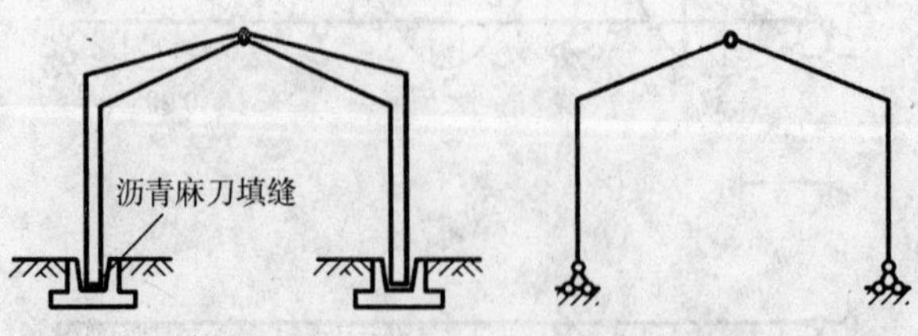

图 3-13 三铰刚架

静定刚架的内力计算方法原则上与静定梁的内力计算方法相同，通常是先由刚架的整体或局部的平衡条件求出各支座反力及铰接处的约束力，然后用截面法逐杆计算其内力。在计算支座反力时，当刚架与地基是按两刚片规则组成时，支座反力只有三个，直接由静力平衡条件求得；当刚架与地基是按三刚片规则组成时，支座反力有四个，除考虑结构整体的三个静力平衡方程外，还需再取刚架的左部（或右部）为隔离体建立一个平衡方程（通常是取铰结处 $\sum M = 0$），求出全部支座反力；当刚架是由基本部分与附属部分组成时，同样遵循先附属部分后基本部分的计算顺序。反力求出后，即可逐杆按照下列步骤绘制内力图：

1）分段：根据荷载不连续点、结点、支承点分段。

2）定形：根据每段内的荷载情况，定出内力图的形状。

3）求值：可按杆件的平衡条件列出的内力方程求值，也可由截面法求出控制截面的内力值。

4）绘图：绘制内力图时，可根据荷载情况按内力图的特征绘制内力图。刚架的弯矩图一律画在杆件受拉的一侧（若不便区分内外侧时可假设任一侧受拉为正），图中不标明正负号。刚架的剪力图和轴力图可画在杆件的任何一侧，但图中必须标明正负号，剪力和轴力正负号的规定与梁相同。

为了明确地表示刚架上不同截面的内力，应在内力符号后面引用两个脚标：第一个字母表示内力所属截面，第二个字母表示该截面所属杆件的另一端。例如，M_{AB} 表示 AB 杆 A 端截面的弯矩，F_{QAC} 则表示 AC 杆 A 端截面的剪力。

对较为复杂的静定刚架进行内力计算时，先对结构的几何构造进行分析是十分必要的，通过几何构造分析可以了解结构各部分之间的相互关系，有助于内力计算的顺利进行。

下面举例说明悬臂刚架、简支刚架、三铰刚架及由它们组成的复合刚架的内力计算步骤和方法。

【例 3-5】 作图 3-14 所示的刚架内力图。

解：先求出支座的反力，根据力的平衡可得

$$\sum F_x = 0, F_{xA} + 2\text{kN} = 0, F_{xA} = -2\text{kN}\ (\text{方向向左})$$

$$\sum F_y = 0, F_{yA} - 5\text{kN} = 0, F_{yA} = 5\text{kN}\ (\text{方向向上})$$

然后根据得到的反力，利用平衡方程求出刚架各段的内力。先取 BC 段为隔离体得

$$F_{NBC} = F_{NCB} = 0$$

$$F_{QBC} = F_{QCB} = 2\text{kN}$$

$$M_{BC} = 2\times 1\text{kN}\cdot\text{m} = 2\text{kN}\cdot\text{m}\ (\text{左侧受拉})$$

再取 AB 段计算得

$$F_{NAB} = F_{NBA} = 2\text{kN}$$

$$F_{QAB} = 5\text{kN},\ F_{QBA} = 0$$

$$M_{BA} = M_{BC} = 2\text{kN}\cdot\text{m}\ (\text{上边受拉})$$

$$M_{AB} - (2\times 1 + \frac{1}{2}\times 5\times 1^2)\text{kN}\cdot\text{m} = 4.5\text{kN}\cdot\text{m}\ (\text{上边受拉})$$

绘出 F_N、F_Q 和 M 图，如图 3-14 所示。

【例 3-6】 作图 3-15 所示的刚架内力图。

解：(1) 先求出支座的反力　根据力的平衡可得

$$\sum F_x = 0, F_{xA} + 4\ \text{kN} + 1\times 4\text{kN} = 0,\ F_{xA} = -8\text{kN}\ (\text{方向向左})$$

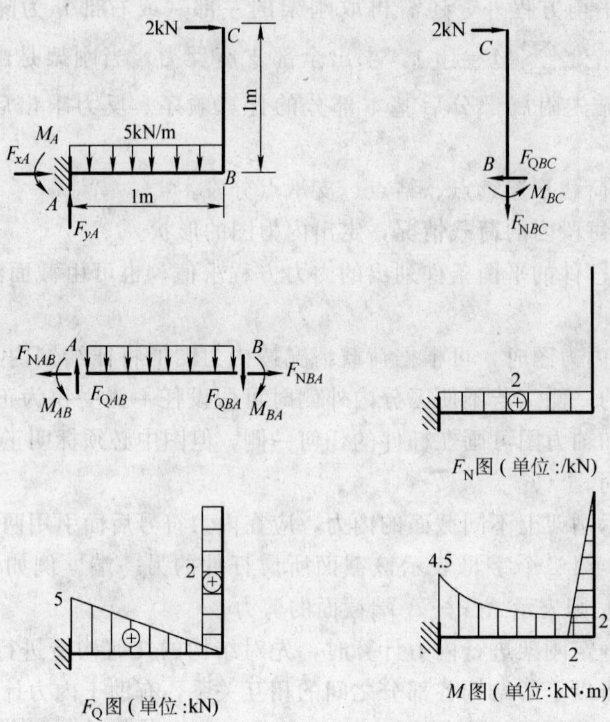

图 3-14 例 3-5 图

$$\sum M_A = 0, F_{yB} \times 4\text{m} - 4\times 5\text{kN}\cdot\text{m} - \frac{1}{2}\times 1\times 4^2\text{kN}\cdot\text{m} = 0,\ F_{yB} = 7\text{kN}\ (\text{方向向上})$$

$$\sum F_y = 0, F_{yA} + 7\text{kN} = 0,\ F_{yA} = -7\text{kN}\ (\text{方向向下})$$

(2) 作 M 图　计算各杆杆端弯矩

CD 杆　　$M_{CD}=0$

$M_{DC}=4\times 1\text{kN}\cdot\text{m}=4\text{kN}\cdot\text{m}$（左边受拉）

DB 杆　　$M_{BD}=0$

$M_{DB}=7\times 4\text{kN}\cdot\text{m}=28\text{kN}\cdot\text{m}$（下边受拉）

AD 杆　　$M_{AD}=0$

$M_{DA}=(8\times 4-1\times 4\times 2)\text{kN}\cdot\text{m}=24\text{kN}\cdot\text{m}$（右边受拉）

分别作各杆的弯矩图。在杆的受拉边画弯矩图的纵坐标。杆 CD 和杆 BD，杆上无荷载，将杆的两端弯矩的纵坐标连以直线，即得杆 CD 和 BD 的弯矩图。杆 AD 上有均布荷载作用，将杆 AD 两端杆端的弯矩连以虚直线，以此虚直线为基线，叠加以杆 AD 长为跨度的简支梁在跨间均布荷载作用下的弯矩图。

(3) 作 F_Q 图　计算各杆杆端的剪力

CD 杆　　$F_{QDC}=F_{QCD}=4\text{kN}$

DB 杆　　$F_{QDB}=F_{QBD}=-7\text{kN}$

AD 杆　　$F_{QDA}=F_{QAD}=8\text{kN}$

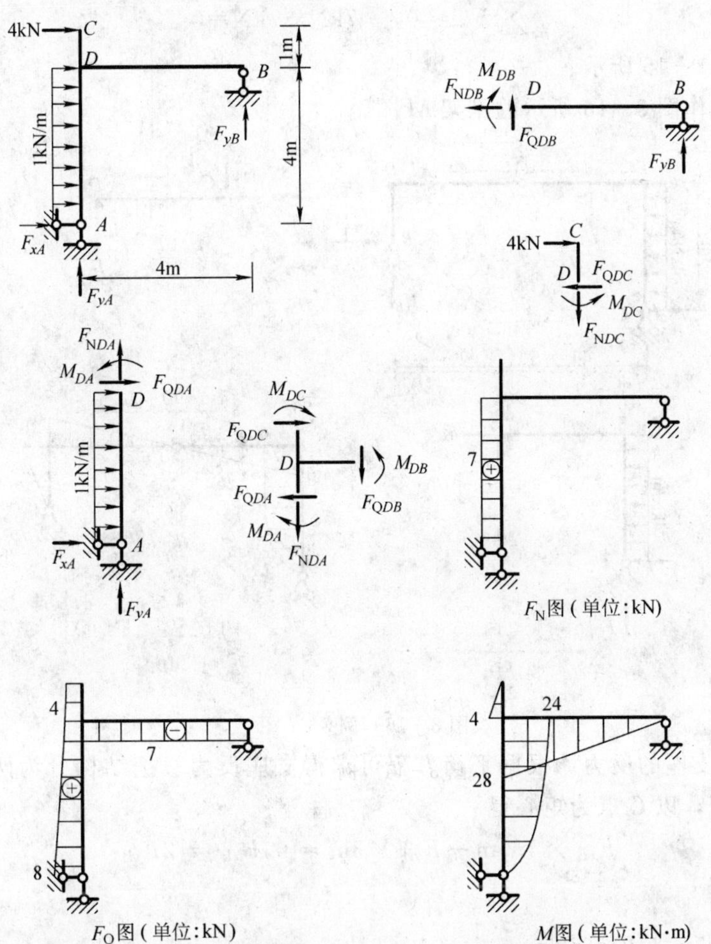

图 3-15　例 3-6 图

分别作各杆的 F_Q 图。剪力图的纵坐标可画在杆的任一边，但需标明正负号。将各杆杆端剪力纵坐标连以直线，即得各杆剪力图。

(4) 作 F_N 图　计算各杆杆端的轴力

CD 杆　　$F_{NDC}=F_{NCD}=0$

DB 杆　　$F_{NDB}=F_{NBD}=0$

AD 杆　　$F_{NDA}=F_{NAD}=7\text{kN}$

分别作各杆的 F_N 图。剪力图的纵坐标可画在杆的任一边，但需标明正负号。将各杆杆端剪力纵坐标连以直线，即得各杆剪力图。

(5) 校核　取结点 D 为隔离体，结点 D 上各杆端弯矩满足力矩平衡条件

$$\sum M_D=0,\ 4\text{kN}\cdot\text{m}+24\text{kN}\cdot\text{m}-28\text{kN}\cdot\text{m}=0$$

结点 D 上各杆剪力、轴力应满足力投影平衡方程

$$\sum F_x = 0,\quad 4\text{kN}-4\text{kN}=0$$

$$\sum F_y = 0,\quad 7\text{kN}-7\text{kN}=0$$

内力图如图 3－15 所示。

【例 3－7】 作图 3－16 所示的刚架 M 图。

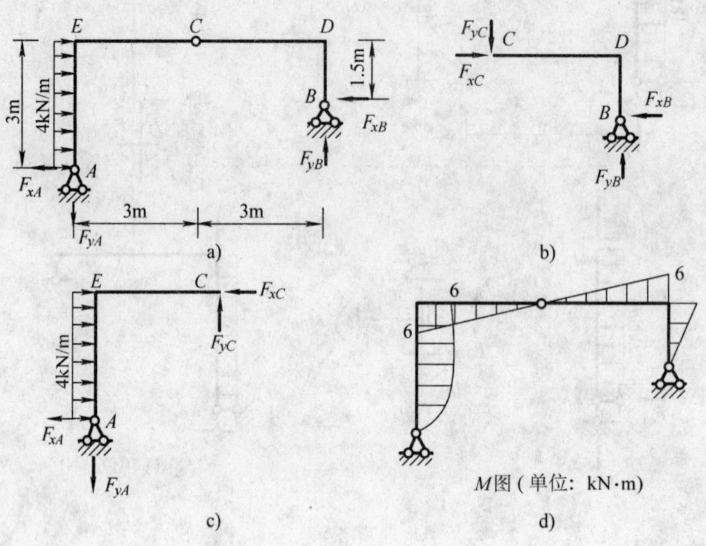

图 3－16 例 3－7 图

解：先求出支座的反力。根据平衡方程可求得支座反力。把结构分为两个部分，先取 CDB 段进行计算，以 C 点为矩心得

$$F_{xB}\times 1.5\text{m}-F_{yB}\times 3\text{m}=0, F_{xB}=2F_{yB}$$

再以 A 为矩心得

$$F_{xB}\times 1.5\text{m}+F_{yB}\times 6\text{m}-\frac{1}{2}\times 4\times 3^2\text{kN}\cdot\text{m}=0, F_{xB}=4\text{kN}, F_{yB}=2\text{kN}$$

然后以整体结构平衡的方程可求得

$$F_{xA}=8\text{kN}, F_{yA}=2\text{kN}$$

根据支座反力可绘出结构的 M 图，如图 3－16 所示。

静定刚架的内力图尤其是弯矩图的绘制是本课程最重要的基本功之一，是超静定结构计算和结构位移计算的基础。在绘制静定刚架弯矩图的过程中，可以不求或少求支座反力，从而快速地画出弯矩图。

【例 3－8】 作图 3－17a 所示刚架 M 图。

解：这是一个由附属部分和基本部分组成的多刚片结构，刚片 DEF 是刚片 BCD 的附属部分，而刚片 BCD 又是刚片 AB 的附属部分，依次按照先计算附属部分、后计算基本部分的顺序，求出各支座反力和铰结处的约束力，逐杆绘制弯矩图，这里无需赘述。现说明不求或少求支座反力绘制弯矩图的方法。

首先，三根竖杆均为悬臂，弯矩图可先行绘出。根据 F 结点的力矩平衡，又因 EF 段没有荷载作用，故其弯矩为常数，相应的弯矩图为水平线；然后，铰 D 处弯矩为零，同样 DE 段没有荷载作用，可绘出 DE 段的弯矩图；接着作 CD 段的弯矩图，因为支座 E 的反力和铰

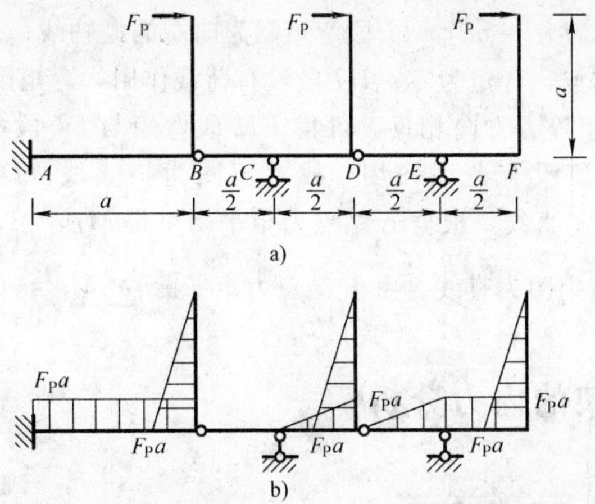

图 3－17　例 3－8 图

D 处的约束力都未求出，但是注意到 CD 段和 DE 段的剪力是相等的（都等于支座 E 的反力），因而可知它们弯矩图的斜度也应相等。于是利用刚结点力矩平衡和作 DE 段弯矩图的平行线，便可绘出 CD 段的弯矩图，并可定出 $M_{CD}=0$。据此并根据铰 B 处弯矩为零，又可绘出 BC 段的弯矩图，它与基线重合。最后，利用刚结点力矩平衡，并注意到 AB 段和 BC 段的剪力相等，因而两段的弯矩图应平行，便可作出 AB 段的弯矩图。

【例 3－9】 作图 3－18 所示刚架 M 图。

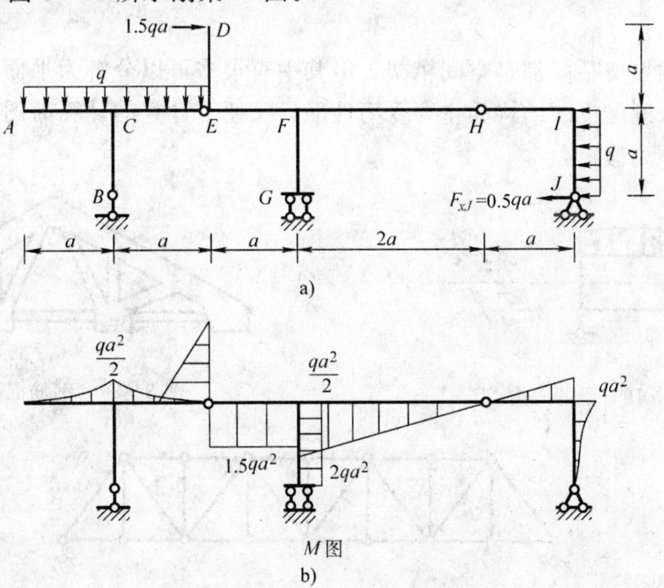

图 3－18　例 3－9 图

解：这是一个由附属部分和基本部分组成的多刚片结构，刚片 $DEFGH$ 与刚片 HIJ 通过三刚片规则与地基联结，刚片 ABC 是大刚片 $DEFGIIIJ$ 的附属部分。由于 B 支座反力与 BC 杆轴重合，因此 B 支座反力对 BC 杆不产生弯矩，$M_{AC}=0$，$M_{CA}=\dfrac{qa^2}{2}$，由 C 结点力矩平衡得 $M_{CE}=\dfrac{qa^2}{2}$，E 结点为铰结点，弯矩为零，AC、CE 段都是向下的二次抛物线。由整

体平衡可得 $F_{xJ}=1.5qa$，$M_{IJ}=qa^2$，IJ 段弯矩图为向左的抛物线；由 I 结点力矩平衡，可得 $M_{IH}=qa^2$，H 为铰结点，弯矩为零；HI 段没有荷载作用，弯矩图为斜直线。结点 H 处左右两段因约束力大小相等、方向相反，可得 FH 段弯矩与 FI 段弯矩图的斜率相同，故 $M_{FH}=2qa^2$；又因 FH 段没有荷载作用，故弯矩图为斜直线。D 端为自由端，$M_{ED}=1.5qa^2$，DE 段弯矩图为斜直线，根据 E 结点力矩平衡可得 $M_{EF}=1.5qa^2$；EF 段没有荷载作用，$M_{FE}=1.5qa^2$，弯矩图为直线。由 F 结点力矩平衡 $\sum M_F=0$，可得 $M_{FG}=\frac{qa^2}{2}$。

3.4 静定平面桁架的内力分析

3.4.1 平面桁架的特点和组成

梁和刚架承受荷载后，主要产生弯曲内力（图 3-19），截面上的应力分布是不均匀的，因而材料不能充分利用。桁架是由许多比较细长的杆件组成的格构体系，当荷载只作用在结点上时，各杆内力主要为轴力，截面上的应力基本上分布均匀，可以充分发挥材料的作用。因此，桁架是大跨结构常用的一种形式。

桁架广泛地应用于各种建筑工程以及机械工程，如图 3-20 所示房屋的屋架、图 3-21 所示铁路下承式桁架桥主桁架计算简图，还有常见的起重机塔架、输电塔架等都是桁架结构。

实际工程中的桁架一般都是空间桁架，但其中有很多可以分解为平面桁架进行分析。为了简化计算，选取既能反映结构的主要受力性能，又便于计算的计算简图，通常对实际桁架的计算简图采用下列假定：

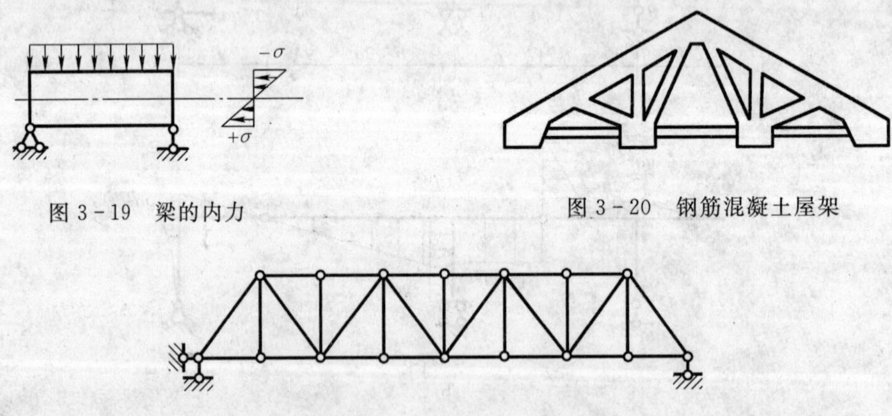

图 3-19 梁的内力

图 3-20 钢筋混凝土屋架

图 3-21 铁路下承式桁架桥主桁架简图

1）各杆在两端用绝对光滑而无摩擦的理想铰相互联结。

2）各杆的轴线都为直线，且在同一平面内，会交于同一结点的各杆件的轴线相交于铰的中心。

3）荷载和支座反力都作用在结点上并位于桁架平面内。

符合上述假定的桁架称为理想平面桁架，桁架各杆只承受轴力，截面的应力分布是均匀的，可同时达到允许值，材料能够得到充分利用。图 3-20 所示为实际工程中的钢筋混凝土屋架。图 3－22a 所示为这一桁架的计算简图。在桁架中任取一杆，如 CD 杆，根据上述假定，杆端受力将如图 3－22b 所示。由于杆处于平衡状态，故杆端所受二力大小相等、方向相反，作用线即是杆的轴线，这样的杆称为二力杆。

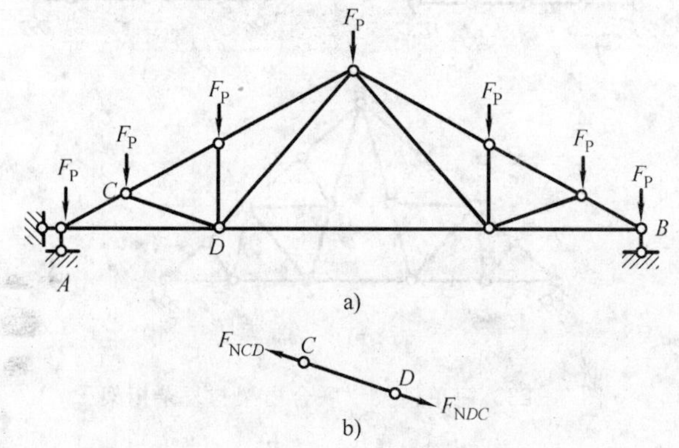

图 3－22　图 3－20 的计算简图

实际的桁架并不完全符合上述假定。例如，图 3－20、图 3－21 所示结构，钢屋架的结点是焊接或铆接的，钢筋混凝土屋架的结点是混凝土浇筑的，具有一定的刚性。木屋架的结点是榫接或螺栓联接的，结点具有一定的摩擦。这些结点都不是理想的铰，且由于制造误差各杆杆轴也非绝对平直，也非交于一点，实际的荷载如杆件自重、雪荷载等也非全部作用于结点处。因此，把按理想平面桁架求得的应力称为主应力，而把上述一些因素所产生的附加应力称为次应力。一般情况下次应力产生的影响不大，可忽略不计。对于必须考虑次应力的桁架，则应将各结点视为刚结点来计算。

图 3－22b 中的上部斜杆称为上弦杆，下部的水平杆称为下弦杆。上、下弦杆之间的杆件称为腹杆，其中联结上下弦的斜向杆称为斜杆，联结上、下弦的竖向杆称为竖杆。弦杆上两相邻结点之间的区间称为节间，结点间距离称为节间长度。

桁架可按不同的特征进行分类：

1）由基础或一个基本三角形开始，依次增加二元体，按这一规则组成的桁架称为简单桁架，如图 3－23a 所示。

2）由几个简单桁架按几何不变体系的组成规则联合组成几何不变的铰结体系，这类桁架称为联合桁架，如图 3－23b 所示。

3）凡不属于以上两类的静定桁架，称为复杂桁架，如图 3－23c 所示。

3.4.2　平面桁架的内力计算

为了求得桁架各杆的内力，可以截取桁架的一部分为隔离体，由隔离体的平衡条件来计算内力。若所取隔离体只包含一个结点，就称为结点法；若所取隔离体不止包含一个结点，则称为截面法。

在建立平衡方程时，经常需要把杆的轴力 F_N 分解为水平分力 F_x 和垂直分力 F_y。如图 3－24 所示，斜杆 ij 在桁架中的几何位置（l_x，l_y，α）是已知的，l_x、l_y 分别是杆 ij 在 x、y 方向的水平投影长度，图中的两个三角形各边相互平行，所以是相似的，因而有下列比例关系

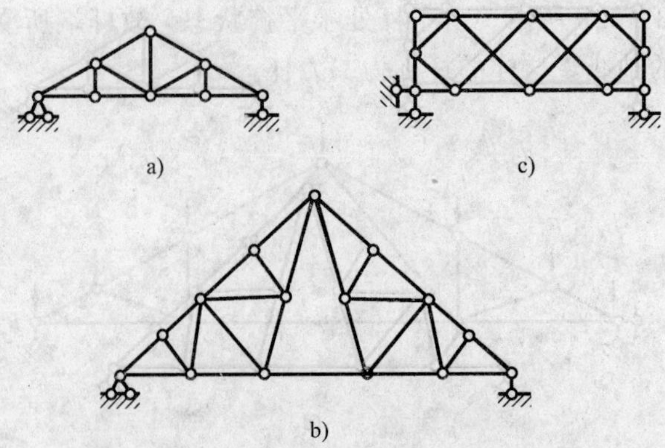

图 3-23　简单桁架、联合桁架与复杂桁架

$$\frac{F_{\mathrm{N}}}{l}=\frac{F_x}{l_x}=\frac{F_y}{l_y}$$

利用这个比例关系可以很简便地由 F_{N} 推算出 F_x 和 F_y，或者反过来由 F_x 推算 F_{N} 和 F_y，由 F_y 推算出 F_{N} 和 F_x。

1. 结点法

结点法是截取桁架的结点为隔离体，因作用于任一结点的外力与内力构成一平面汇交力系，每个结点上可建立两个平衡方程。设桁架的结点数为 j，则可列出 $2j$ 个独立的平衡方程。对于静定桁架，未知力数目与方程式数目相等，故所有内力与反力都可以用结点法解出。但在实际计算时，为了避免解算联立方程，截取的每个结点上的未知力不要超过两个。结点法最适用于计算简单桁架。求出支座反力后（有时不必要），按与几何组成相反的顺序从最后一个结点开始，逆组成次序依次截取各结点求解，便能求出所有杆件的内力。在计算过程中，通常先假设杆的未知轴力为拉力。计算结果如为正值，表示轴力为拉力；如为负值，表示轴力为压力。

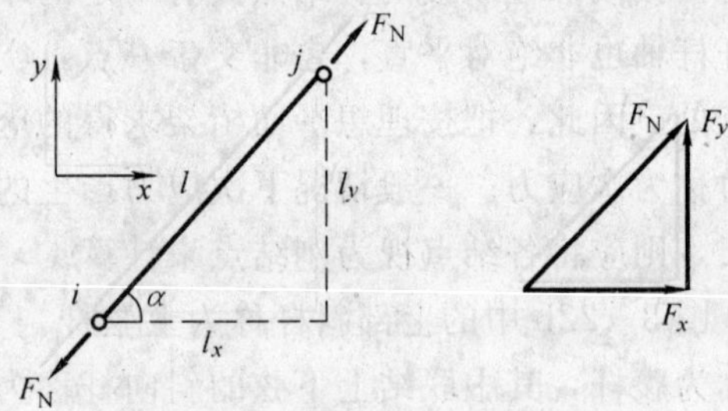

图 3-24　轴力的分解

【例 3-10】 用结点法计算图 3-25a 所示桁架各杆的轴力。

解：(1) 计算支座反力　由整体平衡条件得

$$\sum F_x=0,\quad F_{xA}=0$$

$$\sum M_A=0,\quad F_{yB}=12\mathrm{kN}(\uparrow)$$

(2) 求各杆轴力　图 3-25a 所示桁架是一个简单桁架，可以认为是从三角形 BEG 开始，每次增加一个二元体连接一个新结点 D、F、C、A 组成的。如果按照与组成次序相反的顺序截取结点 A、C、F、D、E、G，则每个结点总是只有两个未知轴力，依次可求出全部杆的轴力。

首先，取结点 A 为隔离体，如图 3-25c 所示，支座反力 F_{yA} 用实际数值和方向画出，未知轴力 $F_{\mathrm{N}AC}$ 和 $F_{\mathrm{N}AF}$ 设为拉力，并将斜杆轴力 $F_{\mathrm{N}AC}$ 用其水平分力 F_{xAC} 和垂直分力 F_{yAC} 代

替，斜杆 AC 的边长如图 3-25b 所示。

由 $\sum F_y=0$，　　$F_{yAC}+12\text{kN}=0$

所以　　$F_{yAC}=-12\text{kN}$

利用合分力与杆长投影的比例关系式，得

$$F_{xAC}=-\frac{12}{1.5}\times 2\text{kN}=-16\text{kN}$$

$$F_{NAC}=-12\times\frac{2.5}{1.5}\text{kN}=-20\text{kN}\text{（压力）}$$

由 $\sum F_x=0$，　　$F_{NAF}+F_{xAC}=0$

得　　$F_{NAF}=-F_{xAC}=16\text{kN}$（拉力）

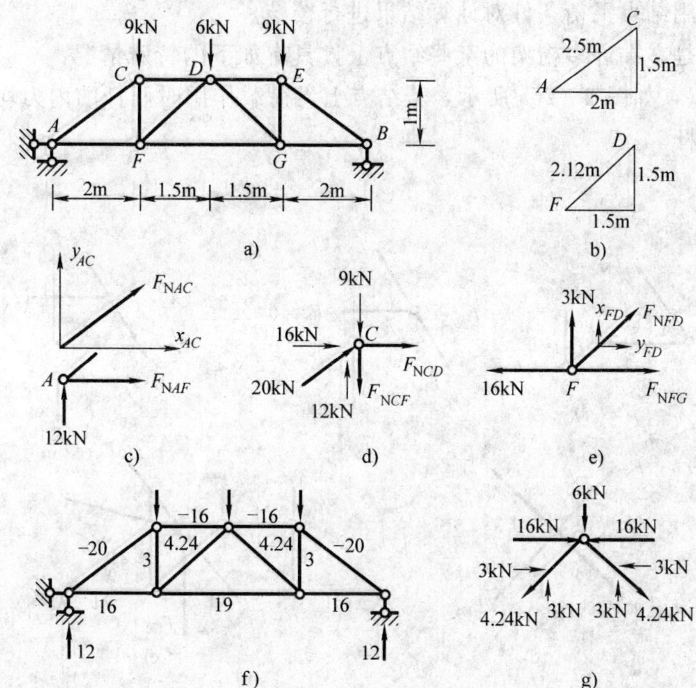

图 3-25　例 3-10 图

其次，取结点 C 的隔离体（图 3-25d)，其中已知力（荷载和杆 AC 的轴力）都按实际数值和方向画出，未知轴力 F_{NCD} 和 F_{NCF} 都设为拉力，运用结点平衡条件，即

$$\sum F_x=0,\quad F_{NCD}+16\text{kN}=0$$

得　　$F_{NCD}=-16\text{kN}$(压力)

$$\sum F_y=0,\quad 12\text{kN}-9\text{kN}-F_{NCF}=0$$

得　　$F_{NCF}=3\text{kN}$(拉力)

再之，取结点 F 的隔离体（图 3-25e)，斜杆 FD 的轴力用分力 F_{xFD} 和 F_{yFD} 表示，斜杆 FD 的边长如图 3-25b 所示。运用结点平衡条件，即

$$\sum F_y = 0,\quad F_{yFD} + 3\text{kN} = 0$$

得

$$F_{yFD} = -3\text{kN}$$

由比例关系得

$$F_{NFD} = -3 \times \frac{2.12}{1.5}\text{kN} = -4.24\text{kN}(\text{压力})$$

$$F_{xFD} = -3 \times \frac{1.5}{1.5}\text{kN} = -3\text{kN}$$

由 $\sum X = 0$

$$F_{xFD} + F_{NFG} - 16\text{kN} = 0$$

得

$$F_{NFG} = 19\text{kN}\ (\text{拉力})$$

最后，利用对称性。因桁架和荷载都是对称的，桁架杆件轴力的分布也是对称的，处于对称位置的两杆具有相同的轴力。因此，另半个桁架杆件轴力可根据对称条件算出。整个桁架的轴力如图 3-25f 所示。

(3) 校核运用结点平衡条件对计算结果进行校核。

值得注意的是，在许多桁架的某些结点上，具有如下的特殊情况：

1) 两杆结点，如图 3-26a 所示，若结点上无荷载作用时两杆的内力均为零。凡内力为零的杆件称为零杆。

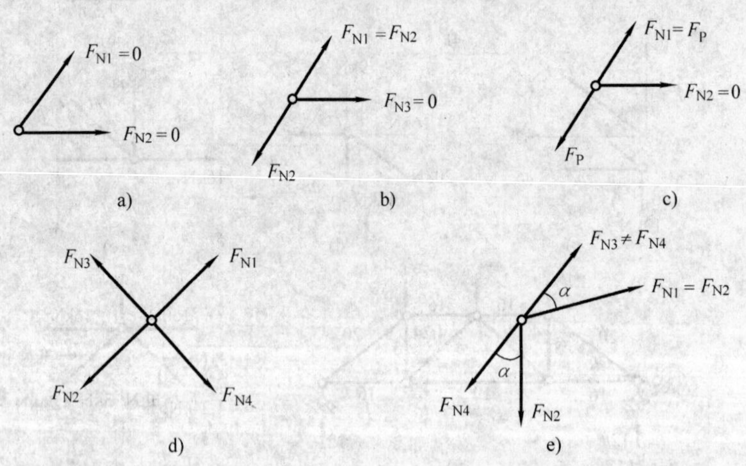

图 3-26 桁架结点的特殊情况

2) 三杆汇交于一点，如图 3-26b 所示，其中两杆杆轴共线，当结点上无荷载作用时，第三杆（又称单杆）必为零杆，而共线的两杆内力相等且符号相同（即同为拉力或同为压力）。此种情形对于两杆结点且结点上有荷载作用时也适用，即不共线的两杆结点，当外力沿一杆作用时，则另一杆为零杆，如图 3-26c 所示。

3) 四杆结点且两两共线，如图 3-26d 所示，当结点上无荷载作用时，则共线两杆内力相等且符号相同。

4) 四杆结点，其中两杆共线，而另外两杆在此直线同侧且交角相等（K 形结点），如图 3-26e 所示。结点上无荷载作用，则非共线两杆内力大小相等符号相反（一杆为拉力则另一杆为压力）。

应用以上结论，不难判断图 3-27a、b 所示桁架中双点画线所示各杆皆为零杆，于是剩下的计算工作便大为简化。

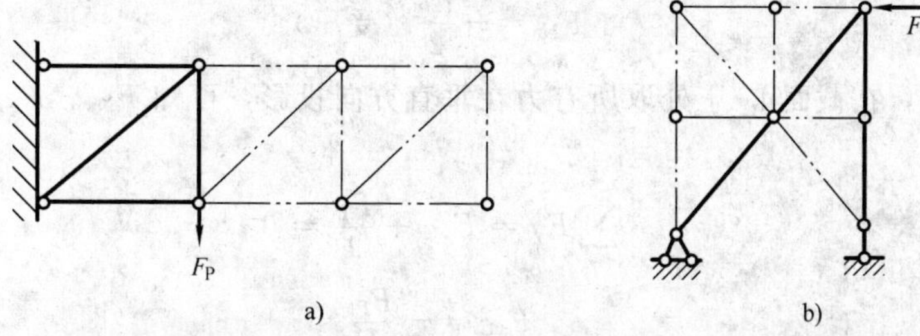

图 3-27　零杆判断实例

2. 截面法

截面法是用截面切断拟求内力的杆件，从桁架中截取一部分为隔离体，利用平面一般力系的平衡条件求解所截杆件的内力，对于平面一般力系可建立三个平衡方程，因此，隔离体上的未知力不能超过三个，则可全部求解。在计算过程中，仍先假设杆的未知轴力为拉力。计算结果如为正值，表示轴力为拉力；如为负值，表示轴力为压力。

【例 3-11】 试求图 3-28a 所示桁架中 a、b、c、d 杆的轴力。

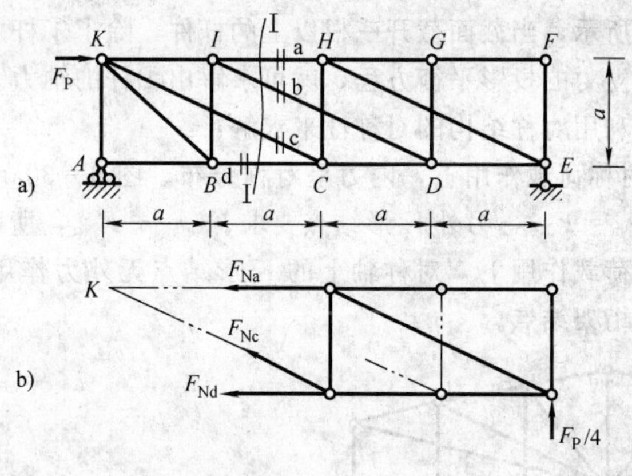

图 3-28　例 3-11 图

解：先求支座反力，由 $\sum M_A = 0$ 可知

$$F_P a = F_{yE} \times 4a$$

得
$$F_{yE} = \frac{F_P}{4}$$

再由结点 F、G、D、I、B 依次定出 FE、FG、GD、GH、b、IB、BK 是零杆，取截面Ⅰ-Ⅰ以右为隔离体，如图 3-28b 所示。

由图 3-28b 可知，杆 a、c 轴线汇交于结点 K，所有力对 K 点求矩，得

$$\sum M_K = F_{Nd} a - \frac{F_P}{4} \times 4a = 0$$

得
$$F_{Nd} = F_P \text{（受拉）}$$

由图 3-28b 可知，杆 c、d 轴线汇交于结点 C，所有力对 C 点求矩，得

$$\sum M_C = F_{Na}a + \frac{F_P}{4} \times 2a = 0$$

得
$$F_{Na} = -\frac{F_P}{2} \text{（受压）}$$

再由图 3-28b，在截面Ⅰ-Ⅰ处取所有力在垂直方向投影，可知 F_{Na}、F_{Nd} 在此方向投影为零，即

$$\sum F_y = F_{yC} + \frac{F_P}{4} = 0$$

得
$$F_{yC} = -\frac{F_P}{4}$$

则
$$F_{Nc} = \frac{F_{yC}}{a} \times \sqrt{5}a = -\frac{\sqrt{5}}{4}F_P \text{（受压）}$$

此题欲求桁架中指定杆的轴力，选择截面通过某个节间，同时截开某几根杆件，选用力矩平衡方程和投影平衡方程求解。

截面法求解时，下列两种情况的特殊截面需注意：

1）如图 3-29a 所示，当截面截断了三根以上的杆件，但除了①杆之外其余杆件全部相交于一点 O，则取截面一边所有力对 O 点取矩，$\sum M_O = 0$，就可求解出①杆轴力。

2）如图 3-29b 所示，当截面截开三根以上的杆件，除了①杆之外其余杆件全部相互平行，则取截面一边建立力的投影平衡方程，就可求解出①杆的轴力。

求解过程中，可利用对称结构的对称性来求解：

1）对称结构在对称荷载作用下，内力呈对称分布。图 3-30a 所示结构中 a、b 两杆轴力要等值同号，即 $F_{Na}=F_{Nb}$，另外 K 形结点要求 $F_{Na}=-F_{Nb}$，所以 $F_{Na}=F_{Nb}=0$。由此得到：对称结构在对称荷载作用下，对称轴上的 K 形结点无外力作用时，两斜杆是零杆。注意：该结论仅适用于桁架结点。

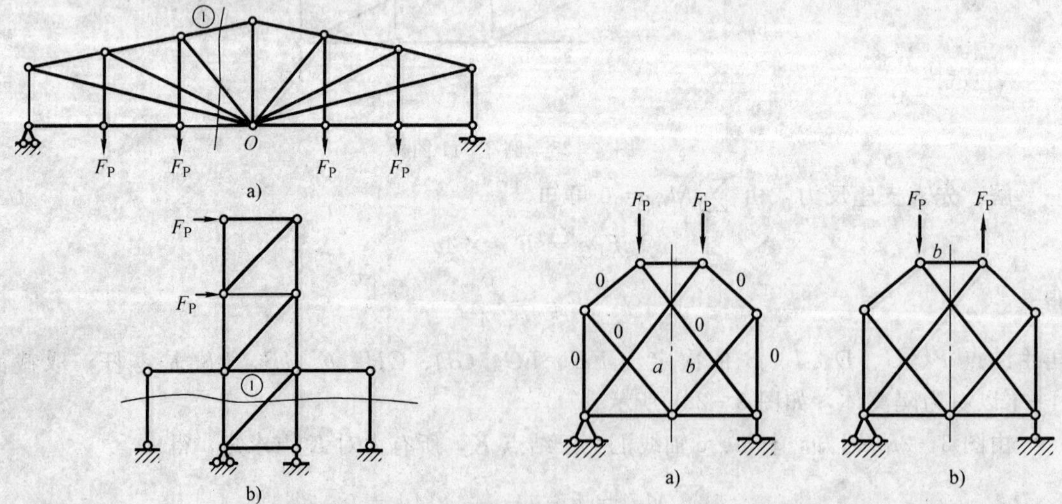

图 3-29 截面法求解中的特殊截面

图 3-30 截面法求解中对称性的利用

2）对称结构在反对称荷载作用下，内力呈反对称分布。所以图 3-30b 所示结构中 b 杆左右两段处在对称位置，受力成反对称，而 b 杆处于平衡状态，所以轴力必为零。由此得

到：对称结构在反对称荷载作用下，与对称轴垂直贯穿的杆轴力等于零。

对于简单桁架，当要求全部杆件内力时，用结点法是比较适宜的；若只求个别杆件的内力，则往往用截面法较方便。

3. 结点法和截面法联合应用

上节已指出，截面法和结点法各有所长，应根据具体情况选用。在有些情况下，则将两种方法联合使用更为方便。

【例 3-12】 试求图 3-31 所示桁架中 HC 杆的内力。

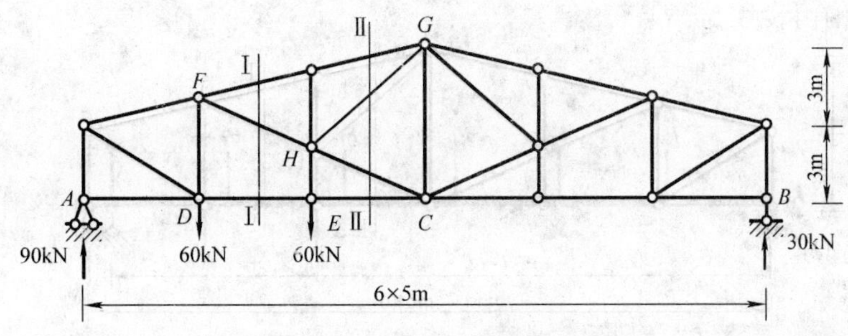

图 3-31 例 3-12 图

解：由桁架的整体平衡可求出支座反力如图。

取截面Ⅰ-Ⅰ以左为隔离体，由 $\sum M_F = 0$ 可得

$$F_{NDE} = \frac{90 \times 5}{4}\text{kN} = 112.5\text{kN}(\text{拉力})$$

由结点 E 的平衡可知 $F_{NDE} = F_{NEC} = 112.5\text{kN}$（拉力）。

由截面Ⅱ-Ⅱ以右为隔离体，由 $\sum M_G = 0$ 并将 F_{NHC} 在 C 点分解为水平和垂直分力，可求得

$$F_{xHC} = \frac{30 \times 15 - 112.5 \times 6}{6}\text{kN} = -37.5\text{kN}$$

并由几何关系可得

$$F_{NHC} = -37.5 \times \frac{\sqrt{5^2 + 2^2}}{5}\text{kN} = -40.4\text{kN}（\text{压力}）$$

3.4.3 各类梁式桁架的比较

在土木工程中，桁架一般用来替换图 3-32a 所示的梁，以使结构跨越大空间。相同荷载作用下，桁架的外形不同，其受力特点也不同。现在来比较一下平行弦桁架（图 3-32b）、三角形桁架（图 3-32c）、抛物线形桁架（图 3-32d）以及折线形桁架（图 3-32e）四种桁架的内力分布特点。

通常在垂直向下荷载作用下，梁下边纤维受拉、上边纤维受压。因此，对应桁架下弦杆受拉、上弦杆受压。腹杆内力随它们的不同布置而变化。

为对比说明问题，设以下图 3-32 中四类桁架的跨度均与对应简支梁的跨度相同，节间距相等。图 3-32a 所示荷载分别作用在四种桁架的上弦结点上。按结点法及截面法计算出的内力分别标在图 3-32b、c、d、e 上。

1. 平行弦桁架

对图 3-32b 所示桁架，上、下弦杆受力两头小、中间大，这与图 3-32a 所示简支梁的上、下层纤维受力相似，即与梁上的弯矩分布相似。腹杆的内力与简支梁的剪力分布规律一致，两头大、中间小。因此，静定平行弦桁架的受力相当于一个空腹梁。

为使设计上的受力合理，应按杆件轴力的大小选取截面大小。平行弦桁架杆件的截面积变化较大，给施工带来不便。在实际工程中，常采用标准节间，逐段改变截面的大小，把材料的使用量降到最低限度。这类桁架常用于桥梁及厂房中的起重机（吊车）梁，其经济跨度在 12～50m 范围内。

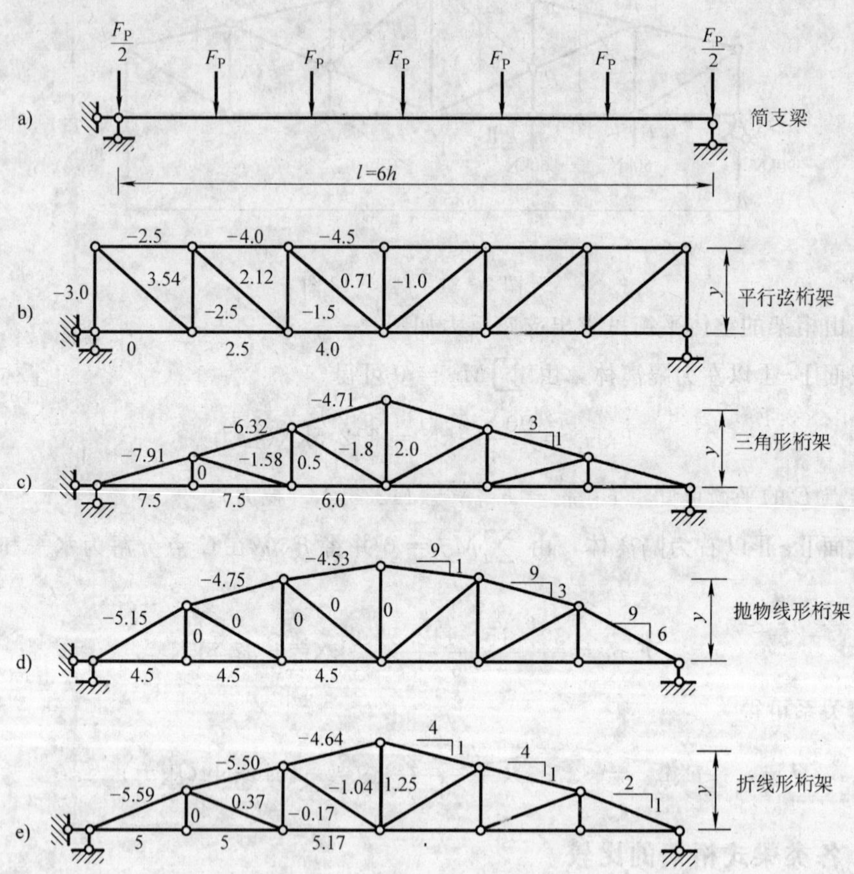

图 3-32 各类梁式桁架的比较

注：图 b～e 中各杆轴力为标明的系数 $\times F_P$

2. 三角形桁架

由图 3-32c 可知，三角形桁架下弦杆受力较为均匀，而上弦杆的内力从端部到中间递减量较大。腹杆内力分布也不均匀，且比弦杆内力要小。从构造上看，在支座附近出现较小锐角，造成应力集中，施工难度大。但由于三角形上弦杆具有斜度，在用作屋盖结构中排水性能好，其经济跨度在 10m 以内。

3. 抛物线形桁架

从图 3-32d 可见，抛物线形桁架弦杆内力分布均匀，在均等结点荷载作用下腹杆内力为零，结构整体受力性能好。但由于上弦杆的长度发生变化，杆件制作及结构施工费用较高。由于这种结构的造型效果好，具有跨越大空间的能力，常在桥梁及公共建筑结构中采用。桥梁的经济跨度在100～150m之间，屋盖结构中的经济跨度为18～30m。

4. 折线形桁架

这类桁架介于三角形与抛物线形桁架之间，通过杆件的适当布置可取这两类桁架的优点。如图3-32e所示，仅将图3-32c中三角形上弦端部与中结点之间的结点作了垂向移动，弦杆的斜度如图。计算结果显示，弦杆内力趋于均匀，腹杆内力较小。从构造来看，支承点的锐角增大。按一定要求把上弦做成折线段，使屋盖的排水性能比三角形桁架差，应在构造上解决这一问题。折线形桁架的经济跨度一般在18～24m范围内。

在桁架结构设计中，上弦杆受压，部分腹杆受压，因此应注意压杆的稳定性问题。要合理布置杆件，减小压杆的长度。

桁架外形的选取与实际工程的跨度及造价有关。设计时既要考虑桁架的外形与受力特点，又要减少投资；应避免部分杆件的强度过剩，尽量做到结构各构件同时达到设计强度。

3.5 静定桁—梁组合结构的内力分析

既用铰结点又用刚结点连接杆件，形成链杆（二力杆）与梁式杆（弯曲杆）相混合的结构，称为组合结构。这类结构常使用在房屋建筑、起重机（吊车）梁及桥梁主体结构中。例如，图3-33a所示为组合斜拉桥结构，其中拉索相当于二力拉杆；图3-33b所示为常见的三铰屋架；图3-33c所示是目前加固工程中常采用的结构形式，上面混凝土梁开裂接近破坏，下面用预应力拉杆进行加固，形成组合结构。

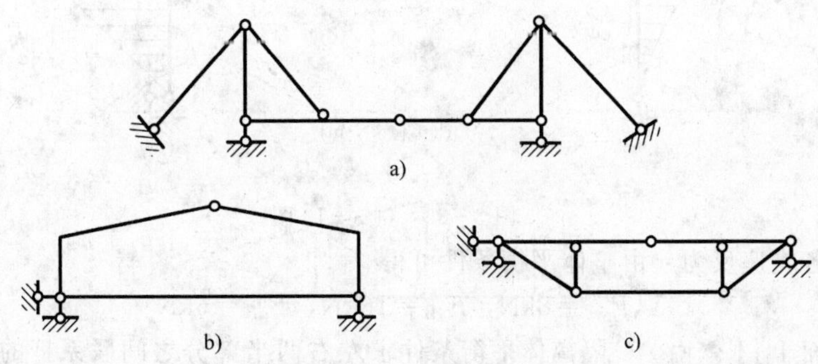

图3-33 静定桁—梁组合结构形式

在组合结构的分析中，首先应判定哪些是链杆，哪些是梁式杆。判别的基本原则是，若两端铰结直线构件的跨内无垂直于杆轴的外力，则该杆为链杆，否则为梁式杆。如图3-34a中AD和DB杆为梁式杆，其余为链杆。但对图3-34b所示结构，仅荷载不同，则无受弯构件。因为二力杆仅受轴向力，弯曲杆有弯矩和剪力及轴力，所以取隔离体时受力图是不一样的。计算中，一般应先计算链杆的内力，然后再计算梁式杆。通常要综合使用梁和桁架中的计算方法。当然，如受弯杆件的弯矩图很容易先行绘出时，则不必拘泥于上述步骤。

【例3-13】 求图3-35a所示组合结构的弯矩图和各链杆的轴力。

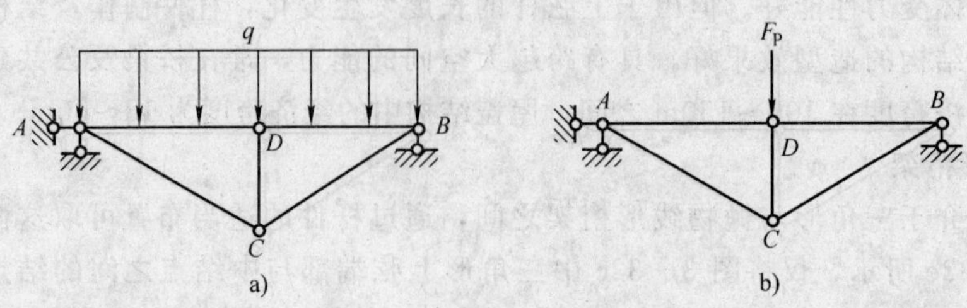

图 3-34 链杆、梁式杆示例

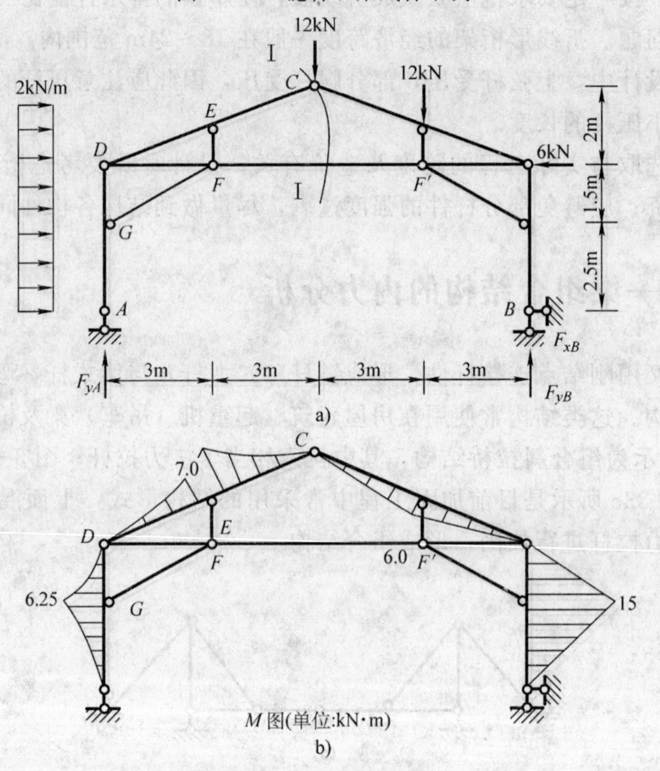

图 3-35 例 3-13 图

解：1）各支座反力 由整体平衡条件可得

$$F_{yA}=8\text{kN},\ F_{yB}=16\text{kN},\ F_{xB}=6\text{kN}$$

2）作截面Ⅰ-Ⅰ，由 AC 隔离体平衡条件求左右两半部分之间联系杆的轴力 $F_{NFF'}$，由 $\sum M_C=0$，得

$$F_{NFF'}=6\text{kN}$$

3）求其他链杆内力 取 AD 为隔离体，由 $\sum M_D=0$，得

$$F_{NGF}=-\frac{16}{3}\sqrt{5}\text{kN}\ (\text{压})$$

取结点 F，求得

$$F_{NEF}=-\frac{16}{3}\text{kN}=-5.33\text{kN}\ (\text{压})$$

$$F_{NDF}=16.67\text{kN}\ (\text{压})$$

4）计算分段点弯矩。

$$M_{GA}=\frac{1}{2}\times 2\times 2.5^2\text{kN}\cdot\text{m}=6.25\text{kN}\cdot\text{m}$$

取 AEF 为隔离体，设 M_{ED} 为下侧受拉，则

$$M_{ED}=F_{yA}\times 3\text{m}-\frac{2}{2}\times 5^2\text{kN}\cdot\text{m}-F_{NFF'}\times 1\text{m}=-7\text{kN}\cdot\text{m}$$

于是可分段绘出 $AGDEC$ 各杆段的弯矩图。

5）结构右半部计算方法同上。弯矩图如图 3-35b 所示。

本例若仅有全跨垂直荷载作用，则由支座情况可知，左右两立柱不受弯矩，链杆中仅水平拉杆受力，而两斜梁将分别按全长的简支梁受弯。

本节讲述的“组合结构”和现行《规范》提到的“组合结构”是有一定区别的。

在土木工程结构中，使用的建筑材料不可能同时达到材料的性质、强度、耐久性、耐腐蚀性、防火性能及施工方便等的最优化。若将不同材料按最佳几何尺寸制作成型，使每种材料所处的特定位置能发挥各自的长处，这种结构称为组合结构，组成的单根构件，称为组合构件，组成的结构物，称为组合结构。例如，图 3-36 所示的钢—混凝土组合梁，它是承受静载的简支组合梁，弯拉由钢梁承受，弯压由混凝土承受，而剪力主要由钢梁腹板承受。这就是选用不同的材料按最佳几何尺寸组成的组合构件。

组合结构应用比较早的结构形式之一是钢—混凝土。20 世纪 50 年代，武汉长江大桥上层公路桥面采用了钢—混凝土组合梁；60 年代、70 年代，国内土木工程技术人员就开始研究和应用组合结构。现阶段应用组合结构的工程越来越多，沈海电厂 30 万 kW 发电机组车间，屋盖用压型钢板组合屋面，柱为钢管混凝土柱；深圳赛格广场，76 层，每层楼板都是组合楼板，柱为钢管混凝土组合柱等；上海金茂大厦（高 421m）也是由钢和钢筋混凝土组成的组合结构。高层建筑的抗侧力体系是高层建筑结构是否合理、经济的关键，而组合结构可以提供更大的刚度，以避免由风振引起的加速度超过人体的舒适感。

钢—混凝土组合结构是一种优于钢结构和钢筋混凝土结构的新型结构，它是分别继承了钢结构和钢筋混凝土结构各自的优点，也克服了两者的缺点而产生的一种新型结构体系。这种结构体系可充分利用钢（抗拉）和混凝土（抗压）的特点，按照最佳几何尺寸，组成最优的组合构件，使其构件刚度大，防火、防腐性能好，具有较大的抗扭及抗倾覆能力（与钢结构相比），而且重量轻，构件延性好，增加净空高度和使用面积，同时缩短施工周期，节约模板（以上与钢筋混凝土结构相比），特别在高层和超高层建筑及桥梁结构中，更加体现了其承载能力和克服结构在施工技术难题方面的优点。其缺点是结构需要特定的剪力连接件和结构专门焊接设备及专门焊接技术人员，与钢筋混凝土结构相比，还有一定量的二次防火设计。

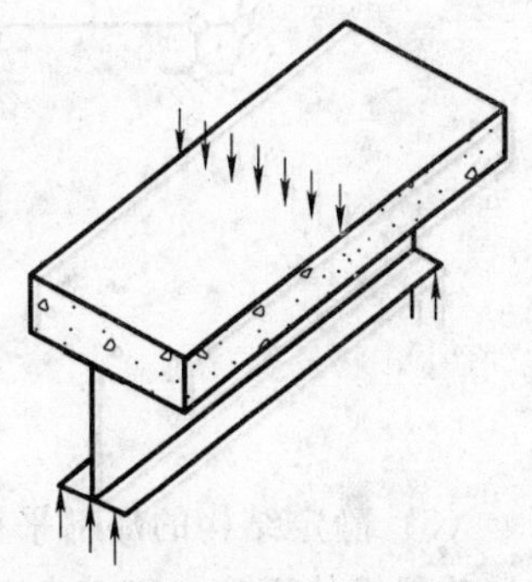

图 3-36　钢—混凝土组合梁

3.6　静定结构的一般性质

根据静定结构的定义，可以列举它在静力学方面的若干特性，掌握了这些特性，对于了

解静定结构的性能和正确迅速地进行内力分析，都是有意义的。

（1）解答的唯一性　静定结构与超静定结构都是几何不变体系，两者之间的差别表现在两方面：①在几何构造方面，静定结构无多余约束，超静定结构有多余约束；②在静力平衡方面，静定结构的内力可以由平衡条件完全确定，且解答是唯一的，超静定结构的内力由平衡条件不能完全确定，而需要同时考虑变形条件后才能得到唯一的解答。这一特性，对于静定结构的所有理论具有基本的意义。

（2）温度改变、支座移动和制造误差等因素在静定结构中不引起内力　如图 3-37a 所示悬臂梁，若其上下侧温度分别升高 t_1 和 t_2（设 $t_1>t_2$），则梁将变形，即产生伸长和弯曲。但因没有荷载作用，由平衡条件可知，梁的反力和内力均为零。又如图 3-37b 所示简支梁，其支座 B 发生了沉陷，因而梁也随之产生位移。同样，由于荷载为零，梁的反力和内力也均为零。实际上，当荷载为零时，零内力状态能够满足结构所有各部分的平衡条件，对于静定结构，这就是唯一的解答。因此可以断定，除荷载外其他任何因素均不引起静定结构的内力。

图 3-37　温度改变、支座移动在静定结构中不引起内力

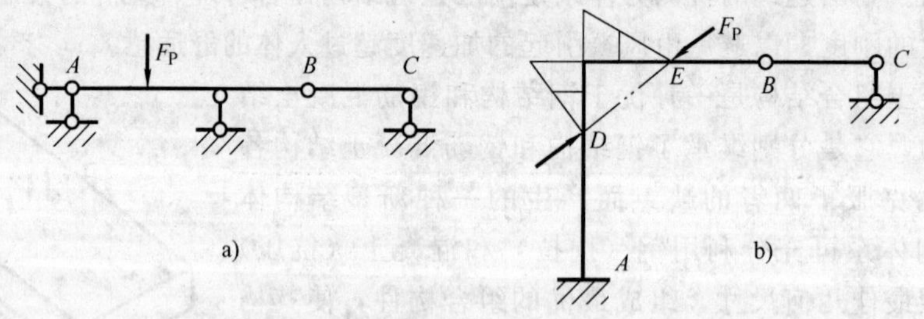

图 3-38　静定结构的局部平衡示例

（3）静定结构的局部平衡特征　在荷载作用下，如果仅靠静定结构中的某一局部就可以与荷载维持平衡，则其余部分的内力必为零。

如图 3-38a 所示的静定多跨梁，梁 AB 是几何不变部分，当梁 AB 承受荷载时，它自身可以与荷载维持平衡，因而梁 BC 无内力。

又如图 3-38b 所示静定结构，当平衡力系作用于本身为几何不变的部分 DE 上，若依次取 BC 和 AB 为隔离体计算，则可知支座 C 处的反力、铰 B 处的约束力及支座 A 处的反力均为零。由此可知，除 DE 部分外其余部分的内力均为零。结构的弯矩图如图中阴影线所示。这种情形实际上具有普遍性。因为当平衡力系作用于静定结构的任何本身几何不变部分上时，若设想其余部分均不受力而将它们撤去，则所剩部分由于本身是几何不变的，在平衡力系作用下仍能独立地维持平衡，而所去部分的零内力状态也与其零荷载相平衡。这样，结构上各部分的平衡条件都能得到满足。根据静力解答的唯一性可知，这样的内力状态就是唯一的解答。

推论：荷载作用于结构的基本部分，则附属部分内力为零。

（4）静定结构的荷载等效特性　当静定结构的一个内部几何不变部分上的荷载作等效变换时，其余部分的内力不变。所谓荷载的等效变换是将一组荷载改换成合力的大小与位置并不改变的另一组荷载（称为等效荷载）。当作用在静定结构的某一本身几何不变部分上的荷载在该部分范围内作等效变换时，则只有该部分的内力发生变化，而其余部分的内力保持不变。如图 3-39a 所示梁上的荷载在本身几何不变部分 CD 段的范围内作等效变换，而成为图 3-39b 的情况时，则除 CD 段外其余部分的内力均不改变。为了证明这一点，可以将等效荷载反向后与原荷载共同作用于 AB 梁，如图 3-39c 所示，因上述荷载构成平衡力系，所以除 CD 段外，其余部分无反力和内力。根据叠加原理，图 3-39c 梁的反力和内力应为图 3-39a 减去图 3-39b 的值。于是，便可得到结论：图 3-39a 与图 3-39b 在 AB 杆上的反力和内力均相同。

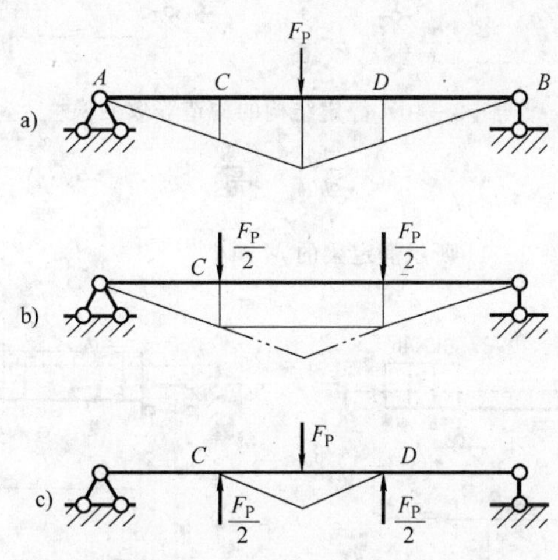

图 3-39　静定结构的荷载等效变换

（5）静定结构内几何不变部分作构造上的等效变换时，其他部分的约束反力及内力不变　局部构造的等效变换是指改变局部几何构造的，但不改变该部分与其他部分联系处的约束性质，若结构原来的荷载及其作用位置也保持不变，则其他部分的约束力与内力不变，改变的仅是该局部的内力。如图 3-40a 所示桁架中，将上弦杆 AB 改为一个小桁架，如图 3-40b所示，则只是 AB 的内力有改变，其余部分的内力没有改变。为了证明这一点，可将杆 AB 与其他部分分开，如图 3-40c 所示，这两个隔离体分别在各自的荷载和约束力作用下维持平衡。现将杆 AB 变换成小桁架 AB，如图 3-40d 所示。假设其余部分的内力以及两者之间的约束力保持不变，则其余部分原来满足的平衡条件仍然成立，而小桁架在原来的荷载和约束力所组成的平衡力系作用下，自然也能维持平衡。因此，这种内力状态就是构造变换后结构的内力状态。

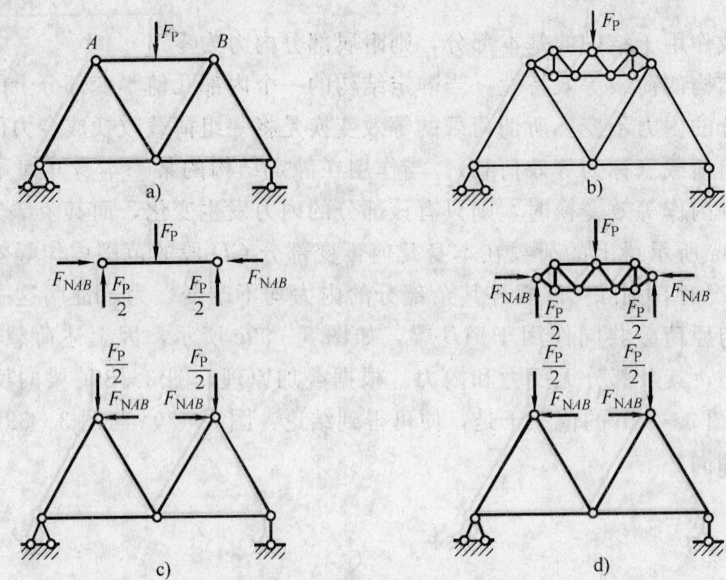

图 3-40　静定结构的构造等效变换

习　　题

3-1　试用区段叠加法作图 3-41 所示静定梁的 M 图。

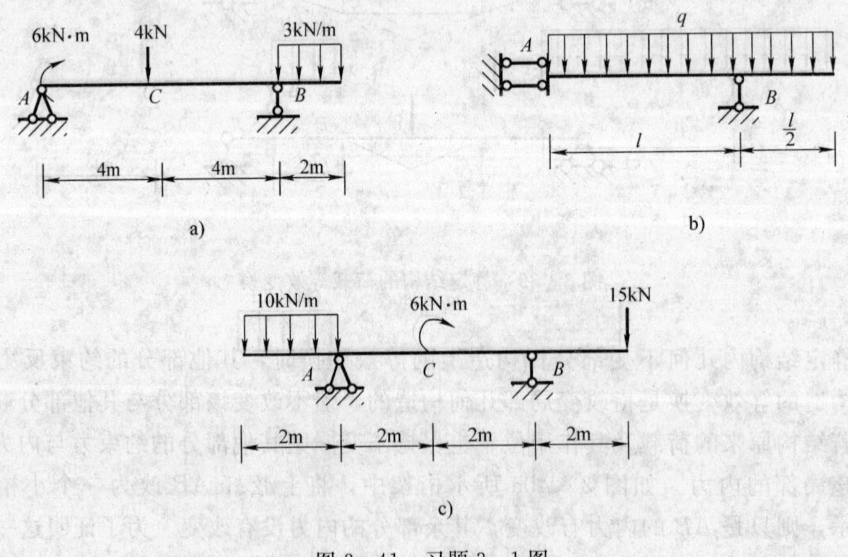

图 3-41　习题 3-1 图

3-2　试作图 3-42 所示多跨静定梁的弯矩图和剪力图。

3-3　试作图 3-43 所示刚架的弯矩图、剪力图和轴力图。

3-4　试作图 3-44 所示刚架的 M 图。

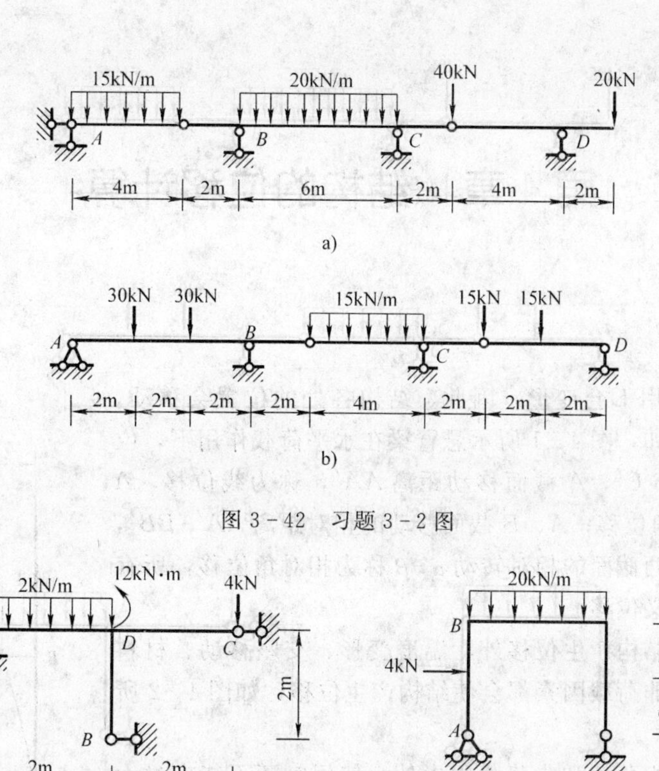

图 3-42　习题 3-2 图

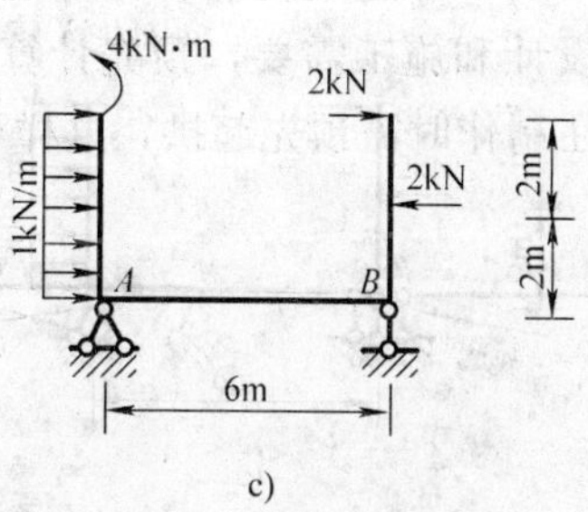

图 3-43　习题 3-3 图

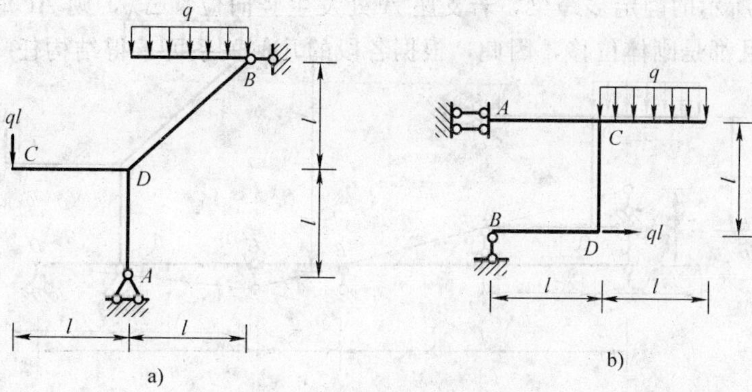

图 3-44　习题 3-4 图

第 4 章　结构的位移计算

4.1　概述

结构在荷载作用下会变形，因此，结构各处的位置会移动，即结构的位移。例如，图 4-1 所示悬臂梁在水平荷载作用下，位置由 ABC 变到 $A'B'C'$，A 截面移动距离 AA'，称为线位移，A 截面转动 α，称为角位移；A、B 截面移动的相对距离 $AA'-BB'$，称为相对线位移，两截面的相对转动 $\alpha-\beta$ 称为相对角位移，所有这些位移统称为广义位移。

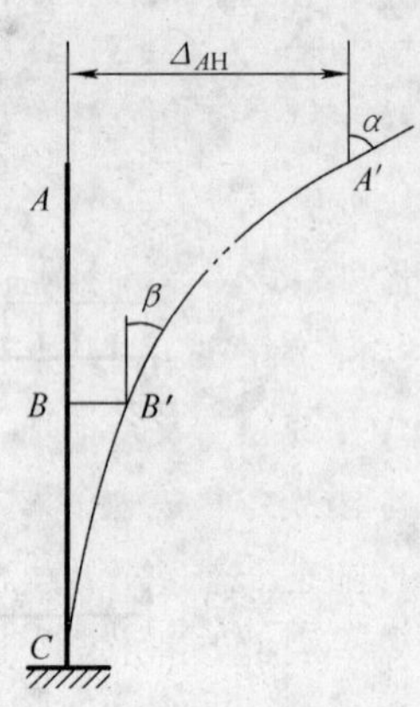

图 4-1　荷载引起的位移

除了荷载能使结构产生位移外，温度变形、支座移动、材料收缩和制作误差等非荷载因素都会使结构产生位移，如图 4-2 所示。

结构除了能承担荷载和非荷载因素外，使用时还不能有过大的变形，即应满足刚度要求。结构位移的目的就是要知道结构变形的大小，以此来验算结构的刚度；静定结构位移计算也是计算超静定结构的基础。有时为了设计和施工需要，预先计算出结构变形后的位置，如大跨度屋架在制作时需预先起拱，这样可避免使用状态下产生明显下挠。

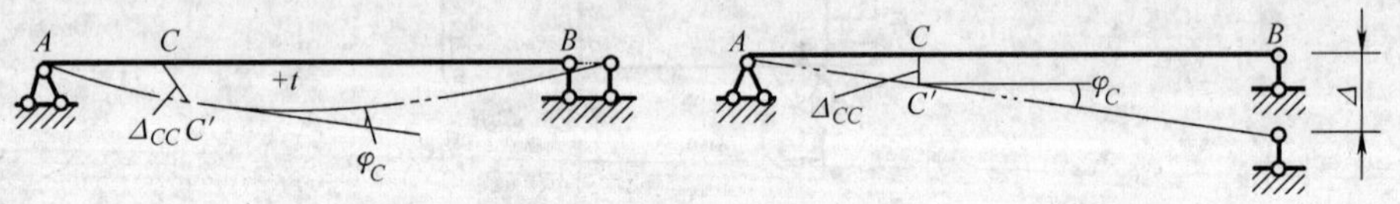

图 4-2　非荷载因素引起的位移

如图 4-3 所示的静定多跨梁，若支座 A 处发生竖向位移 Δ_A，则 AC 段绕 B 转动，CD 段绕 C 转动，且都是刚体位移，因此，根据各段的几何关系可求得结构任一点的位移，如 B 点的转角 $\alpha=\dfrac{\Delta_A}{l}$。

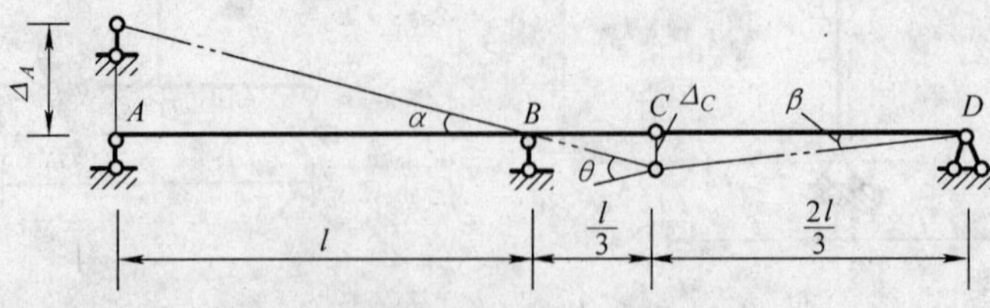

图 4-3　静定多跨梁位移分析

再如图 4-4 所示简支梁，在均布荷载作用下产生线位移，忽略剪切变形对位移的影响，则位移与曲率之间的近似几何关系为

$$\kappa = \frac{1}{R} = \left|\frac{\mathrm{d}^2 y}{\mathrm{d}x^2}\right|$$

式中，κ 为曲率。

再利用曲率与弯矩的关系

$$\kappa = \frac{M}{EI}$$

联合两式，解微分方程得位移 $y(x)$。

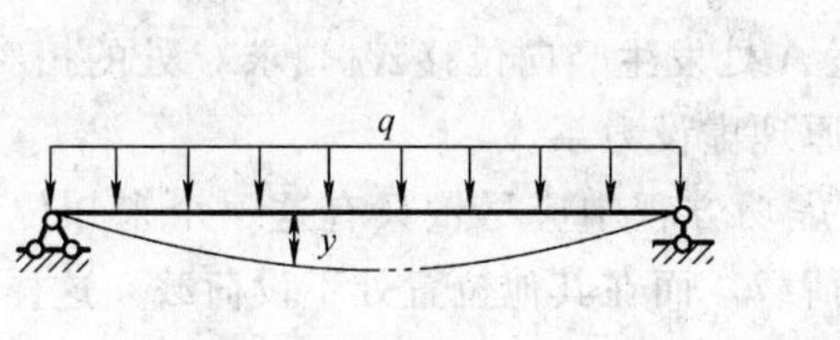

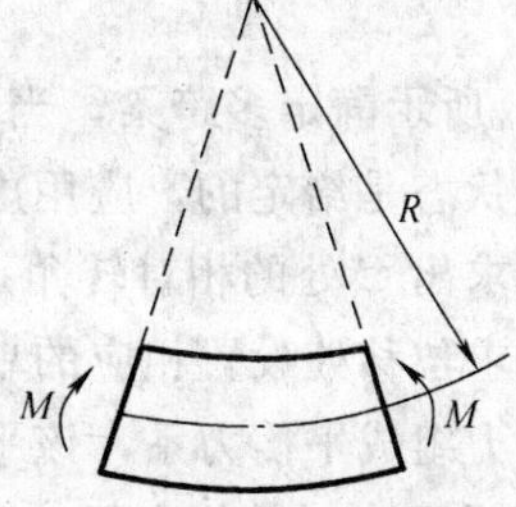

图 4-4　简支梁位移分析

从上面的例子可看出，位移计算实际上是几何问题，但用几何法非常繁冗，更方便的方法则是利用虚功原理。

4.2　变形体的虚功原理

4.2.1　虚功的概念

功就是力和在力方向上位移的乘积。以前接触到的功都是实功，即力和位移是相互关联的，位移由力引起。若位移不是由力引起的，两者彼此独立，则它们所做的功称为虚功。如图 4-5 所示，梁在荷载 F_P 作用下发生位移是实线。若在温度变化下，梁的位移图形由虚线所示，在荷载作用点位置处，温度引起的竖向位移为 Δ，该位移与荷载 F_P 并无因果关系，则 $F_P\Delta$ 就是虚功。所以，虚功中的力和位移是分别属于同一体系的两种彼此无关的状态。

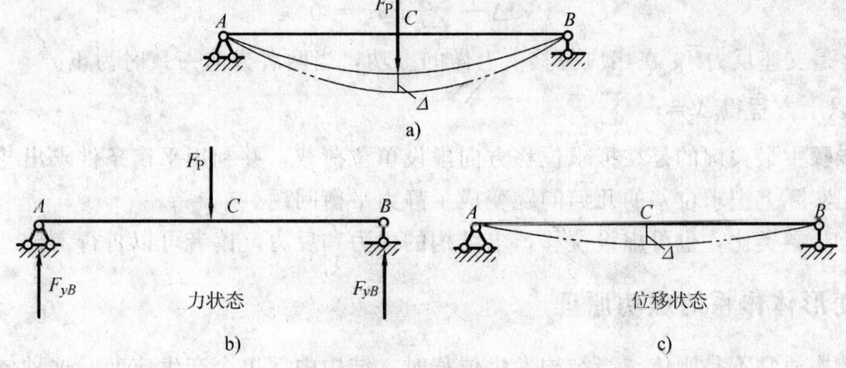

图 4-5　虚功概念解析

4.2.2 刚体体系的虚功原理

先讨论比较简单的情况，结构发生位移时，体系内部不会产生应变，这种体系称为刚体。

具有理想约束的刚体体系，设体系上作用任意的平衡力系，又设体系发生符合约束条件的无限小位移，则力在位移上所做的虚功总和为零，这就是刚体体系的虚功原理。

要注意的是，体系上发生的位移需符合约束条件，且规定是无限小的。

平衡力系和位移是两种彼此独立的状态，可将其中任意一个看作是虚设状态，另一个是实际状态。若虚设力系，根据虚功总和为零就可求解位移。这就是用虚功原理求位移的方法。

如图 4-3 所示静定多跨梁，当支座 A 处发生竖向位移 Δ_A，求 C 处的相对转角。

这里位移状态是给定的，应用虚功原理虚设力系。

为了便于求出 C 处的相对转角，在虚功方程中应尽量只有这一个未知位移。因此虚设力系时只在拟求位移处设置相应的单位荷载，而在其他位置处不设荷载。这样，虚设的单位荷载与支座反力组成平衡力系，该平衡力系独立于实际位移状态。

在 C 截面设置一对单位力偶，与所求 C 截面处的相对转角对应，则结构的支座反力如图 4-6 所示。

令虚设力系在实际位移上做虚功，得虚功方程

$$F_{yA}\Delta_A + 1\times\theta = 0$$

则

$$\theta = \frac{3}{2l}\,\Delta_A$$

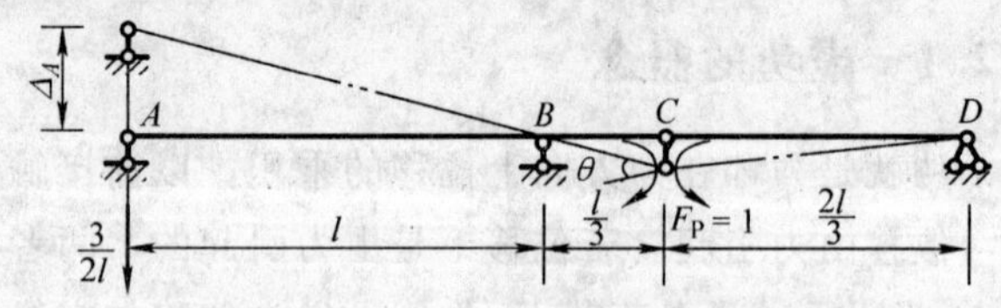

图 4-6 刚体体系虚功原理运用示例

归纳一下，用虚功原理计算结构位移的步骤如下：

1）沿拟求位移的方向虚设相应的单位荷载，并求出单位荷载作用下的支座反力。

2）令虚设力系在实际位移上做虚功，写出虚功方程

$$1\times\Delta + \sum \overline{F}_{R}c = 0$$

式中，$\overline{F}_{R}c$ 是支座反力$\overline{F}_{R}$ 在相应位移 c 上做的虚功，当两者方向一致时为正。

3）解以上方程得 $\Delta = -\sum \overline{F}_{R}c$。

以上步骤中最关键的是在拟求位移方向虚设单位荷载，并利用平衡条件求出与已知位移相应的力，实际上把求位移的几何问题变成了静力平衡问题。

按以上步骤类比，也可虚设位移，求结构的内力和反力，读者可以自行考虑。

4.2.3 变形体体系的虚功原理

实际结构通常不是刚体，当结构发生位移时，结构内部也会产生应变，这种体系称为变

形体。为了推导出变形体的虚功原理，先考虑结构中只有某个微段出现局部变形，其他部分仍保持刚体，相当于微段相邻截面有相对变形的刚体。这样，有局部变形的结构位移计算就可转化为刚体计算问题。为了探讨方便，先分别考虑不同的变形情况。

图 4-7 所示悬臂梁，在 B 处相邻截面有相对转角 θ，求 A 点的竖向位移。

由于 AB 段、BC 段均为刚体，仅 B 处有转角，位移状态也可用图 4-7b 表示，在 B 处加铰，要求 A 点的位移在 A 处虚设相应的单位力，根据平衡条件，求得 B 处弯矩 $\overline{M}=1\times a$。列虚功方程

$$1\times\Delta-\overline{M}\theta=0$$
$$\Delta=\overline{M}\theta$$

若以上结构在 B 处相邻截面有相对剪切位移 η，类似上述方法，可求得 A 点的位移 $\Delta=\overline{F}_{\mathrm{Q}}\eta$；若在 B 处相邻截面有相对水平位移 λ，A 点的位移 $\Delta=\overline{F}_{\mathrm{N}}\lambda$。式中 $\overline{M}$、$\overline{F}_{\mathrm{Q}}$ 和 $\overline{F}_{\mathrm{N}}$ 分别表示虚设单位荷载引起的 B 截面的弯矩、剪力和轴力。

再将三种变形综合考虑，取 B 处的微段 $\mathrm{d}s$，杆件的轴线伸长应变、平均剪切应变和轴线曲率分别为 ε、γ_0 和 κ，则微段 $\mathrm{d}s$ 的变形如图 4-8 所示。其中 $\mathrm{d}\lambda=\varepsilon\mathrm{d}s$，$\mathrm{d}\eta=\gamma_0\mathrm{d}s$，$\mathrm{d}\theta=\kappa\mathrm{d}s$。

由此可知，微段 $\mathrm{d}s$ 发生变形时，结构某点产生的位移为

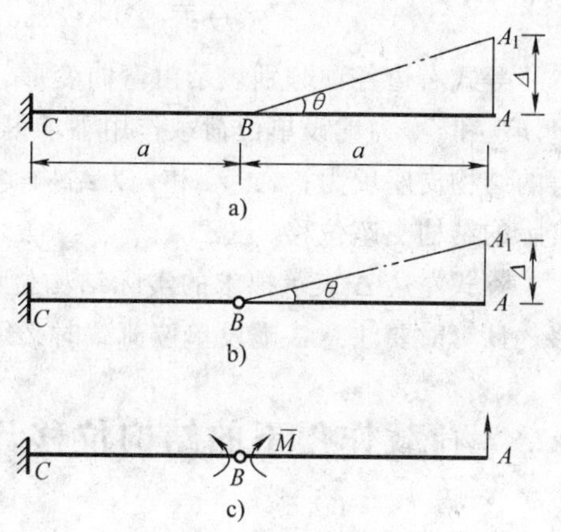

图 4-7　变形体系虚功原理运用示例

$$\mathrm{d}\Delta=\overline{M}\mathrm{d}\theta+\overline{F}_{\mathrm{Q}}\mathrm{d}\eta+\overline{F}_{\mathrm{N}}\mathrm{d}\lambda=(\overline{M}\kappa+\overline{F}_{\mathrm{Q}}\gamma_0+\overline{F}_{\mathrm{N}}\varepsilon)\mathrm{d}s$$

若整个结构都发生变形，根据叠加原理，结构某点的位移可由每个微段变形在该点引起的位移 $\mathrm{d}\Delta$ 叠加得出，即

$$\Delta=\int\mathrm{d}\Delta=\int(\overline{M}\kappa+\overline{F}_{\mathrm{Q}}\gamma_0+\overline{F}_{\mathrm{N}}\varepsilon)\mathrm{d}s \qquad (4-1)$$

若结构有多个杆件，则上式可写为

$$\Delta=\sum\int(\overline{M}\kappa+\overline{F}_{\mathrm{Q}}\gamma_0+\overline{F}_{\mathrm{N}}\varepsilon)\mathrm{d}s \qquad (4-2)$$

式中，$\int$ 表示对杆件长度进行积分；$\sum$ 表示对结构各杆求和。

若结构除变形外，支座处还有给定的位移 c，则总位移为

$$\Delta=\sum\int(\overline{M}\kappa+\overline{F}_{\mathrm{Q}}\gamma_0+\overline{F}_{\mathrm{N}}\varepsilon)\mathrm{d}s-\sum\overline{F}_{\mathrm{R}}c \qquad (4-3)$$

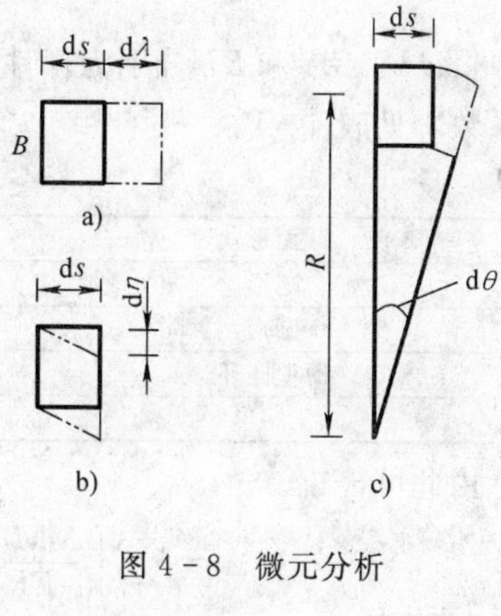

图 4-8　微元分析

若将式（4-3）改为

$$1\times\Delta+\sum\overline{F}_{\mathrm{R}}c=\sum\int(\overline{M}\kappa+\overline{F}_{\mathrm{Q}}\gamma_0+\overline{F}_{\mathrm{N}}\varepsilon)\mathrm{d}s \qquad (4-4)$$

则等式左侧表示结构虚设外力在给定位移上所做的虚功总和，称为外力虚功；等式右侧为结

构微段上的虚内力 $\overline{M}$、$\overline{F}_Q$、$\overline{F}_N$ 在给定变形 κ、γ_0、ε 上所做的虚功总和，称为内力虚功。因此，外力虚功等于内力虚功，这就是变形体的虚功原理。

由此，变形体的虚功原理为：变形体体系上作用任意的平衡力系，又设体系发生符合约束条件的无限小位移，则外力在位移上所做的外力虚功总和等于内力在位移上所做的内力虚功总和。

由于刚体内部不发生变形，故内力所做虚功为零，因此，刚体的虚功原理表述为外力虚功总和为零。故刚体虚功原理实际上只是变形体虚功原理的特例。

结构位移计算的一般公式为

$$\Delta = \sum\int(\overline{M}\kappa + \overline{F}_Q\gamma_0 + \overline{F}_N\varepsilon)\mathrm{d}s - \sum \overline{F}_R c$$

等式右边各项分别表示由弯曲变形、剪切变形、轴向变形和支座移动引起的结构位移。$\overline{M}$、$\overline{F}_Q$ 和$\overline{F}_N$ 为虚设单位荷载作用下求得的结构弯矩、剪力和轴力；$\overline{F}_R$ 为虚设荷载作用下求得的结构支座反力；κ、γ_0 和 ε 为结构实际的轴线曲率、平均剪切应变和轴向拉应变；c 为实际的结构支座位移。

等式左边 Δ 表示拟求的实际结构位移，它既可以是线位移，也可以是角位移或相对位移。计算时要注意，虚设单位荷载时必须与拟求位移对应。

4.3 荷载作用下的结构位移计算

由于没有支座位移，故

$$\Delta = \sum\int(\overline{M}\kappa + \overline{F}_Q\gamma_0 + \overline{F}_N\varepsilon)\mathrm{d}s = \sum\int \overline{M}\kappa\,\mathrm{d}s + \sum\int \overline{F}_Q\gamma_0\,\mathrm{d}s + \sum\int \overline{F}_N\varepsilon\,\mathrm{d}s$$

又由于材料弹性，且变形由荷载引起，故由材料力学有

$$\varepsilon = \frac{F_{NP}}{EA},\gamma_0 = k\frac{F_{QP}}{GA},\kappa = \frac{M_P}{EI}$$

式中，EA、GA 和 EI 分别为杆件截面的抗拉、抗剪、抗弯刚度；k 是一个与截面形状有关的系数，见表 4－1。

表 4－1　截面形状系数 k

截面形状	k
矩形	1.2
圆形	10/9
薄壁圆环	2
工字形	A/A'（A 是全部截面面积，A'是腹板截面面积）

由此可得

$$\Delta = \sum\int\frac{\overline{M}M_P}{EI}\mathrm{d}s + \sum\int\frac{k\,\overline{F}_Q F_{QP}}{GA}\mathrm{d}s + \sum\int\frac{\overline{F}_N F_{NP}}{EA}\mathrm{d}s \tag{4-5}$$

式中，$\overline{M}$、$\overline{F}_Q$ 和$\overline{F}_N$ 代表虚设单位荷载作用下的结构虚内力；M_P、F_{QP}和 F_{NP}是实际荷载作用下的结构内力。

式（4－5）右侧第一项表示弯曲变形对结构位移的影响，第二项表示剪切变形的影响，第三项表示轴向变形的影响。对于实际结构，根据结构的受力特点和三种变形在位移中所占比重大小，保留主要影响忽略次要影响，还可将计算式进一步简化。

(1) 梁和刚架　梁和刚架主要受弯，轴向变形和剪切变形的影响很小，故位移为

$$\Delta=\sum\int\frac{\overline{M}M_{\mathrm{P}}}{EI}\mathrm{d}s \tag{4-6}$$

(2) 桁架　桁架只受轴力，且桁架的各杆截面及轴力沿杆长均为常数，故位移为

$$\Delta=\sum\int\frac{\overline{F}_{\mathrm{N}}F_{\mathrm{NP}}}{EA}\mathrm{d}s=\sum\frac{\overline{F}_{\mathrm{N}}F_{\mathrm{NP}}l}{EA} \tag{4-7}$$

(3) 组合结构　组合结构中一些杆受弯，一些杆仅受轴力，故位移为

$$\Delta=\sum\int\frac{\overline{M}M_{\mathrm{P}}}{EI}\mathrm{d}s+\sum\frac{\overline{F}_{\mathrm{N}}F_{\mathrm{NP}}l}{EA} \tag{4-8}$$

(4) 拱　当不考虑曲率影响时，可近似按式（4-5）计算，通常只需考虑弯曲变形的影响，仅在扁平拱（$f/l<1/5$）或当拱轴与合理轴线比较接近时，还需考虑轴向变形的影响。

$$\Delta=\sum\int\frac{\overline{M}M_{\mathrm{P}}}{EI}\mathrm{d}s+\sum\int\frac{\overline{F}_{\mathrm{N}}F_{\mathrm{NP}}}{EA}\mathrm{d}s \tag{4-9}$$

由此可知，荷载作用下结构某点位移Δ的计算步骤如下：

1）在某点沿拟求位移Δ方向虚设相应的单位荷载。

2）分别在单位荷载和外荷载作用下，根据结构类型和平衡条件，求出引起结构位移的内力项，如梁或刚架，仅求出$\overline{M}$和M_{P}即可，又如桁架，求出$\overline{F}_{\mathrm{N}}$和$F_{\mathrm{NP}}$即可。

3）再根据结构类型，选择式（4-6）～式（4-9）计算位移。

【例 4-1】　求图 4-9 简支梁中点 C 的竖向位移。

解：要求 C 点的竖向位移，虚设力状态如图 4-9b 所示。在对称竖向荷载作用下，梁的内力和变形也对称。设 A 点为坐标原点，当 $0\leqslant x\leqslant l/2$ 时，实际荷载和虚设荷载作用下结构内力分别为

$$M_{\mathrm{P}}=\frac{1}{2}qlx-\frac{1}{2}qx^2,\overline{M}=\frac{1}{2}x$$

代入式（4-6），得

$$\Delta=2\int_0^{l/2}\frac{\overline{M}M_{\mathrm{P}}}{EI}\mathrm{d}x=2\frac{1}{EI}\int_0^{l/2}\frac{x}{2}\frac{qlx-qx^2}{2}\mathrm{d}x=\frac{5ql^4}{384EI}$$

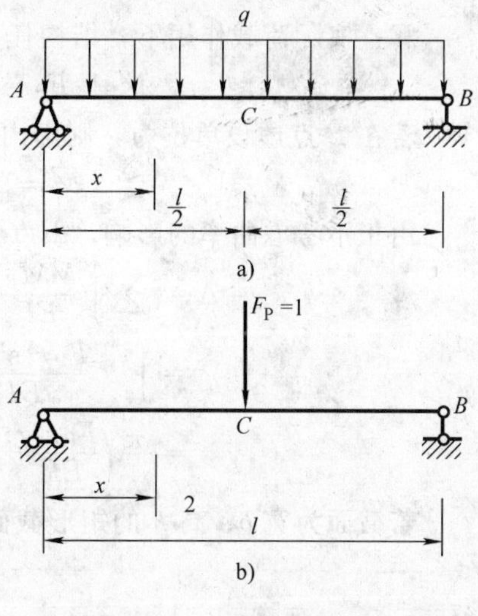

图 4-9　例 4-1 图

【例 4-2】　求图 4-10 屋架 C 点的竖向位移。设各杆 EA 均相同。

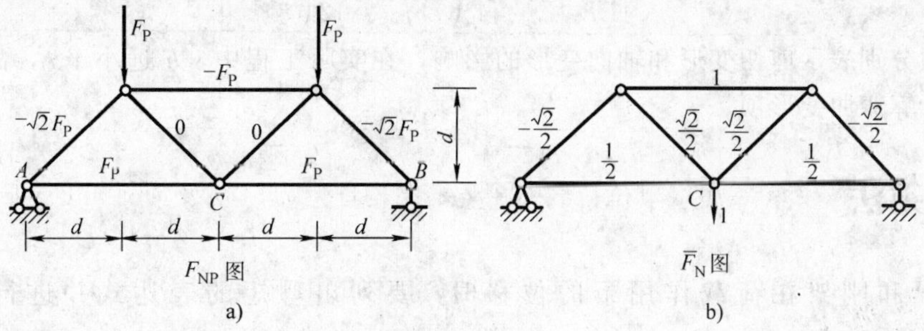

图 4-10　例 4-2 图

解：要求 C 点的竖向位移，虚设力状态的桁架仅 C 点受向下的单位荷载。实际状态和虚设状态下的杆件内力如图 4-11a、b 所示。由于结构和荷载均对称，内力也对称，则

$$\Delta=\sum\frac{\overline{F}F_{P}l}{EA}=\frac{1}{EA}\left[2\left(\frac{1}{2}\times F_{P}\times 2d+\frac{\sqrt{2}}{2}\times\sqrt{2}F_{P}\times\sqrt{2}d\right)+1\times F_{P}\times 2d\right]=\frac{(4+2\sqrt{2})F_{P}d}{EA}$$

【例 4-3】 如图 4-11 所示，求等截面圆弧杆上 B 点的竖向位移，不考虑曲率的影响。

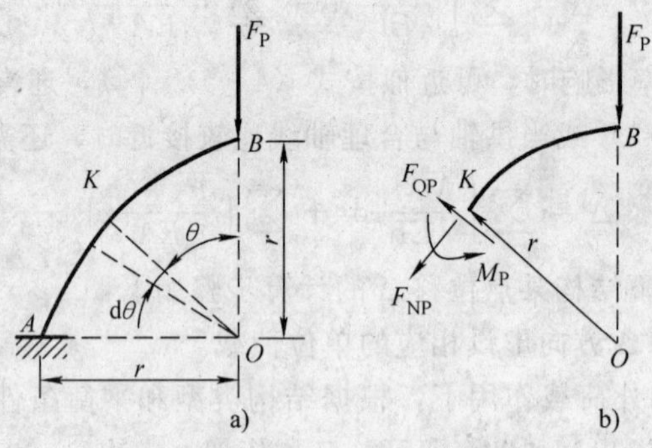

图 4-11 例 4-3 图

解：实际荷载作用下，结构任一截面 K 的内力为

$$M_{P}=F_{P}r\sin\theta,\ F_{QP}=F_{P}\cos\theta,\ F_{NP}=F_{P}\sin\theta$$

若在 B 点虚设单位力，则虚内力为

$$\overline{M}=r\sin\theta,\overline{F}_{Q}=\cos\theta,\overline{F}_{N}=\sin\theta$$

由于不考虑曲率的影响，$ds=rd\theta$，则 B 点的竖向位移为

$$\begin{aligned}\Delta&=\sum\int\frac{\overline{M}M_{P}}{EI}ds+\sum\int\frac{k\overline{F}_{Q}F_{QP}}{GA}ds+\sum\int\frac{\overline{F}_{N}F_{NP}}{EA}ds\\&=\int_{0}^{\pi/2}\frac{F_{P}r^{3}\sin^{2}\theta}{EI}d\theta+\int_{0}^{\pi/2}k\frac{F_{P}r\cos^{2}\theta}{GA}d\theta+\int_{0}^{\pi/2}\frac{F_{P}r\sin^{2}\theta}{EA}d\theta\\&=\frac{\pi}{4}\left(\frac{F_{P}r^{3}}{EI}+k\frac{F_{P}r}{GA}+\frac{F_{P}r}{EA}\right)\end{aligned}$$

若截面为宽 b、高 h 的矩形截面，则

$$k=1.2,\ A=\frac{12I}{h^{2}}$$

并设 $G=0.4E$，则位移

$$\Delta=\frac{\pi F_{P}r^{3}}{4EI}\left[1+\frac{1}{4}\left(\frac{h}{r}\right)^{2}+\frac{1}{12}\left(\frac{h}{r}\right)^{2}\right]$$

后两项分别表示剪切变形和轴向变形的影响，在实际工程中，h 远小于 r，故后两项可忽略，仅计算弯曲变形项。

4.4 图乘法

计算梁和刚架在荷载作用下的位移时，要列出弯矩的表达式并进行积分，即 $\Delta=\sum\int\frac{\overline{M}M_{P}}{EI}ds$，比较繁琐。由于实际结构大多由等截面直杆组成，故本章介绍图乘法以

便简化计算。

如图 4－12 所示，已知直杆 mn 段在实际状态下和拟状态下的弯矩图，其中一个是直线图。以直线图中直线交点作为坐标原点，α 表示直线角度，则$\overline{M}=x\tan\alpha$，代入位移计算式，有

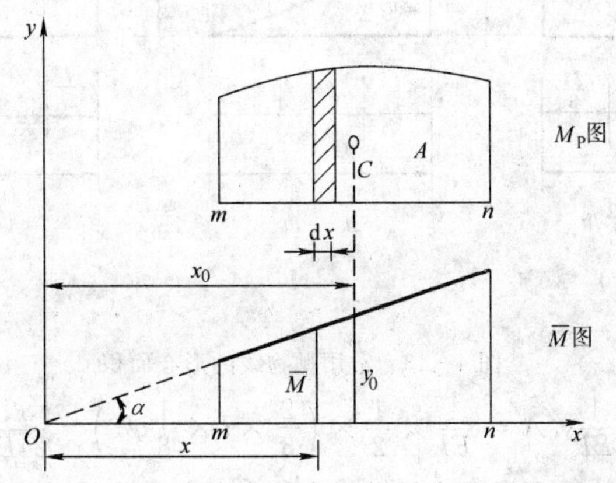

图 4－12　图乘法

$$\Delta=\int\frac{\overline{M}M_P}{EI}\mathrm{d}s=\frac{1}{EI}\int\overline{M}M_P\mathrm{d}x=\frac{\tan\alpha}{EI}\int xM_P\mathrm{d}x$$

式中，$M_P\mathrm{d}x$ 可看作 M_P 图的微分面积，即图中阴影部分，则 $xM_P\mathrm{d}x$ 是这个微分面积对 y 轴的面积矩，故 $\int xM_P\mathrm{d}x$ 就是 M_P 图的面积 A 对 y 轴的面积矩。

以 x_0 表示 M_P 图的形心 C 到 y 轴的距离，则

$$\int xM_P\mathrm{d}x=x_0A$$

即有

$$\Delta=\int\frac{\overline{M}M_P}{EI}\mathrm{d}s=\frac{\tan\alpha}{EI}\int xM_P\mathrm{d}x=\frac{\tan\alpha}{EI}x_0A=\frac{1}{EI}y_0A \qquad (4-10)$$

式中，y_0 是 M_P 图的形心 C 对应于$\overline{M}$图的竖标值。

式（4－10）表示弯矩的积分式可以用一个弯矩图的面积乘以另一弯矩图的竖标得到，因此称为图乘法。

要注意的是，在推导式（4－10）中，设定杆为直杆、EI 为常数和两弯矩图中至少有一个为直线图等三个条件，这三个条件有一个不满足，都不能用图乘法来计算积分式。

在应用图乘法时，需知道其中一个弯矩图的面积和形心，才能得到另一个图形的相应位置处的竖标。而且根据式（4－10）的推导过程来看，应该是用曲线弯矩图的面积乘以直线弯矩图的竖标。为应用方便，图 4－13 列出了常用的标准二次和三次抛物线面积公式和形心位置。所谓标准抛物线指含顶点在内且顶点处切线与基线平行。当弯矩图比较复杂时，可将其分成多个简单图形，分别计算后再叠加。

【例 4－4】　如图 4－14 所示，求简支梁均布荷载下 A 端的角位移。

解：求 A 端的角位移，需在 A 端虚设单位弯矩，则实际荷载和虚设荷载下结构的弯矩图如图 4－14b、c 所示。将两图进行图乘，则

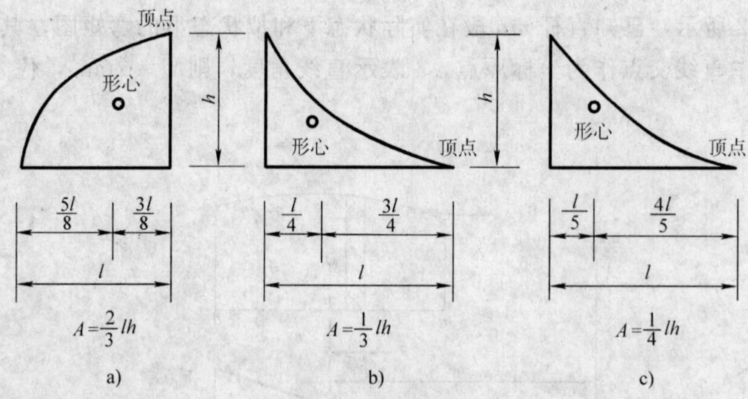

图 4-13　常用抛物线的形心面积

$$\theta_A=\frac{1}{EI}y_0A=\frac{1}{EI}\times\frac{1}{2}\times\left(\frac{2}{3}\times l\times\frac{1}{8}ql^2\right)=\frac{ql^3}{24EI}(\curvearrowleft)$$

【例 4-5】 如图 4-15 所示，求悬臂梁在均布荷载 q 作用下 C 点的竖向位移。

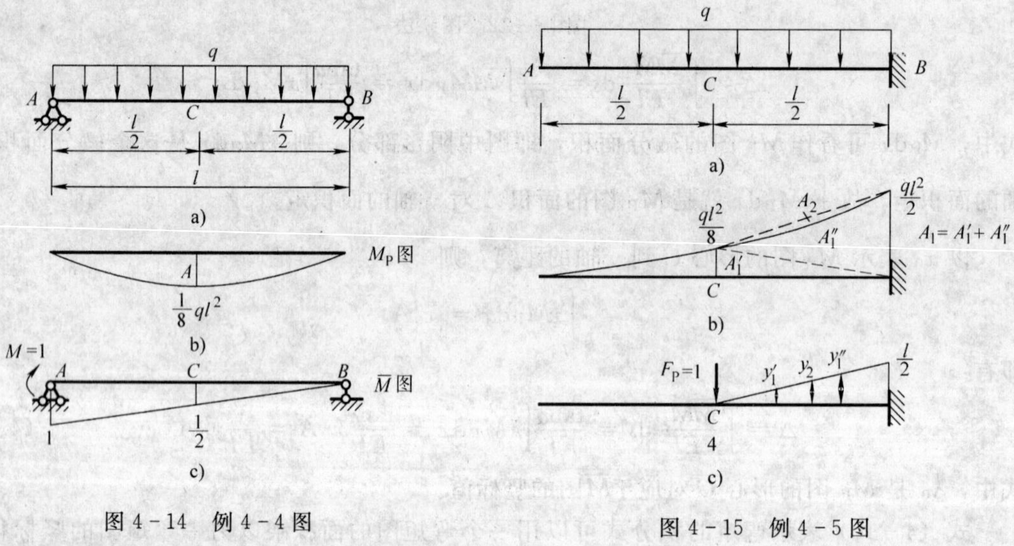

图 4-14　例 4-4 图　　　　图 4-15　例 4-5 图

解：先作出 $\overline{M}$、M_P，如图 4-15b、c 所示。

注意到$\overline{M}$图在 AC 段为 0，在整个梁上，$\overline{M}$图是折线，因此，应分两部分图乘。AC 段为 0，CB 段 M_P 图要用已知的标准形得到，可看做一个梯形减去一个标准抛物线形，故

$$\Delta_C=\frac{1}{EI}(y'_1A'_1+y''_1A''_1-y_2A_2)=\frac{1}{EI}\left[\left(\frac{1}{2}\times\frac{1}{8}ql^2\times\frac{l}{2}\right)\times\frac{1}{3}\times\frac{l}{2}+\left(\frac{1}{2}\times\frac{1}{2}ql^2\times\frac{l}{2}\right)\times\frac{2}{3}\times\frac{l}{2}-\frac{2}{3}\times\frac{l}{2}\times\frac{ql^2}{32}\times\frac{1}{2}\times\frac{l}{2}\right]=\frac{17ql^4}{384EI}(\downarrow)$$

【例 4-6】 如图 4-16 所示，求刚架 B 点的水平位移。

解：作出$\overline{M}$，M_P，如图 4-16b、c 所示。用图乘法，得

$$\Delta_B=\frac{1}{EI}y_1A_1+\frac{1}{2EI}(y_2A_2+y_3A_3)=\frac{1}{EI}\left(\frac{1}{2}\times ql^2\times l\times\frac{2l}{3}\right)+$$

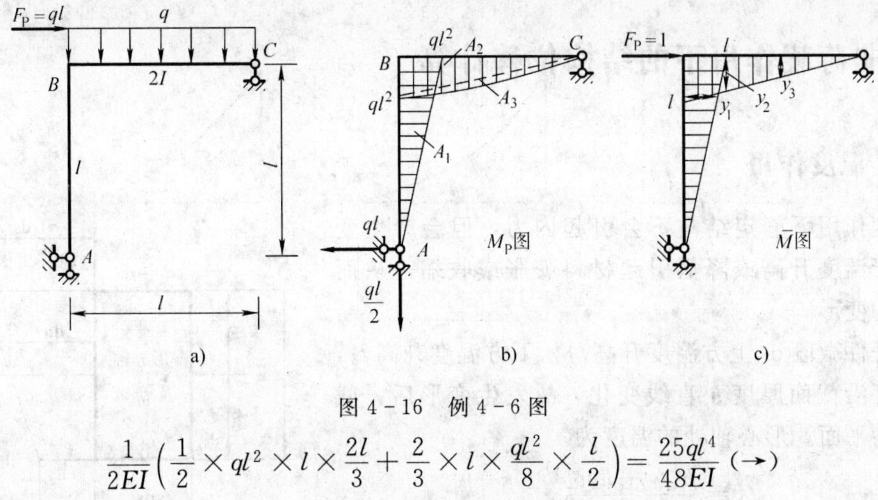

图 4－16　例 4－6 图

$$\frac{1}{2EI}\left(\frac{1}{2}\times ql^2\times l\times\frac{2l}{3}+\frac{2}{3}\times l\times\frac{ql^2}{8}\times\frac{l}{2}\right)=\frac{25ql^4}{48EI}\ (\rightarrow)$$

【例 4－7】 如图 4－17 所示，求刚架 C、D 点的相对水平位移。

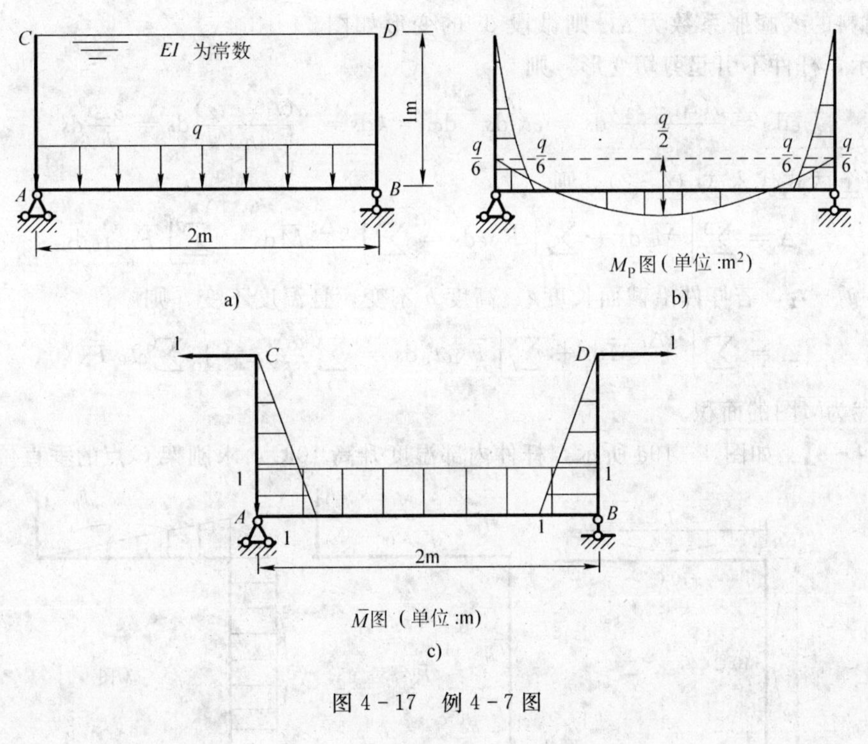

图 4－17　例 4－7 图

解：作出$\overline{M}$，M_P，如图 4－17b、c 所示。用图乘法，得

杆 AC 和 BD　　$A_1=\frac{1}{4}\times1\times\frac{q}{6}=\frac{q}{24}$，$y_1=\frac{4}{5}\times1\text{m}=\frac{4}{5}\text{m}$

杆 AB　　$A_2=\frac{q}{6}\times2-\frac{2}{3}\times\frac{q}{2}\times2=-\frac{q}{3}$，$y_2=1\text{m}$

$$\Delta_{CD}=\sum\int\frac{\overline{M}M_P}{EI}\mathrm{d}s=2A_1y_1+A_2y_2=2\times\frac{q}{24}\times\frac{4}{5}-\frac{q}{3}\times1=-\frac{4q}{15}\ (\rightarrow\leftarrow)$$

4.5 非荷载作用下的结构位移计算

4.5.1 温度作用

温度作用下静定结构不会引起内力，但会产生变形，由于温度升高或降低引起材料膨胀或收缩，从而产生结构变形。

设杆件微段 ds 上方温度升高 t_1，下方温度升高 t_2，假定温度沿截面厚度 h 直线变化，故发生变形后，截面保持为平面。形心轴处的温度为

$$t_0=\frac{h_1t_1+h_2t_2}{h}$$

式中，h_1、h_2 分别表示杆件上、下边缘至杆轴距离。

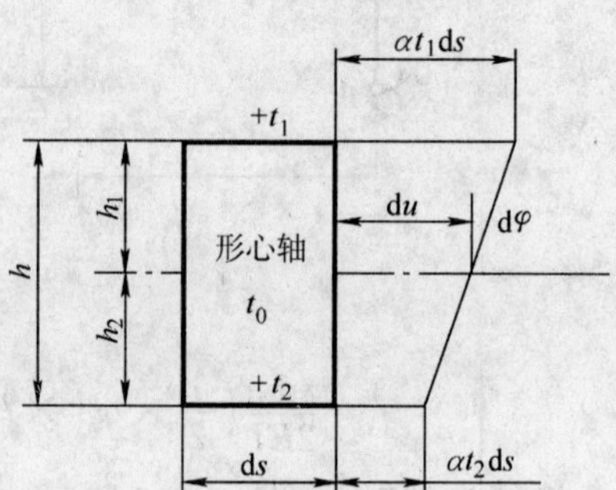

图 4-18 杆件微元分析

若材料的线膨胀系数为 α，则微段 ds 的变形如图 4-18所示，杆件不引起剪切变形，则

$$\varepsilon \mathrm{d}s=\frac{\alpha(t_1+t_2)}{2}\mathrm{d}s=\alpha t_0\,\mathrm{d}s \quad \mathrm{d}\varphi=k\mathrm{d}s=\frac{\alpha(t_1-t_2)}{h}\mathrm{d}s=\frac{\alpha\Delta t}{h}\mathrm{d}s$$

将以上两式代入式（4-2），则

$$\Delta=\sum\int\overline{M}\kappa\mathrm{d}s+\sum\int\overline{F}_{\mathrm{N}}\varepsilon\mathrm{d}s=\sum\int\frac{\alpha\Delta t}{h}\overline{M}\mathrm{d}s+\sum\int\overline{F}_{\mathrm{N}}\alpha t_0\,\mathrm{d}s$$

式中 $\Delta t=t_1-t_2$，若杆件沿截面长度 l、高度 h 不变，且温度不变，则

$$\Delta=\sum\int\frac{\alpha\Delta t}{h}\overline{M}\mathrm{d}s+\sum\int\overline{F}_{\mathrm{N}}\alpha t_0\,\mathrm{d}s=\sum\frac{\alpha\Delta t}{h}A_{\overline{M}}+\sum\alpha t_0\,\overline{F}_{\mathrm{N}}l \qquad (4-11)$$

式中，$A_{\overline{M}}$为$\overline{M}$图的面积。

【例 4-8】 如图 4-19a 所示，杆件内部温度升高 10℃，求刚架 C 点的垂直位移。

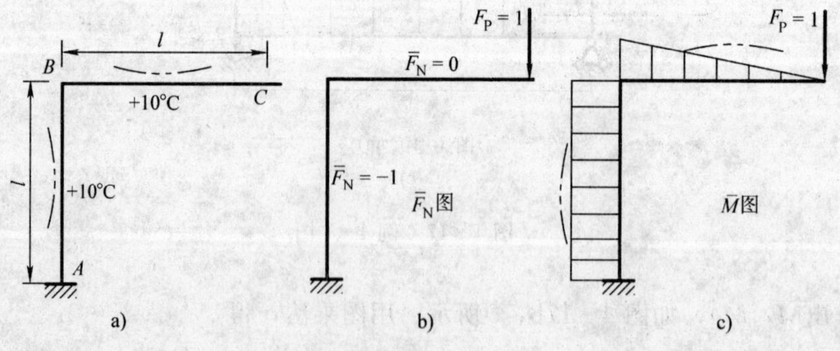

图 4-19 例 4-8 图

解：在 C 点虚设单位力，作出$\overline{M}$图，如图 4-19c 所示。杆件内部温度升高，则杆件弯曲方向如图 4-19a 双点画线所示，而虚设荷载作用下的杆件弯曲方向如图 4-19c 双点画线所示。两图形弯曲方向相反。杆 AB 受压缩短，而温度升高杆伸长，故轴向变形方向也相反，则

$$\Delta = \sum \frac{\alpha \Delta t}{h} A_{\overline{M}} + \sum \alpha t_0 \, \overline{F}_{\mathrm{N}} l = -\frac{\alpha(10-0)}{h} \times \left(\frac{1}{2} \times l \times l + l \times l\right) + \alpha \times \frac{10+0}{2} \times (-1) \times l = -5\alpha l - 15\frac{\alpha l^2}{h}(\uparrow)$$

4.5.2 支座移动

支座移动也不会使静定结构产生应力和应变，根据式（4－3），则支座移动引起的结构位移为

$$\Delta = -\sum \overline{F}_{\mathrm{R}} c \tag{4-12}$$

式中，$\overline{F}_{\mathrm{R}}$ 表示虚设力状态的支座反力；c 为实际状态的支座移动。

【例 4－9】 如图 4－20a 所示，刚架 B 支座移动 b，A 支座产生转角 θ 时，求 C 点的水平位移。

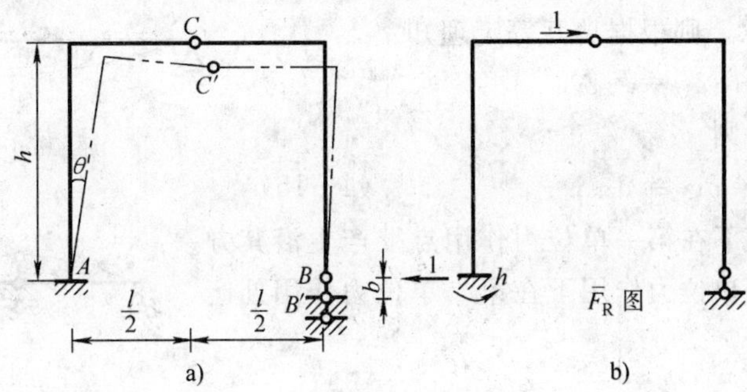

图 4－20 例 4－9 图

解：在 C 点虚设水平单位荷载，则支座反力如图 4－20b 所示。则

$$\Delta = -\sum \overline{F}_{\mathrm{R}} c = -(-h\theta) = h\theta(\rightarrow)$$

4.6 互等定理

4.6.1 功的互等定理

功的互等定理是指在第Ⅰ状态外力在第Ⅱ状态位移上所做的虚功，等于第Ⅱ状态外力在第Ⅰ状态位移上所做的虚功。

证明：图 4－21a、b 为同一结构分别承受外力 F_1、F_2，则结构内力分别为 M_1、F_{Q1}、F_{N1} 和 M_2、F_{Q2}、F_{N2}。F_1 力状态在 F_2 位移状态上所做的虚功为

$$W_{12} = \int \frac{M_1 M_2}{EI} \mathrm{d}s + \int \frac{kF_{Q1} F_{Q2}}{GA} \mathrm{d}s + \int \frac{F_{N1} F_{N2}}{EA} \mathrm{d}s$$

F_2 力状态在 F_1 位移状态上所做的虚功为

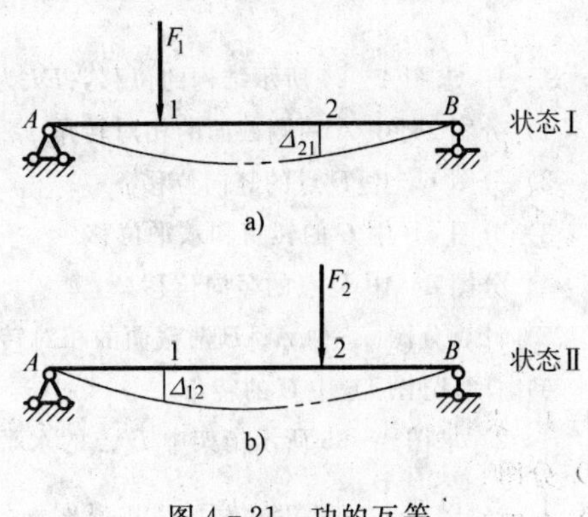

图 4－21 功的互等

$$W_{21}=\int\frac{M_2M_1}{EI}\mathrm{d}s+\int\frac{kF_{Q2}F_{Q1}}{GA}\mathrm{d}s+\int\frac{F_{N2}F_{N1}}{EA}\mathrm{d}s$$

比较两式，可知

$$W_{12}=W_{21} \tag{4-13}$$

或写为

$$\sum F_1\Delta_{12}=\sum F_2\Delta_{21} \tag{4-14}$$

式中，Δ_{12}表示第Ⅱ状态力作用下 F_1 处的位移，Δ_{21}表示第Ⅰ状态力作用下 F_2 处的位移。

4.6.2 位移互等定理

应用功互等定理，可推导出位移互等定理。若结构承受单位荷载 F_1、F_2，相应的位移分别为 δ_{12}、δ_{21}，如图 4-22 所示，则根据功互等定理知

$$F_1\delta_{12}=F_2\delta_{21}$$

由 $F_1=F_2=1$，则

$$\delta_{12}=\delta_{21} \tag{4-15}$$

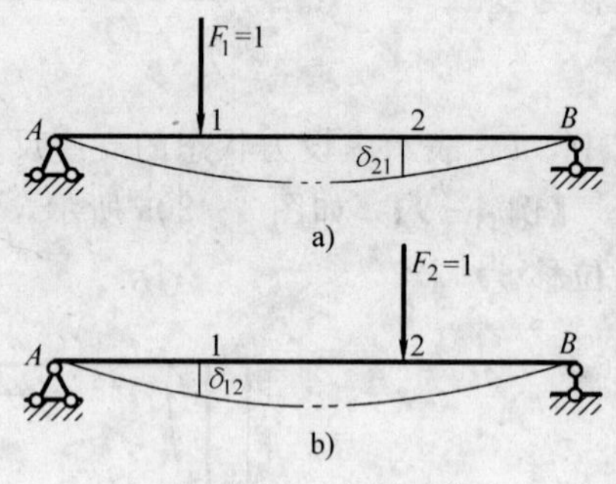

图 4-22 位移互等

即第二个单位力作用下在第一单位力作用点处产生沿其方向的位移，等于第一单位力作用下在第二单位力作用处产生沿其方向的位移。

4.6.3 反力互等定理

同样用功互等定理推导得出。图 4-23 所示为两支座分别发生单位位移的状态。r_{12}表示支座 2 处发生单位位移在支座 1 处产生的反力；r_{21}表示支座 1 处发生单位位移在支座 2 处产生的反力。

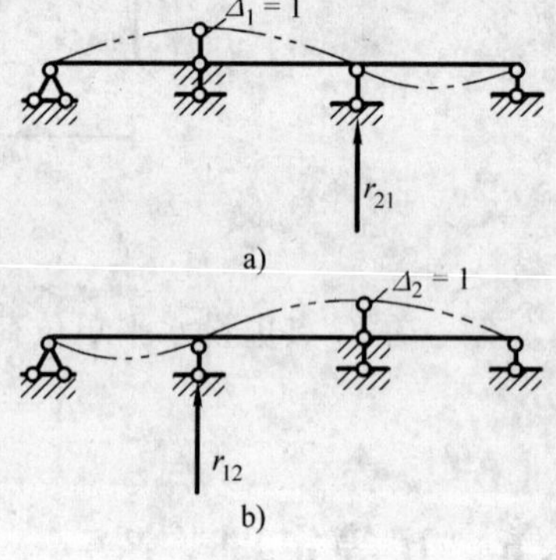

图 4-23 反力互等

根据功的互等定理知

$$r_{12}=r_{21} \tag{4-16}$$

习 题

4-1 求图 4-24 所示结构的位移，EI 为常数。

1）分图 a）中 A 两侧截面的相对转角 φ_A。

2）分图 b）中 D 点的竖向位移。

3）分图 c）中 C 的转角和水平位移。

4）分图 d）中 D 点的竖向位移。

5）计算分图 e）中 A、B 两截面的相对转角。

6）计算分图 f）中 C 的转角。

4-2 求图 4-25 所示桁架中 D 点的水平位移，各杆 EA 相同。

4-3 已知 $\int_a^b \sin u\cos u\mathrm{d}u=[\sin^2(u)/2]_a^b$，求图 4-26 所示圆弧曲梁 B 点的水平位移，EI 为常数。

4-4 求图 4-27 所示结构 D 点的竖向位移，杆 ACD 的截面抗弯刚度为 EI，杆 BC 抗拉刚度为 EA。

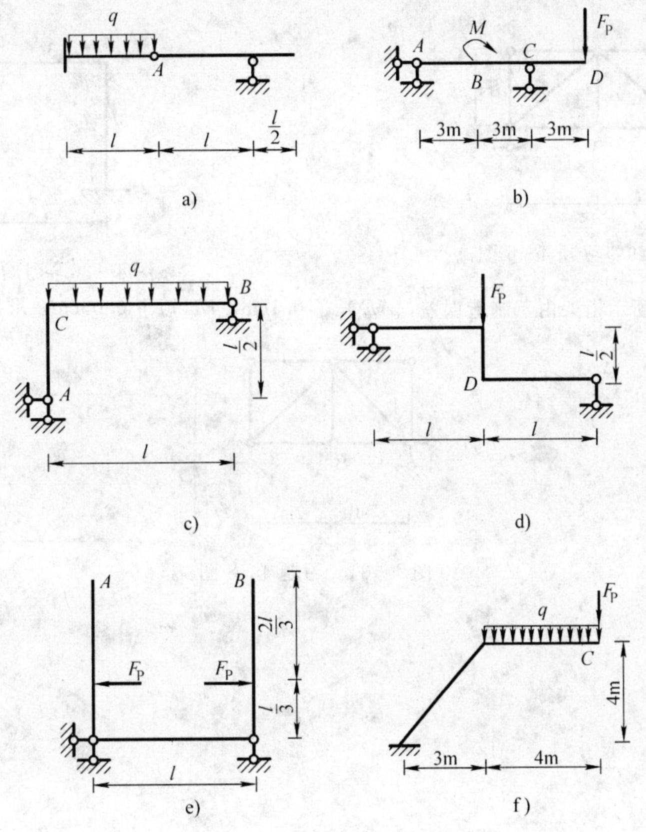

图 4-24　习题 4-1 图

4-5　刚架支座移动与转动如图 4-28 所示，求 D 点的竖向位移。

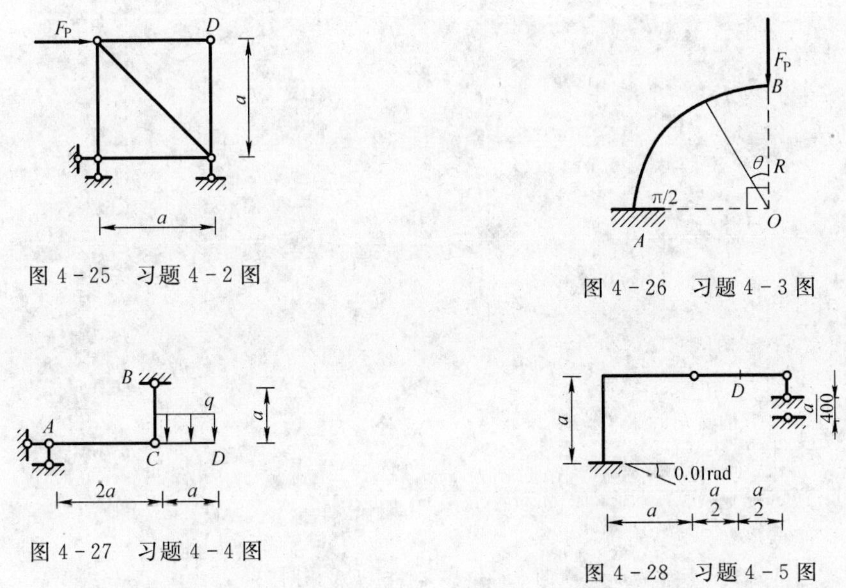

图 4-25　习题 4-2 图

图 4-26　习题 4-3 图

图 4-27　习题 4-4 图

图 4-28　习题 4-5 图

4-6　图 4-29 所示桁架各杆温度均匀升高 t℃，材料线膨胀系数为 α，求 C 点的竖向位移。

4-7　图 4-30 所示刚架杆件截面为矩形，截面厚度为 h，$h/l=1/20$，材料线膨胀系数为 α，求 C 点的竖向位移。

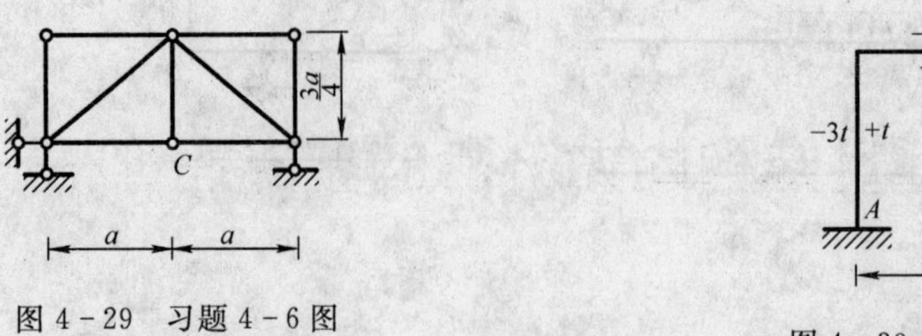

图 4-29 习题 4-6 图

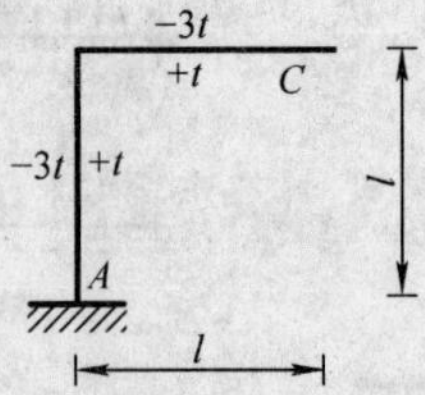

图 4-30 习题 4-7 图

4-8 图 4-31 所示桁架由于制造误差，AE 长了 0.1cm，BE 短了 0.05cm，求点 E 的竖向位移。

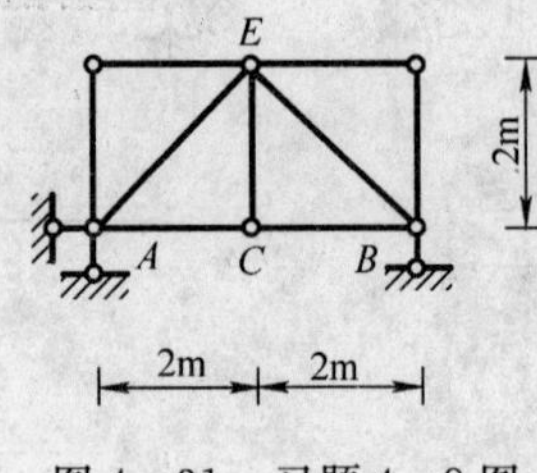

图 4-31 习题 4-8 图

第 5 章　超静定结构内力分析的基本理论——力法

5.1　力法的基本概念

5.1.1　超静定结构的概念

在前面几章中，已经详细地讨论了静定结构的受力分析问题。而在实际工程中应用更为广泛的是超静定结构，从本章开始讨论超静定结构的计算问题。

在第 2 章已经指出，从几何组成分析的角度来讲，超静定结构是指具有多余约束的几何不可变体系，这就决定了超静定结构的基本静力特性：在外部作用下，这种结构的支座反力和内力只用静力平衡条件是不能确定或不能全部确定的。例如，图 5-1a 所示的超静定连续梁，在竖向荷载作用下，由平衡条件 $\sum F_x = 0$，可知 A 支座处的水平支座反力为零。但是三个支座处的竖向支座反力却无法由 $\sum F_y = 0$ 和 $\sum M = 0$ 两个独立的平衡条件唯一确定，这是由于结构存在一个竖向的多余约束，满足两个方程的三个竖向支座反力值可以有无穷多组解。而在实际情况下，当荷载给定时，连续梁的支座反力必定是唯一的，因此必须引入其他条件，才能确定结构的全部支座反力并进而确定结构的内力。

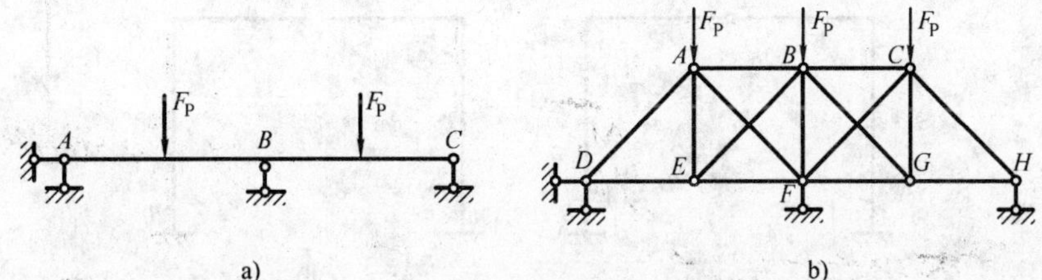

图 5-1　超静定结构

超静定结构中多余约束的选取方案不是唯一的，某个约束能不能视为是多余的，要看它是否为结构维持几何不变所必需。在图 5-1a 所示连续梁中，其支座 A、B 和 C 处的任意一根竖向链杆都可以视为多余约束（而支座 A 处的水平链杆是维持体系几何不变所必需的约束，称其为必要约束）。同理，在图 5-1b 所示的桁架中，可以将支座 F 处的竖向链杆以及 BE、BG 杆件看作多余约束，也可以将 D 支座处的竖向链杆以及 AF、CF 杆件看作多余约束。此外，还有其他多种选择多余约束的方案，读者可自己考虑。

对于一个超静定结构而言，多余约束的选取虽具有不确定性，但多余约束的数目却是一定的，前面讨论的超静定梁和桁架的多余约束数目分别为 1 和 3。多余约束中产生的约束力称为多余未知力。

5.1.2　超静定次数的确定

从几何组成分析的角度讲，结构的超静定次数是指结构中多余约束的数目。如果从原结

构中去掉 n 个约束后结构成为静定的，则原结构即为 n 次超静定。从静力分析的角度讲，结构的超静定次数等于计算约束反力时所缺少的平衡方程的个数。判断结构的超静定次数可以用去掉多余约束使原结构变为静定结构的方法进行。去掉多余约束的方法归纳起来主要有以下几种：

1）去掉一个支座链杆或切断一根结构内部的链杆，相当于去掉一个约束。图 5-2a 所示为一多跨超静定连续梁，去掉 B、C 支座处的竖向支杆后，结构成为简支梁（图 5-2b），所以原结构的超静定次数为 2。图 5-2c 所示组合结构，当切断 EF 链杆后成为静定组合结构（图 5-2d），所以原结构超静定次数为 1。

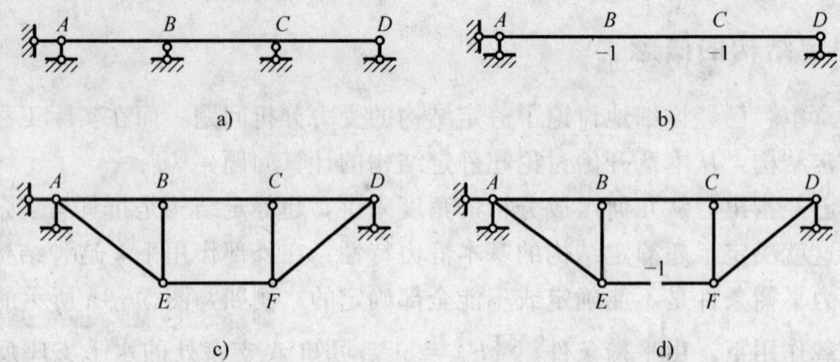

图 5-2　去掉一个支座链杆或切断一根链杆

2）去掉一个固定铰支座或一个连接两刚片的单铰，相当于去掉两个约束。图 5-3a 所示结构，当去掉 C 处的单铰后，原结构成为两个静定的悬臂刚架（图 5-5b），所以原结构超静定次数为 2。

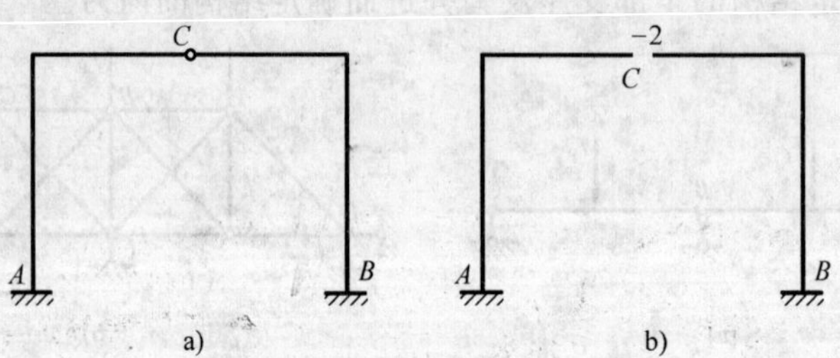

图 5-3　去掉一个固定铰支座

3）将固定支座改成固定铰支座，或将杆件间的刚性联结改成单铰连接，相当于去掉一个约束。图 5-4a 所示多跨连续梁，当将 AB、BC 杆件 B 处的刚性连接改为单铰连接后，结构成为图 5-4b 图所示静定连续梁，所以原结构超静定次数为 1。

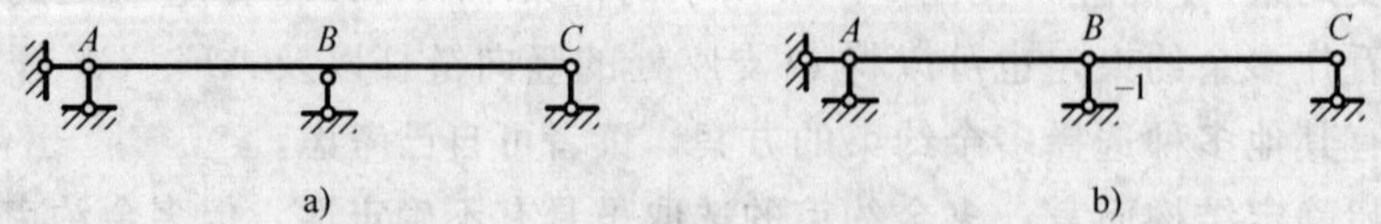

图 5-4　改固定支座为链支座

4）去掉一个固定支座或切断一个刚性连接，相当于去掉三个约束。图 5-5a 所示超静定拱，当将跨中处的刚性连接切断后结构成为两个静定的悬臂曲梁（图 5-5b），所以原结构为三次超静定结构。

【例 5-1】 试确定图 5-6a 所示刚架的超静定次数。

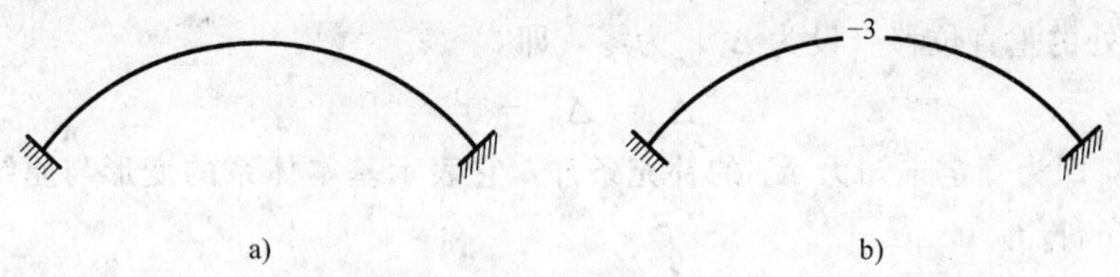

图 5-5　去掉一个固定支座

解：先将左边主刚架与基础看成一个整体，右边刚架与左边整体通过一个铰和一个固定支座联结，有两个多余约束，将固定支座改为动铰支座相当于去掉两个约束。

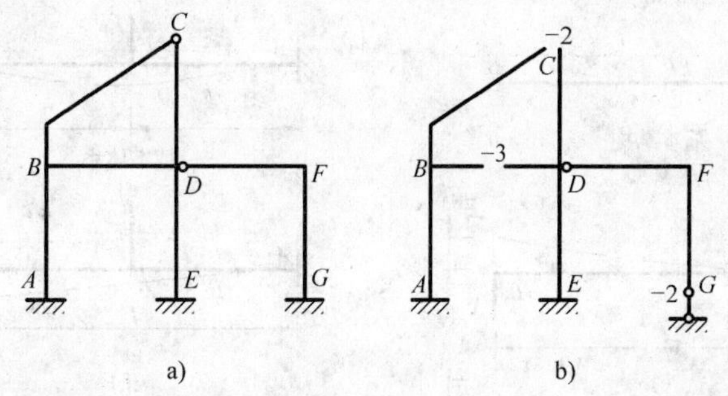

图 5-6　例 5-1 图

再分析主跨部分，将横梁 BD 切断相当于去掉三个约束；再解除 C 点处的单铰，相当于去掉两个约束。这样，原结构就成为图 5-6b 所示的没有多余约束的几何不变体系。

根据以上分析可知，该刚架是 7 次超静定结构。

5.2　力法的典型方程

5.2.1　力法原理

力法是一种用于超静定结构受力分析的基本方法。下面通过一个简单的例子来说明力法原理。

图 5-7a 所示为一端固定、另一端铰支的一次超静定梁，跨中受有集中荷载 F_P 作用，梁的抗弯刚度 EI 为常数。

如果将支座 B 处的竖向链杆去掉，代之以原支座中的反力 F_{yB}，如图 5-7b 所示，则原来的超静定梁便转化为静定的悬臂梁。而且悬臂梁在荷载 F_P 与反力 F_{yB} 共同作用下的其余支座反力的大小及其内力和变形情况应该与原超静定梁完全相同。这样，原超静定结构的受力分析问题便可以转化为相应的静定结构的受力分析问题，只是还需要确定 F_{yB} 的值。因此，问题的关键在于如何确定 F_{yB}。如果将支座 B 视作多余约束，则 F_{yB} 即为多余未知力，在力法中用特定的符号 X_1 来表示该多余未知力。多余力 X_1 称为力法的基本未知量。将原超静定结构中去掉多余约束后所得到的静定结构称为力法的基本结构（图 5-7c）。基本结构在原结构荷载和多余未知力共同作用下的体系称为力法的基本体系（图 5-7d）。

为了确定 X_1 的值，必须考虑变形条件以建立补充方程。为此应对比原结构与基本体系的变形情况。原结构在支座 B 处的垂直位移 Δ_B^V 为零，因而基本体系也必须符合这样的变形

条件：在 B 点处的垂直位移（设为 Δ_1）为零，即

$$\Delta_1 = \Delta_B^V = 0 \tag{5-1}$$

式（5-1）即为确定未知力 X_1 的补充条件，它表示基本体系的变形与原结构相同，故称为变形协调条件。

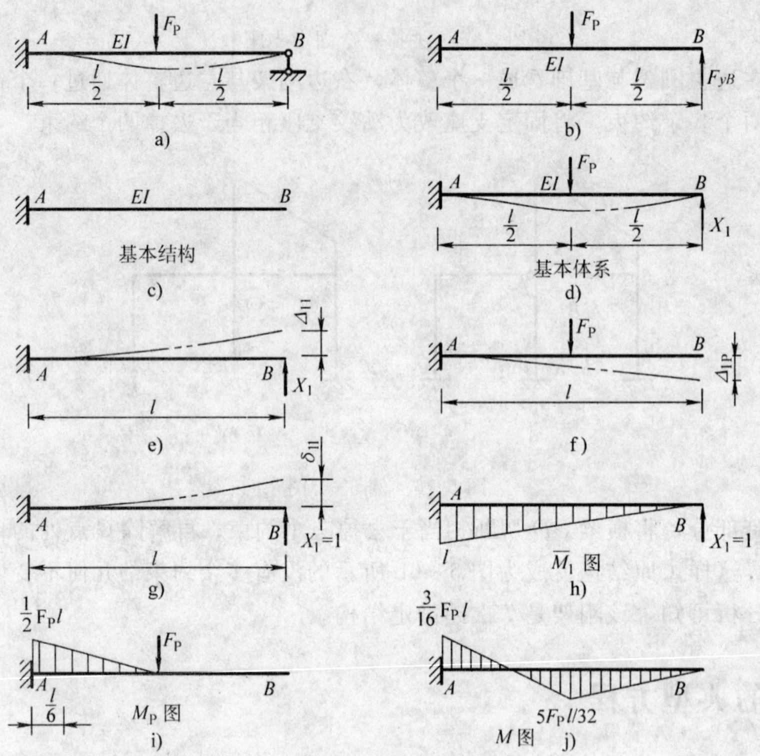

图 5-7　力法原理简例

若以 Δ_{11}、Δ_{1P}分别表示基本未知量 X_1 与荷载 Δ_{1P}单独作用于基本结构时在 X_1 作用点沿 X_1 方向的位移（图 5-7e、f），根据线弹性体系的叠加原理，B 支座处的竖向位移有

$$\Delta_1 = \Delta_{11} + \Delta_{1P} = 0 \tag{5-2}$$

式中，Δ_1、Δ_{11}、Δ_{1P}的符号均以与 X_1 同方向为正。Δ 下标的含义可以简单的理解为：第一个下标代表产生位移的位置和方向；第二个下标表示产生位移的原因。

若以 δ_{11} 表示单位力（即 $X_1=1$）单独作用于基本结构时 B 点沿 X_1 方向的位移（图 5-7g），根据杆件材料的线弹性假设，则有 $\Delta_{11}=\delta_{11}X_1$。于是式（5-2）可写成

$$\Delta_1 = \delta_{11}X_1 + \Delta_{1P} = 0 \tag{5-3}$$

从而可得

$$X_1 = -\frac{\Delta_{1P}}{\delta_{11}} \tag{5-4}$$

由于 δ_{11} 和 Δ_{1P}都是静定结构在已知力作用下的位移，均可采用静定结构的位移计算方法求得。因此，基本未知量 X_1 的大小可由式（5-4）确定。

式（5-3）就是根据基本体系与原结构的变形协调条件建立的用来确定 X_1 的变形协调方程，称为力法方程。它的一般形式是

$$\delta_{11}X_1 + \Delta_{1P} = \Delta_1 \tag{5-5}$$

式中，Δ_1 是与多余约束相应的已知位移。

为了具体计算系数 δ_{11} 和 Δ_{1P}，分别绘出基本结构在 $X_1=1$ 与荷载 F_P 单独作用下的弯矩图 $\overline{M}_1$ 和 M_P，如图 5-7h、i 所示，由图乘法可得

$$\delta_{11}=\sum\int\frac{\overline{M}_1\ \overline{M}_1}{EI}\mathrm{d}x=\frac{1}{EI}(\frac{1}{2}\times l\times l)\times\frac{2l}{3}=\frac{l^3}{3EI}$$

$$\Delta_{1P}=\sum\int\frac{\overline{M}_1 M_P}{EI}\mathrm{d}x=-\frac{1}{EI}\left(\frac{1}{2}\times\frac{F_P l}{2}\times\frac{l}{2}\right)\times\frac{5l}{6}=-\frac{5F_P l^3}{48EI}$$

将 δ_{11} 和 Δ_{1P} 的值代入式（5-4），即可解得基本未知量 X_1 的值为

$$X_1=-\frac{\Delta_{1P}}{\delta_{11}}=-\left(-\frac{5F_P l^3}{48EI}\right)\bigg/\frac{l^3}{3EI}=\frac{5F_P}{16}$$

求得基本未知量 X_1 后，结构其余支座反力、任意截面内力的计算均可由静力平衡条件解得。此外，根据叠加原理，原结构弯矩图（图 5-7j）也可以利用 $\overline{M}_1$ 图和 M_P 图按下式绘出，即

$$M=\overline{M}_1 X_1+M_P \tag{5-6}$$

上述计算超静定结构的步骤与方法称为力法基本原理。根据力法原理计算超静定结构的方法简称为力法。其特点是以超静定结构的多余未知力（约束反力、内力）作为基本未知量，根据基本体系在多余约束处与原结构位移相同的条件，建立变形协调方程（力法方程）以求解多余未知力，从而把超静定结构的求解问题转化为静定结构分析问题。

需说明的是，根据工程结构力学的计算假设，结构具有连续性，故力法的基本结构和基本体系可有无穷多种选择，但无论如何，力法方程的形成是相同的。在结构计算时，应选择最简单的基本结构，以便求解。

5.2.2 力法典型方程

为了进一步说明力法原理和建立力法方程的过程，再举个比较复杂的例子。图 5-8a 所示为二次超静定刚架，如果将支座 B 看作多余约束，则其中的约束反力为基本未知量，用 X_1 和 X_2 表示。按照力法原理，去掉多余约束，用 X_1 和 X_2 来代替它们的作用，得到原结构的基本体系，如图 5-8b 所示。基本体系的变形和内力应与原结构的相同。为了求出基本未知量，需考察多余约束处的位移条件：由于原结构在铰支座 B 处不可能有线位移，所以在荷载和 X_1、X_2 的共同作用下，基本结构在 B 点处沿 X_1 和 X_2 方向的位移 Δ_1、Δ_2 都应为零，即

$$\left.\begin{aligned}\Delta_1=0\\ \Delta_2=0\end{aligned}\right\} \tag{5-7}$$

在小变形线弹性体系中，利用叠加原理，式（5-7）可以写成如下形式

$$\left.\begin{aligned}\Delta_1=\Delta_{11}+\Delta_{12}+\Delta_{1P}=0\\ \Delta_2=\Delta_{21}+\Delta_{22}+\Delta_{2P}=0\end{aligned}\right\} \tag{5-8}$$

式（5-8）中 Δ_{ij}（i，j=1，2）表示基本结构单独承受 X_j 作用时，在 X_i 作用点处沿 X_i 方向的位移（图 5-8d、e）；Δ_{iP} 表示基本结构单独承受外荷载作用时，在 X_i 作用点处沿 X_i 方向的位移（图 5-8f）。Δ_i、Δ_{ij} 和 Δ_{iP} 都以与所设的 X_i 的方向相同者为正。若以 δ_{ij}（i，j=1，2）表示基本结构在单位力 $X_j=1$ 单独作用下，X_i 作用点处沿 X_i 方向的位移（图 5-8d、e），则显然有 $\Delta_{ij}=\delta_{ij}X_j$，于是式（5-8）可以改写成下列形式

$$\left.\begin{aligned}\Delta_1=\delta_{11}X_1+\delta_{12}X_2+\Delta_{1P}=0\\ \Delta_2=\delta_{21}X_1+\delta_{22}X_2+\Delta_{2P}=0\end{aligned}\right\} \tag{5-9}$$

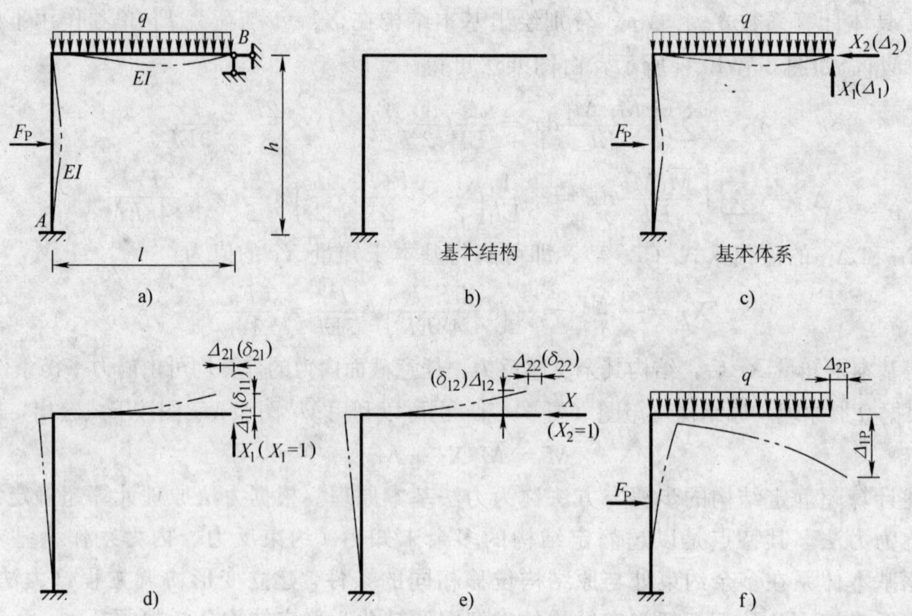

图 5-8　二次超静定刚架力法分析示例

式（5-9）就是为求解基本未知量 X_1 和 X_2 而建立的力法方程，其中的系数和自由项都是静定结构在已知外力作用下的位移，可按第 4 章所介绍的方法进行计算。由式（5-9）解得 X_1 和 X_2 后，便可利用静力平衡条件求出原结构的其余支座反力以及任一截面的内力了。

图 5-9a 所示为三次超静定的无铰拱结构，将拱的顶部切开，相当于去掉三个多余约束，用基本未知量 X_1、X_2、X_3 代替多余约束的作用，得到图 5-9b 所示的基本体系。这里去掉的是结构的内部约束，所以基本未知量应成对出现。由于原结构的实际变形是处处连续的，同一截面的两侧不可能有相对转动或者相对移动，因此，在荷载和三个基本未知量的共同作用下，基本结构上切口两侧的截面沿各基本未知量方向的相对位移都为零，即

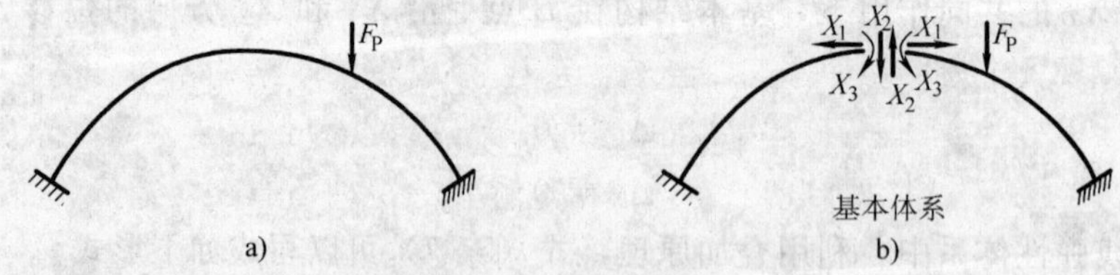

图 5-9　无铰拱力法分析示例

$$\left.\begin{aligned}\Delta_1&=0\\\Delta_2&=0\\\Delta_3&=0\end{aligned}\right\}\tag{5-10}$$

根据叠加原理，式（5-10）可以表示为

$$\left.\begin{aligned}\Delta_1&=\delta_{11}X_1+\delta_{12}X_2+\delta_{13}X_3+\Delta_{1P}=0\\\Delta_2&=\delta_{21}X_1+\delta_{22}X_2+\delta_{23}X_3+\Delta_{2P}=0\\\Delta_3&=\delta_{31}X_1+\delta_{32}X_2+\delta_{33}X_3+\Delta_{3P}=0\end{aligned}\right\}\tag{5-11}$$

式（5-11）即为求解基本未知量 X_1、X_2 和 X_3 而建立的力法方程组。其中的系数和自由项都是已知外力作用下基本结构的切口处两侧截面的相对移动或相对转动，可按第 4 章所介绍的方法进行计算。

用同样的方法分析，可以建立力法的一般方程。对于 n 次超静定的结构，用力法计算时，可以去掉 n 个多余约束，得到静定的基本结构，并作用以与多余约束相当的 n 个基本未知量 X_i（$i=1, 2, \cdots, n$）。与此相应，基本体系应满足 n 个已知的位移条件，据此可以建立包含 n 个基本未知量的力法方程

$$\left.\begin{array}{l}\delta_{11}X_1+\delta_{12}X_2+\cdots+\delta_{1n}X_n+\Delta_{1P}=\Delta_1\\ \delta_{21}X_1+\delta_{22}X_2+\cdots+\delta_{2n}X_n+\Delta_{2P}=\Delta_2\\ \cdots\\ \delta_{n1}X_1+\delta_{n2}X_2+\cdots+\delta_{nn}X_n+\Delta_{nP}=\Delta_n\end{array}\right\} \tag{5-12}$$

当与 n 个基本未知量相应的位移都等于零时，即 $\Delta_i=0$（$i=1, 2, 3, \cdots, n$）时，则式（5-12）变为

$$\left.\begin{array}{l}\delta_{11}X_1+\delta_{12}X_2+\cdots+\delta_{1n}X_n+\Delta_{1P}=0\\ \delta_{21}X_1+\delta_{22}X_2+\cdots+\delta_{2n}X_n+\Delta_{2P}=0\\ \cdots\\ \delta_{n1}X_1+\delta_{n2}X_2+\cdots+\delta_{nn}X_n+\Delta_{nP}=0\end{array}\right\} \tag{5-13}$$

式（5-12）是力法方程的一般形式，称为力法典型方程。式（5-12）也可以用矩阵的形式表示为

$$\begin{bmatrix}\delta_{11} & \delta_{12} & \cdots & \delta_{1n}\\ \delta_{21} & \delta_{22} & \cdots & \delta_{2n}\\ \cdots & \cdots & \cdots & \cdots\\ \delta_{n1} & \delta_{n2} & \cdots & \delta_{nn}\end{bmatrix}\begin{Bmatrix}X_1\\ X_2\\ \cdots\\ X_n\end{Bmatrix}+\begin{Bmatrix}\Delta_{1P}\\ \Delta_{2P}\\ \cdots\\ \Delta_{nP}\end{Bmatrix}=\begin{Bmatrix}\Delta_1\\ \Delta_2\\ \cdots\\ \Delta_3\end{Bmatrix} \tag{5-14}$$

式（5-14）中，由 δ_{ij} 组成的矩阵称为系数矩阵；矩阵主对角线上的系数 δ_{ij}（$i=1, 2, \cdots, n$）称为主系数；位于主对角线两侧的其他系数 δ_{ij}（$i\neq j$）称为副系数；最后一项 Δ_{iP} 称为自由项。δ_{ii}、δ_{ij}、Δ_{iP} 均是基本结构在某一基本未知量 X_i 或荷载单独作用下的位移，并以其与基本未知量 X_i 方向一致时为正。由于主系数 δ_{ij} 代表基本结构由单位力 $X_i=1$，在 X_i 方向所引起的位移，它总是与该单位力的方向一致，所以恒为正值。而副系数 δ_{ij}（$i\neq j$）可能为正，也可能为负，也可能等于零。根据位移互等定理，有 $\delta_{ij}=\delta_{ji}$，它表明力法方程中位于系数矩阵主对角线两侧对称位置上的两个副系数是相等的，即系数矩阵为对称矩阵。

基本结构通常取为静定结构，此时式（5-12）中的系数和自由项都可以按第 4 章求位移的方法求得。从力法方程中解出基本未知量 X_i（$i=1, 2, 3, \cdots, n$）后，即可以按静定结构的分析方法求得原结构的反力和内力，或者按下式计算各截面弯矩，再根据平衡条件即可以求出原结构剪力和轴力。

$$M=\overline{M}_1X_1+\overline{M}_2X_2+\cdots+M_P \tag{5-15}$$

5.3 力法计算超静定结构示例

根据以上所述，用力法计算超静定结构的步骤可以归纳如下：

1）确定结构的超静定次数，去掉多余约束，并以基本未知量 X_i（$i=1, 2, \cdots, n$）代替相应的多余约束的作用，得到原结构的基本体系。

2）根据基本体系在去掉多余约束处沿基本未知量方向的位移与原结构中相应的位移相同的条件，建立力法方程。

3）作出基本结构的单位内力图和荷载内力图（或写出内力表达式），按求静定结构位移的方法计算方程中的主、副系数和自由项。

4）将计算所得的系数和自由项代入力法方程，求解各基本未知量 $X_i (i = 1,2,\cdots,n)$。

5）求出多余力后，按照分析静定结构的方法，绘出原结构的内力图，即最后内力图。结构的内力图也可以利用已作出的基本结构的单位内力图和荷载内力图由叠加原理按式（5-15)绘出。

5.3.1 超静定梁

用力法计算超静定梁和刚架时，通常忽略剪力与轴力对位移的影响，而只考虑弯矩的影响。因此力法方程中的系数与自由项可以表达为

$$\begin{aligned}\delta_{ii} &= \sum\int\frac{\overline{M}_i^2}{EI}\mathrm{d}x\\ \delta_{ij} = \delta_{ji} &= \sum\int\frac{\overline{M}_i\,\overline{M}_j}{EI}\mathrm{d}x\\ \Delta_{iP} &= \sum\int\frac{\overline{M}_i M_P}{EI}\mathrm{d}x\end{aligned} \tag{5-16}$$

式中，$\overline{M}_i$、$\overline{M}_j$ 和 M_P 分别代表在 $X_i=1$、$X_j=1$ 和荷载单独作用下基本结构中的弯矩。

【例 5-2】 试用力法计算图 5-10a 所示两跨连续梁，并绘制 M 和 F_Q 图。EI 为常数

解：1）确定基本体系。该梁为二次超静定，有两个多余约束，可采用不同的方式去掉两个多余约束，从而分别得到图 5-10b、c、d 所示的基本体系，分别为悬臂梁、简支梁与两跨静定连续梁。本例只选取图 5-10d 所示的基本体系进行计算。读者可以选用其余两种基本体系进行计算，并比较其繁简程度。

2）建立力法方程。根据基本体系中支座 A、B 处的变形协调条件：A 处截面间的转角应为零，B 处左右截面的相对转角应为零，即$\Delta_1=0$，$\Delta_2=0$，故有

$$\left.\begin{aligned}\delta_{11}X_1+\delta_{12}X_2+\Delta_{1P}=0\\ \delta_{21}X_1+\delta_{22}X_2+\Delta_{2P}=0\end{aligned}\right\}$$

3）计算系数及自由项。绘出基本结构的$\overline{M}_1$、$\overline{M}_2$ 和 M_P 图（图 5-10e、f、g)，由图乘法可以求得

$$\delta_{11}=\sum\int\frac{\overline{M}_1^2}{EI}\mathrm{d}x=\frac{2}{EI}\Big[\Big(\frac{1}{2}\times4\times1\Big)\times\frac{2}{3}\Big]\mathrm{m}=\frac{8\mathrm{m}}{3EI}$$

$$\delta_{22}=\sum\int\frac{\overline{M}_2^2}{EI}\mathrm{d}x=\frac{1}{EI}\Big[\Big(\frac{1}{2}\times4\times1\Big)\times\frac{2}{3}\Big]\mathrm{m}=\frac{4\mathrm{m}}{3EI}$$

$$\delta_{12}=\delta_{21}=\sum\int\frac{\overline{M}_1\,\overline{M}_2}{EI}\mathrm{d}x=\frac{1}{EI}\Big[\Big(\frac{1}{2}\times4\times1\Big)\times\frac{1}{3}\Big]\mathrm{m}=\frac{2\mathrm{m}}{3EI}$$

$$\Delta_{1P}=\sum\int\frac{\overline{M}_1M_P}{EI}\mathrm{d}x=-\frac{1}{EI}\Big[\Big(\frac{1}{2}\times30\times4\Big)\times\frac{1}{2}+\Big(\frac{2}{3}\times20\times4\Big)\times\frac{1}{2}\Big]\mathrm{kN\cdot m^2}$$

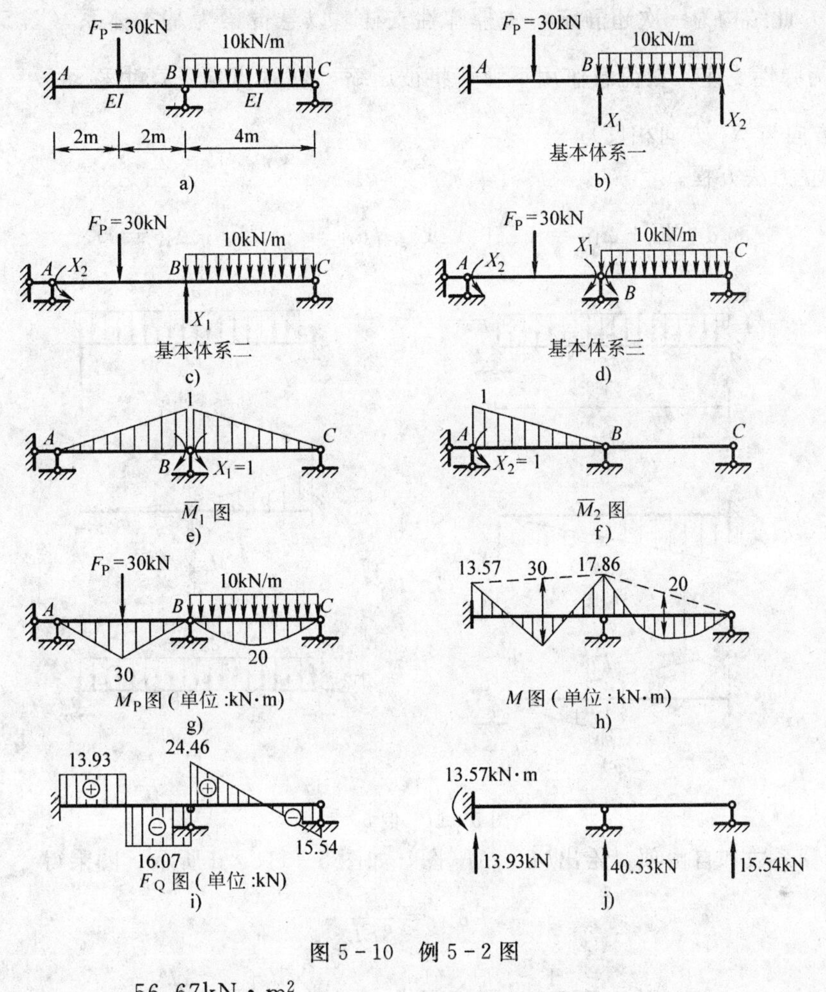

图 5-10　例 5-2 图

$$=-\frac{56.67\text{kN}\cdot\text{m}^2}{EI}$$

$$\Delta_{2P}=\sum\int\frac{\overline{M}_2 M_P}{EI}dx=-\frac{1}{EI}\left[\left(\frac{1}{2}\times30\times4\right)\times\frac{1}{2}\right]\text{kN}\cdot\text{m}^2=-\frac{30\text{kN}\cdot\text{m}^2}{EI}$$

4）将各系数、自由项代入力法典型方程，解出基本未知量 X_1、X_2。

$$\frac{8\text{m}}{3EI}X_1+\frac{2\text{m}}{3EI}X_2-\frac{56.67\text{kN}\cdot\text{m}^2}{EI}=0$$

$$\frac{2\text{m}}{3EI}X_1+\frac{4\text{m}}{3EI}X_2-\frac{30\text{kN}\cdot\text{m}^2}{EI}=0$$

经整理，得

$$8X_1+2X_2-170\text{kN}\cdot\text{m}=0$$

$$2X_1+4X_2-90\text{kN}\cdot\text{m}=0$$

解得　　　　$X_1=17.86\text{kN}\cdot\text{m}$，$X_2-13.57\text{kN}\cdot\text{m}$

5）绘制内力图。利用叠加公式 $M=\overline{M}_1X_1+\overline{M}_2X_2+M_P$ 作出原结构的弯矩图，如图 5-10h所示。由弯矩图可作出剪力图，如图 5-10i 所示。根据剪力图很容易求出各支座的反力（图 5-10j）。

【例 5-3】 试用力法计算图 5-11a 所示结构，绘出 M、F_Q 图。弹簧刚度为 k。

解：1）此结构为一次超静定，去掉弹性支杆，以悬臂梁为基本体系（图 5－11b），由于支座 B 为弹性支座，在荷载作用下弹簧将被压缩，故 B 点向下产生移动 $\Delta=-\dfrac{X_1}{k}$（负号表示位移方向与 X_1 方向相反）。

2）建立力法方程。

$$\delta_{11}X_1+\Delta_{1P}=-\frac{X_1}{k}\quad \text{或}\quad \left(\delta_{11}+\frac{1}{k}\right)X_1+\Delta_{1P}=0$$

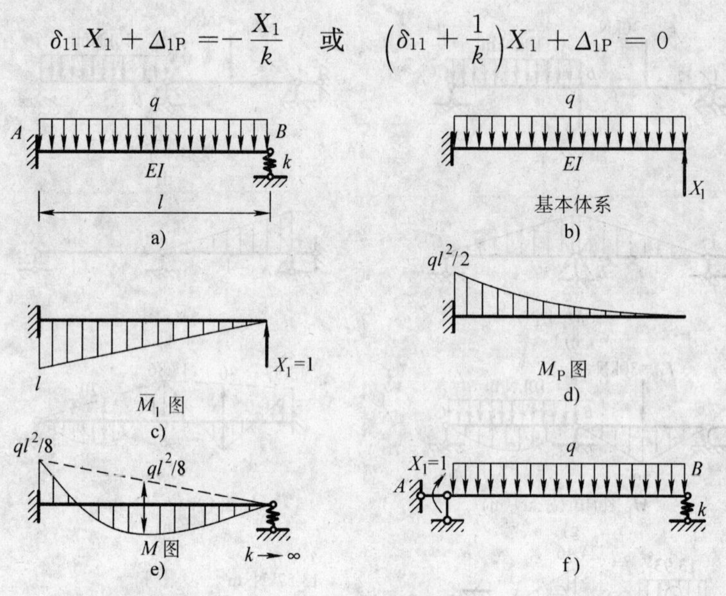

图 5－11　例 5－3 图

3）计算系数和自由项，绘出$\overline{M}_1$、M_P 图，如图 5－11c、d 所示，图乘得

$$\delta_{11}=\frac{l^3}{3EI}$$

$$\Delta_{1P}=-\frac{1}{EI}\left[\left(\frac{1}{3}\times\frac{1}{2}ql^2\times l\right)\times\frac{3l}{4}\right]=-\frac{ql^4}{8EI}$$

4）将系数、自由项代入力法方程可得

$$X_1=-\frac{\Delta_{1P}}{\delta_{11}+1/k}=\frac{\dfrac{3}{8}ql}{1+\dfrac{3EI}{kl^3}}$$

由上式可见，弹簧刚度 k 越大，弹簧内力 X_1 越大。当弹簧为刚性支杆时（$k\to\infty$），其受力最大，$X_1=\dfrac{3}{8}ql$，此时梁的弯矩图如图 5－11e 所示。当弹簧刚度极小时（$k\to0$），$X_1=0$，说明弹簧不受力，梁即成为悬臂梁。

如果本题保留弹性支座，左端换成铰，选取图 5－11f 所示基本体系，该如何写出力法方程并计算系数和自由项，请读者自己考虑。

5.3.2　超静定刚架

【例 5－4】　试用力法计算图 5－12a 所示钢架，并作 M 图。

解：1）确定基本体系。该刚架为二次超静定，去掉 B、C 处的两个节点的转动约束，选取图 5-12b 所示的基本体系进行计算。

2）列力法方程。根据基本结构在基本未知量 X_1、X_2 和原结构荷载共同作用下，支座 B 和刚性结点 C 处两相邻截面沿 X_1、X_2 方向上的相对角位移（Δ_1、Δ_2）应等于零（$\Delta_B=0$、$\Delta_C=0$）的位移条件，可得力法典型方程为

$$\left.\begin{aligned}\delta_{11}X_1+\delta_{12}X_2+\Delta_{1P}=0\\ \delta_{21}X_1+\delta_{22}X_2+\Delta_{2P}=0\end{aligned}\right\}$$

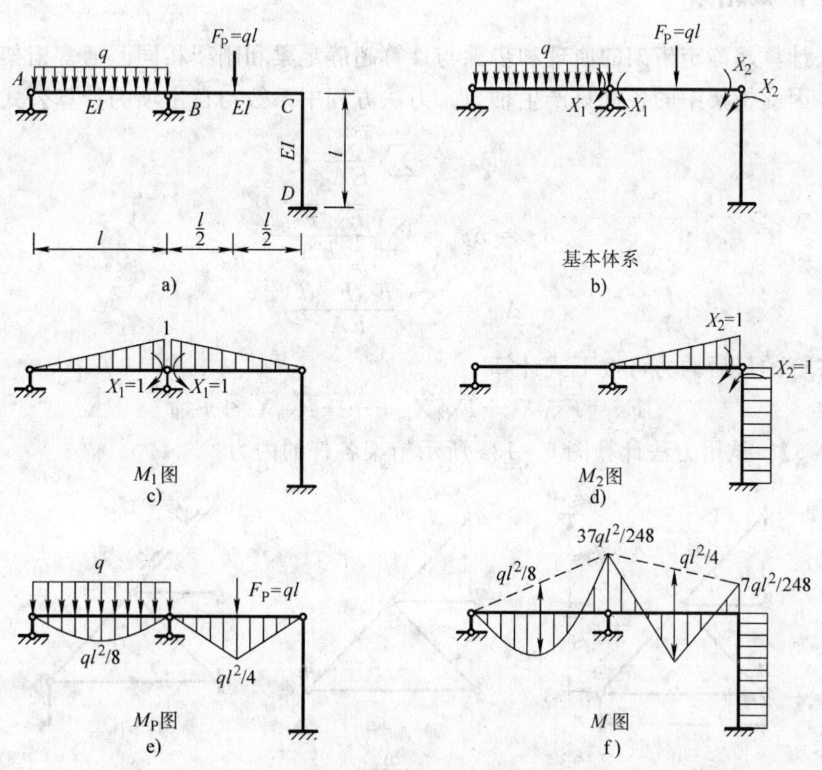

图 5-12 例 5-4 图

3）计算系数和自由项。绘出基本结构的$\overline{M}_1$、$\overline{M}_2$ 和 M_P 图（图 5-12c、d、e），由图乘法可以算得

$$\delta_{11}=\frac{2}{EI}\left[\left(\frac{1}{2}\times l\times 1\right)\times\frac{2}{3}\right]=\frac{2l}{3EI}$$

$$\delta_{12}=\delta_{21}=\frac{1}{EI}\left[\left(\frac{1}{2}\times l\times 1\right)\times\frac{1}{3}\right]=\frac{l}{6EI}$$

$$\delta_{22}=\frac{1}{EI}\left[\left(\frac{1}{2}\times l\times 1\right)\times\frac{2}{3}+(l\times 1)\times 1\right]=\frac{4l}{3EI}$$

$$\Delta_{1P}=-\frac{1}{EI}\left[\left(\frac{2}{3}\times l\times\frac{ql^2}{8}\right)\times\frac{1}{2}+\left(\frac{1}{2}\times\frac{ql^2}{4}\times l\right)\times\frac{1}{2}\right]=-\frac{5ql^3}{48EI}$$

$$\Delta_{2P}=-\frac{1}{EI}\left[\left(\frac{1}{2}\times\frac{ql^2}{4}\times l\right)\times\frac{1}{2}\right]=-\frac{ql^3}{16EI}$$

4）将各系数、自由项代入力法方程，并乘以公因子$\dfrac{24EI}{l}$后方程简化为

$$16X_1 + 4X_2 - \frac{5}{2}ql^2 = 0$$

$$4X_1 + 32X_2 - \frac{3}{2}ql^2 = 0$$

解得 $$X_1 = \frac{37ql^2}{248}, \ X_1 = \frac{7ql^2}{248}$$

5）作 M 图。用式（5-15）计算结构杆端弯矩，并绘出结构弯矩图，如图 5-12f 所示。

5.3.3 超静定桁架

用力法计算超静定桁架的原理和步骤与计算超静定梁和刚架相同。通常桁架结构只承受结点荷载，因此桁架中的各杆只产生轴力。力法方程中系数与自由项的计算公式为

$$\delta_{ii} = \sum \frac{\overline{F}_{Ni}^2 l}{EA}$$

$$\delta_{ij} = \delta_{ji} = \sum \frac{\overline{F}_{Ni}\,\overline{F}_{Nj} l}{EA} \tag{5-17}$$

$$\Delta_{iP} = \sum \frac{\overline{F}_{Ni} F_{NP} l}{EA}$$

桁架各杆的最后内力可按下式计算

$$F_N = \overline{F}_{N1} X_1 + \overline{F}_{N2} X_2 + \cdots + \overline{F}_{Nn} X_n + F_{NP} \tag{5-18}$$

【例 5-5】 试用力法计算图 5-13a 所示桁架各杆的内力。

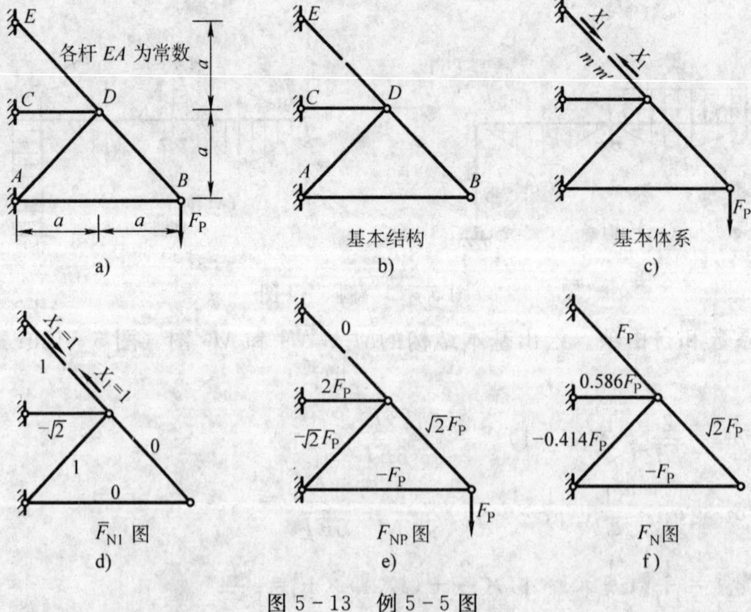

图 5-13 例 5-5 图

解：1）确定基本结构。原结构结点 B 上只有两根杆，其内力可由平衡条件确定，是静定部分。杆 DA、DC、DE 构成超静定部分，其中任意一根杆件为多余约束。截断杆 DE（或杆 DA、DC），选取基本结构如图 5-13b 所示。

2）列力法方程。基本结构在 X_1 及 F_P 共同作用下的基本体系如图 5-13c 所示。杆 DE 切断处截面 m 及 m' 无相对位移，即 X_1 作用点处两截面沿 X_1 方向的相对线位移等于零，由

此列出力法方程

$$\Delta_1=\delta_{11}X_1+\Delta_{1P}=0$$

3）绘出 $\overline{F}_{N1}$ 和 F_{NP} 图，如图 5-13d、e 所示，计算系数和自由项。

$$\delta_{11}=\frac{1\times1\times\sqrt{2}a}{EA}+\frac{1\times1\times\sqrt{2}a}{EA}+\frac{(-\sqrt{2})\times(-\sqrt{2})a}{EA}=\frac{(2+2\sqrt{2})a}{EA}$$

$$\Delta_{1P}=\frac{(-\sqrt{2})\times2F_P\times a}{EA}+\frac{(-\sqrt{2}F_P)\times\sqrt{2}\times a}{EA}=-\frac{(2+2\sqrt{2})}{EA}F_Pa$$

注意：计算 δ_{11} 时不要忘记考虑被切断杆件变形的影响。

4）将系数、自由项代入力法方程解得 $X_1=-\dfrac{\Delta_{1P}}{\delta_{11}}=F_P$。

5）原结构各杆最终内力按式（5-18）计算，并绘出轴力图，如图 5-13f 所示。

5.3.4 超静定组合结构

超静定组合结构与静定组合结构一样，也是由梁式杆件与桁架杆件组成。用力法计算超静定组合结构时，一般以切断桁架杆件后得到的静定结构作为基本体系。在力法方程的系数与自由项的计算中，常略去梁式杆件剪切变形和轴向变形的影响，因此，力法方程中系数和自由项的计算公式为

$$\left.\begin{aligned}\delta_{ii}&=\sum\int\frac{\overline{M}_i^2}{EI}dx+\sum\frac{\overline{F}_{Ni}^2l}{EA}\\\delta_{ij}=\delta_{ji}&=\sum\int\frac{\overline{M}_i\overline{M}_j}{EI}dx+\sum\frac{\overline{F}_{Ni}\overline{F}_{Nj}l}{EA}\\\Delta_{iP}&=\sum\int\frac{\overline{M}_iM_P}{EI}dx+\sum\frac{\overline{F}_{Ni}F_{NP}l}{EA}\end{aligned}\right\}\tag{5-19}$$

式（5-19）虽然形式上包含了两项的影响，但对于每一根杆件来说，实则仅考虑一项的影响。

【例 5-6】 图 5-14a 所示为一组合结构，AB 杆的 E_2I_2 和 AD、BD、CD 三杆的 E_1A_1 均为已知，试用力法求解该结构。

解：1）此组合结构为一次超静定结构，切断 CD 杆的多余联系，并以基本未知量 X_1 代替，得基本体系如图 5-14b 所示。

2）在荷载和基本未知量 X_1 的共同作用下，CD 杆切断处上下两截面沿 X_1 方向的相对竖向线位移为零，由此位移条件建立力法方程为

$$\delta_{11}X_1+\Delta_{1P}=0$$

3）分别绘出基本结构在 X_1 和外荷载单独作用下的 $\overline{M}_1$、$\overline{F}_{N1}$ 以及 M_P、F_{NP}，如图 5-14c、d 所示。利用上述求位移的公式计算系数和自由项如下

$$\Delta_{1P}=\sum\int\frac{\overline{M}_1M_P}{EI}dx+\sum\frac{\overline{F}_{N1}F_{NP}l}{EA}=\frac{-2}{E_2I_2}\left[\left(\frac{1}{2}\times2\times4\right)\times\frac{4F_P}{3}\right]+0=-\frac{32F_P\text{m}^3}{3E_2I_2}$$

$$\delta_{11}=\sum\int\frac{\overline{M}_1^2dx}{EI}+\sum\frac{\overline{F}_{N1}{}^2l}{EA}=\frac{2}{E_2I_2}\left[\left(\frac{1}{2}\times4\times2\right)\times\frac{4}{3}\right]+\frac{1}{E_1A_1}\left[(-1)^2\times3+\left(\frac{5}{6}\right)^2\times5\times2\right]$$

$$=\frac{32\text{m}^3}{3E_2I_2}+\frac{179\text{m}}{18E_1A_1}$$

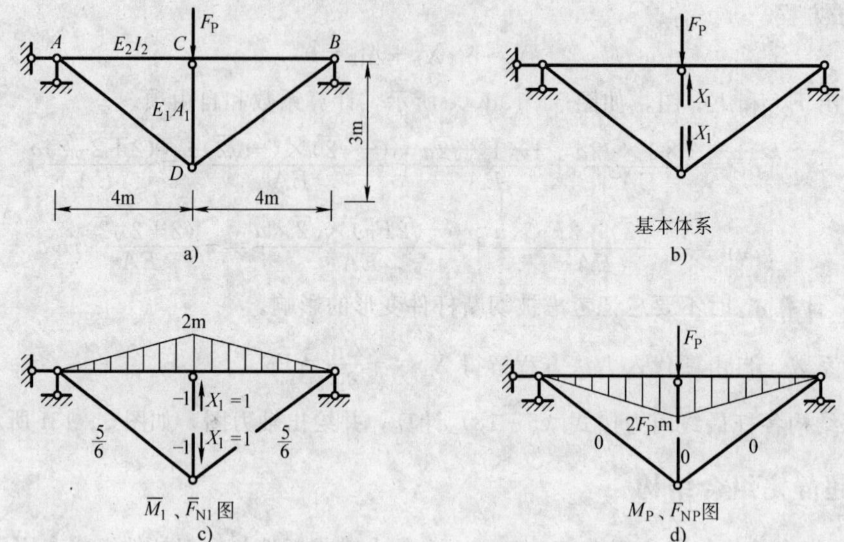

图 5-14　例 5-6 图

$$\Delta_{1P}=\sum\int\frac{\overline{M}_1M_P}{EI}dx+\sum\frac{\overline{F}_{N1}F_{NP}l}{EA}=\frac{-2}{E_2I_2}\left[\left(\frac{1}{2}\times2\times4\right)\times\frac{4F_P}{3}\right]+0=-\frac{32F_P\mathrm{m}^3}{3E_2I_2}$$

4）将系数、自由项代入力法方程，可解得

$$X_1=-\frac{\Delta_{1P}}{\delta_{11}}=\frac{F_P}{1+\frac{179}{192}\left(\frac{E_2I_2}{E_1A_1}\right)}$$

从所求得 X_1 的结果，来讨论结构各杆内力与比值$\frac{E_2I_2}{E_1A_1}$的关系：

① 当$\frac{E_2I_2}{E_1A_1}$为零时，即组合结构中桁架杆件的 E_1A_1 很大，而 AB 梁的截面抗弯刚度很小，这时此组合结构相当于桁架结构，求得基本未知量为

$$X_1=F_P$$

梁中各截面的弯矩均为零。

② 当 AB 梁的 E_2I_2 很大，而 E_1A_1 甚小时，即比值$\frac{E_2I_2}{E_1A_1}$趋于无限大，则求得基本未知量为

$$X_1=0$$

此时 AD、BD、CD 三杆的轴力为零。梁 AB 即为简支梁。

③ 当$\frac{E_2I_2}{E_1A_1}$为一般情况时，梁 AB 在 C 点处相当于有一个弹性支座，所以通过改变$\frac{E_2I_2}{E_1A_1}$的比值，可以调整结构各杆的内力。

5.3.5　铰接排架

铰接排架是工业厂房中较为常见的结构形式，图 5-15a 所示为单层厂房结构的横向剖面示意图。当对排架柱进行受力分析时，由于屋架（或屋面梁）在其平面内刚度很大，所以通常将其简化为与柱顶铰接且轴向刚度无限大的链杆，阶梯形变截面柱上端与链杆铰接，下

端与基础刚性连接，得到图 5-15b 所示的计算简图。铰接排架结构的超静定次数等于排架的跨数，其基本体系由切断各跨链杆得到，链杆切断后，代之以一对基本未知量，如图 5-15c 所示。

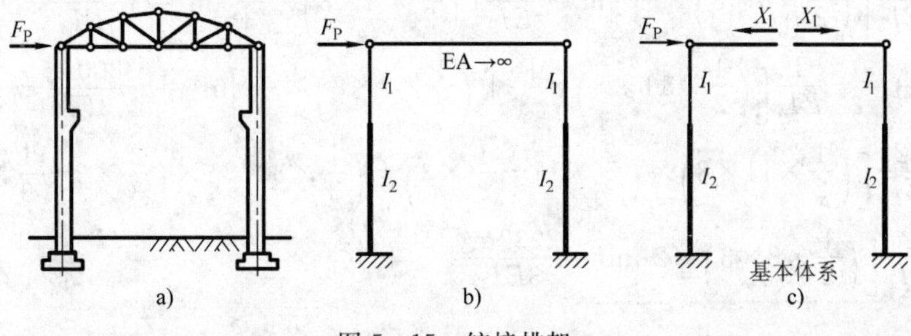

图 5-15　铰接排架

因链杆的刚度 $EA \to \infty$，在计算系数和自由项时，忽略链杆轴向变形的影响，只考虑柱子弯曲对变形的影响。因此系数与自由项仍采用式（5-16）计算。

【例 5-7】 图 5-16a 所示为一两跨不等高铰接排架，试作出其在起重机（吊车）横向水平制动力 $F_P = 10\text{kN}$ 作用下的弯矩图。其中 $I_1 : I_2 : I_3 = 1 : 2 : 6$。

解：1）选取基本体系。该排架为两次超静定，切断两根链杆，并代之以基本未知量 X_1、X_2，可得如图 5-16b 所示的基本体系。

2）列力法方程。基本结构在原结构荷载和 X_1、X_2 共同作用下，切口处两侧截面位移为零，由此条件可得力法方程

$$\delta_{11} X_1 + \delta_{12} X_2 + \Delta_{1P} = 0$$

$$\delta_{21} X_1 + \delta_{22} X_2 + \Delta_{2P} = 0$$

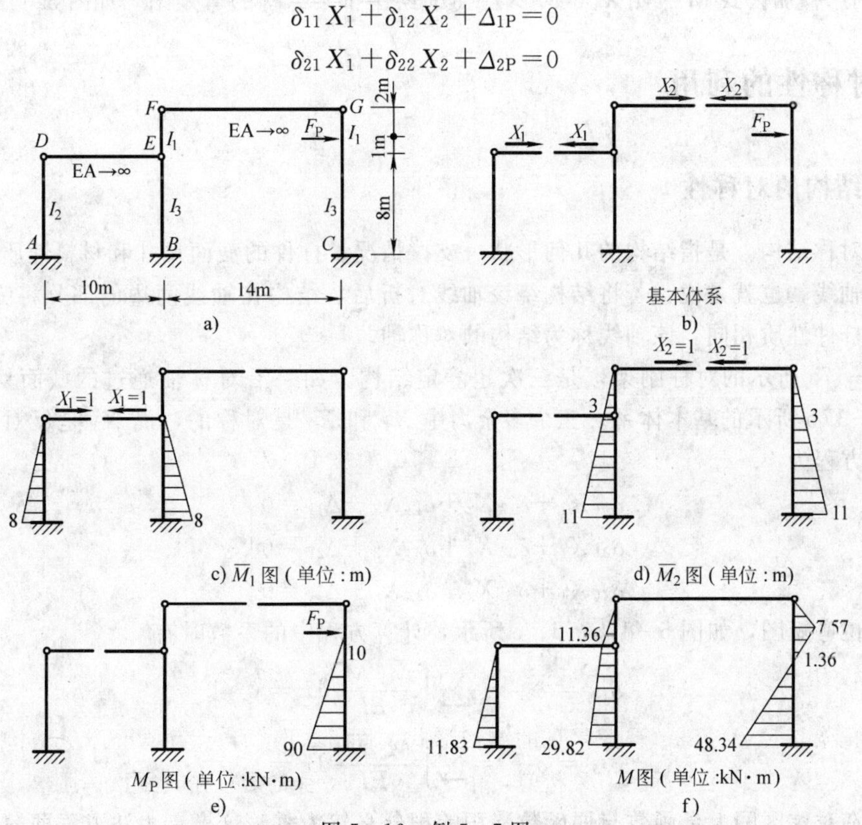

图 5-16　例 5-7 图

3）分别绘出基本结构的单位弯矩图与荷载弯矩图，如图 5－16c、d、e 所示，并计算系数和自由项。

$$\delta_{11}=\frac{1}{EI_2}\left[\left(\frac{1}{2}\times8\times8\right)\times\frac{16}{3}\right]\text{m}^3+\frac{1}{EI_3}\left[\left(\frac{1}{2}\times8\times8\right)\times\frac{16}{3}\right]\text{m}^3=\frac{2048\text{m}^3}{3EI_3}$$

$$\delta_{12}=\delta_{21}=-\frac{1}{EI_3}\left[\left(\frac{1}{2}\times11\times8\right)\times\frac{16}{3}+\left(\frac{1}{2}\times3\times8\right)\times\frac{8}{3}\right]\text{m}^3=-\frac{800\text{m}^3}{3EI_3}$$

$$\delta_{22}=\frac{2}{EI_3}\left[\left(\frac{1}{2}\times11\times8\right)\times\left(\frac{2}{3}\times11+\frac{1}{3}\times3\right)+\left(\frac{1}{2}\times3\times8\right)\times\left(\frac{2}{3}\times3+\frac{1}{3}\times11\right)\right]\text{m}^3+\frac{2}{EI_1}\left[\left(\frac{1}{2}\times3\times3\right)\times2\right]\text{m}^3=\frac{2932\text{m}^3}{3EI_3}$$

$$\Delta_{1\text{P}}=0$$

$$\Delta_{2\text{P}}=-\frac{1}{EI_1}\left[\left(\frac{1}{2}\times10\times1\right)\times\left(\frac{8}{9}\times3\right)\right]\text{kN}\cdot\text{m}^3-\frac{1}{EI_3}\left[\left(\frac{1}{2}\times10\times8\right)\times\left(\frac{2}{3}\times3+\frac{1}{3}\times11\right)+\left(\frac{1}{2}\times90\times8\right)\times\left(\frac{1}{3}\times3+\frac{2}{3}\times11\right)\right]\text{kN}\cdot\text{m}^3=-\frac{9920}{3EI_3}\text{kN}\cdot\text{m}^3$$

4）将系数和自由项代入力法方程并消去$\frac{\text{m}^3}{3EI_3}$得

$$2048X_1-800X_2=0$$

$$-800X_1+2932X_2-9920\text{kN}=0$$

解得

$$X_1=1.48\text{kN},\quad X_2=3.79\text{kN}$$

5）利用叠加公式 $M=\overline{M}_1X_1+\overline{M}_2X_2+M_\text{P}$ 绘出排架结构的弯矩图，如图 5－16f 所示。

5.4 对称性的利用

5.4.1 结构的对称性

所谓对称结构，是指结构的几何形状、支撑情况、杆件的截面尺寸和材料性质均对称于某一几何轴线。也就是说，若将结构绕该轴线对折后，结构在轴线两边的部分将完全重合，同一位置杆件性质相同。该轴线称为结构的对称轴。

图 5－17a 所示的对称刚架，是三次超静定结构。如果沿对称轴通过的截面切断约束，即得图 5－17b 所示的基本体系。三个多余力中 X_1 和 X_2 是对称的，而 X_3 是反对称的。相应的力法方程为

$$\left.\begin{aligned}\delta_{11}X_1+\delta_{12}X_2+\delta_{13}X_3+\Delta_{1\text{P}}=0\\\delta_{21}X_1+\delta_{22}X_2+\delta_{23}X_3+\Delta_{2\text{P}}=0\\\delta_{31}X_1+\delta_{32}X_2+\delta_{33}X_3+\Delta_{3\text{P}}=0\end{aligned}\right\}$$

作单位弯矩图，如图 5－17c、d、e 所示，计算方程中的系数时有

$$\delta_{13}=\delta_{31}=\sum\int\frac{\overline{M}_1\,\overline{M}_3}{EI}\text{d}x=0$$

$$\delta_{23}=\delta_{32}=\sum\int\frac{\overline{M}_2\,\overline{M}_3}{EI}\text{d}x=0$$

这是由于在对称区间上奇函数与偶函数乘积的积分必然为零，这样，力法方程即简化为

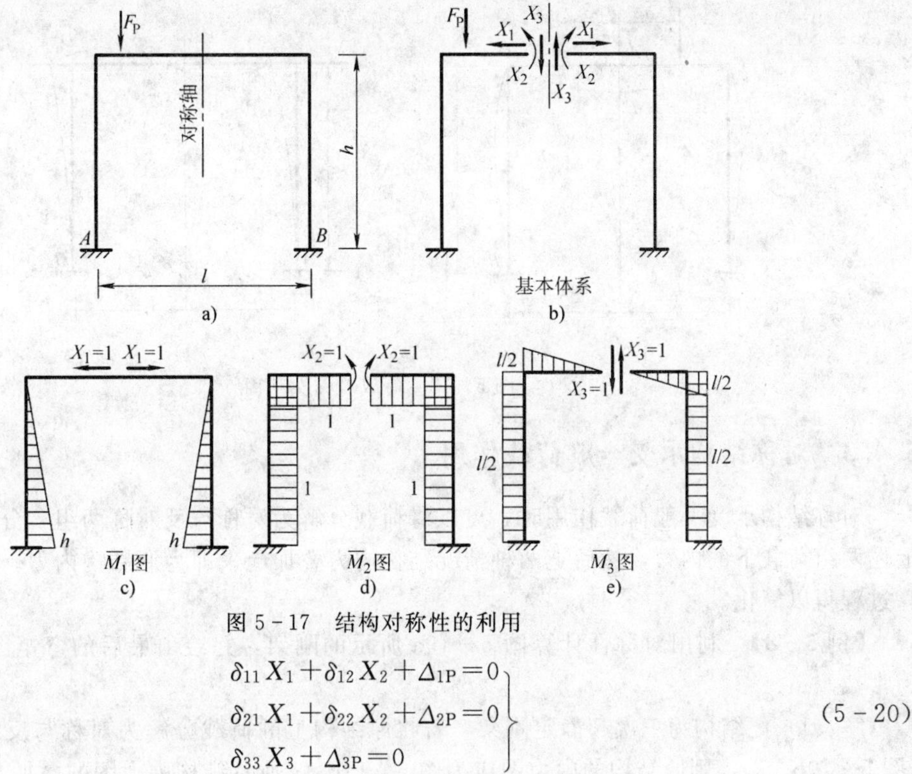

图 5－17　结构对称性的利用

$$\left.\begin{aligned}\delta_{11}X_1+\delta_{12}X_2+\Delta_{1P}=0\\ \delta_{21}X_1+\delta_{22}X_2+\Delta_{2P}=0\\ \delta_{33}X_3+\Delta_{3P}=0\end{aligned}\right\}\tag{5-20}$$

可见，对称结构在一般荷载作用下，若选取对称的基本结构，则全部力法方程将分为两组，一组只包含对称的基本未知量，另一组只包含反对称的基本未知量，由此可知，在计算对称结构时，如选取的基本结构也是对称的，则计算工作可以得到简化。

5.4.2　荷载的对称性

对称结构有时可能承受对称或反对称荷载作用。对称荷载是指绕对称轴将结构对折后，能够完全重合（荷载方向、作用位置相同、数值相等）的荷载。反对称荷载是指绕对称轴将结构对折后，方向正好相反（作用位置相同、数值相等）的荷载。

当图 5－17a 所示结构承受对称荷载作用时，变形是对称的（图 5－18a），若选取对称的基本体系（图 5－17b），则 M_P 图是关于对称轴对称变化的，再结合基本结构在反对称的单位力 $X_3=1$ 作用下$\overline{M}_3$ 图反对称的特点来考虑，可知

$$\Delta_{3P}=\sum\int\frac{\overline{M}_3M_P}{EI}\mathrm{d}x=0$$

从而由式（5－20）可得 $X_3=0$。

反之，当图 5－17a 所示结构承受反对称荷载作用时，变形是反对称的（图 5－18b），若选取对称的基本结构，则 M_P 图是关于对称轴反对称变化的，由于$\overline{M}_1$、$\overline{M}_2$ 图是对称的，可得 $\Delta_{1P}=0$，$\Delta_{2P}=0$。从而由式（5－20）可以求得 $X_1=0$，$X_2=0$。

一般情况下，对称结构在对称荷载作用下，产生对称的变形，反对称的基本未知量为零；对称结构在反对称荷载作用下，产生反对称的变形，同时对称的基本未知量为零。熟练掌握这一性质有时可以使计算过程得到更进一步的简化。

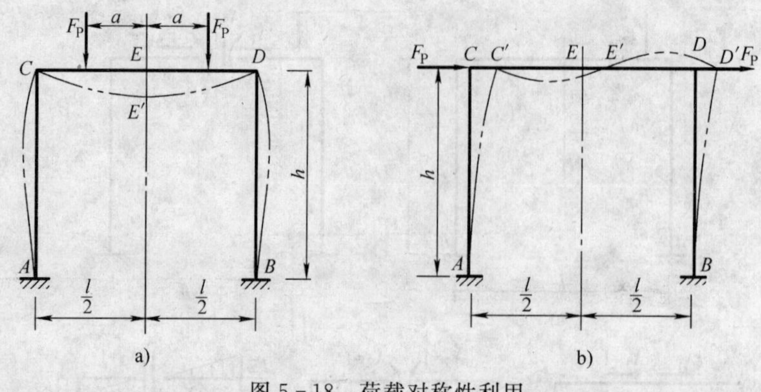

图 5-18　荷载对称性利用

5.4.3　对称结构承受一般荷载作用

对称结构承受一般荷载作用时，可以将荷载分解为对称与反对称两组，分别计算结构在上述两组荷载下的内力，然后把两种情况结构内力叠加起来即为原结构内力。这样也会使计算过程得以简化。

【例 5-8】 利用对称性计算图 5-19a 所示的刚架，并绘出最后的弯矩图。各杆的 EI 为常数。

解：1）此结构为三次超静定刚架，若将原结构上的荷载分解为对称与反对称两种情况（图 5-19b、c），则原结构的内力图应为图 5-19b、c 所示结构内力图的叠加。

2）根据结构的对称性以及荷载的特点，将图 5-19b、c 所示结构在对称轴处切开，并分别选取基本体系如图 5-19d、e 所示。图 5-19d 为对称结构承受对称荷载作用，所以，反对称的基本未知量为零，图 5-19c 为对称结构承受反对称荷载作用，所以，对称的基本未知量为零，由基本体系一、基本体系二的变形协调条件可建立力法方程如下

$$\left.\begin{aligned}\delta_{11}X_1+\delta_{12}X_2+\Delta_{1P}=0\\ \delta_{21}X_1+\delta_{22}X_2+\Delta_{2P}=0\\ \delta_{33}X_3+\Delta_{3P}=0\end{aligned}\right\}$$

3）分别作出基本结构的单位弯矩图，如图 5-19f、g、h 所示，基本结构的荷载弯矩图如图 5-19i、j 所示，由图乘法得

$$\delta_{11}=\sum\int\frac{\overline{M}_1\ \overline{M}_1}{EI}\mathrm{d}x=\frac{2}{EI}\left[\left(\frac{1}{2}\times\frac{2l}{3}\times\frac{2l}{3}\right)\times\frac{4l}{9}\right]=\frac{16l^3}{81EI}$$

$$\delta_{12}=\delta_{21}=\sum\int\frac{\overline{M}_1\ \overline{M}_2}{EI}\mathrm{d}x=\frac{2}{EI}\left[\left(1\times\frac{2l}{3}\right)\times\frac{l}{3}\right]=\frac{4l^2}{9EI}$$

$$\delta_{22}=\sum\int\frac{\overline{M}_2\ \overline{M}_2}{EI}\mathrm{d}x=\frac{2}{EI}\left[\left(1\times\frac{l}{2}\right)\times1+\left(1\times\frac{2l}{3}\right)\times1\right]=\frac{7l}{3EI}$$

$$\delta_{33}=\sum\int\frac{\overline{M}_3\ \overline{M}_3}{EI}\mathrm{d}x=\frac{2}{EI}\left[\left(\frac{l}{2}\times\frac{2l}{3}\right)\times\frac{l}{2}+\left(\frac{1}{2}\times\frac{l}{2}\times\frac{l}{2}\right)\times\frac{l}{3}\right]=\frac{5l^3}{12EI}$$

$$\Delta_{1P}=\sum\int\frac{\overline{M}_1\ M_{P1}}{EI}\mathrm{d}x=-\frac{2}{EI}\left[\left(\frac{1}{3}\times\frac{ql^2}{9}\times\frac{2l}{3}\right)\times\frac{l}{2}\right]=-\frac{2ql^4}{81EI}$$

$$\Delta_{2P}=\sum\int\frac{\overline{M}_2\ M_{P1}}{EI}\mathrm{d}x=-\frac{2}{EI}\left[\left(\frac{1}{3}\times\frac{ql^2}{9}\times\frac{2l}{3}\right)\times1\right]=-\frac{4ql^3}{81EI}$$

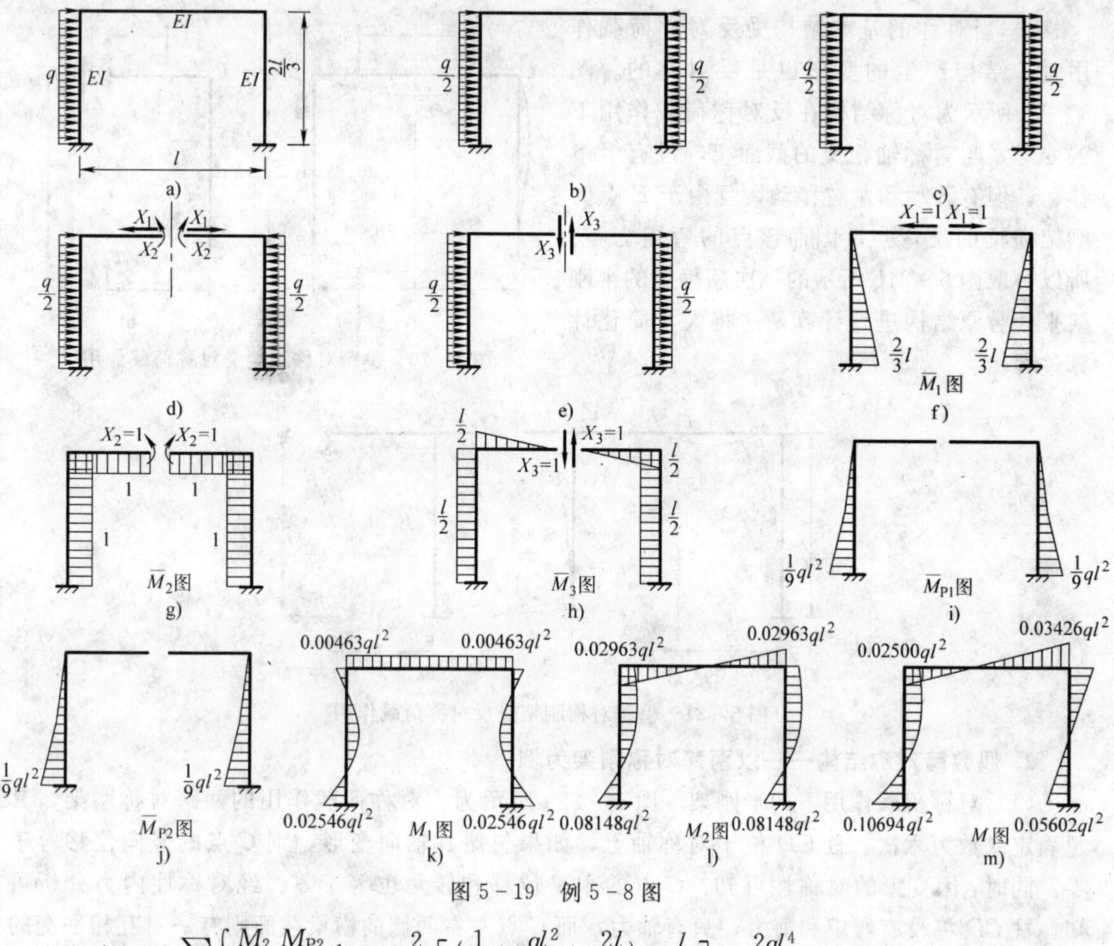

图 5-19　例 5-8 图

$$\Delta_{3P}=\sum\int\frac{\overline{M}_2\ M_{P2}}{EI}\mathrm{d}x=\frac{2}{EI}\Big[\Big(\frac{1}{3}\times\frac{ql^2}{9}\times\frac{2l}{3}\Big)\times\frac{l}{2}\Big]=\frac{2ql^4}{81EI}$$

将各系数和自由项代入典型方程，解方程可得

$$X_1=0.13542ql,\ X_2=-0.00463ql,\ X_1=-0.05926ql$$

由叠加原理 $M_1=\overline{M}_1X_1+\overline{M}_2X_2+M_{P1}$，$M_2=\overline{M}_3X_3+M_{P2}$ 可得图 5-19b、c 所示的 M_1、M_2 图（图 5-19k、l）。将 M_1、M_2 图叠加最终可得原结构的弯矩图，如图 5-19m 所示。需要注意的是，由于刚架右柱上没有荷载作用，因此，最终弯矩图叠加的结果在该柱上应该为一条直线。

5.4.4　半结构法

根据前面讨论的对称结构在对称荷载与反对称荷载作用下的受力变形特点的结论，可以利用半结构法来计算对称结构。

1. 奇数跨对称结构——以单跨对称刚架为例

1）当对称结构受对称荷载作用时，结构产生的变形是对称的。图 5-20a 所示为对称结构在对称荷载作用下的变形，与对称轴相交的截面 E，既没有转动，也没有左右移动，它只产生了竖向线位移，因此根据刚架变形特点，可取图 5-20b 所示的半刚架来代替原结构进行计算。这样，原来求解三次超静定结构的问题变为求解二次超静定结构。

2）当对称的基本结构受反对称荷载作用时，结构产生的变形也是反对称的。图5-21a所示为对称结构在反对称荷载作用下的变形，与对称轴相交的截面 E，没有上下移动，但有转动和左右移动，且由于 E 点为刚架横梁的反弯点，因而该点的弯矩为零。所以可取图5-21b所示的一次超静定的半刚架来代替原结构进行计算，这将大大简化计算过程。

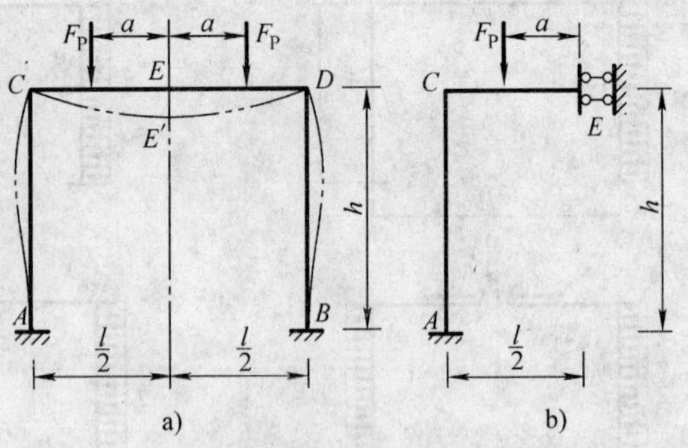

图5-20　单跨对称刚架受对称荷载作用

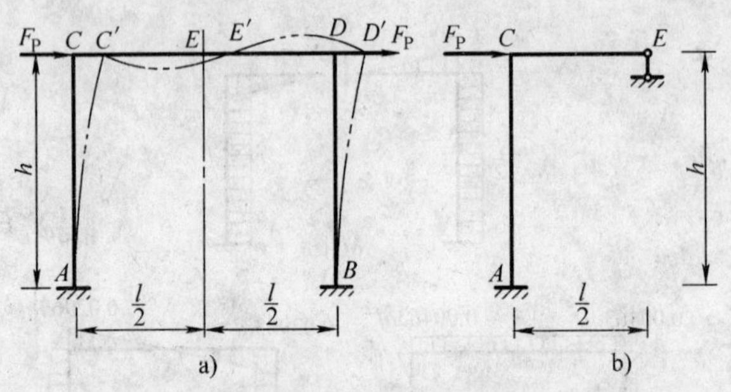

图5-21　单跨对称刚架受反对称荷载作用

2. 偶数跨对称结构——以两跨对称刚架为例

（1）对称荷载作用下的半刚架　图5-22a所示为一对称荷载作用的两跨对称刚架，其超静定次数为六次。柱 CD 位于对称轴上，如果忽略其轴向变形，则 C 点的竖向位移等于零。同时，因变形的对称性可知，C 点的水平位移和转角也等于零。经对称性内力分析可知，柱 CD 将没有弯矩和剪力，只有轴力，而 C 点左右两侧的横梁截面则有一对互相平衡的力矩、轴力以及与柱 CD 轴力平衡的对称剪力（图5-22b）。因此，根据上述变形和受力分析，忽略柱 CD 的轴向变形后，沿对称轴切开取半边结构计算时，C 端可取为固定支座，计算简图如图5-22c所示，为三次超静定结构。

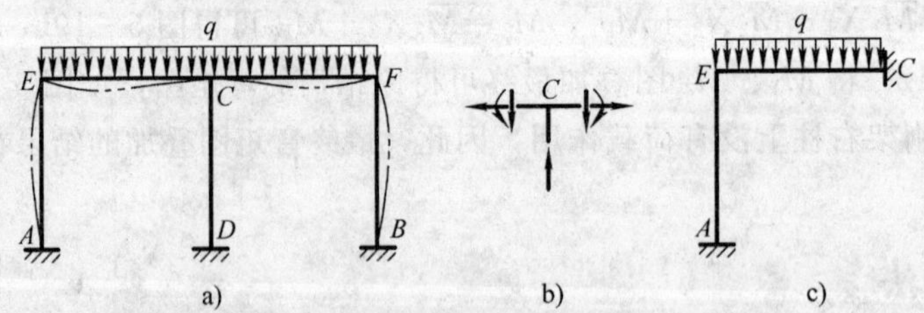

图5-22　两跨对称刚架受对称荷载作用

（2）反对称荷载作用下的半刚架　图5-23a所示为一反对称荷载作用的两跨对称刚架，为六次超静定结构。因变形的反对称性，对称轴 CD 有弯曲变形，对称轴上 C 点经变形位移到 C' 点，刚结点 C 有转角，C 点的竖向位移为零。相应的内力情形是在对称轴上的柱 CD 有弯矩和剪力，而无轴力。如果将柱 CD 从对称轴处切开，即将柱 CD 分解为两根位于对称轴两侧而抗弯刚度为 $\frac{I}{2}$ 的分柱 C_1D_1、C_2D_2，并且使两柱之间的间隙 d 为无穷小，同时上部仍与横梁为刚性连接（图5-23b），则新刚架与原刚架是等效的。现将新刚架从对称轴处切开（即切断横梁 C_1C_2），则一个两跨对称刚架分解为两个单跨刚架，且切口处只存在一对反对称未知剪力 X_3（图 5-23c），由于 X_3 对于 C_1、C_2 的力臂趋近于零，所以 X_3 的作用只是使左、右两半刚架的分柱 C_1D_1、C_2D_2 产生大小相等、方向相反的一对轴力，在“刚架计算可以忽略杆件轴向变形影响”的前提下，忽略 X_3 不会影响刚架的计算结果，因而可以取半边结构如图 5-23d 或图 5-23e 所示，为三次超静定刚架。

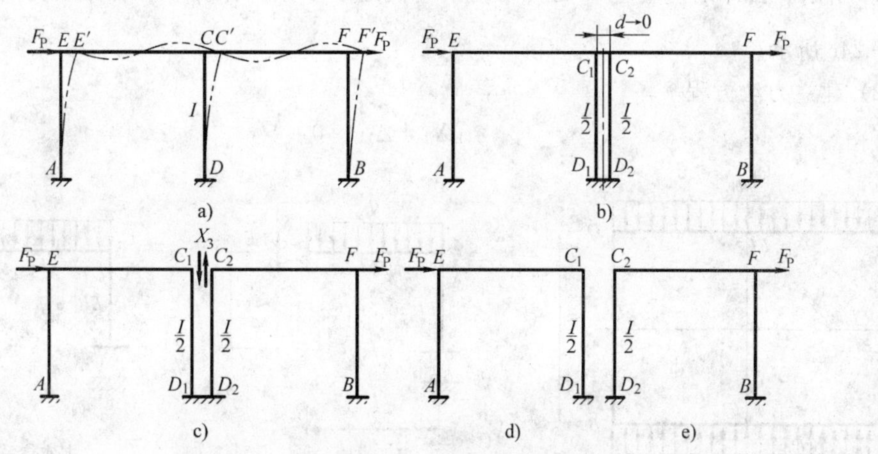

图 5-23　两跨对称刚架受反对称荷载作用

当用力法计算出半边结构的基本未知量后，就可绘制出半边结构的内力图，而另外半边结构的内力图就可根据内力图的对称关系画出：在对称荷载作用下，对称结构的弯矩图、轴力图是对称的，剪力图是反对称的；在反对称荷载作用下，对称结构的弯矩图、轴力图是反对称的，而剪力图是对称的。

应注意的是，两跨对称刚架在对称荷载作用下，与对称轴重合的柱子有轴力，其数值为对称轴两侧的横梁截面剪力之和，符号由平衡条件确定（图 5-22b）。因此，在轴力图中应包括与对称轴重合柱子的轴力图。在反对称荷载作用下，中间柱 CD 的内力应为两个半刚架柱 C_1D_1 和 C_2D_2 内力的总和。因此，柱 CD 的弯矩和剪力分别应为按半刚架计算所得柱 C_1D_1 的弯矩和剪力的两倍，其总轴力应为两个半刚架分柱 C_1D_1 和 C_2D_2 轴力之和，而轴力是反对称的，两分柱轴力数值相等，符号相反，故柱 CD 的总轴力为零。

现将对称结构的简化计算小结如下：

1）采用对称的基本体系，将基本未知量分为对称未知力和反对称未知力两组，则在力法方程中将有 $\delta_{ij}=0$（这里，i 为对称未知力方向，j 为反对称未知力方向）。这样，多元方程组将分解为两组方程。对于不同类型的荷载又可分为三种情形：

① 对称荷载作用，则只需计算对称未知力（反对称未知力为零）。

② 反对称荷载作用，则只需计算反对称未知力（对称未知力为零）。

③ 任意荷载作用，可将其分解为对称和反对称两种情形分别计算，然后进行叠加得到最后结果。也可不分解，直接用非对称荷载计算，但要采用对称的基本体系和基本未知量。

2）采用半边结构计算。对称结构可分为奇数跨和偶数跨两种情形，它们在对称荷载和反对称荷载作用时在对称轴上的变形和内力是不同的。此外，采用半边结构简化计算时，荷载必须是对称荷载或反对称荷载。如果是非对称荷载，则须分解为对称荷载和反对称荷载两种情形，分别采用半边结构计算简图进行计算，然后叠加得最后结果。

【例 5-9】 试作图 5-24a 所示刚架的弯矩图，已知 $h=\frac{2}{3}l$。

解：1）对称性分析。原结构是一个具有两个对称轴的封闭刚架，三次超静定。荷载也是双轴对称的，利用刚架的变形及内力在两个对称轴上的对称性，可以取$\frac{1}{4}$结构计算，如图 5-24b 所示。去掉定向支座 E 处转动约束，代之以多余约束力 X_1 后$\frac{1}{4}$结构的基本体系如图 5-24c 所示。

2）建立力法方程

$$\delta_{11}X_1+\Delta_{1P}=0$$

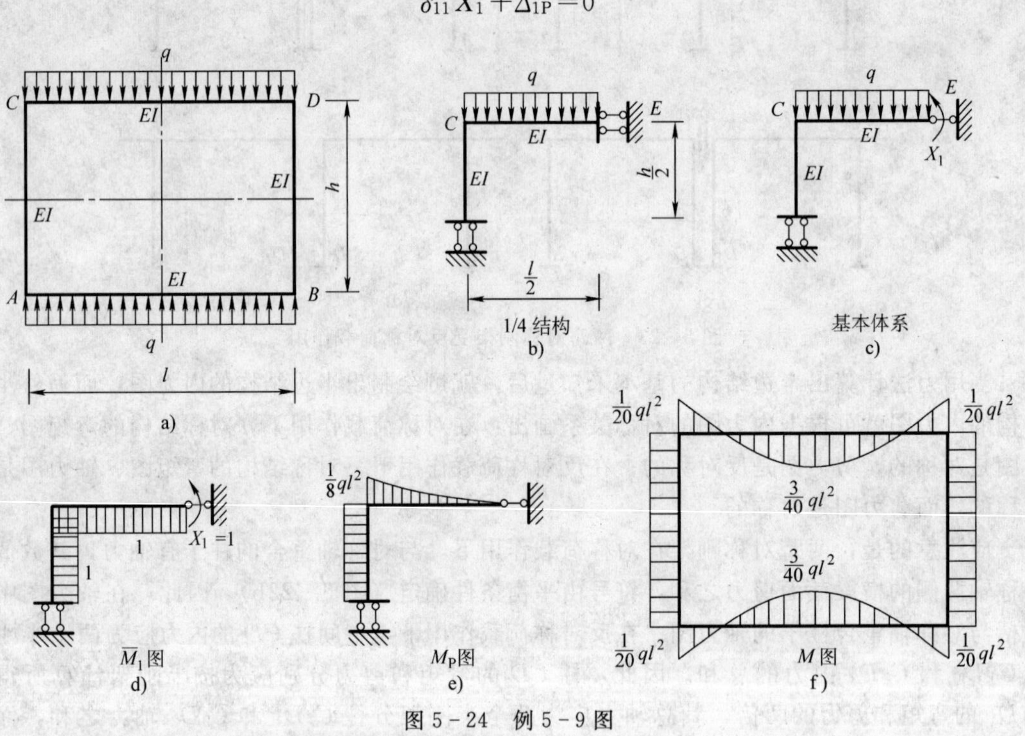

图 5-24 例 5-9 图

3）绘基本结构$\overline{M}_1$、M_P 图，如图 5-24d、e 所示。可求得

$$\delta_{11}=\frac{1}{2EI}(l+h)=\frac{5l}{6EI}$$

$$\Delta_{1P}=-\frac{1}{EI}\left[\left(\frac{1}{3}\times\frac{1}{8}ql^2\times\frac{l}{2}\right)\times1+\left(\frac{1}{8}ql^2\times\frac{h}{2}\right)\times1\right]=-\frac{ql^3}{16EI}$$

4）将 δ_{11}、Δ_{1P}代入力法方程，解得

$$X_1=\frac{3ql^2}{40}$$

5）先作$\frac{1}{4}$结构的弯矩图，如图 5-24f 的左上角，再利用对称性得到整个刚架的弯矩图，如图 5-24f 所示。

【例 5-10】 求作图 5-25a 所示刚架的弯矩、剪力、轴力图。

解：1）该刚架为三次超静定，在对称荷载作用下，取半结构进行分析。计算简图如图

5－25b 所示。

2）去掉半结构 A 支座处的固定铰支座，取基本体系如图 5－25c 所示。

3）列力法方程

$$\delta_{11}X_1+\delta_{12}X_2+\Delta_{1P}=0$$

$$\delta_{21}X_1+\delta_{22}X_2+\Delta_{2P}=0$$

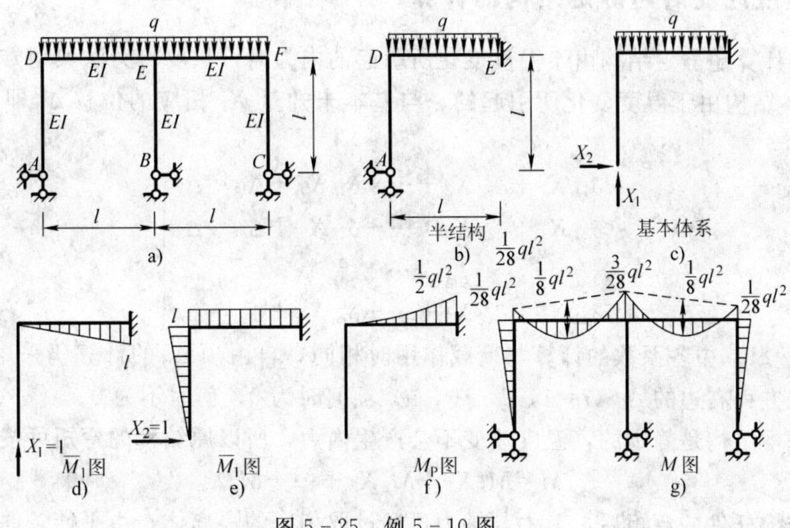

图 5－25　例 5－10 图

4）绘基本结构的单位弯矩图、荷载弯矩图，如图 5－25d、e、f 所示。由图乘法得

$$\delta_{11}=\frac{1}{EI}\left[\left(\frac{1}{2}\times l\times l\right)\times\frac{2}{3}l\right]=\frac{l^3}{3EI}$$

$$\delta_{12}=\delta_{21}=-\frac{1}{EI}\left[\left(\frac{1}{2}\times l\times l\right)\times l\right]=-\frac{l^3}{2EI}$$

$$\delta_{22}=\frac{1}{EI}\left[\left(\frac{1}{2}\times l\times l\right)\times\frac{2}{3}l+(l\times l)\times l\right]=\frac{4l^3}{3EI}$$

$$\Delta_{1P}=-\frac{1}{EI}\left[\left(\frac{1}{3}\times\frac{1}{2}ql^2\times l\right)\times\frac{3}{4}l\right]=-\frac{ql^4}{8EI}$$

$$\Delta_{2P}=\frac{1}{EI}\left[\left(\frac{1}{3}\times\frac{1}{2}ql^2\times l\right)\times l\right]=\frac{ql^4}{8EI}$$

5）将主副系数、自由项代入力法方程，并消去$\frac{l^3}{EI}$可得

$$\frac{X_1}{3}-\frac{X_2}{2}-\frac{ql}{8}=0$$

$$\frac{X_1}{2}+\frac{4}{3}X_2+\frac{ql}{6}-0$$

解得

$$X_1=\frac{3}{7}ql,\ X_2=\frac{ql}{28}$$

由叠加原理及原结构的对称性可绘出原结构的弯矩图，如图 5－25g 所示。

5.5 非荷载因素作用下结构的内力计算

静定结构在温度变化、支座移动的情况下不产生内力，但对于超静定结构由于多余约束的存在，上述因素作用下结构将产生内力。

5.5.1 温度改变时超静定结构的计算

用力法计算超静定结构由于温度变化所引起的内力时，只要将力法典型方程中的自由项Δ_{iP}改成基本结构由于温度变化所引起的、与基本未知量 X_i 相应的位移Δ_{it}即可，此时力法方程成为

$$\left.\begin{aligned}\delta_{11}X_1+\delta_{12}X_2+\cdots+\delta_{1n}X_n+\Delta_{1t}=\Delta_1\\ \delta_{21}X_1+\delta_{22}X_2+\cdots+\delta_{2n}X_n+\Delta_{2t}=\Delta_2\\ \cdots\\ \delta_{n1}X_1+\delta_{n2}X_2+\cdots+\delta_{nn}X_n+\Delta_{nt}=\Delta_n\end{aligned}\right\} \tag{5-21}$$

式（5-21）中各系数的计算与荷载作用时相同，自由项 Δ_{it} 的计算仍采用式（4-11），请读者考虑方程右边的 Δ_i（$i=1$，2，…，n）项何时为 0，何时不为 0。

由于基本结构是静定的，温度改变不会产生内力，所以原结构的弯矩可按下式求出

$$M=\overline{M}_1X_1+\overline{M}_2X_2+\cdots+\overline{M}_nX_n \tag{5-22}$$

已知结构杆件的弯矩后，剪力与轴力可通过取相应的隔离体，由平衡条件求出。

【例 5-11】 图 5-26a 所示刚架，各杆内侧温度升高 10℃，外侧温度升高 20℃，试绘出该刚架的弯矩图，已知各杆截面相同，均为矩形，截面高度 $h=\dfrac{l}{10}$，各杆材料的温度线膨胀系数为 α。

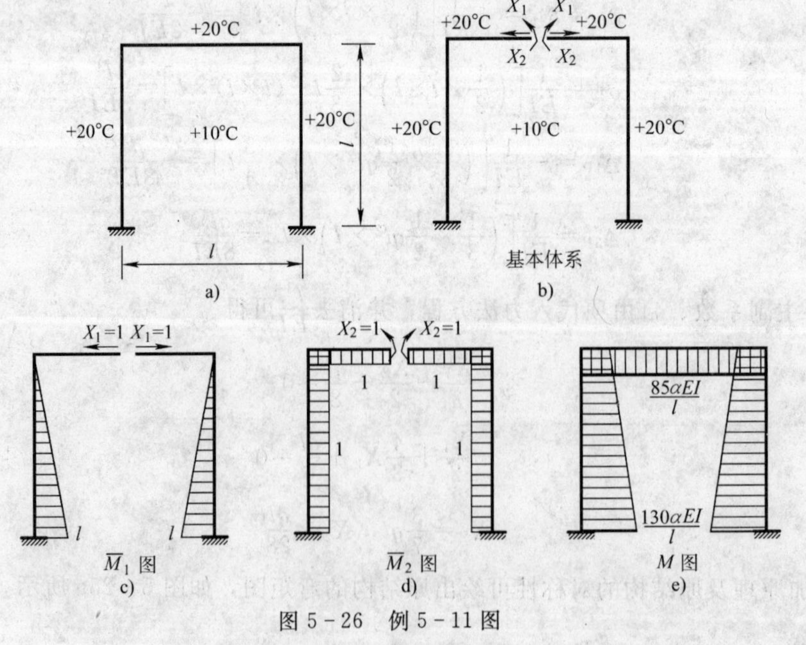

图 5-26 例 5-11 图

解：1）由于结构对称且温度变化也是对称的，所以选取对称的基本体系，如图 5-26b 所示，此时切口处只有对称的基本未知量 X_1，X_2。

2）列力法方程

$$\delta_{11}X_1+\delta_{12}X_2+\Delta_{1t}=0$$
$$\delta_{21}X_1+\delta_{22}X_2+\Delta_{2t}=0$$

3）绘出基本结构的单位弯矩图，如图 5-26c，d 所示。由图乘法得

$$\delta_{11}=\frac{2}{EI}\left[\left(\frac{1}{2}\times l\times l\right)\times\frac{2}{3}l\right]=\frac{2l^3}{3EI}$$

$$\delta_{12}=\delta_{21}=\frac{2}{EI}\left[\left(\frac{1}{2}\times l\times l\right)\times l\right]=\frac{l^2}{EI}$$

$$\delta_{22}=\frac{3}{EI}[(1\times l)\times 1]=\frac{3l}{EI}$$

按式（4-11）计算自由项

$$\Delta_{1t}=-\alpha\times 15\times 1\times l-\frac{10}{h}\alpha\left[\left(\frac{1}{2}\times l\times l\right)\times 2\right]=-115\alpha l$$

$$\Delta_{2t}=-\frac{10}{h}\alpha(l\times 1\times 3)=-300\alpha$$

4）将系数、自由项代入力法方程解得

$$X_1=\frac{45\alpha EI}{l^2},\ X_2=\frac{85\alpha EI}{l}$$

5）按式（5-21）绘出原结构 M 图，如图 5-26e 所示。

5.5.2 支座移动时超静定结构的计算

用力法计算超静定结构由于支座移动引起的内力，其基本原理和步骤同前所述，只是力法方程中自由项的计算有所不同。

下面通过具体例题说明支座移动时超静定结构内力计算的过程与特点。

【例 5-12】 试绘制图 5-27a 所示梁在已知支座位移作用下的弯矩图。

解：此梁是一次超静定的，取图 5-27b 所示的基本结构，力法方程为

$$\delta_{11}X_1+\Delta_{1c}=\Delta_1$$

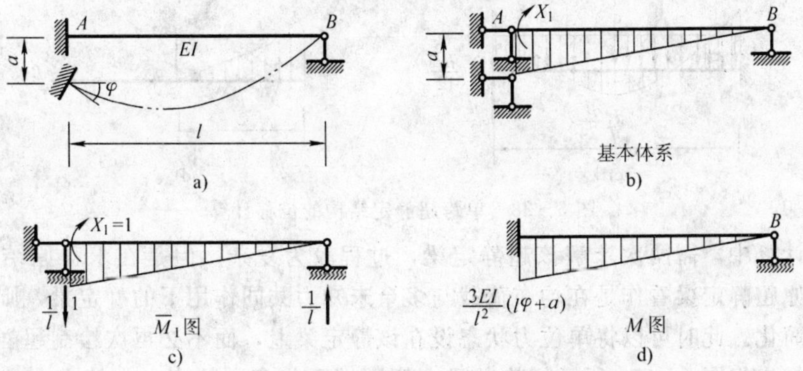

图 5-27 例 5-12 图

根据已知条件，梁 A 端的转角 $\Delta_1=\varphi$；$X_1=1$ 作用下基本结构的相应转角可由 $\overline{M}_1$ 图

(5-27c) 自乘求得，即 $\delta_{11}=\dfrac{l}{3EI}$；支座位移作用于基本结构所引起梁 A 端的转角可由刚体位移关系求得，为 $\Delta_{1c}=-\dfrac{a}{l}$。$\Delta_{1c}$也可由图 5-27c 利用单位荷载法求得。

将上述系数和常数项代入力法方程可解得

$$X_1=M_A=\frac{3EI}{l^2}(l\varphi+a)$$

由此可求得梁的弯矩图，如图 5-27d 所示。

由例 5-11、例 5-12 可以看出，超静定结构在温度变化、支座位移作用下，内力和反力项中包含了结构截面的刚度，说明在这些情况下结构的内力与杆件刚度的绝对值成正比。这与荷载作用下，超静定结构的内力和反力仅与杆件刚度的相对比值有关、与刚度的绝对值无关的情况是不同的。

5.6 超静定结构的位移计算

变形体的虚功原理不仅适用于静定结构，也同样适用于超静定结构，因此作为虚功原理应用的单位荷载法依然适用于计算超静定结构的位移。例如，欲求图 5-28a 所示单跨超静定梁在均布荷载作用下跨中 C 点的挠度，则可以虚设单位力状态如图 5-28b 所示，分别绘出原结构在均布荷载以及单位力作用下的弯矩图（图 5-28a、b）后，由图乘法可得

$$\Delta_C=\sum\int\frac{\overline{M}M}{EI}\mathrm{d}s=\frac{2}{EI}\left[0+\left(\frac{2}{3}\times\frac{l}{2}\times\frac{ql^2}{8}\right)\times\frac{l}{32}\right]=\frac{ql^4}{384EI}$$

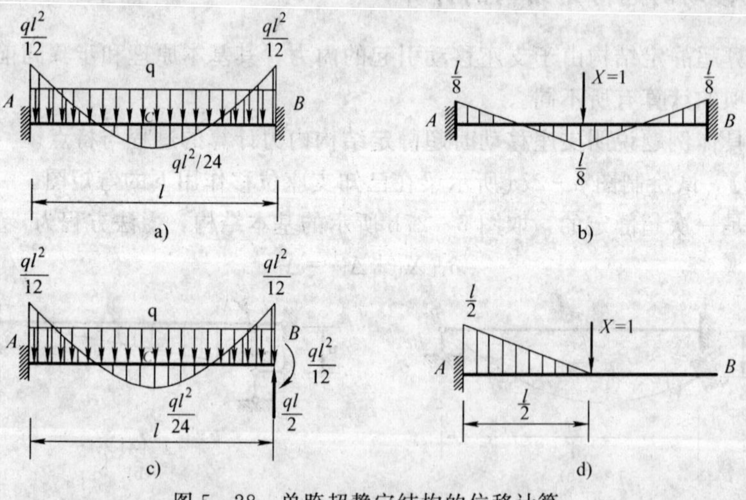

图 5-28　单跨超静定结构的位移计算

在以上计算中，需两次求解该超静定梁，过程较为复杂。但是在求得原结构的弯矩图后，如果将原超静定梁看作是在均布荷载与多余未知力共同作用下的静定梁，则计算过程可得到一定的简化。此时可以将单位力状态设在该静定梁上，而不必再次绘制超静定梁的单位弯矩图。例如，将图 5-28a 所示超静定梁右侧固端看作多余约束，去掉多余约束代之以多余未知力后得到静定结构如图 5-28c 所示。根据力法原理，该结构与原结构有相同的变形，因而可以选择图 5-28d 所示的单位力状态来求解该静定梁 C 点的竖向位移，由图乘法有

$$\Delta_C = \sum\int \frac{\overline{M}M}{EI}\mathrm{d}s = \frac{1}{EI}\left[\left(\frac{l}{2}\times\frac{ql^2}{12}\right)\times\frac{l}{4}-\left(\frac{2}{3}\times\frac{l}{2}\times\frac{ql^2}{8}\right)\times\frac{3l}{16}\right]=\frac{ql^4}{384EI}$$

此即原结构 C 点的竖向位移。

超静定结构的内力并不因所取的基本结构的不同而有所改变，因此，可以将其内力看作是按任一基本结构求得的。这样在计算超静定结构的位移时，可以将所设单位力 $X=1$ 施加于任一基本结构作为虚力状态。为了使计算简化，应当选取单位内力图比较简单的基本结构。

【例 5－13】 试求例 5－7 中排架 G 点的水平位移。

解：1）由例 5－7 可知该超静定排架弯矩图，如图 5－29a 所示。

2）因横梁 FG 的 $EA\to\infty$，所以 F 点与 G 点的水平位移相同，取基本结构如图 5－29b 所示。将单位水平力 $X=1$ 作用于 F 点，绘 $\overline{M}$ 图如图 5－29b 所示。

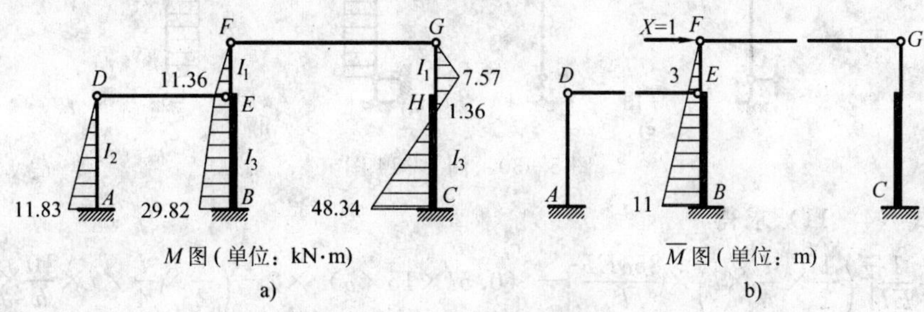

图 5－29　例 5－13 图

3）由图乘法得

$$\Delta_{GH}=\Delta_{FH}=\sum\int\frac{\overline{M}M}{EI}\mathrm{d}s=\frac{1}{EI_1}\left[\left(\frac{1}{2}\times 3\times 11.36\right)\times 2\right]\mathrm{kN\cdot m^3}+$$

$$\frac{1}{EI_3}\left[\left(\frac{1}{2}\times 8\times 11.36\right)\times\left(\frac{2}{3}\times 3+\frac{1}{3}\times 11\right)+\left(\frac{1}{2}\times 8\times 29.82\right)\times\right.$$

$$\left.\left(\frac{1}{3}\times 3+\frac{2}{3}\times 11\right)\right]\mathrm{kN\cdot m^3}=\left(\frac{34.08}{EI_1}+\frac{1251.49}{EI_3}\right)\mathrm{kN\cdot m^3}=\frac{242.66\mathrm{kN\cdot m^3}}{EI_1}$$

结果为正值，说明 Δ_{GH} 与所设单位力方向相同。

超静定结构在温度变化、支座移动等非荷载因素作用下的位移计算，同样可以在其基本结构上建立虚设单位力状态，从而将问题转化为静定结构的位移计算。所以，利用单位荷载法计算超静定结构位移的一般公式为

$$\Delta=\sum\int\frac{\overline{M}M}{EI}\mathrm{d}s+\sum\int k\frac{\overline{F}_Q F_Q}{GA}\mathrm{d}s+\sum\int\frac{\overline{F}_N F_N}{EA}\mathrm{d}s+\sum\int\overline{M}\frac{\alpha\Delta t}{h}\mathrm{d}s+\sum\overline{F}_N\alpha t_0\mathrm{d}s-\sum\overline{F}_R c \quad (5-23)$$

式中，$\overline{M}$、$\overline{F}_Q$、$\overline{F}_N$ 和 $\overline{F}_R$ 分别为任一基本结构在 $X=1$ 作用下的内力与支座反力；M、F_Q、F_N 为原超静定结构的内力；h 为各杆截面高度；α 为杆件材料温度线膨胀系数；t_0 为各杆轴线处温度变化值；Δt 为各杆两侧温度差；c 为原结构支座移动值。

【例 5－14】 试求例 5－11 中刚架横梁中点处的垂直位移。

解：1）由例 5－11 计算结果绘出刚架弯矩、轴力图，如图 5－30a、b 所示。

2）取基本结构如图 5－30c 所示，将竖向单位力 $X=1$ 作用于横梁中点，绘出单位弯矩、轴力图，如图 5－30c、d 所示。

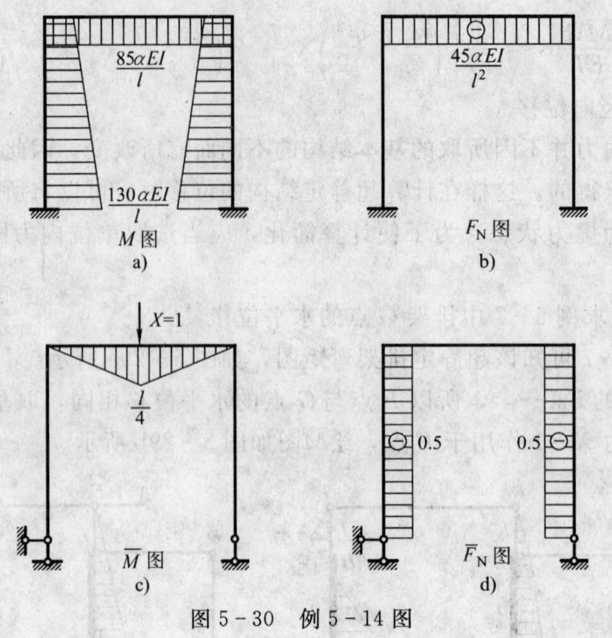

图 5-30　例 5-14 图

3）由式（4-11）求得

$$\Delta=\frac{1}{EI}\Big[\Big(\frac{1}{2}\times\frac{l}{4}\times l\Big)\times\frac{85\alpha EI}{l}\Big]-(0.5l\times15\times\alpha)\times2-\Big(\frac{1}{2}\times\frac{l}{4}\times l\times\frac{10}{h}\times\alpha\Big)$$
$$=-16.875\alpha l$$

结果为负值，说明实际位移方向与所设单位力方向相反。

【例 5-15】 试求例 5-12 中梁右端 B 截面处的转角 θ_B。

解：1）由例 5-12 可知原结构的弯矩图如图 5-31b 所示，现选取基本结构如图 5-31c 所示。

2）绘出基本结构在 B 点单位集中力偶 $X=1$ 作用下的弯矩图，并求出支反力，如图 5-31c所示。

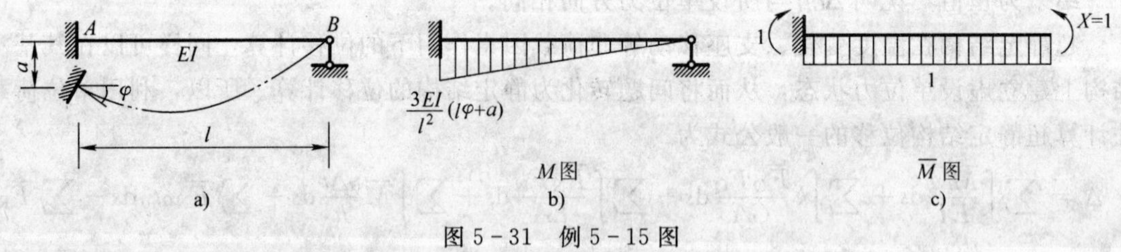

图 5-31　例 5-15 图

3）由式（4-12）可求得

$$\theta_B=\frac{1}{EI}\Big[\frac{1}{2}\times\frac{3EI}{l^2}(l\varphi+a)\times l\times1\Big]-(1\times\varphi+0)=\frac{1}{2}\varphi+\frac{3}{2}\frac{a}{l}$$

结果为正，说明 θ_B 与所设单位集中力偶方向相同。

5.7　超静定结构内力图的校核

结构内力是结构设计的依据，因此，在求得结构内力后，应该进行校核，以保证它的正确性。首先应根据各内力之间以及内力和荷载集度之间的微分关系进行定性分析。如集中荷载作用处剪力图有突变、弯矩图有折角等。其作法在校核静定结构内力图时已经介绍，不再赘述。

除了上述一些定性方面的检查外，在定量方面正确的内力图必须同时满足平衡条件和位移条件。现以图 5-32a 所示刚架及其最后内力图（5-32b、c、d）为例，说明最后内力图的校核方法。

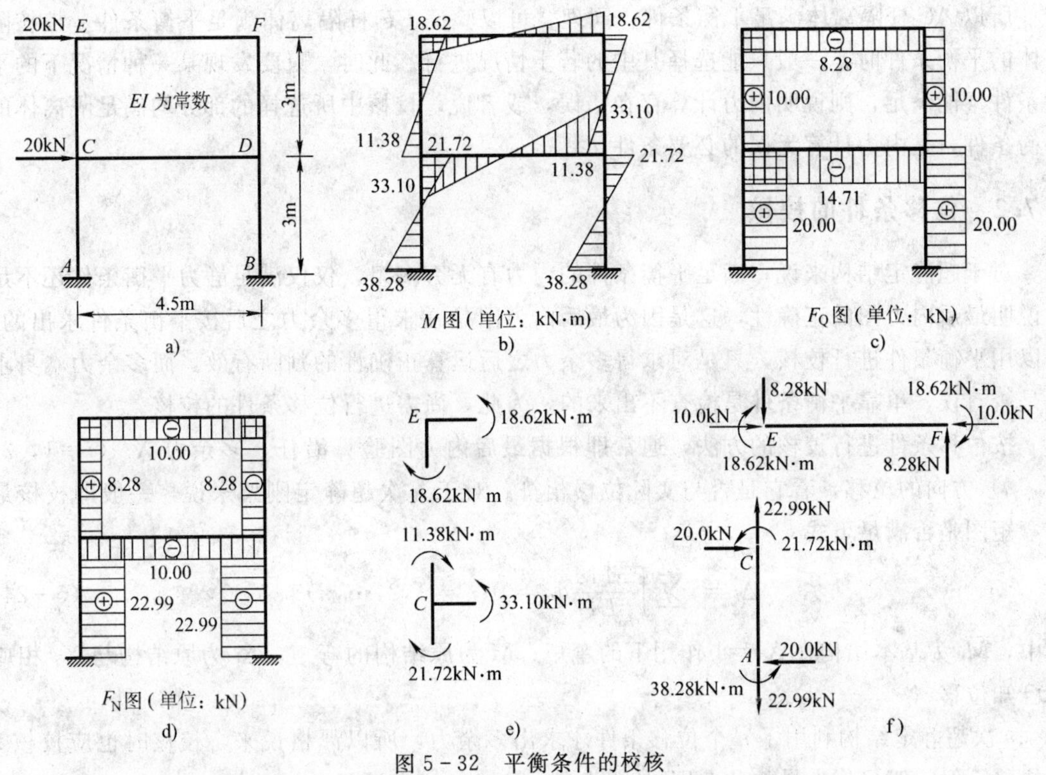

图 5-32　平衡条件的校核

5.7.1　平衡条件的校核

如果结构的内力计算正确，则整个结构以及结构中的任意一部分都会满足平衡条件。因此通常可以取结构中部分结点为隔离体，检查其是否满足力矩的平衡条件；取结构中的某些杆件或结构的某一部分为隔离体，检查它是否满足力的投影以及力矩的平衡条件。

从整体结构看

$$\sum F_x = 40\text{kN} - 40\text{kN} = 0$$

$$\sum F_y = 22.99\text{kN} - 22.99\text{kN} = 0$$

$$\sum M_C = 20 \times 3\text{kN} \cdot \text{m} + 20 \times 6\text{kN} \cdot \text{m} - 38.28 \times 2\text{kN} \cdot \text{m} - 22.99 \times 4.5\text{kN} \cdot \text{m} = 0$$

所以满足平衡条件。

截取结点 C、E 及杆件 AC、EF 为隔离体，分别如图 5-32e、f 所示。

对于 C 结点

$$\sum M_C = (21.72 + 11.38 - 33.10)\text{kN} \cdot \text{m} = 0$$

不难看出 E 结点的隔离体也是平衡的。

对于 AC 杆隔离体

$$\sum F_x = (20-20)\text{kN} = 0$$
$$\sum F_y = (22.99-22.99)\text{kN} = 0$$
$$\sum M_A = (20\times 3-21.72-38.28)\text{kN}\cdot\text{m} = 0$$

所以 AC 杆隔离体满足平衡条件。同理，可以验证 EF 杆隔离体满足平衡条件。校核隔离体的平衡条件时，一般只能选择其中的若干情况进行。此时，只要发现某一种情况下的平衡条件不能满足，则说明内力计算存在错误，或者说，校核中所选择的部分均满足隔离体的平衡条件，是内力计算无误的必要条件。

5.7.2 位移条件的校核

对于超静定结构来说，满足平衡条件的内力有无穷多组，仅仅满足静力平衡条件还不足以说明最后内力图的正确性，这是因为最后内力图是在求得多余力之后按平衡条件求出的，所以用平衡条件进行校核，只是对求得多余力之后运算正确性的判断有效，而多余力本身求解是否有误，单靠平衡条件是检查不出来的，为此，尚需进行位移条件的校核。

按位移条件进行校核的方法，通常即根据最后内力图验算沿任一多余力 X_i（$i=1$，2，…，n）方向的位移，看它是否与实际位移相符。对于 n 次超静定刚架来说，一般即校核最后弯矩图是否满足下式

$$\Delta_i = \sum\int\frac{\overline{M}_i M}{EI}\text{d}s = 0(i=1,2,\cdots,n) \tag{5-24}$$

式中，$\overline{M}_i$ 为基本结构在 $X_i=1$ 作用下的弯矩；M 为原结构的弯矩；Δi 为原结构与 X_i 相应的已知位移。

n 次超静定结构利用了 n 个位移条件才求出多余力，所以严格说来，校核时也应校核 n 个位移，但一般只作少量的几个即可。

进行位移条件校核时，并非一定要用原来计算多余力时所采用的基本结构和位移条件；也可选取另外的基本结构，并可验算其他已知的，但并非求多余力时所应用的位移条件。

例如，对于图 5-32a 所示的刚架，可以取图 5-33a 所示的虚设力状态，检查 B 点的水平位移是否为零；也可以取图 5-33b、c 所示的虚设力状态，检查横梁切口两侧的相对线位移和相对角位移是否为零。

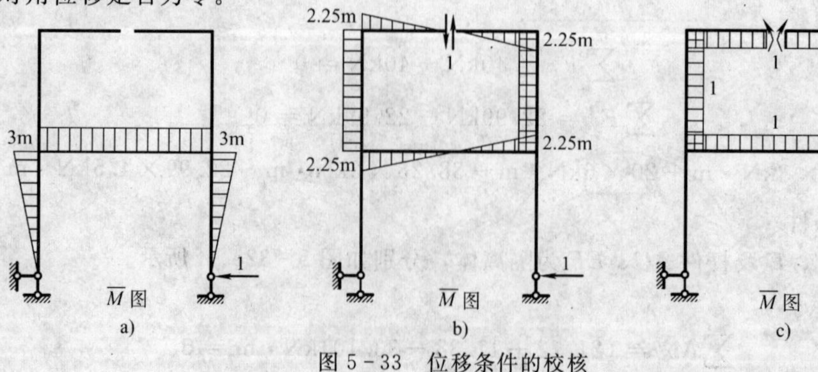

图 5-33　位移条件的校核

显然，图 5－32b 与图 5－33 中任何一个单位弯矩图的图乘结果均为零，说明最后弯矩图满足所验算的位移条件。值得指出的是，对于具有封闭框格的刚架，最为简便的方法是利用封闭框格上任一点处左右两截面的相对转角为零这一位移条件来进行弯矩图的校核。例如，取图 5－33c 进行校核时，$\overline{M}$图只在结构上部封闭框架内存在，且所有截面弯矩纵标均为 1，故利用图乘法计算切口处截面相对转角时有

$$\sum\int\frac{\overline{M}M}{EI}\mathrm{d}s=\sum\int\frac{M}{EI}\mathrm{d}s=\sum\frac{1}{EI}\int M\mathrm{d}s=0 \tag{5-25}$$

式中，$\int M\mathrm{d}s$ 表示封闭框格各杆 M 图的面积，可以规定它位于框格内侧或外侧时为正。

式（5－25）表明在任何封闭无铰框格上，各杆弯矩图的面积除以其截面的 EI 值以后的代数和应等于零。

最后需要指出，上述有关校核的内容是针对超静定结构受荷载作用情况进行讨论的，至于温度改变、支座移动等所产生的最后内力图的校核问题，应注意位移条件的验算会有所改变。因为验算工作是在基本结构上进行的，由最后弯矩图 M 与单位弯矩图$\overline{M}_i$ 作图乘法运算的结果，并不总是等于原结构对应于未知力 X_i 的位移 Δ_i，尚需考虑温度改变、支座移动等使基本结构产生的位移。所以在更一般情况下进行位移条件校核时，应按下式进行

$$\sum\int\frac{\overline{M}_iM}{EI}\mathrm{d}s+\sum\int k\frac{\overline{F}_{Qi}F_Q}{GA}\mathrm{d}s+\sum\int\frac{\overline{F}_{Ni}F_N}{EA}\mathrm{d}s+\sum\int\overline{M}_i\frac{\alpha\Delta t}{h}\mathrm{d}s+\sum\overline{F}_{Ni}\alpha t_0\mathrm{d}s-\sum\overline{F}_{Ri}c=\Delta_i \tag{5-26}$$

式中，$\overline{M}_i$、$\overline{F}_{Qi}$、$\overline{F}_{Ni}$和$\overline{F}_{Ri}$为基本结构在 $X_i=1$ 作用下的内力与支座反力；M、F_Q、F_N 为原超静定结构的内力。

习　题

5－1　试确定图 5－34 所示结构的超静定次数。

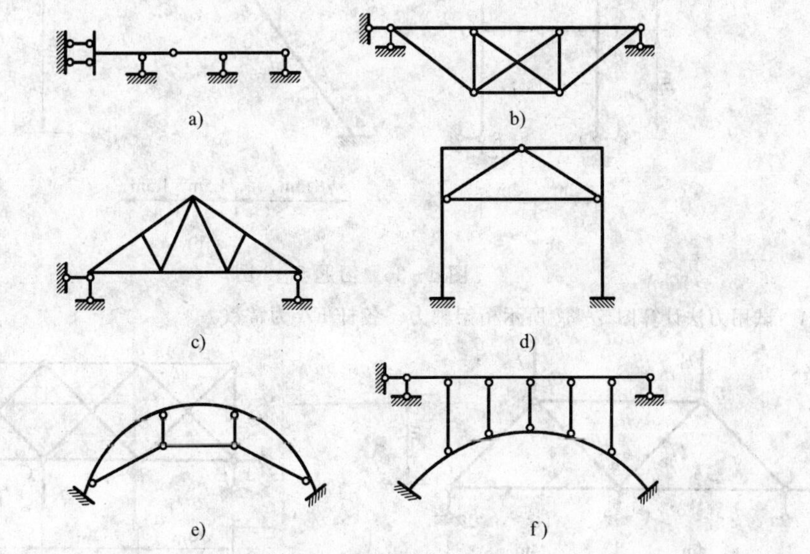

图 5－34　习题 5－1 图

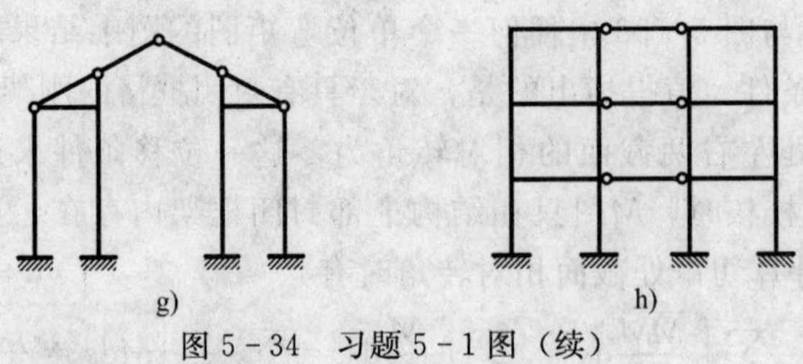

图 5-34　习题 5-1 图（续）

5-2　试用力法计算图 5-35 所示超静定梁，并绘出 M、F_Q 图。

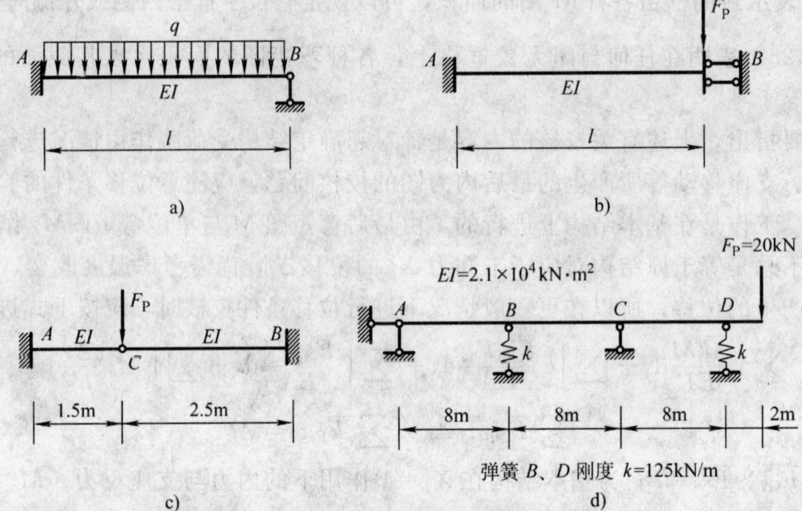

图 5-35　习题 5-2 图

5-3　试用力法计算图 5-36 所示结构，并绘制内力图。

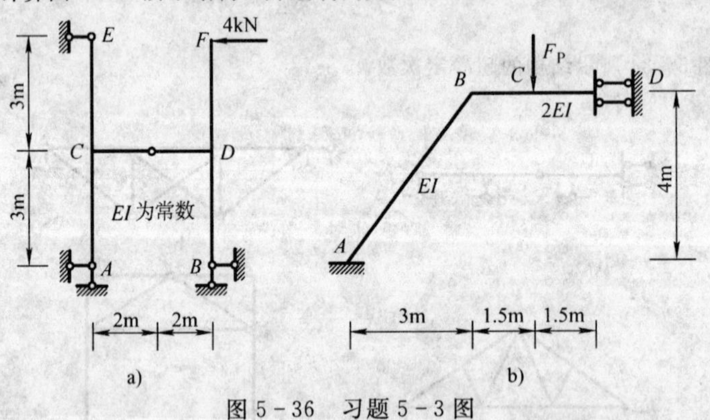

图 5-36　习题 5-3 图

5-4　试用力法计算图 5-37 所示桁架轴力。各杆 EA 为常数。

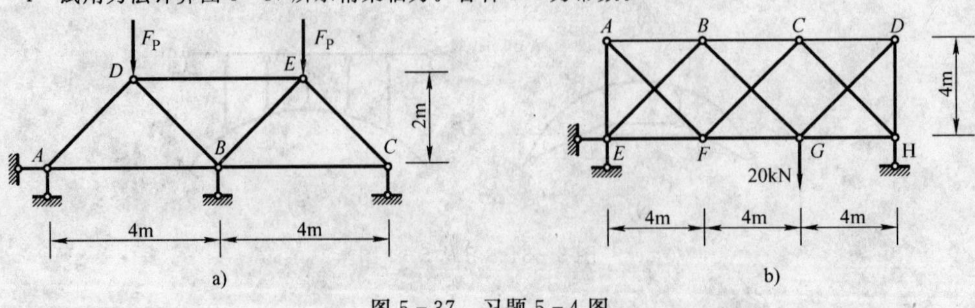

图 5-37　习题 5-4 图

5-5　试用力法计算图 5-38 所示结构，求出桁式杆件的轴力，并绘出结构的 M 图，已知 $I/A=l^2/10$。

5-6　试用力法计算图 5-39 所示结构，求出桁式杆件的轴力，并绘出结构的 M 图，已知受弯杆件 AB 的 $EI=10^4\,\text{kN}\cdot\text{m}^2$，桁式杆件的 $EA=15\times10^4\,\text{kN}$。

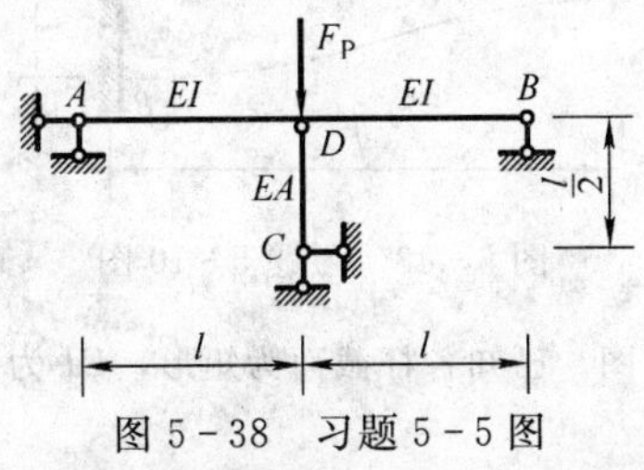

图 5-38　习题 5-5 图

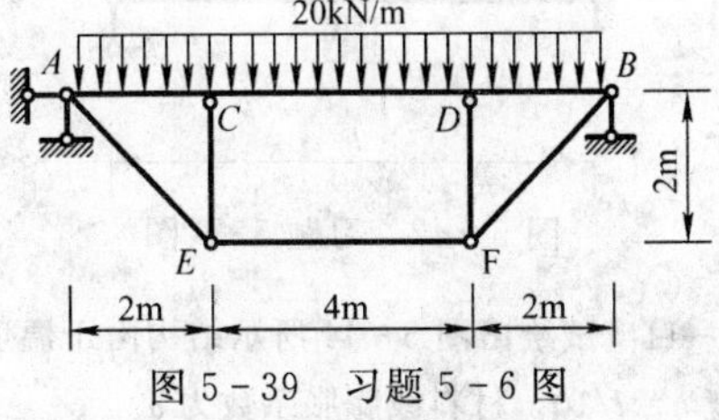

图 5-39　习题 5-6 图

5-7　试用力法计算图 5-40 所示排架，并绘出 M 图。

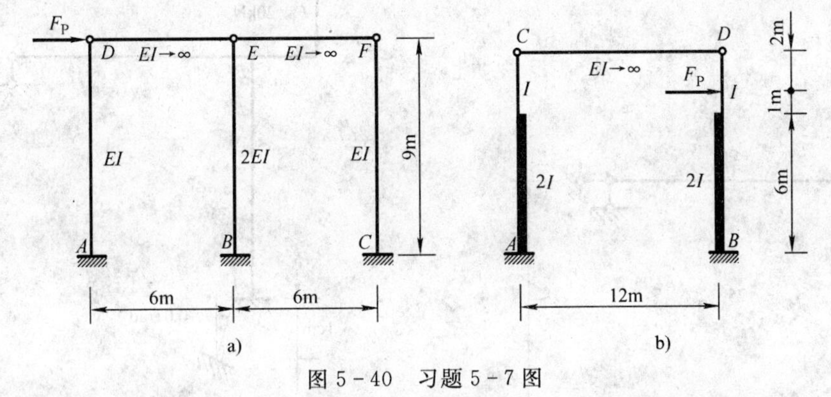

图 5-40　习题 5-7 图

5-8　试利用对称性计算图 5-41 所示结构，并绘出 M 图。

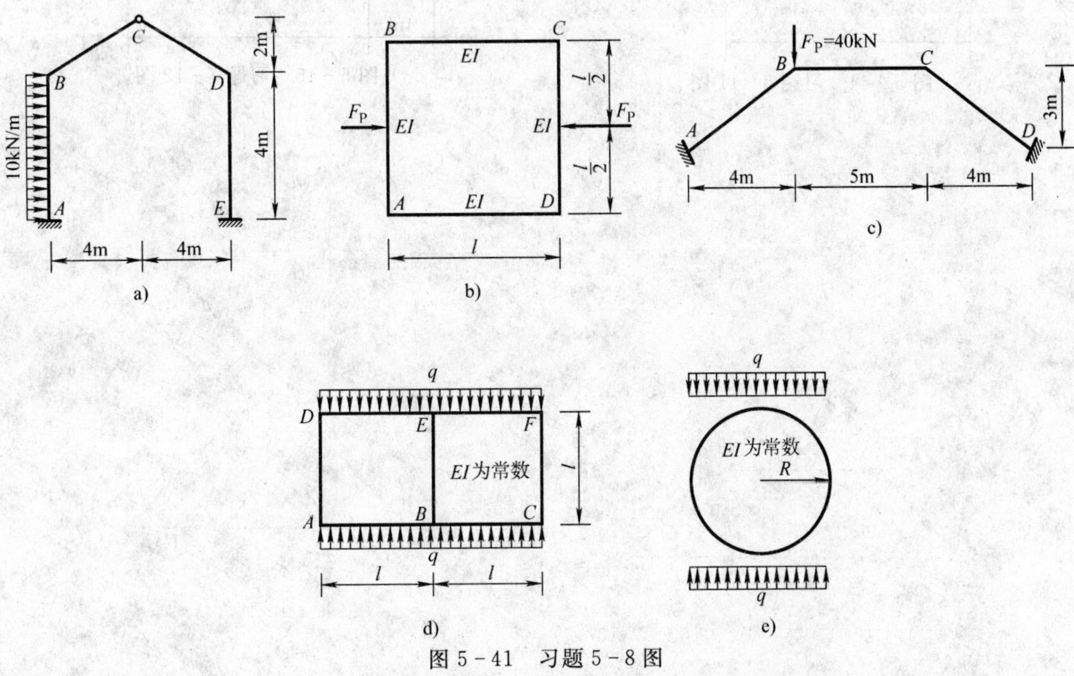

图 5-41　习题 5-8 图

5-9 试绘出图 5-42 所示超静定梁由于温度变化而产生的 M 图，已知梁截面为矩形，EI 为常数，截面高度 $h=l/10$，材料线膨胀系数为 α。

5-10 图 5-43 所示梁 B 端产生竖向支座沉降 Δ，试作梁的 M、F_Q 图。

图 5-42 习题 5-9 图　　图 5-43 习题 5-10 图

5-11 试绘出图 5-44 所示结构由于温度变化而产生的 M 图。已知各杆截面为矩形，EI 为常数，截面高度 $h=l/10$，材料线膨胀系数为 α。

5-12 试用力法作出图 5-45 所示结构的 M 图，并进行校核。已知各杆的 $EI=3.6\times10^4\,kN\cdot m^2$。

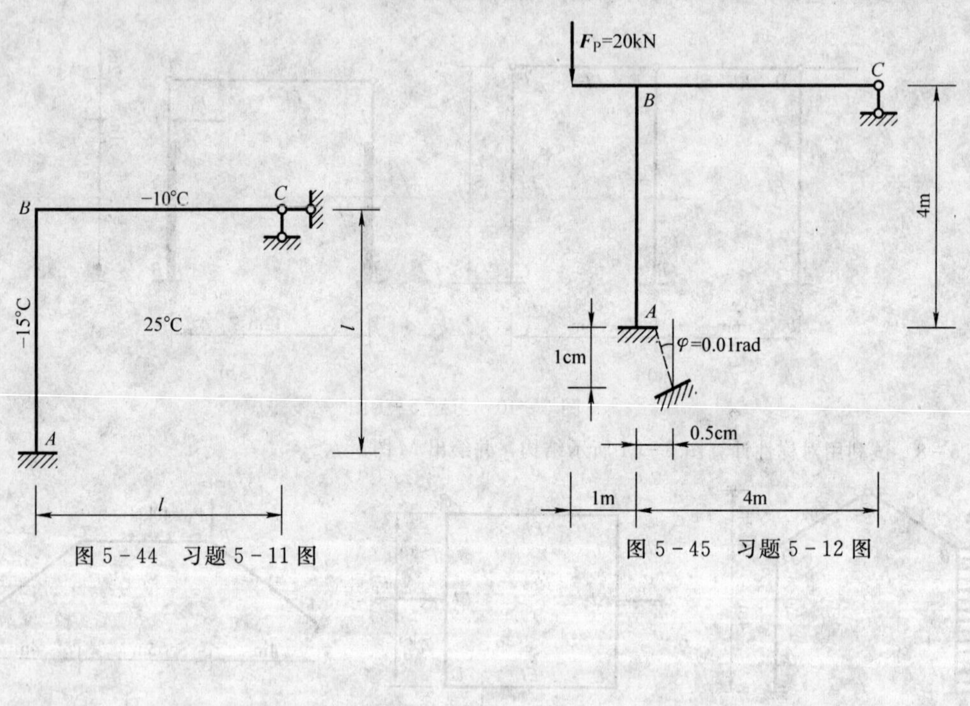

图 5-44 习题 5-11 图　　图 5-45 习题 5-12 图

第6章　拱结构的内力分析

6.1　概述

拱式结构是工程中应用较广泛的结构形式之一，特别是在房屋、桥涵和水工建筑中得到非常广泛的应用，如河北的赵州石拱桥，建于公元616年，迄今约有1400年的历史，在世界桥梁史上占有非常重要的地位。建筑工程中的装配式钢筋混凝土屋架（图6-1a）为一带拉杆的拱结构，计算简图如图6-1b所示。

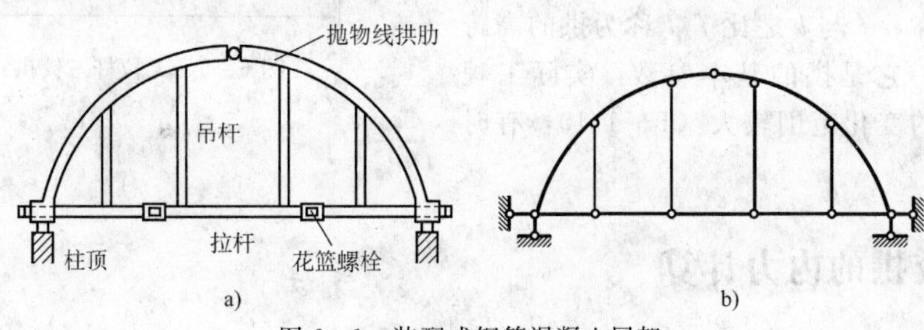

图6-1　装配式钢筋混凝土屋架

拱常用的形式有三铰拱、两铰拱和无铰拱，如图6-2所示，其中三铰拱是静定结构，两铰拱和无铰拱是超静定结构。

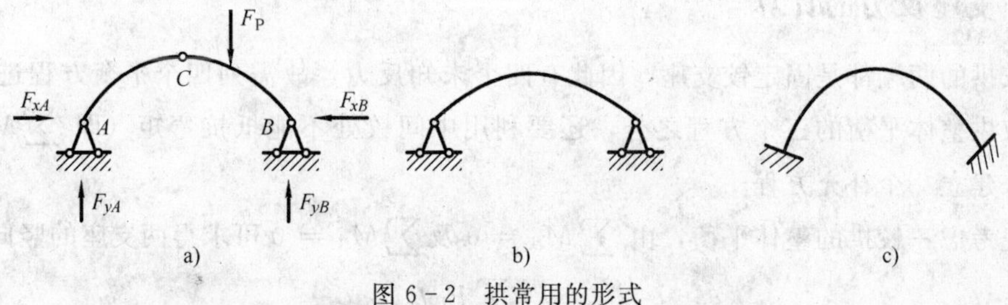

图6-2　拱常用的形式

拱结构是杆轴为曲线且在垂直荷载作用下产生水平推力的结构。由于推力的存在，拱的弯矩要比跨度、荷载相同的梁的弯矩小得多，并且主要是承受压力。这就使得拱截面上的应力分布较为均匀，因而更能发挥材料的作用，并可利用抗拉性能较差而抗压性能较强的材料（如砖、石、混凝土等）来建造，这是拱的主要优点。拱的主要缺点就是需要支座承受水平推力，因而要求比梁具有更坚固的地基或支承结构。曲梁的杆轴也是曲线（图6-3），拱与曲梁的区别是拱在垂直荷载作用下会产生水平反力，这种水平反力又称为推力，而曲梁则不会产生。所以，拱与梁区别的主要标志就是在垂直荷载作用下是否存在推力，在以后的内力计算中会看到，推力是改善拱结构受力特征的关键。有时，在拱的两支座间设置拉杆来代替支座承受水平推力，使其成为带拉杆的拱（图6-4）。这样在竖向荷载作用下支座就只产生垂直反力，从而消除了推力对支承结构的影响。

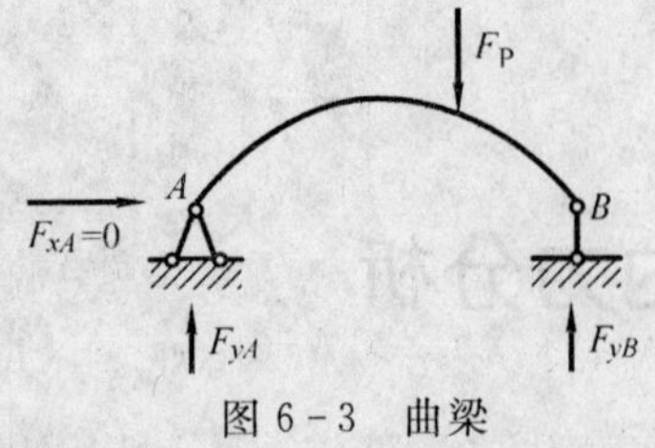

图 6-3 曲梁

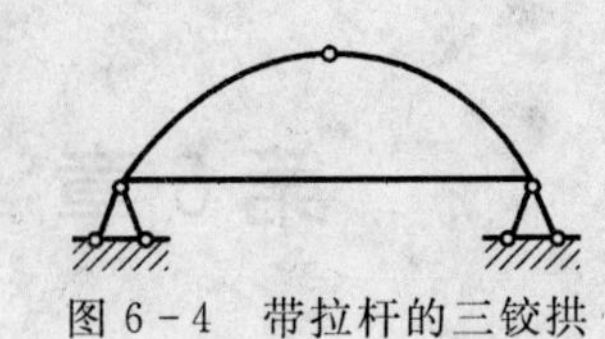
图 6-4 带拉杆的三铰拱

图 6-5 所示为无拉杆的三铰拱，拱身各截面形心的连线称为拱轴线，常用的拱轴线有抛物线、圆弧线和悬链线等。A、B 铰称为拱趾，C 铰称为拱顶，两个拱趾之间的水平距离 l 称为拱的跨度，拱趾 A、B 之间的连线称为起拱线，顶铰 C 至起拱线之间的竖向距离 f 称为拱高或矢高，f 与 l 之比 f/l 称为拱的高跨比或矢跨比，它是拱的基本参数，实际工程中，高跨比的变化范围较大（1～1/10，有时更少些）。

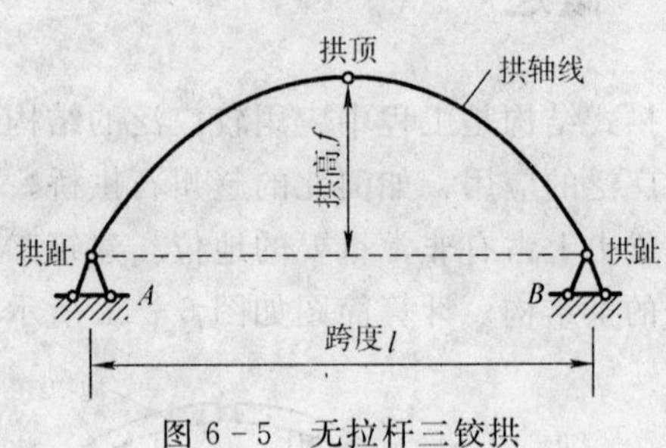

图 6-5 无拉杆三铰拱

6.2 三铰拱的内力计算

三铰拱为静定结构，其全部反力和内力都可由静力平衡方程解得。现以图 6-6 所示的竖向荷载作用下的等高拱为例，来说明三铰拱的反力和内力的计算方法。

6.2.1 支座反力的计算

三铰拱的两端都是固定铰支座，因此有四个未知反力，故需列四个平衡方程进行解算。除了三铰拱整体平衡的三个方程之外，还要利用中间铰处不能抵抗弯矩（即 $\sum M_C = 0$）的条件来建立一个补充方程。

首先考虑三铰拱的整体平衡，由 $\sum M_B = 0$ 及 $\sum M_A = 0$ 可求得两支座的竖向反力为

$$F_{yA} = \frac{\sum F_{Pi} b_i}{l} \tag{6-1}$$

$$F_{yB} = \frac{\sum F_{Pi} a_i}{l} \tag{6-2}$$

由 $\sum F_x = 0$，可得

$$F_{xA} = F_{xB} = F_H \tag{6-3}$$

再考虑 $\sum M_C = 0$ 的条件，取左半拱为隔离体，所有外力对 C 点取矩，可知

$$F_{xA} l_1 - F_{P1}\left(\frac{l}{2} - a_1\right) - F_{P2}\left(\frac{l}{2} - a_2\right) - F_H f = 0 \tag{6-4}$$

得

$$F_H = \frac{F_{xA} l_1 - F_{P1}\left(\frac{l}{2} - a_1\right) - F_{P2}\left(\frac{l}{2} - a_2\right)}{f} \tag{6-5}$$

由式（6－1）和式（6－2）的右边可知，其正好等于图 6－6b 所示的相应等代梁（具有与拱相同跨度、且承受相同垂直荷载的简支梁称为等代梁）的支座反力 F_{yA}^0 和 F_{yB}^0，而式（6－5）右边分子则等于相应等代梁上与拱的中间铰处对应的截面 C 的弯矩 M_C^0，由此可得

$$\left.\begin{aligned} F_{yA} &= F_{yA}^0 \\ F_{yB} &= F_{yB}^0 \\ F_H &= \frac{M_C^0}{f} \end{aligned}\right\} \tag{6-6}$$

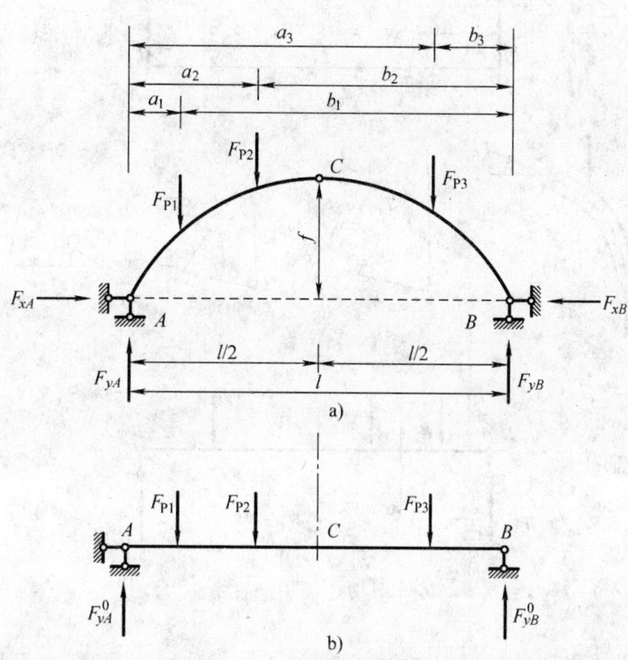

图 6－6　支座反力的计算

由式（6－6）可知，推力 F_H 等于相应等代梁截面 C 的弯矩 M_C^0 除以拱高 f。当荷载和跨度 l 给定时，M_C^0 即为定值，当拱高 f 也给定时，F_H 值即可确定。这表明三铰拱的反力只与荷载及三个铰的位置有关，而与各铰间的拱轴线形状无关。当荷载及拱跨 l 不变时，推力 F_H 将与拱高 f 成反比，f 越大即拱越陡时 F_H 越小；反之，f 越小即拱越平坦时 F_H 越大。若 $f=0$，则 $F_H=\infty$，此时，三个铰在一条直线上，属于瞬变体系。

6.2.2　内力的计算

反力求出后，用截面法即可求出拱上任一截面的内力。应注意到拱轴线为曲线，所截取的截面应与拱轴正交，即取拱轴法线方向，如图 6－7a 所示。任意截面 K 的位置可由其形心的坐标 x_K、y_K 和该处拱轴线切线的倾角 ϕ_K 确定。截面 K 上的内力有弯矩 M_K、剪力 F_{QK} 和轴力 F_{NK}，通常规定弯矩以使拱内侧受拉者为正，剪力以绕隔离体顺时针方向为正，因拱常受压，故规定轴力以压力为正。下面分别研究这三种内力。

先求弯矩 M_K。由图 6－7b 所示的隔离体可知

$$\sum M_K = F_{yA}x_K - F_{P1}(x_K - a_1) - F_H y_K - M_K = 0$$

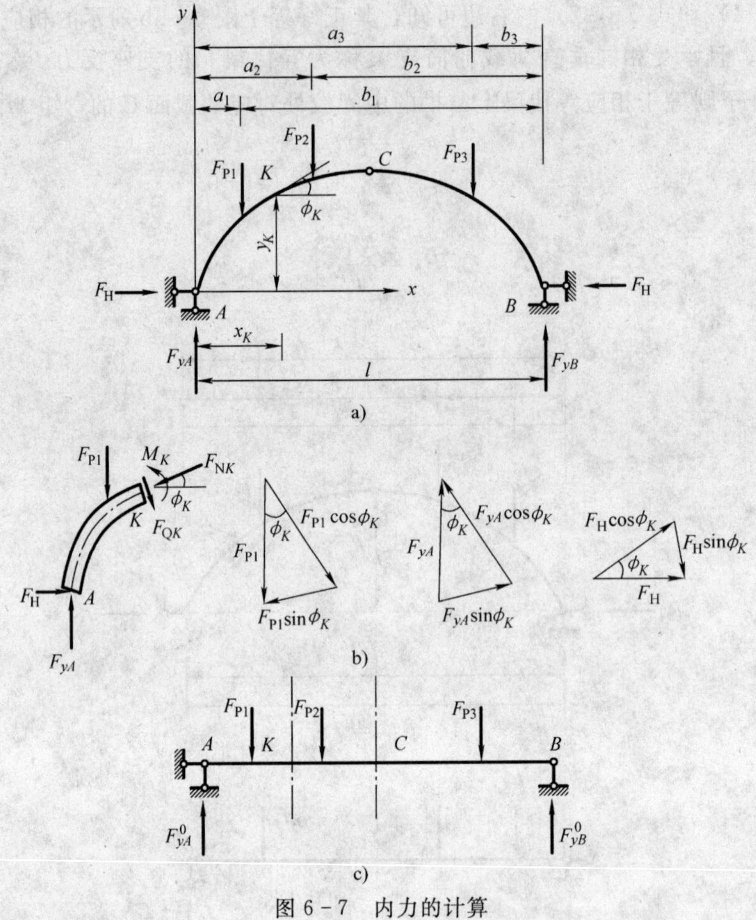

图 6-7　内力的计算

得截面 K 的弯矩为

$$M_K=[F_{yA}x_K-F_{P1}(x_K-a_1)]-F_H y_K$$

由于 $F_{yA}=F_{yA}^0$，可知式中方括号内的值即为相应等代梁（图 6-7c）截面 K 的弯矩 M_K^0，所以上式可改写为

$$M_K=M_K^0-F_H y_K \tag{6-7}$$

即拱内任一截面的弯矩等于相应等代梁对应截面的弯矩 M_K^0 减去推力所引起的弯矩 $F_H y_K$。

可见，由于水平推力的存在，拱中各截面的弯矩将比相应曲梁或简支梁的弯矩要小。

下面求剪力 F_{QK}。将隔离体 AK 段上的各力在截面 K 的剪力方向投影，如图 6-7b 所示，由平衡条件

$$F_{QK}+F_{P1}\cos\phi_K+F_H\sin\phi_K-F_{yA}\cos\phi_K=0$$

得
$$F_{QK}=(F_{yA}-F_{P1})\cos\phi_K-F_H\sin\phi_K$$

式中，$F_{yA}-F_{P1}$ 等于相应等代梁在截面 K 处的剪力 F_{QK}^0，于是上式可改写为

$$F_{QK}=F_{QK}^0\cos\phi_K-F_H\sin\phi_K \tag{6-8}$$

式中，ϕ_K 为截面 K 处拱轴切线的倾角。

显然，拱内任一截面的剪力比相应简支梁的剪力要小。

最后求轴力 F_{NK}。将隔离体 AK 段上的各力在截面 K 的轴力方向投影，如图 6-7b 所

示，由平衡条件

$$F_{NK}+F_{P1}\sin\phi_K-F_H\cos\phi_K-F_{yA}\sin\phi_K=0$$

得

$$F_{NK}=(F_{yA}-F_{P1})\sin\phi_K+F_H\cos\phi_K$$

即

$$F_{NK}=F_{QK}^0\sin\phi_K+F_H\cos\phi_K \tag{6-9}$$

在垂直荷载作用下，简支梁是没有轴力的，而拱存在轴力，且通常受压。

综上所述，三铰拱在垂直荷载作用下的内力计算公式可写为

$$\left.\begin{aligned}M_K&=M_K^0-F_H y_K\\F_{QK}&=F_{QK}^0\cos\phi_K-F_H\sin\phi_K\\F_{NK}&=F_{QK}^0\sin\phi_K+F_H\cos\phi_K\end{aligned}\right\} \tag{6-10}$$

由式（6-10）可知，三铰拱的内力值不仅与荷载及三铰拱的位置有关，而且与各铰间拱轴线的形状有关。式（6-6）和式（6-10）适用于受竖向荷载或集中力偶作用的平拱。

【例 6-1】 试作图 6-8a 所示三铰拱的内力图。拱轴线为抛物线，其方程为 $y=\frac{4f}{l^2}x(l-x)$。

解：先求支座反力。由式（6-6）可得

$$F_{yA}=F_{yA}^0=\frac{20\times6\times9+50\times3}{12}\text{kN}=102.5\text{kN}$$

$$F_{yB}=F_{yB}^0=\frac{20\times6\times3+50\times9}{12}\text{kN}=67.5\text{kN}$$

$$F_H=\frac{M_C^0}{f}=\frac{102.5\times6-20\times6\times3}{4}\text{kN}=63.75\text{kN}$$

反力求出后，即可按式（6-10）计算各截面的内力。为此，可将拱轴沿水平方向分为 8 等分，计算各分段点截面的 M、F_Q、F_N 值。以距支座 1.5m 的截面 1 为例，其内力计算如下：

首先，将 $l=12\text{m}$ 及 $f=4\text{m}$ 代入拱轴方程，有

$$y=\frac{4\times4}{12^2}x(12-x)=\frac{x}{9}(12-x)$$

由此可得

$$\tan\phi=\frac{dy}{dx}=\frac{2}{9}(6-x)$$

截面 1 的横坐标 $x_1=1.5\text{m}$，代入以上两式可求得其纵坐标 y_1 及 $\tan\phi_1$ 为

$$y_1=\frac{1.5}{9}\times(12-1.5)\text{m}=1.75\text{m}$$

$$\tan\phi_1=\frac{2}{9}\times(6-1.5)=1$$

由此可得 $\phi_1=45°$，则 $\sin\phi_1=0.707$，$\cos\phi_1=0.707$，因此由式（6-10）可得

$$M_1=M_1^0-F_H y_1=(102.5\times1.5-20\times1.5\times\frac{1.5}{2})\text{kN}\cdot\text{m}-63.75\times1.75\text{kN}\cdot\text{m}=19.7\text{kN}\cdot\text{m}$$

$$F_{Q1}=F_{Q1}^0\cos\phi_1-F_H\sin\phi_1=(102.5-20\times1.5)\times0.707\text{kN}-63.75\times0.707\text{kN}=6.2\text{kN}$$

$$F_{N1}=F_{N1}^0\sin\phi_1+F_H\cos\phi_1=(102.5-20\times1.5)\times0.707\text{kN}+63.75\times0.707\text{kN}=96.3\text{kN}$$

其他各截面的计算与前相同，为清楚起见，计算应列表进行，详见表 6-1。根据表中

算得的结果绘出 M、F_Q、F_N 图，如图 6－8b、c、d 所示。

表 6－1　例 6－1 计算成果表

截面编号	x /m	y /m	$\tan\phi$	$\sin\phi$	$\cos\phi$	F_Q^0 /kN	M/kN·m			F_Q/kN			F_N/kN		
							M^0	$-F_H y$	M	$F_Q^0\cos\phi$	$-F_H\sin\phi$	F_Q	$F_Q^0\sin\phi$	$F_H\cos\phi$	F_N
0	0	0	1.333	0.800	0.600	102.5	0	0.0	0	61.5	−51.0	10.5	82.0	38.3	120.3
1	1.5	1.75	1.000	0.707	0.707	75.2	131.25	−111.6	19.65	53.2	−45.1	8.0	53.2	45.1	98.3
2	3	3.00	0.667	0.555	0.832	42.5	217.5	−191.3	26.2	35.4	−35.4	0	23.6	53.0	76.6
3	4.5	3.75	0.333	0.316	0.949	12.5	258.75	−239.1	19.65	11.9	−20.1	−8.2	4.0	60.5	64.5
4	6	4.00	0	0	1.000	−17.5	255	−255.0	0	−17.5	0	−17.5	0	63.8	63.8
5	7.5	3.75	−0.333	−0.316	0.949	−17.5	228.75	−239.1	−10.35	−16.6	20.1	3.5	5.5	60.5	66
6左	9	3.00	−0.667	−0.555	0.832	−17.5	202.5	−191.3	11.2	−14.6	35.4	20.8	9.7	53.0	62.7
6右	9	3.00	−0.667	−0.555	0.832	−67.5	202.5	−191.3	11.2	−56.2	35.4	−20.8	37.5	53.0	90.5
7	10.5	1.75	−1.000	−0.707	0.707	−67.5	101.25	−111.6	−10.35	−47.7	45.1	−2.6	47.7	45.1	92.8
8	12	0	−1.333	−0.800	0.600	−67.5	0	0	0	−40.5	51.0	10.5	54	38.3	92.3

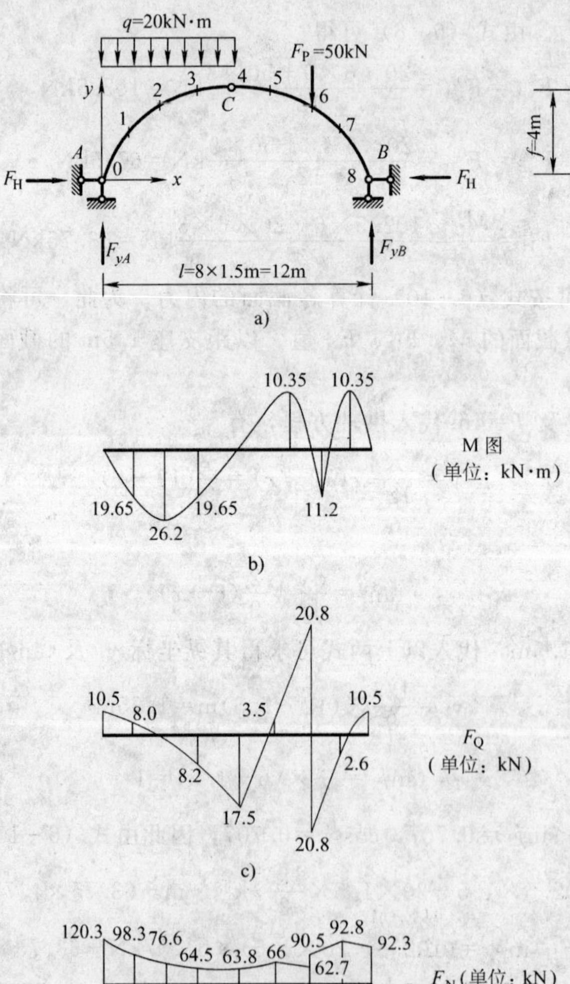

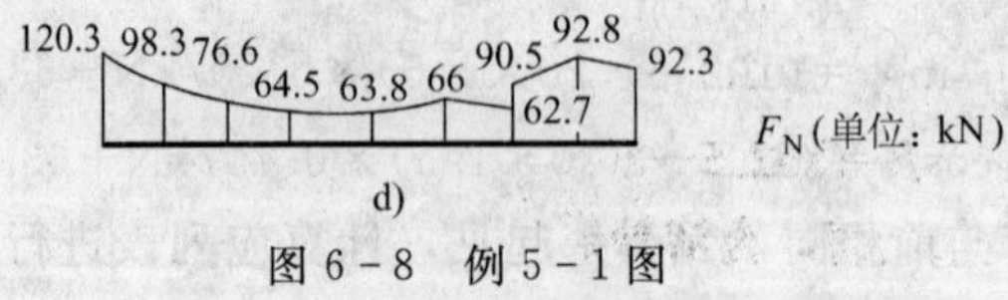

图 6－8　例 5－1 图

以上为平拱（两拱趾等高）的计算。对于斜拱（两拱趾不等高），求反力时，可由整体平衡 $\sum M_B=0$ 及左半拱 $\sum M_C=0$ 两方程联立求出 F_{yA} 和 F_H，然后 F_{yB} 即可求得（图 6-9）。对于带拉杆的三铰拱，其支座反力只有三个，容易求得，然后截断拉杆拆开顶铰，取左半拱（或右半拱）为隔离体，由 $\sum M_C=0$ 即可求得拉杆内力（图 6-10）。

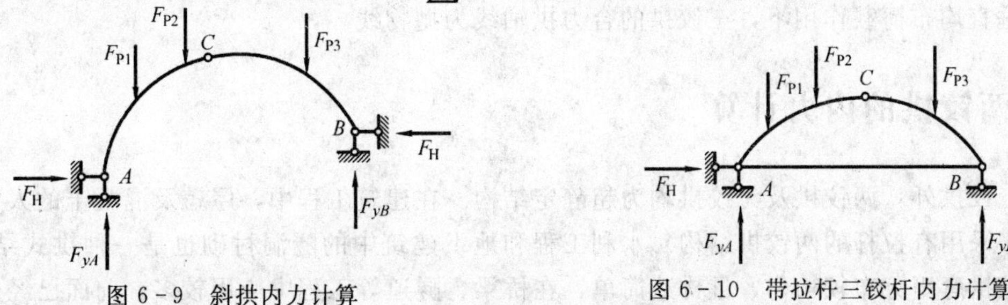

图 6-9　斜拱内力计算　　图 6-10　带拉杆三铰杆内力计算

6.2.3　合力拱轴线的概念

由前可知，三铰拱在一定的荷载作用下，内力与拱轴线的形状有关。为了充分发挥材料的作用，最理想的情况就是截面内力只有轴力而没有弯矩和剪力，截面上的正应力是均匀分布的。所以，在一定荷载作用下，使拱内所有截面弯矩等于零的拱轴线称为合理拱轴线。

合力拱轴线可由弯矩为零的条件来确定。由式（6-10）可知

$$M=M^0-F_H y$$

由此可得平拱在垂直荷载作用下的三铰平拱的合理拱轴线方程为

$$y=\frac{M^0}{F_H} \tag{6-11}$$

可见，在三铰拱的合理拱轴线与相应简支梁的弯矩图的纵坐标成正比。当作用荷载为已知时，只要求出相应简支梁的弯矩方程，然后除以推力 F_H，就得到了合力拱轴线方程。

注意：合理拱轴线与荷载有关，如果荷载的形式或作用位置改变时，合理拱轴线随之而改变。

【例 6-2】　求图 6-11a 所示对称三铰拱在均布荷载 q 作用下的合力拱轴线。

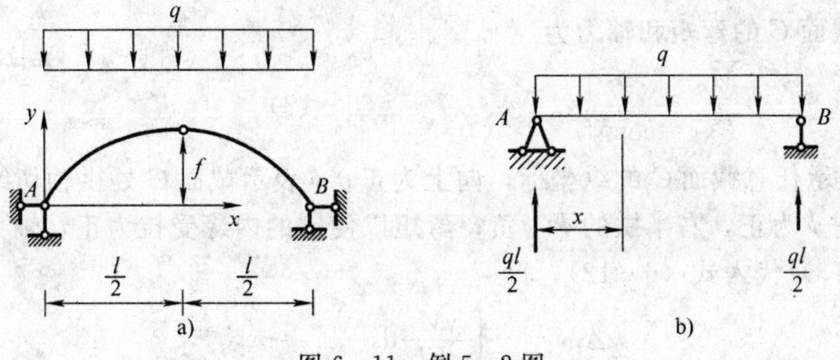

图 6-11　例 5-2 图

解：先求相应简支梁（图 6-11b）的弯矩方程

$$M^0=\frac{ql}{2}x-\frac{qx^2}{2}=\frac{1}{2}qx(l-x)$$

由式（6-6）可求出推力为

$$F_{\mathrm{H}}=\frac{M_C^0}{f}=\frac{ql^2}{8f}$$

因此由式（6-11）

得
$$y=\frac{M^0}{F_{\mathrm{H}}}=\frac{4f}{l^2}x(l-x)$$

可见在垂直均布荷载作用下，三铰拱的合力拱轴线为抛物线。

6.3 两铰拱的内力计算

除三铰拱外，两铰拱及无铰拱均为超静定结构。在建筑工程中，屋盖及混凝土的人字形屋架等多采用有拉杆的两铰拱结构。水利工程和地下建筑中的隧洞衬砌也是一种拱式结构。由于无铰拱弯矩分布较均匀，且构造简单，在桥梁、隧道等工程中应用较多。前面已经介绍了静定拱的计算方法，这里介绍超静定拱的计算方法。用力法计算超静定拱，其原理与计算超静定结构相同，只是柔度系数和自由项不再采用图乘法计算，而应按曲杆公式计算。计算中要考虑到拱的特殊性质，即拱轴为曲线，应考虑曲率对变形的影响，但一般拱结构曲率较小，由计算结果表明，曲率对变形的影响可以忽略不计。

两铰拱是一次超静定结构，如图 6-12a 所示。选用简支曲梁（图 6-12b）作基本体系，以推力 X_1 作基本未知量，则力法方程为

$$\delta_{11}X_1+\Delta_{1\mathrm{P}}=0$$

一般的两铰拱，计算 $\Delta_{1\mathrm{P}}$ 时只考虑弯曲变形，计算 δ_{11} 时，当 $\frac{f}{l}<\frac{1}{3}$ 时，可以略去剪力的影响。因此

$$\left.\begin{aligned}\Delta_{1\mathrm{P}}&=\int\frac{\overline{M}_1M_{\mathrm{P}}}{EI}\mathrm{d}s\\\delta_{11}&=\int\frac{\overline{M}_1^2}{EI}\mathrm{d}s+\int\frac{\overline{F}_{\mathrm{N1}}^2}{EA}\mathrm{d}s\end{aligned}\right\}\qquad(6-12)$$

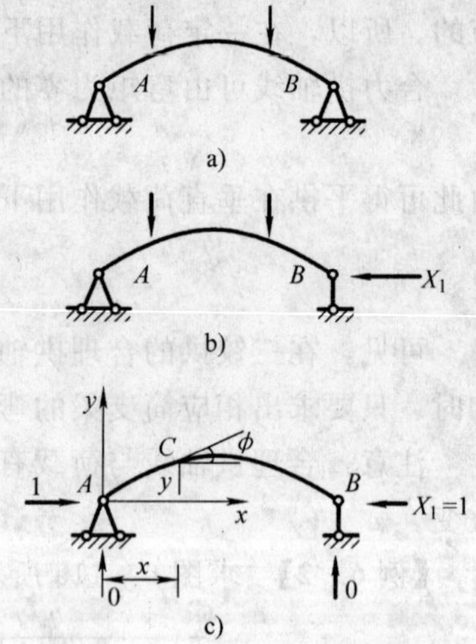

图 6-12 无拉杆的两铰拱

基本结构在 $X_1=1$ 作用下（图 6-12c），垂直支座反力为零，任意截面 C 的弯矩和轴力为

$$\left.\begin{aligned}\overline{M}_1&=-y\\\overline{F}_{\mathrm{N1}}&=\cos\phi\end{aligned}\right\}\qquad(6-13)$$

这里，y 表示任意截面 C 的纵坐标，向上为正；ϕ 表示截面 C 处拱轴切线与 x 轴所成的锐角，左半拱的 ϕ 为正，右半拱的 ϕ 为负；弯矩以使拱的内缘受拉为正，轴力以拉力为正。

将式（6-13）代入式（6-12），得

$$\left.\begin{aligned}\Delta_{1\mathrm{P}}&=-\int\frac{yM_{\mathrm{P}}}{EI}\mathrm{d}s\\\delta_{11}&=\int\frac{y^2}{EI}\mathrm{d}s+\int\frac{\cos^2\phi}{EA}\mathrm{d}s\end{aligned}\right\}$$

则
$$X_1=-\frac{\Delta_{1\mathrm{P}}}{\delta_{11}}=\frac{\int\frac{yM_{\mathrm{P}}}{EI}\mathrm{d}s}{\int\frac{y^2}{EI}\mathrm{d}s+\int\frac{\cos^2\phi}{EA}\mathrm{d}s}$$

为简化计算，当拱比较平时$\left(\frac{f}{l}<\frac{1}{5}\right)$，可近似取 $ds=dx$，$\cos\phi=1$。

推力 X_1 求出后可由平衡条件求两铰拱的反力。两铰拱内力的计算方法和计算公式与三铰拱完全相同，即在垂直荷载作用下，两铰拱的内力计算公式为

$$\left.\begin{aligned}M_K&=M_K^0-X_1y_K\\F_{QK}&=F_{QK}^0\cos\phi_K-X_1\sin\phi_K\\F_{NK}&=-F_{QK}^0\sin\phi_K-X_1\cos\phi_K\end{aligned}\right\}\tag{6-14}$$

式中，$X_1=F_H$，即水平推力。

两铰拱的水平推力 X_1 与三铰拱的水平推力 F_H 求解方法不同，三铰拱的水平推力由平衡条件求出，而两铰拱的水平推力是由变形条件求出的。

对于带拉杆的两铰拱（图 6-13a)，计算时将拉杆切断，以拉杆中的拉力 X_1 为多余未知力，基本体系如图 6-13b 所示。力法方程为

$$\delta_{11}X_1+\Delta_{1P}=0$$

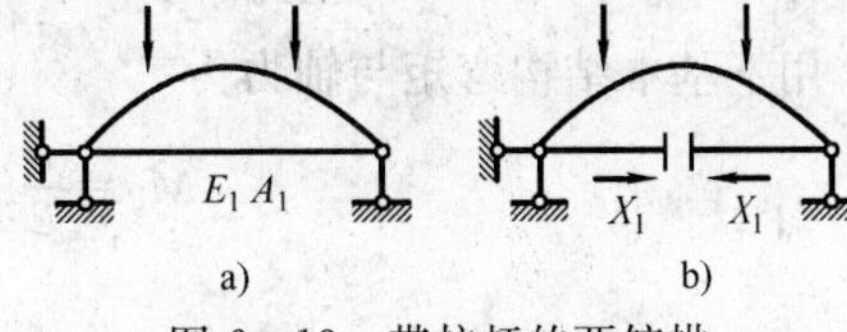

图 6-13　带拉杆的两铰拱

与无拉杆的两铰拱相比，力法方程在形式上是一样的。但是在计算 δ_{11} 时应考虑拉杆的变形，即

$$\delta_{11}=\int\frac{\overline{M}_1^2}{EI}ds+\int\frac{\overline{F}_{N1}^2}{EA}ds+\int_0^l\frac{\overline{F}_{N1}^2}{E_1A_1}dx$$

基本结构在 $X_1=1$ 作用下，拉杆的轴力 $\overline{F}_{N1}=1$，因此

$$\delta_{11}=\int\frac{y^2}{EI}ds+\int\frac{\cos^2\phi}{EA}ds+\frac{1}{E_1A_1}$$

基本结构在荷载作用下，拉杆的拉力为零。因此

$$\Delta_{1P}=\int\frac{\overline{M_1}M_P}{EI}ds$$

其余计算与无拉杆的两铰拱相同。

【例 6-3】 试求图 6-14a 所示两铰拱的水平推力及 K 截面的内力。已知：等截面两铰拱的轴线方程 $y=\frac{4f}{l^2}x(l-x)$，$l=18\text{m}$，$f=3.6\text{m}$，截面积 $A=0.384\text{m}^2$，弹性模量 $E=192\text{GPa}$，惯性矩 $I=1.834\times10^{-3}\text{m}^4$。

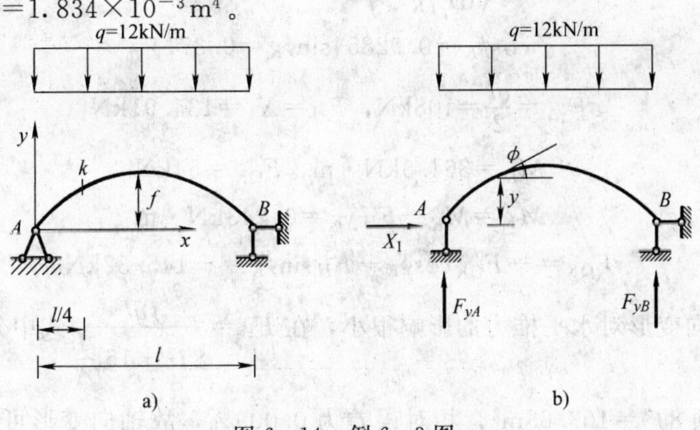

图 6-14　例 6-3 图

解：取图 6－14b 为力法的基本体系，力法方程为

$$\delta_{11}X_1+\Delta_{1P}=0$$

高跨比$\frac{f}{l}=\frac{3.6}{18}=\frac{1}{5}<\frac{1}{4}$，可近似取 $ds=dx$，$\cos\phi=1$。

由 $X_1=1$ 引起的弯矩和轴力分别为

$$\overline{M}_1=-y，\overline{F}_{N1}=\cos\phi=1$$

则

$$\begin{aligned}\delta_{11}&=\int\frac{\overline{M}_1^2}{EI}ds+\int\frac{\overline{F}_{N1}^2}{EA}ds=\frac{1}{EI}\int_0^l y^2dx+\frac{1}{EA}\int_0^l dx\\&=\frac{1}{EI}\int_0^l\left[\frac{4f}{l^2}x(l-x)\right]^2dx+\frac{1}{EA}\int_0^l dx=\frac{8f^2l}{15EI}+\frac{l}{EA}\end{aligned}$$

荷载作用下基本结构弯矩与轴力为

$$M_P=\frac{q}{2}x(l-x),F_{NP}=0$$

则

$$\begin{aligned}\Delta_P&=\int\frac{\overline{M_1}M_P}{EI}ds=-\int y\frac{M_P}{EI}ds\\&=-\frac{1}{EI}\int_0^l\frac{4f}{l^2}x(l-x)\left[\frac{q}{2}x(l-x)\right]dx\\&=-\frac{qfl^3}{15EI}\end{aligned}$$

于是有

$$X_1=-\frac{\Delta_{1P}}{\delta_{11}}=\frac{fql^2}{8f^2+15\dfrac{I}{A}}$$

计算 K 截面的内力

$$x_K=\frac{l}{4}=4.5\text{m}$$

$$y_K=\frac{4f}{l^2}x_K(l-x_K)=\frac{3}{4}f=2.7\text{m}$$

$$\tan\phi_K=\left(\frac{dy}{dx}\right)_K=\frac{4f}{l^2}(l-2x_K)=\frac{2f}{l}=0.4$$

$$\cos\phi_K=0.9285,\sin\phi_K=0.3714$$

反力　　$F_{yA}=\frac{ql}{2}=108\text{kN}$，$F_H=X_1=134.91\text{kN}$

等代梁内力　　$M_K^0=364.5\text{kN}\cdot\text{m}$，$F_{QK}^0=54\text{kN}$

K 截面内力　　$M_K=M_K^0-F_Hy_K=0.243\text{kN}\cdot\text{m}$

$$F_{QK}=-F_{QK}^0\cos\phi_K-F_H\sin\phi_K=-145.32\text{kN}$$

事实上，轴向变形对水平推力的影响很小，在 $F_H=\frac{fql^2}{8f^2+15\frac{I}{A}}$式中分母第二项 $15\frac{I}{A}=0.072\text{m}^2$，第一项 $8f^2=103.68\text{m}^2$，相对误差为 0.009%，故轴向变形可完全忽略。在一般

荷载下，忽略两铰拱拱身轴向变形对内力的影响很小。

6.4 无铰拱的内力计算

无铰拱（图 6-15a）是三次超静定结构，为计算简便，取对称的基本体系，如图 6-15b所示，将结构在拱顶处截开，取拱顶的弯矩 X_1、轴力 X_2 和剪力 X_3 为多余未知力，力法方程为

$$\left.\begin{aligned}\delta_{11}X_1+\delta_{12}X_2+\delta_{13}X_3+\Delta_{1P}=0\\ \delta_{21}X_1+\delta_{22}X_2+\delta_{23}X_3+\Delta_{2P}=0\\ \delta_{31}X_1+\delta_{32}X_2+\delta_{33}X_3+\Delta_{3P}=0\end{aligned}\right\}$$

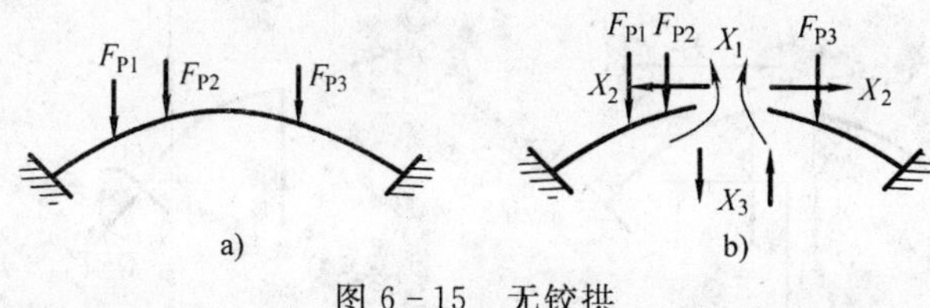

图 6-15　无铰拱

对称结构由于 X_1 和 X_2 是对称未知力，X_3 是反对称未知力，可知 $\delta_{13}=\delta_{31}=0$，$\delta_{23}=\delta_{32}=0$，因此力法方程可简化为

$$\left.\begin{aligned}\delta_{11}X_1+\delta_{12}X_2+\Delta_{1P}=0\\ \delta_{21}X_1+\delta_{22}X_2+\Delta_{2P}=0\end{aligned}\right\} \qquad (6-15)$$

$$\delta_{33}X_3+\Delta_{3P}=0 \qquad (6-16)$$

其中式（6-15）中只包含对称的多余未知力 X_1 和 X_2，式（6-16）中只包含反对称的多余未知力 X_3。

若方程能够进一步“解耦”，即设法使其中的副系数 $\delta_{12}=\delta_{21}=0$，从而将式（6-15）化成两个形式与式（6-16）相同的方程，每个方程中分别含有 X_1 和 X_2 的一元方程，使计算更加简便。可以通过添加“刚臂”的弹性中心法来达到目的。

这种方法的思路是将对称无铰拱在拱顶截面切开后，在切口两边沿对称轴方向添加两个刚度无穷大的伸臂，称为刚臂，如图 6-16a 所示，然后在两刚臂下端刚结。因为刚臂本身不变形，切口两边的截面也就没有任何相对位移，从而保证了切口处的变形与原结构的变形情况完全相同，所以在计算中用它来代替原无铰拱。将此结构从刚臂下端的刚结处切开，并代以多余未知力 X_1、X_2 和 X_3，便得到基本体系如图 6-16b 所示。

在上述基本体系中建立坐标系，如图 6-16b 所示，刚臂的下端点就是坐标原点，并规定 x 轴向右为正，y 轴向下为正，弯矩以使拱内侧受拉为正，剪力以绕隔离体顺时针方向为正，轴力以压力为正。在单位力 $X_1=1$ 作用下，基本体系中的内力为

$$\overline{M}_1=1,\ \overline{F}_{Q1}=0,\ \overline{F}_{N1}=0 \qquad (6-17)$$

在单位力 $X_2=1$ 作用下，基本体系中的内力为

$$\overline{M}_2=y,\ \overline{F}_{Q2}=\sin\phi,\ \overline{F}_{N2}=\cos\phi \qquad (6-18)$$

在单位力 $X_3=1$ 作用下，基本体系中的内力为

$$\overline{M}_3=x,\ \overline{F}_{Q3}=\cos\phi,\ \overline{F}_{N3}=-\sin\phi \qquad (6-19)$$

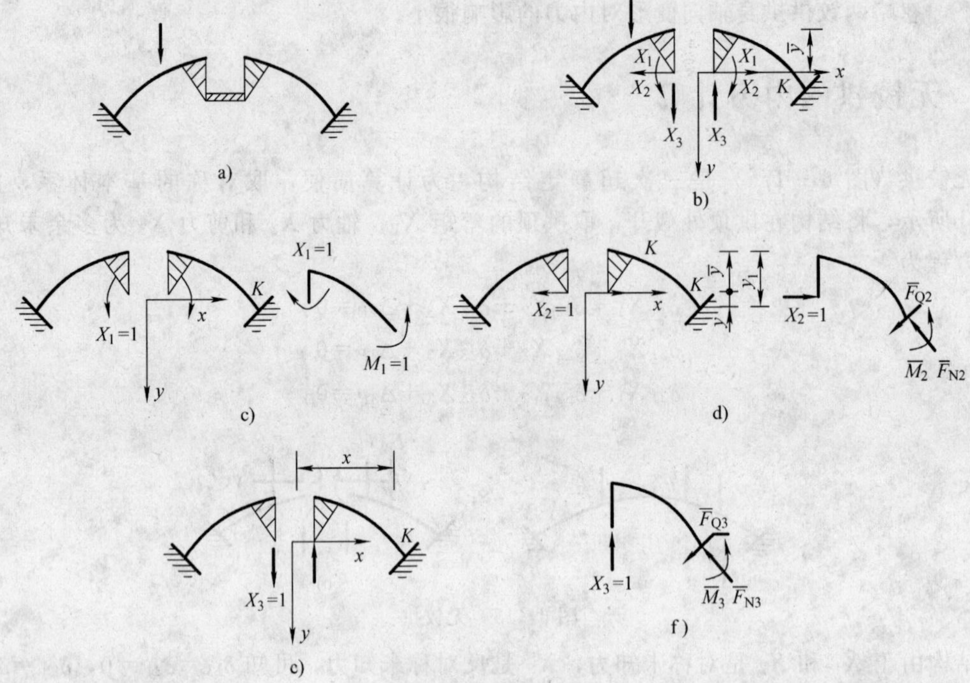

图 6-16　刚臂的运用

在以上各式中，ϕ 为拱轴各点切线与 x 轴的夹角，ϕ 在右半拱取正，左半拱取负。

力法方程中的副系数

$$\begin{aligned}\delta_{12}=\delta_{21}&=\int\frac{\overline{M}_1\ \overline{M}_2}{EI}ds+\int\frac{\overline{F}_{N1}\ \overline{F}_{N2}}{EA}ds+\int k\,\frac{\overline{F}_{Q1}\ \overline{F}_{Q2}}{GA}ds\\&=\int\frac{\overline{M}_1\ \overline{M}_2}{EI}ds+0+0\\&=\int\frac{y}{EI}ds=\int(y_1-\overline{y})\,\frac{1}{EI}ds=\int y_1\,\frac{ds}{EI}-\int\overline{y}\,\frac{ds}{EI}\end{aligned}$$

令 $\delta_{12}=\delta_{21}=0$，便可得到刚臂长度为

$$\overline{y}=\frac{\int y_1\,\frac{ds}{EI}}{\int\frac{ds}{EI}}\tag{6-20}$$

假想有一条状图形，如图 6-17 所示，其轴线为无铰拱的轴线，其宽度等于$\frac{1}{EI}$，则$\frac{ds}{EI}$为此图中的微面积，上式中的分母就是该图形的面积，而分子就是该图形对 x 轴的面积矩，而式（6-20）就是计算这个图形面积的形心坐标公式。由于该平面图形的面积与结构的弹性性质 EI 有关，故称为弹性面积，确定的刚臂的端点就是该条状图形的形心，称为拱的弹性中心。由此可知，把刚臂端点引到弹性中心上，且将多余未知力移到弹性中心，就可以使全部副系数等于零，这种方法称为弹性中心法。此时力法典型方程将简化为

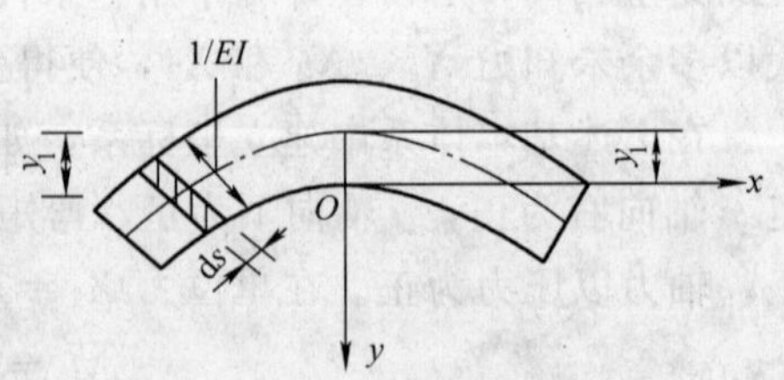

图 6-17　弹性面积的定义

$$\delta_{11}X_1+\Delta_{1P}=0$$
$$\delta_{22}X_2+\Delta_{2P}=0$$
$$\delta_{33}X_3+\Delta_{3P}=0$$

计算可以得到最大限度的简化，因此，可求得多余未知力

$$X_1=-\frac{\Delta_{1P}}{\delta_{11}}$$
$$X_2=-\frac{\Delta_{2P}}{\delta_{22}}$$
$$X_3=-\frac{\Delta_{3P}}{\delta_{33}}$$

计算 δ_{ii} 和 Δ_{iP} 时，如考虑弯曲、剪切、轴向三个变形的影响，应按下时进行

$$\left.\begin{aligned}\delta_{ii}&=\int\frac{\overline{M}_i^2}{EI}ds+\int\frac{\overline{F}_{Ni}^2}{EA}ds+\int k\frac{\overline{F}_{Qi}^2}{GA}ds\\ \Delta_{iP}&=\int\frac{\overline{M}_iM_P}{EI}ds+\int\frac{\overline{F}_{Ni}F_{NP}}{EA}ds+\int k\frac{\overline{F}_{Qi}F_{QP}}{GA}ds\end{aligned}\right\}\tag{6-21}$$

多数情况下可略去轴向变形和剪切变形的影响，当拱结构的拱顶截面高度 $h_c<\frac{l}{10}$，仅当拱高 $f<\frac{l}{5}$时，才将轴向变形的影响计入 δ_{22} 中。于是各系数和自由项的计算公式为

$$\delta_{11}=\int\frac{\overline{M}_1^2}{EI}ds=\int\frac{1}{EI}ds$$
$$\delta_{22}=\int\frac{\overline{M}_2^2}{EI}ds+\int\frac{\overline{F}_{N2}^2}{EA}ds=\int\frac{y^2}{EI}ds+\int\frac{\cos^2\phi}{EA}ds$$
$$\delta_{33}=\int\frac{\overline{M}_3^2}{EI}ds=\int\frac{x^2}{EI}ds$$
$$\Delta_{1P}=\int\frac{\overline{M}_1M_P}{EI}ds=\int\frac{M_P}{EI}ds$$
$$\Delta_{2P}=\int\frac{\overline{M}_2M_P}{EI}ds=\int\frac{yM_P}{EI}ds$$
$$\Delta_{3P}=\int\frac{\overline{M}_3M_P}{EI}ds=\int\frac{xM_P}{EI}ds$$

注意：若 $f>\frac{l}{5}$，则 δ_{22} 中的轴力影响项可以略去。

对于任意一个形状闭合的三次超静定结构都可以用弹性中心法进行简化计算。方法是先求出弹性中心的位置（即弹性面积的形心的位置），然后将未知力的作用点移到弹性中心处。这时，力法方程中的所有副系数均为零，力法方程变成彼此无关的三个独立方程，计算可获得很大的简化。

6.5 单铰拱的内力计算

单铰拱是与三铰拱比较相似的一种结构形式，当实际工程中拱趾相对地基来说具有转动

的能力时，可取三铰拱为计算简图，当实际工程中的拱趾与地基的连接刚度较大，不具有相对转动的能力时，就取单铰拱为计算简图，但是三铰拱是静定结构，而单铰拱是具有两次多余约束的超静定结构。

求解单铰拱（图 6－18a）的内力，先将单铰拱在拱顶铰处截开，取对称的基本体系，如图 6－18b 所示，取拱顶的轴力 X_1 和剪力 X_2 为多余未知力，力法方程为

$$\left.\begin{aligned}\delta_{11}X_1+\delta_{12}X_2+\Delta_{1P}=0\\\delta_{21}X_1+\delta_{22}X_2+\Delta_{2P}=0\end{aligned}\right\}$$

a)　　b)

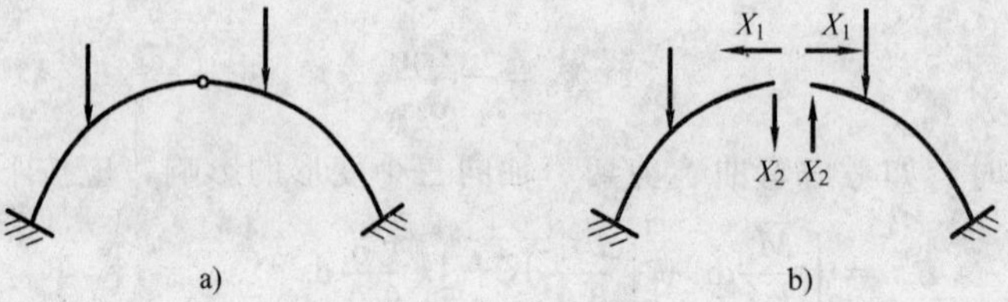

图 6－18　单铰拱

对称结构由于 X_1 是对称未知力，X_2 是反对称未知力，可知 $\delta_{12}=\delta_{21}=0$，因此力法方程可简化为

$$\left.\begin{aligned}\delta_{11}X_1+\Delta_{1P}=0\\\delta_{22}X_2+\Delta_{2P}=0\end{aligned}\right\}\tag{6-22}$$

因此，可求得

$$X_1=-\frac{\Delta_{1P}}{\delta_{11}}$$

$$X_2=-\frac{\Delta_{2P}}{\delta_{22}}$$

计算 δ_{ii} 和 Δ_{iP} 时，采用与无铰拱相同的方法，即式（6－21），根据实际情况来考虑弯曲变形、剪切变形和轴向变形的影响。

习　题

6－1　试求图 6－19 所示三铰拱截面 K 的内力，已知拱轴线为抛物线，方程为 $y=\frac{4f}{l^2}x(l-x)$。

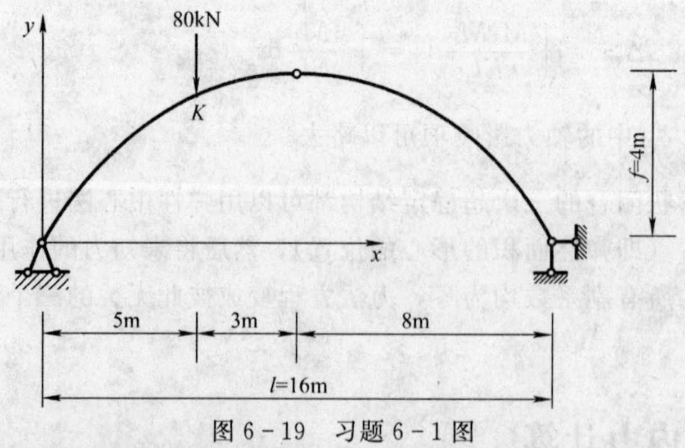

图 6－19　习题 6－1 图

6－2　试求图 6－20 所示圆弧拉杆拱截面 D 的内力及截面 E 的弯矩。

6－3　试求图 6－21 所示静定拱的支座反力。

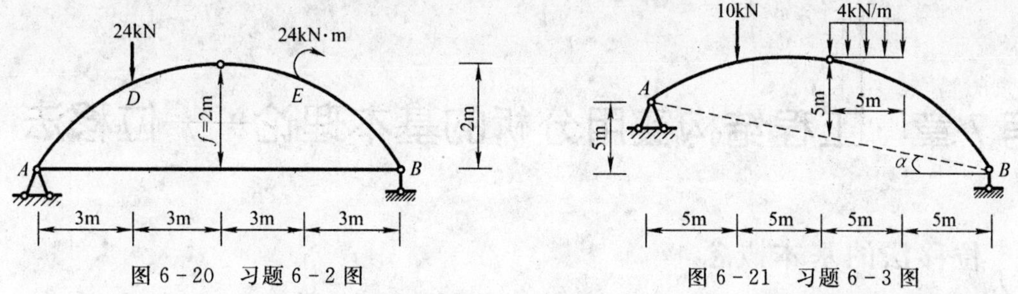

图 6-20　习题 6-2 图　　　　图 6-21　习题 6-3 图

6-4　图 6-22 所示为等截面形无铰拱，试求水平推力及拱顶、拱趾截面的弯矩（不计轴向变形的影响）。

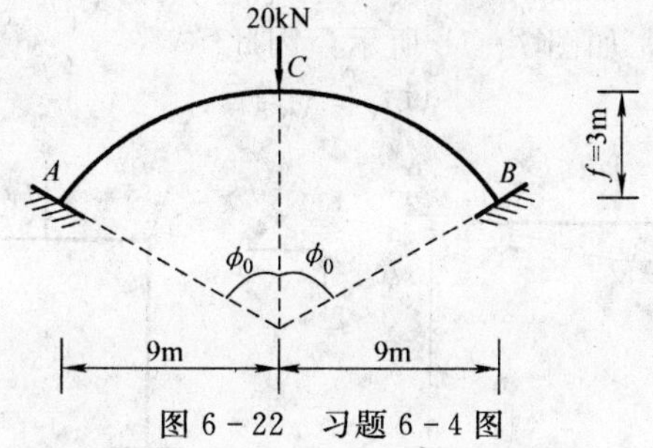

图 6-22　习题 6-4 图

第 7 章　工程结构实用分析的基本理论——位移法

7.1　位移法的基本概念

如图 7-1 所示，刚架 ACB 在垂直荷载 F_P 作用下发生变形，忽略杆件轴向变形，则结点 C 只发生角位移 θ_C。取 θ_C 为基本未知量。由前述章节知识有：作用在一个结点上的杆端弯矩必须满足力矩平衡条件，如图 7-1b 所示，因此

$$M_{CA}=M_{CB}$$

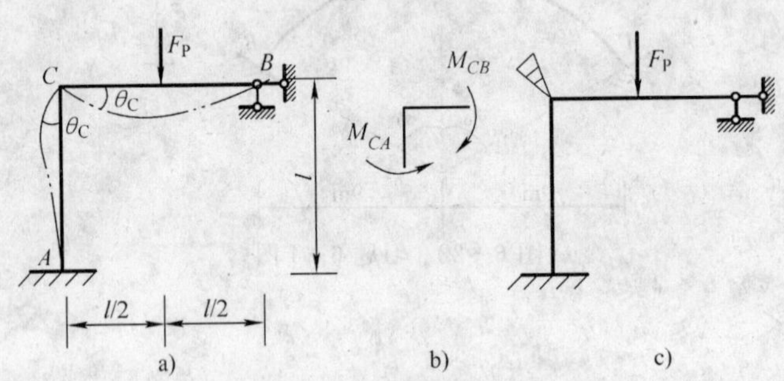

图 7-1　关键位移的概念

式中，各杆端弯矩都是 θ_C 的函数，所以可以求出 θ_C。

在位移法中，求杆端力所需的位移称为关键位移，并作为位移法的基本未知量。每个关键位移所对应的方程就称为位移法方程。求出 θ_C 以后，就可求出 AC 和 CB 各杆的变形，从而求出各杆的内力。

1. 位移法的基本未知量

利用位移法分析结构内力时，首先要确定基本未知量，即确定结构的关键位移（如图 7-1中的转角 θ_C）。所谓关键位移，就是独立的位移。如图 7-1 所示结构的基本未知量就是转角 θ_C，也叫做结点角位移。而对于一般的结构，基本未知量不仅包括结点角位移，还包括结点线位移。

如图 7-2a 所示刚架，有一个刚结点发生了角位移，记为 θ_B。刚结点 B 和铰接点 C 都发生了线位移，但在忽略杆件轴向变形时，这两个线位移相等，即独立的结点线位移只有一个，记为 Δ。因此用位移法求解时的基本未知量是一个角位移 θ_B 和一个线位移 Δ，共两个。

因此，可以得出：位移法基本未知量总数目等于全部结点中的所有刚性联结的角位移数目与独立的结点线位移数目的总和。

2. 位移法的基本体系

在确定了基本未知量以后，就要附加约束限制所有结点位移，通过采用结点控制的办法把原结构变成单跨超静定梁及可能存在的静定结构作为基本体系。其中附加约束就包括限制结点转动的刚臂和限制结点位移的附加链杆。

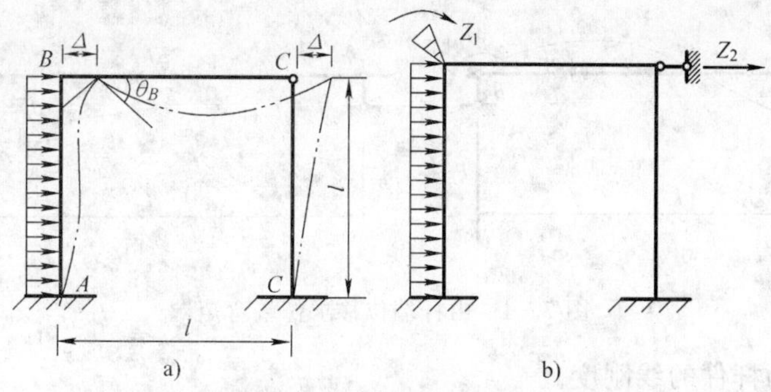

图 7-2　位移法的基本未知量与基本体系

如图 7-2b 所示，只要在结点 B 附加一个刚臂，以阻止 B 的转动，并在 C 处水平方向加一个支座，以限制水平方向的位移，就把原结构变成为无结点转角和线位移的一系列的单跨超静定梁的组合体。

因此，位移法中的基本体系是在原结构上增加约束构成一系列单跨超静定梁和可能存在的静定部分的组合体。而力法中的基本体系则是拆除多余约束而代之以多余约束力的静定体系，或是拆除约束代之后约束力的解答已知的超静定体系。

7.2　等截面直杆的刚度方程

位移法以结构的关键位移作为基本未知量，对于由直杆组成的平面杆系结构而言，若用附加约束限制关键位移的发生，则所有杆件均将转化为三类超静定杆件（即两端固定、一端固定一端铰支、一端固定一端滑动）和可能存在的静定部分，也就是说，结构变为三类超静定杆件和可能存在的静定部分的组合体。三类基本杆件由单位支座位移引起的杆端力系数称为刚度系数，它仅与杆件的截面尺寸和材料性质有关，所以也称为形常数；由荷载引起的杆端弯矩和杆端剪力称为固端弯矩和固端剪力，它仅与荷载形式有关，所以又称为载常数；支座位移（转角、线位移）与荷载共同作用下杆端力的关系式，称为转角位移方程或角度位移方程。相关量的正负号规定如下：

1）杆端转角、杆端横向相对线位移均以绕杆件顺时针转向为正。

2）杆端弯矩以顺时针方向为正，杆端剪力以绕微段顺时针转向为正。

7.2.1　由杆端位移求杆端弯矩

图 7-3 所示为一等截面杆件 AB，截面惯性矩 I 为常数。已知端点 A 和 B 的角位移分别为 θ_A 和 θ_B，两端垂直杆轴的相对线位移为 Δ，拟求杆端弯矩 M_{AB} 和 M_{BA}。

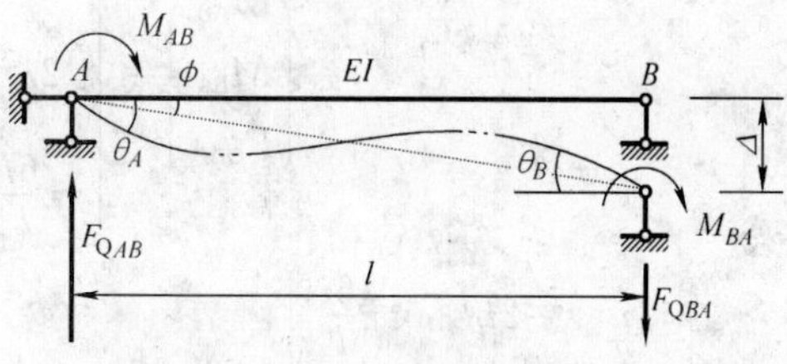

图 7-3　已知杆端位移的等截面杆

计算简支梁在两端弯矩 M_{AB}、M_{BA} 作用下产生的杆端转角（图 7-4a）。由单位荷载法，得

$$\begin{cases}\theta'_A=\dfrac{1}{3i}M_{AB}-\dfrac{1}{6i}M_{BA}\\[2ex]\theta'_B=-\dfrac{1}{6i}M_{AB}+\dfrac{1}{3i}M_{BA}\end{cases}\qquad(7-1)$$

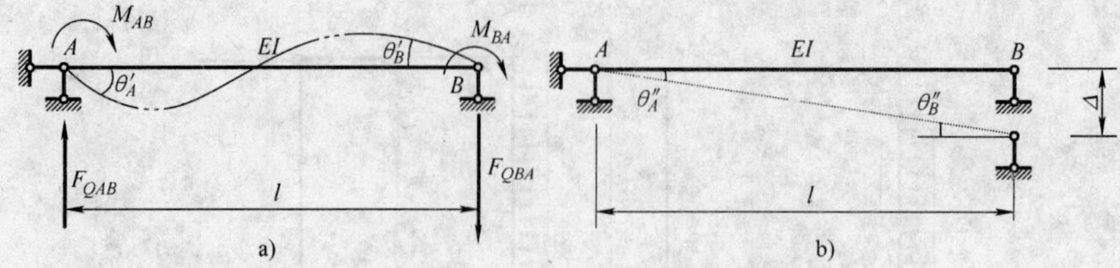

图 7-4 由杆端位移求杆端弯矩

式中，$i=\dfrac{EI}{l}$，称为杆件的线刚度。

当简支梁两端有相对垂直位移 Δ 时（图 7-4b），杆端转角为

$$\theta''_A=\theta''_B=\frac{\Delta}{l} \tag{7-2}$$

因此，当两端有弯矩 M_{AB}、M_{BA} 作用，且两端有相对垂直位移 Δ 时，则杆端转角为

$$\begin{cases}\theta_A=\dfrac{1}{3i}M_{AB}-\dfrac{1}{6i}M_{BA}+\dfrac{\Delta}{l}\\[2ex]\theta_B=-\dfrac{1}{6i}M_{AB}+\dfrac{1}{3i}M_{BA}+\dfrac{\Delta}{l}\end{cases} \tag{7-3}$$

解联立方程，得

$$\begin{cases}M_{AB}=4i\theta_A+2i\theta_B-6i\,\dfrac{\Delta}{l}\\[2ex]M_{BA}=2i\theta_A+4i\theta_B-6i\,\dfrac{\Delta}{l}\end{cases} \tag{7-4}$$

式（7-4）就是由杆端位移 θ_A、θ_B、Δ 求杆端弯矩的公式（通常称为转角位移方程）。此外，由平衡条件还可以求出杆端剪力为

$$F_{QAB}=F_{QBA}=-\frac{1}{l}(M_{AB}+M_{BA})$$

将式（7-4）代入，得

$$F_{QAB}=F_{QBA}=-\frac{6i}{l}\theta_A-\frac{6i}{l}\theta_B+\frac{12i}{l^2}\Delta \tag{7-5}$$

将式（7-4）和式（7-5）写成矩阵的形式，有

$$\begin{Bmatrix}M_{AB}\\M_{BA}\\F_{QAB}\end{Bmatrix}=\begin{bmatrix}4i & 2i & -\dfrac{6i}{l}\\[1ex] 2i & 4i & -\dfrac{6i}{l}\\[1ex] -\dfrac{6i}{l} & -\dfrac{6i}{l} & -\dfrac{12i}{l^2}\end{bmatrix}\begin{Bmatrix}\theta_A\\\theta_B\\\Delta\end{Bmatrix} \tag{7-6}$$

式中，$\begin{bmatrix}4i & 2i & -\dfrac{6i}{l}\\[1ex] 2i & 4i & -\dfrac{6i}{l}\\[1ex] -\dfrac{6i}{l} & -\dfrac{6i}{l} & -\dfrac{12i}{l^2}\end{bmatrix}$称为弯曲杆件的刚度矩阵，其中的系数称为刚度系数，刚度系数是只与杆件的截面尺寸和材料性质有关的常数，所以又称为形常数。

式 (7-6) 称为弯曲杆件的刚度方程。

根据工程实际情况，下面先讨论几种特殊的情形。

(1) B 端为固定支座的情况 (图 7-5) 设 A 端顺时针方向的转动 θ_A，而 B 端不动，在式 (7-4) 中令 $\theta_B=0$，则有

$$\left.\begin{aligned}M_{AB}&=4i\theta_A-6i\frac{\Delta}{l}\\M_{BA}&=2i\theta_A-6i\frac{\Delta}{l}\end{aligned}\right\}\tag{7-7}$$

(2) B 端为铰支座的情况 (图 7-6) 在式 (7-4) 中令 $M_{BA}=0$，则得

$$M_{AB}=3i\theta_A-3i\frac{\Delta}{l}\tag{7-8}$$

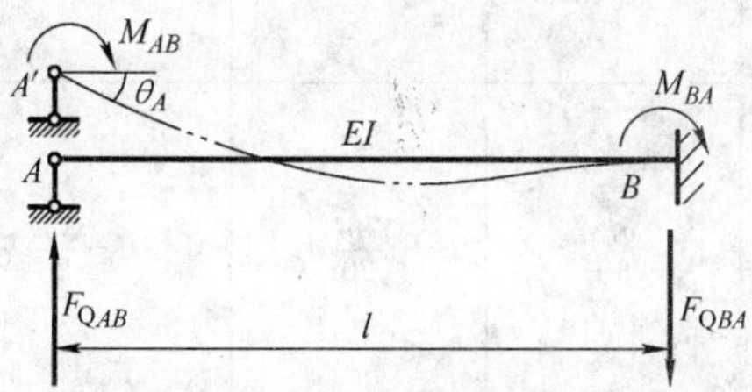

图 7-5 B 端为固定支座的等截面杆

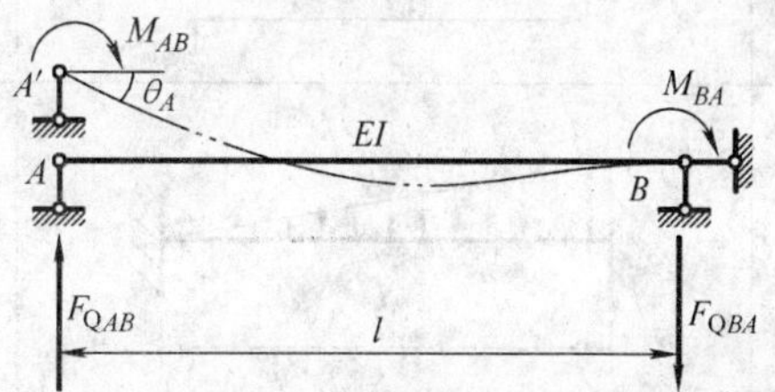

图 7-6 B 端为铰支座的等截面杆

(3) B 端为滑动支座的情况 (图 7-7) 因为 $\theta_B=0$，$F_{QAB}=F_{QBA}=0$，故由式 (7-5) 得

$$\frac{\Delta}{l}=\frac{1}{2}\theta_A$$

再由式 (7-4) 得

$$M_{AB}=i\theta_A,\quad M_{BA}=-i\theta_A\tag{7-9}$$

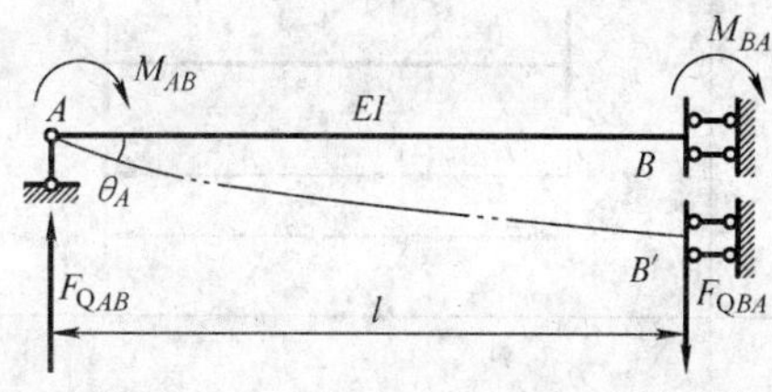

图 7-7 B 端为滑动支座的等截面杆

7.2.2 由荷载求固端弯矩

对于三类基本杆件 (即两端固定、一端固定一端铰支、一端固定一端滑动)，表 7-1 给出了几种常见荷载作用下的杆端弯矩和杆端剪力，即固端弯矩和固端剪力。因为它仅与荷载形式有关，故又称为载常数。

表 7-1 等截面超静定杆的杆端弯矩和剪力

编号	简 图	固端弯矩		固端剪力	
		M_{AB}^{F}	M_{BA}^{F}	F_{QAB}^{F}	F_{QBA}^{F}
1	$\theta=1$; l	$4i$	$2i$	$-6\frac{i}{l}$	$-6\frac{i}{l}$
2	$\Delta=1$; l	$-6\frac{i}{l}$	$-6\frac{i}{l}$	$12\frac{i}{l^2}$	$12\frac{i}{l^2}$

（续）

编号	简　图	固端弯矩		固端剪力	
		M_{AB}^{F}	M_{BA}^{F}	F_{QAB}^{F}	F_{QBA}^{F}
3	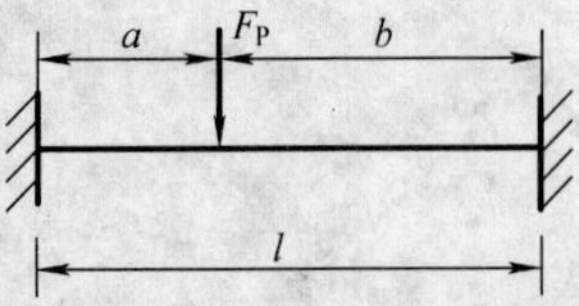 a　F_P　b　l	$-\frac{F_P ab^2}{l^2}$	$\frac{F_P ab^2}{l^2}$	$\frac{F_P b^2(l+2a)}{l^3}$	$\frac{F_P a^2(l+2b)}{l^3}$
4	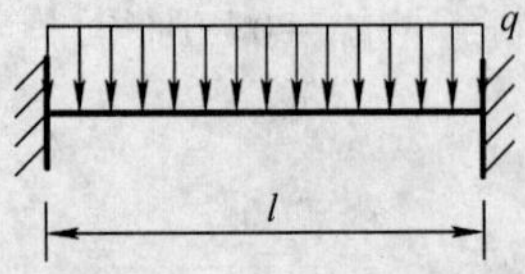 q　l	$-\frac{ql^2}{12}$	$\frac{ql^2}{12}$	$\frac{ql}{2}$	$-\frac{ql}{2}$
5	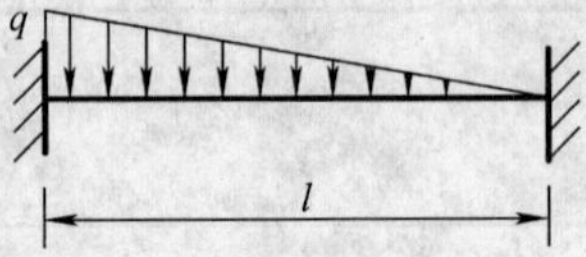 q　l	$-\frac{ql^2}{20}$	$\frac{ql^2}{30}$	$\frac{7ql}{20}$	$-\frac{3ql}{20}$
6	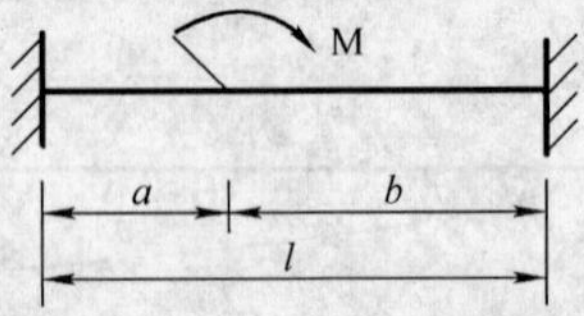 M　a　b　l	$\frac{b(3a-l)}{l^2}M$	$\frac{a(3b-l)}{l^2}M$	$-\frac{6ab}{l^3}M$	$-\frac{6ab}{l^3}M$
7	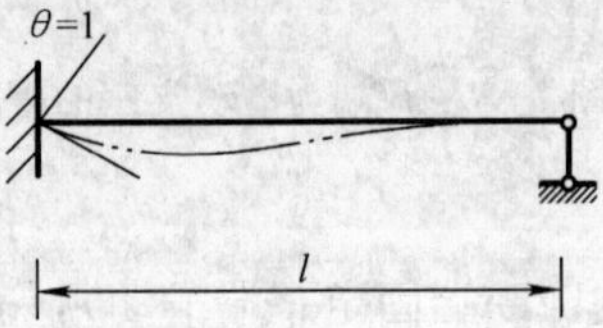 $\theta=1$　l	$3i$	0	$-3\frac{i}{l}$	$-3\frac{i}{l}$
8	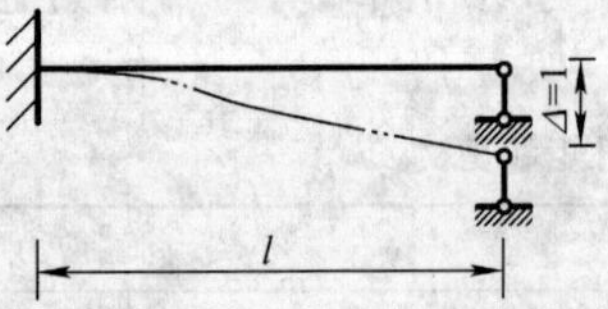 $\Delta=1$　l	$-3\frac{i}{l}$	0	$3\frac{i}{l^2}$	$3\frac{i}{l^2}$
9	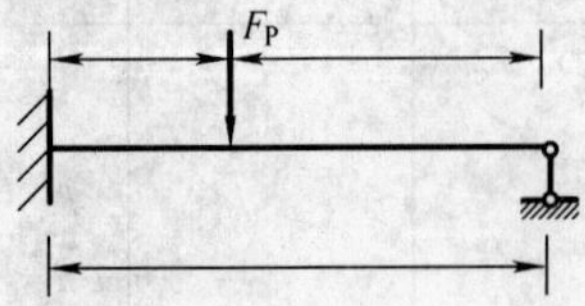 F_P	$\frac{F_P ab(l+b)}{2l^2}$	0	$\frac{F_P b(3l^2-b^2)}{2l^3}$	$\frac{F_P a^2(2l+b)}{2l^3}$
10	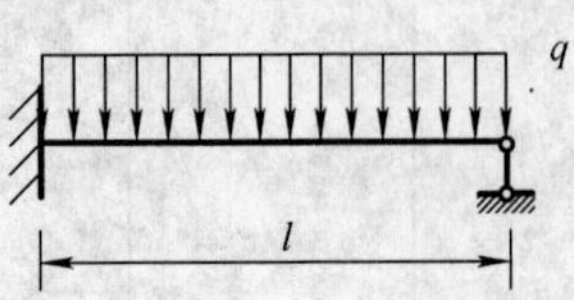 q　l	$-\frac{ql^2}{8}$	0	$\frac{5}{8}ql$	$-\frac{3}{8}ql$

（续）

编号	简　图	固端弯矩		固端剪力	
		M_{AB}^{F}	M_{BA}^{F}	F_{QAB}^{F}	F_{QBA}^{F}
11	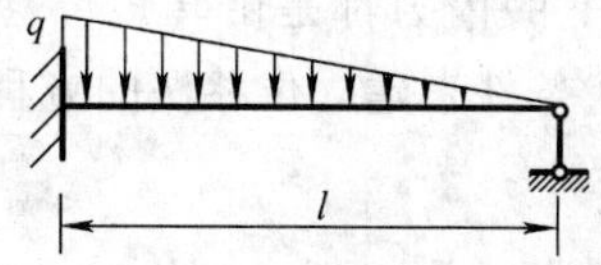 q l	$-\frac{ql^2}{15}$	0	$\frac{4}{10}ql$	$-\frac{1}{10}ql$
12	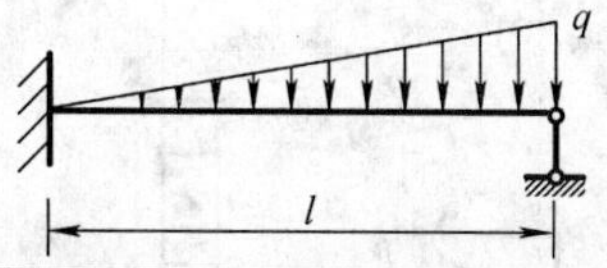 q l	$-\frac{7}{120}ql^2$	0	$\frac{9}{40}ql$	$-\frac{11}{40}ql$
13	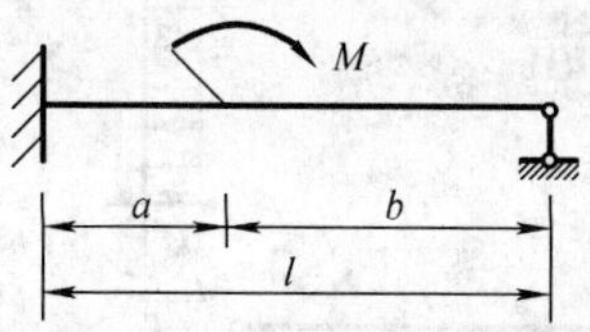 M a b l	$\frac{l^2-3b^2}{2l^2}M$	0	$-\frac{3\ (l^2-b^2)}{2l^3}M$	$-\frac{3\ (l^2-b^2)}{2l^3}M$
14	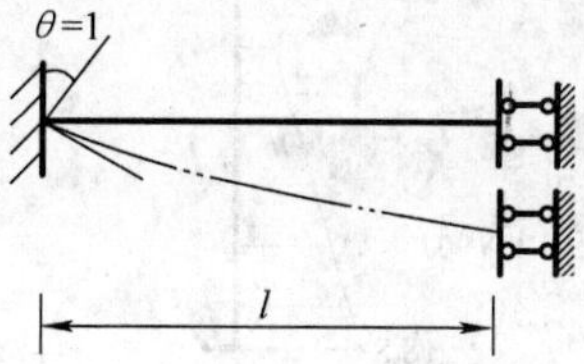 θ=1 l	i	$-i$	0	0
15	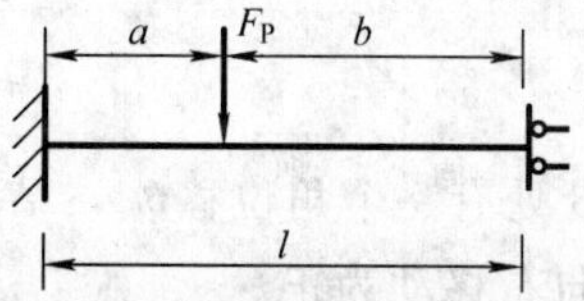 a F_P b l	$-\frac{F_Pa\ (l+b)}{2l}$	$-\frac{F_Pa^2}{2l}$	F_P	0
16	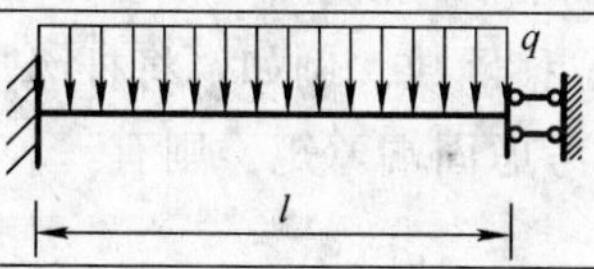 q l	$-\frac{ql^2}{3}$	$-\frac{ql^2}{6}$	ql	0
17	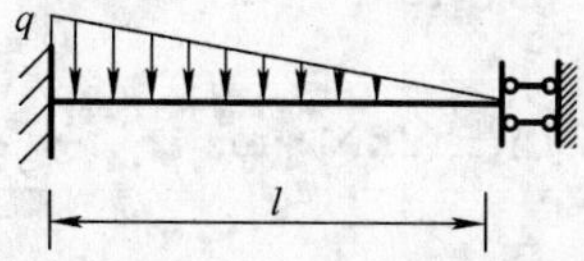 q l	$-\frac{ql^2}{8}$	$-\frac{ql^2}{24}$	$\frac{1}{2}ql$	0
18	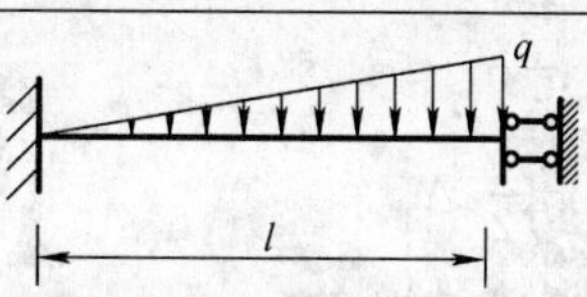 q l	$-\frac{5}{24}ql^2$	$-\frac{ql^2}{8}$	$\frac{1}{2}ql$	0
19	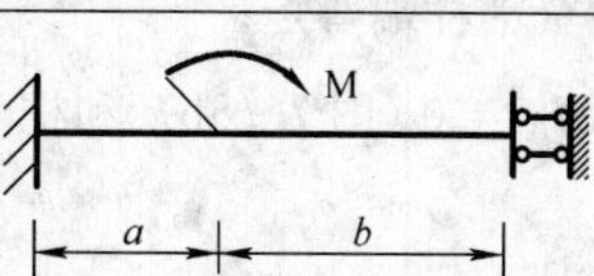 M a b l	$-M\frac{b}{l}$	$-M\frac{a}{l}$	0	0

7.3　直接利用平衡条件建立位移法的基本方程

通过前一节的学习可知，对于基本结构在各种情况下的内力都是由转角位移方程确定的，因此，本节直接根据转角位移方程利用原结构的平衡条件来建立位移法的方程。现通过例子进行说明。

【例 7-1】 试计算图 7-8 所示的刚架，并绘出弯矩图。

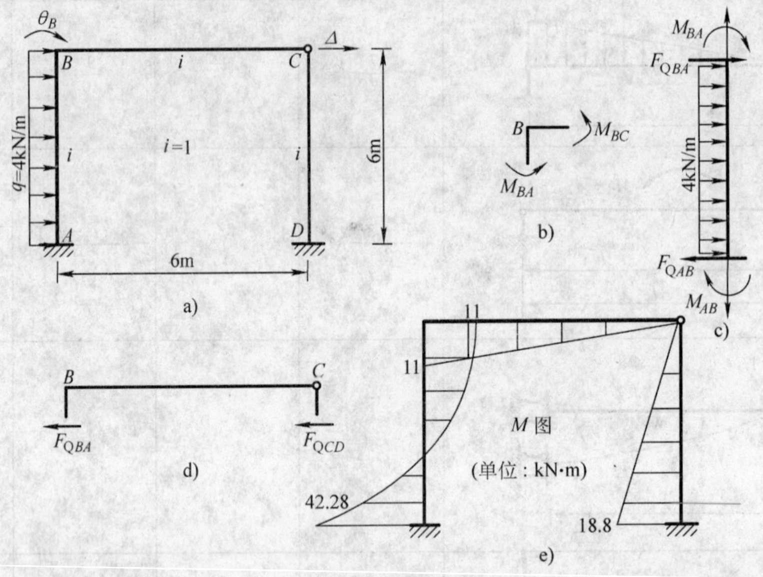

图 7-8　例 7-1 图

如图 7-8a 所示，刚架有两个基本未知量，在结点 B 处有一个角位移 θ_B，结点 B、C 有一个共同的线位移 Δ，并设 θ_B 顺时针方向转动为正，Δ 向右移动为正。

首先利用转角位移方程将各杆杆端弯矩表示为结点位移函数。例如，将杆 AB 杆件视为两端固定的梁，B 端转动了 θ_B，移动了 Δ，并由表 7-1 考虑固端弯矩，则有

$$\begin{cases} M_{AB}=2i_{AB}\theta_B-\dfrac{6i_{AB}}{l_{AB}}\Delta+M^{\mathrm{F}}_{AB}=2i\theta_B-i\Delta-12\mathrm{kN}\cdot\mathrm{m} \\ M_{BA}=4i_{AB}\theta_B-\dfrac{6i_{AB}}{l_{AB}}\Delta+M^{\mathrm{F}}_{BA}=4i\theta_B-i\Delta+12\mathrm{kN}\cdot\mathrm{m} \end{cases}$$

同理，对 BC 和 CD 杆件有

$$\begin{cases} M_{BC}=3i_{BC}\theta_B=3i\theta_B, \quad M_{CB}=0 \\ M_{CD}=0,\ M_{DC}=-\dfrac{3i_{DC}}{l_{DC}}\Delta=-\dfrac{1}{2}i\Delta \end{cases}$$

由以上关系可见，只要求出位移 θ_B 和 Δ 就可以得出全部杆端弯矩。

为了求出 θ_B 和 Δ，可由结点 B 的弯矩平衡条件 $\sum M_B=0$（图 7-8b）和柱端的剪力平衡条件 $\sum F_x=0$（图 7-8c），得

$$\sum M_B=0, M_{BA}+M_{BC}=0 \tag{a}$$

$$\sum F_x = 0, F_{QBA} + F_{QCD} = 0 \quad \text{(b)}$$

为求 F_{QBA} 和 F_{QAB}，先取 AB 杆为隔离体（图 7－8d），由 $\sum M_A = 0$，得

$$M_{BA} + M_{AB} + 6 \times F_{QBA} + \frac{1}{2} \times 4 \times 6^2 \text{kN} \cdot \text{m} = 0 \quad \text{(c)}$$

同理，有

$$M_{DC} + 6 \times F_{QDC} = 0 \quad \text{(d)}$$

则将式（c）、式（d）代入式（b），有

$$M_{BA} + M_{AB} + M_{DC} + 72\text{kN} \cdot \text{m} = 0 \quad \text{(e)}$$

将各杆杆端弯矩表达式代入式（a）、式（e）并加以整理得

$$\begin{cases} 7i\theta_B - i\Delta + 12\text{kN} \cdot \text{m} = 0 \\ 12i\theta_B - 5i\Delta + 144\text{kN} \cdot \text{m} = 0 \end{cases} \quad \text{(f)}$$

式（e）和式（f）即为位移法基本方程，解得

$$\theta_B = \frac{3.66}{i}, \quad \Delta = \frac{37.6}{i}$$

将 θ_B，Δ 数值代回杆端弯矩表达式中，得到

$$\begin{cases} M_{AB} = -42.28\text{kN} \cdot \text{m}, \quad M_{BA} = -11\text{kN} \cdot \text{m} \\ M_{BC} = 11\text{kN} \cdot \text{m}, \quad M_{CB} = 0 \\ M_{CD} = 0, \quad M_{DC} = -18.8\text{kN} \cdot \text{m} \end{cases}$$

【例 7－2】 试直接利用平衡条件建立位移法的基本方程计算图 7－9 所示连续梁，绘弯矩图。各杆 EI 相同。

解：1）位移未知量：θ_B，θ_C。

2）写出杆端力的表达式

$$\begin{cases} M_{AB} = 2\dfrac{EI}{l}\theta_B - \dfrac{30 \times 6}{8}\text{kN} \cdot \text{m}, \quad M_{BA} = 4\dfrac{EI}{l}\theta_B + \dfrac{30 \times 6}{8}\text{kN} \cdot \text{m} \\ M_{BC} = 4\dfrac{EI}{l}\theta_B + 2\dfrac{EI}{l}\theta_C, \quad M_{CB} = 2\dfrac{EI}{l}\theta_B + 4\dfrac{EI}{l}\theta_C \end{cases}$$

$$M_{CD} = 3\frac{EI}{l}\theta_B - \frac{10 \times 6^2}{8}\text{kN} \cdot \text{m}$$

$$M_{DC} = 0$$

3）根据图 7－9c 所示的平衡条件列出位移法方程，得

$$\begin{cases} M_{BA} + M_{BC} = 0 \\ M_{CB} + M_{CD} = 0 \end{cases}$$

将前面求得的杆端弯矩值代入上述方程得

$$\begin{cases} \dfrac{4EI}{3}\theta_B + \dfrac{2EI}{3}\theta_C + 22.5\text{kN} \cdot \text{m} = 0 \\ \dfrac{2EI}{3}\theta_B + \dfrac{7EI}{6}\theta_C - 45\text{kN} \cdot \text{m} = 0 \end{cases}$$

解得

$$\begin{cases} \theta_B = -\dfrac{28.56\text{kN} \cdot \text{m}}{EI} \\ \theta_C = \dfrac{46.73\text{kN} \cdot \text{m}}{EI} \end{cases}$$

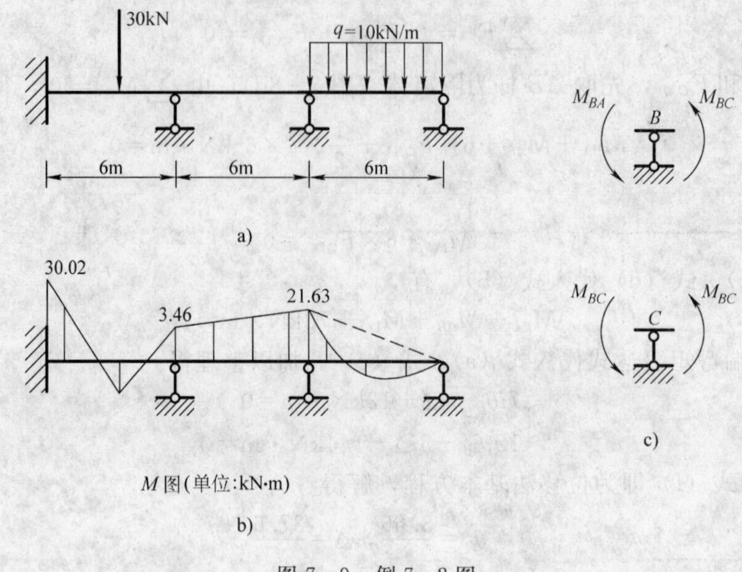

图 7-9 例 7-2 图

4）将求得的 θ_B、θ_C 代回杆端力表达式，并绘弯矩图，如图 7-9b 所示。

$$
\begin{cases}
M_{AB}=2\dfrac{EI}{l}\theta_B-\dfrac{30\times 6}{8}\text{kN}\cdot\text{m}=-32.02\text{kN}\cdot\text{m}\\
M_{BA}=4\dfrac{EI}{l}\theta_B+\dfrac{30\times 6}{8}\text{kN}\cdot\text{m}=3.46\text{kN}\cdot\text{m}\\
M_{BC}=4\dfrac{EI}{l}\theta_B+2\dfrac{EI}{l}\theta_C=-3.46\text{kN}\cdot\text{m}\\
M_{CB}=2\dfrac{EI}{l}\theta_B+4\dfrac{EI}{l}\theta_C=21.63\text{kN}\cdot\text{m}\\
M_{CD}=3\dfrac{EI}{l}\theta_B-\dfrac{10\times 6^2}{8}\text{kN}\cdot\text{m}=-21.63\text{kN}\cdot\text{m}\\
M_{DC}=0
\end{cases}
$$

由此可以看出，所谓直接利用平衡条件求解结构的内力和位移，就是建立在荷载和位移各基本未知量同时作用的基础之上，先利用转角位移方程列出各杆件的杆端力，再根据结点和截面的平衡条件列出位移法方程，最后联立求解。这种方法也称为倾角变位法。

7.4 位移法的典型方程

前一节讲述了直接利用平衡条件求解结构的内力和位移，这一节介绍另一种方法，即与力法相对应，通过基本结构列位移法典型方程，进而求解结点的未知位移和截面内力，这种方法也称为典型方程法。

如前所述，结构的受力状态是由荷载和各关键位移共同作用下形成的。根据小变形线弹性体系的叠加原理，可以将最终受力状态看作是由上述几个因素单独作用效应的叠加。

图 7-10a 所示为一具有三个位移未知量的超静定刚架，荷载作用下的变形如虚线所示。若用两个附加刚臂和一个附加链杆约束关键位移，则得图 7-10b 所示的基本结构。图中

Z_1、Z_2 和 Z_3 及相应的箭头代表原结构的关键位移及其方向，其中结点角位移的方向按顺时针设定，线位移的方向可以任意设定（需注意的是，杆件的相对横向线位移以绕杆件顺时针转向为正）。

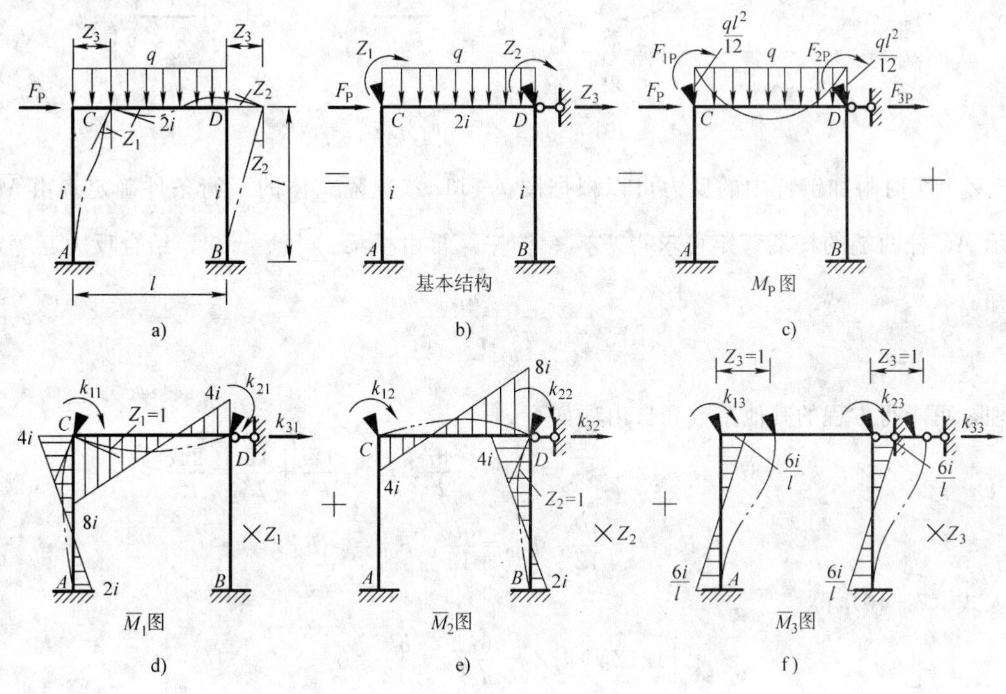

图 7－10　典型方程法求解结构的内力和位移

图 7－10c～f 就是荷载以及关键位移 Z_1、Z_2、Z_3 单独作用时的情况。为了使某一因素发生时而其他的因素不发生（即保持为零），附加刚臂和链杆中一般均有约束反力产生。图中以 F_{1P}、F_{2P}、F_{3P}表示荷载单独作用时的各附加约束反力；k_{11}、k_{21}、k_{31} 表示 $Z_1=1$ 单独作用时的附加约束反力，以此类推。在单独因素作用下的附加约束反力，可根据图 7－10 的荷载弯矩图 M_P 或各单位弯矩图$\overline{M}_1$、$\overline{M}_2$、$\overline{M}_3$ 求得。因实际结构可能不存在约束，所以当荷载和全部关键位移同时作用于基本结构时，各附加约束反力一般为零（当结点为弹性约束或将结点弯矩看作原结构的结点约束力时，其附加约束反力不为零），据此可以写出位移方程

$$\begin{cases} k_{11}Z_1+k_{12}Z_2+k_{13}Z_3+F_{1P}=0 \\ k_{21}Z_1+k_{22}Z_2+k_{23}Z_3+F_{2P}=0 \\ k_{31}Z_1+k_{32}Z_2+k_{33}Z_3+F_{3P}=0 \end{cases} \tag{7-10}$$

式中，k_{ij} 为未知位移的系数项，它表示 $Z_j=1$ 单独作用时在第 i 个附加约束上产生的反力；F_{iP}为自由项，它表示荷载单独作用下，在第 i 个附加约束上产生的反力，故又称为荷载项；k_{ij} 和 F_{iP} 均取与所设关键位移 Z_i 的方向一致为正，反之为负。

以上系数和自由项均为常数项，可以按照图 7－10c～f 所示的荷载弯矩图和单位弯矩图，根据结点或杆件截面的平衡条件求得。图 7－11a、b 所示为 $Z_1=1$ 时结点 C、D 的隔离体，各杆端弯矩可见于 $\overline{M}_1$ 图。由结点的力矩平衡条件，结合反力互等定理可知

$$k_{11}=4i+8i=12i,\ k_{21}=k_{12}=4i$$

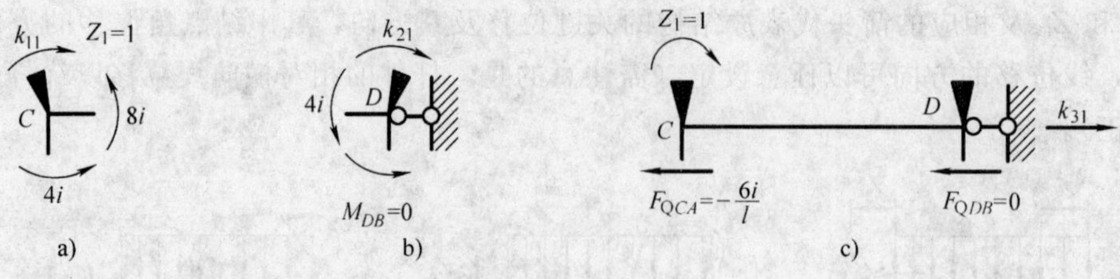

图 7-11　$Z_1=1$ 时分析

$Z_1=1$ 时附加链杆中的反力可以根据图 7-11c 横梁隔离体的平衡条件确定。由 $\overline{M}_1$ 图所示 AC 杆两端的杆端弯矩可求得 $F_{QCA}=-\dfrac{6i}{l}$。再由横梁 $\sum F_x=0$，结合反力互等定理可知

$$k_{31}=k_{13}=-\frac{6i}{l}$$

同理，可求得方程的其他系数和自由项如下

$$k_{22}=8i+4i=12i,\ k_{23}=k_{32}=-\frac{6i}{l},\ k_{33}=\frac{12i}{l^2}+\frac{12i}{l^2}=\frac{24i}{l^2}$$

$$F_{1P}=-\frac{ql^2}{12},\ F_{2P}=\frac{ql^2}{12},\ F_{3P}=-F_P$$

代入式（7-10）得

$$\begin{cases}12iZ_1+4iZ_2-\dfrac{6i}{l}Z_3-\dfrac{ql^2}{12}=0\\ 4iZ_1+12iZ_2-\dfrac{6i}{l}Z_3+\dfrac{ql^2}{12}=0\\ -\dfrac{6i}{l}Z_1-\dfrac{6i}{l}Z_2+\dfrac{24i}{l^2}Z_3-F_P=0\end{cases}$$

由此可以解得位移法基本未知量 Z_1、Z_2 和 Z_3。

求解有 n 个位移基本未知量的平面杆系直杆结构时应设置 n 个附加约束，而每一个附加约束分别对应一结点或杆件截面的平衡条件，相应地也就有 n 个平衡条件，据此可以建立 n 个位移法方程，从而可以解出全部关键位移。此时，位移法方程可写成

$$\left.\begin{aligned}k_{11}Z_1+k_{12}Z_2+\cdots+k_{1i}Z_i+\cdots+k_{1n}Z_n+F_{1P}=0\\ k_{21}Z_1+k_{22}Z_2+\cdots+k_{2i}Z_i+\cdots+k_{2n}Z_n+F_{2P}=0\\ k_{n1}Z_1+k_{n2}Z_2+\cdots+k_{ni}Z_i+\cdots+k_{nn}Z_n+F_{nP}=0\end{aligned}\right\}\tag{7-11}$$

式（7-11）即为位移方程的一般形式（需注意的是等式右边通常为零），不论结构是什么形式，位移方程的形式是不变的，故式（7-11）常称为位移法典型方程。由以上的分析可知，位移法方程的实质是一组力的平衡方程。

k_{ij} 是由单位位移 $Z_j=1$ 引起的沿 Z_i 方向的附加约束反力，称为刚度系数；F_{iP} 是由荷载引起的沿 Z_i 方向的约束反力，称为自由项。当这些附加约束反力与所设未知量方向一致时为正，反之，则为负。上述符号中的第一个下标为与未知位移序号相应的约束反力的方向，第二个下标则表示产生该项附加约束反力的原因。所有这些附加约束反力均可根据平衡条件求得。主对角线上的系数 k_{ii} 称为主系数，主对角线两侧的其他系数 k_{ij}（$i\neq j$）则称为副系数。主系数 k_{ii} 代表由单位位移 $Z_i=1$ 的作用所引起在 Z_i 自己方向上的约束反力，它必定与

该单位位移的方向一致，故恒为正；而副系数 k_{ij} （$i \neq j$）代表由单位位移 $Z_j=1$ 的作用所引起的沿 Z_i 方向的约束反力，它可以与所设定的 Z_i 同向、反向，或者是无该项约束反力，所以它可能为正、为负或为零。根据反力互等定理

$$k_{ij}=k_{ji} \tag{7-12}$$

式（7－11）的位移法典型方程也可写成如下的矩阵形式

$$\boldsymbol{KZ}+\boldsymbol{F}_{\mathrm{P}}=0 \tag{7-13}$$

式中，$\boldsymbol{K}$ 称为刚度矩阵，其矩阵元素由式（7－11）中的全部刚度系数项 k_{ij} 构成，由式(7－12)可知，$\boldsymbol{K}$ 为对称矩阵；$\boldsymbol{Z}$ 为未知位移向量；$\boldsymbol{F}_{\mathrm{P}}$ 为荷载引起的附加约束向量。

另外，结构杆件的杆端弯矩和剪力一般可以根据转角位移方程直接求解，也可以根据叠加原理求得，即

$$\left.\begin{aligned} M&=\overline{M}_1 Z_1+\overline{M}_2 Z_2+\cdots+\overline{M}_n Z_n+M_{\mathrm{P}} \\ F_{\mathrm{Q}}&=\overline{F}_{\mathrm{Q1}} Z_1+\overline{F}_{\mathrm{Q2}} Z_2+\cdots+\overline{F}_{\mathrm{Q}n} Z_n+F_{\mathrm{QP}} \\ F_{\mathrm{N}}&=\overline{F}_{\mathrm{N1}} Z_1+\overline{F}_{\mathrm{N2}} Z_2+\cdots+\overline{F}_{\mathrm{N}n} Z_n+\mathrm{F}_{\mathrm{NP}} \end{aligned}\right\} \tag{7-14}$$

式中，$\overline{M}_i$、$\overline{F}_{\mathrm{Q}i}$ 和 $\overline{F}_{\mathrm{N}i}$ 分别是基本结构由于 $Z_i=1$ 的作用而产生的内力；M_{P}、F_{QP} 和 F_{NP} 分别是基本结构由于荷载作用而产生的内力。

综上所述，用位移法典型方程计算平面杆系结构的步骤可归纳如下：

1）确定基本未知量，形成基本体系。

2）建立位移法典型方程。

3）绘出基本体系上的单位弯矩图 $\overline{M}$ 图与荷载弯矩图 M_{P} 图，利用平衡条件求系数和自由项。

4）解方程求出基本未知量。

5）由 $M=\sum \overline{M}_i Z_i+M_{\mathrm{F}}$ 叠加绘出最后的弯矩图，进而绘出剪力图和轴力图。

6）校核。

【例 7－3】 试用位移法计算图 7－12a 所示的刚架，并绘制弯矩图。

解：1）形成基本体系。此刚架有两个刚结点 B 和 C，无结点线位移。因此基本未知量为结点 B 和 C 处的转角 Z_1 和 Z_2，基本体系如图 7－12b 所示。

2）建立位移法方程。由结点 B、C 处的附加刚臂约束力矩总和分别为零，建立位移法方程为

$$\begin{cases} k_{11} Z_1+k_{12} Z_2+F_{1\mathrm{P}}=0 \\ k_{21} Z_1+k_{22} Z_2+F_{2\mathrm{P}}=0 \end{cases}$$

3）求系数和自由项。令 $i=\dfrac{EI}{4}$，绘出 $Z_1=1$，$Z_2=1$ 和荷载单独作用于基本体系上时的弯矩图 $\overline{M}_1$ 图、$\overline{M}_2$ 图和 M_{P} 图，分别如图 7－12c～e 所示。在图中分别利用结点平衡条件可计算出系数和自由项如下

$$k_{11}=20i，k_{12}=k_{21}=4i，k_{22}=12i，F_{1\mathrm{P}}=60\mathrm{kN \cdot m}，F_{2\mathrm{P}}=0$$

4）解方程求基本未知量。将系数和自由项代入位移法方程，得

$$\begin{cases} 20iZ_1+4iZ_2+60\mathrm{kN \cdot m}=0 \\ 4iZ_1+12iZ_2+0=0 \end{cases}$$

解方程得

$$Z_1=-\frac{45\mathrm{kN}\cdot\mathrm{m}}{14i},\ Z_2=\frac{15\mathrm{kN}\cdot\mathrm{m}}{14i}$$

5）绘弯矩图。由 $M=\overline{M}_1Z_1+\overline{M}_2Z_2+M_P$ 叠加绘出最后的 M 图，如图 7-12f 所示。

6）校核。在位移法计算中，因变形条件在设定未知量时已满足，只需作平衡条件校核。在图中分别取出结点 B 和 C 为隔离体，检验其是否满足 $\sum M_A=0$ 和 $\sum M_B=0$。

$$\sum M_A=\left(\frac{240}{7}-\frac{150}{7}-\frac{90}{7}\right)\mathrm{kN}\cdot\mathrm{m}=0$$

由以上校核可知计算结果正确。

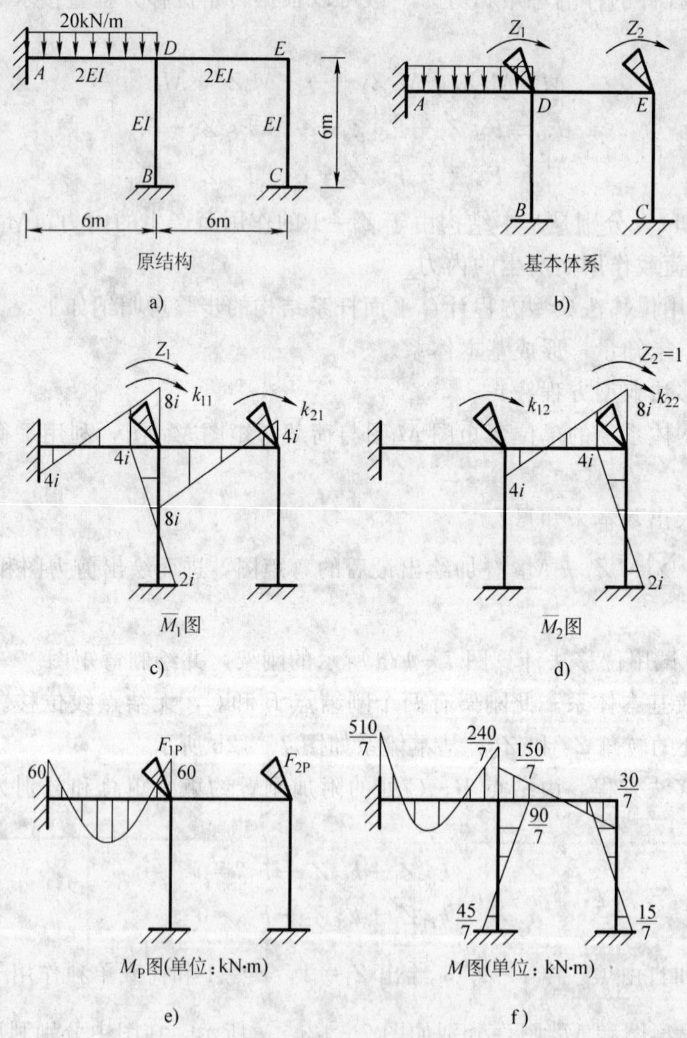

图 7-12 例 7-3 图

需注意的是，超静定结构仅在荷载作用下，其内力与杆件的相对刚度有关，故为简单起见，可采用相对刚度，不过此时所得位移并非真实解。

习　题

7-1　试确定下图7-13所示结构用位移法计算时的基本未知量数目，并画出基本结构。

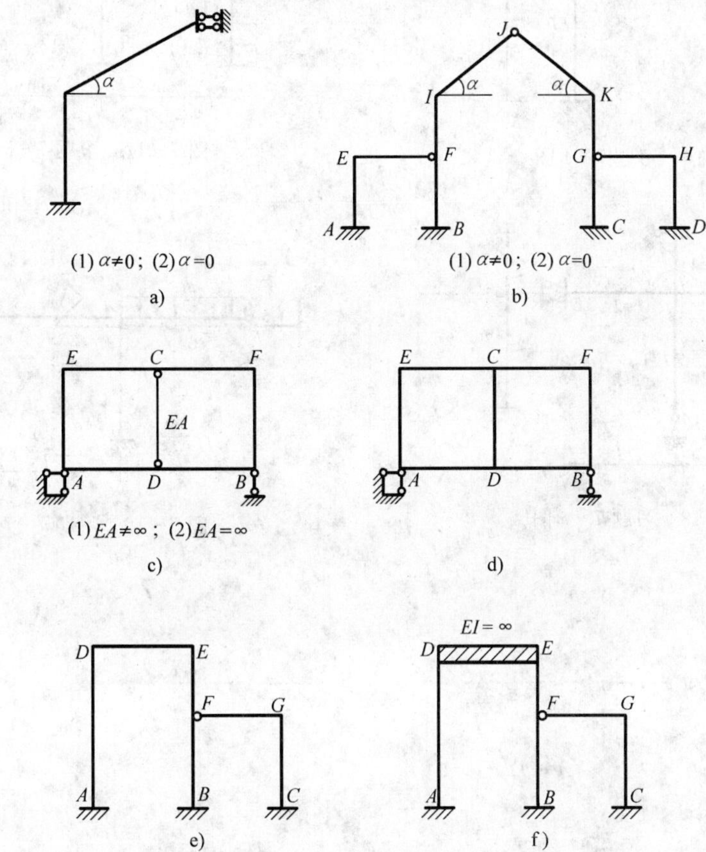

图7-13　习题7-1图

7-2　用位移法计算图7-14所示刚架，并画出弯矩图、剪力图和轴力图。

7-3　用位移法计算图7-15所示刚架，并画出弯矩图。

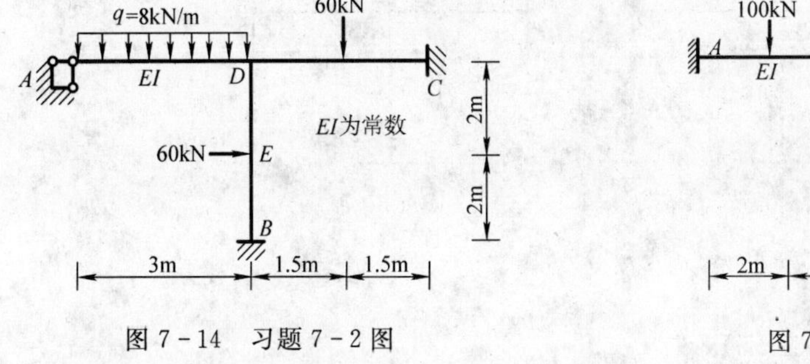

图7-14　习题7-2图　　　　图7-15　习题7-3图

7-4　用位移法计算图7-16所示排架，并画出弯矩图。

7-5　用位移法计算图7-17所示结构，并画出弯矩图。

7-6　用位移法计算图7-18所示结构，并画出弯矩图。

7-7　用位移法计算图7-19所示结构，并画出弯矩图。

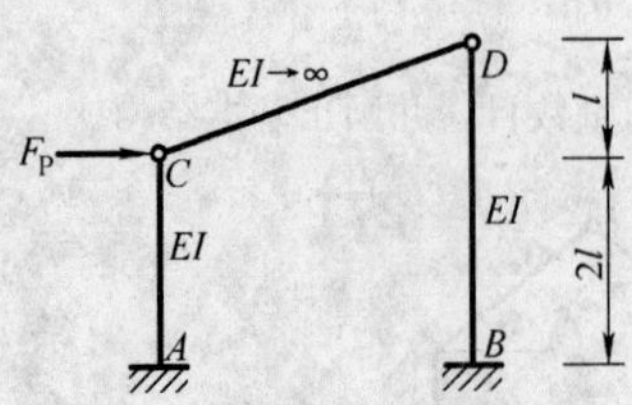

图 7-16　习题 7-4 图

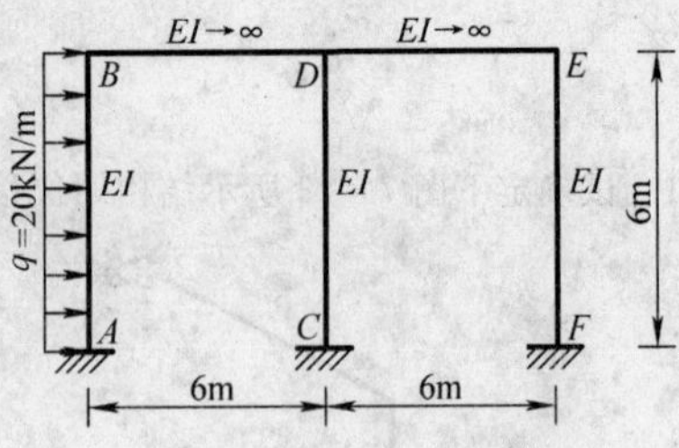

图 7-17　习题 7-5 图

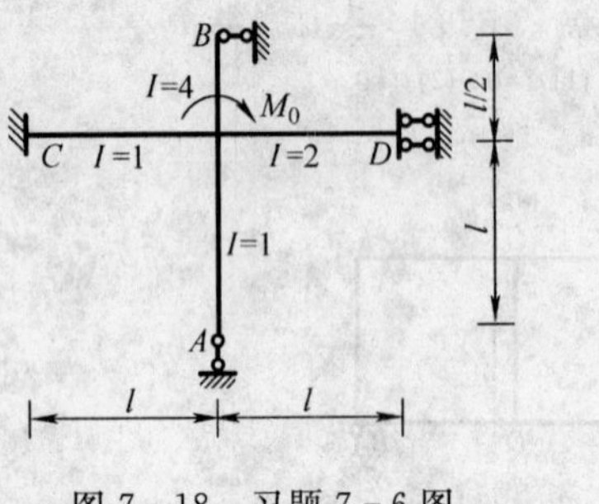

图 7-18　习题 7-6 图

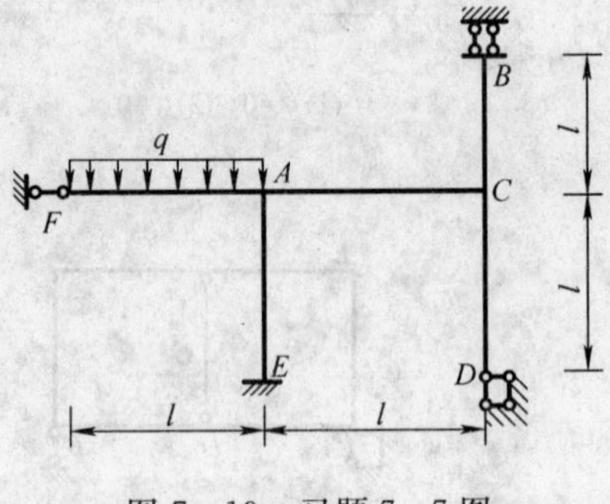

图 7-19　习题 7-7 图

第8章　杆系结构的计算机分析

8.1　概述

前面介绍了力法和位移法，它们都是传统的结构力学方法，其相应的计算手段是手算，因而只能解决未知量较少的结构分析问题。随着经济的发展和科技的进步，工程结构的力学分析越来越向大型化和复杂化的方向发展，这就使得传统的计算方法和手段很难适应。于是，一方面，使用高效率的计算方法就成为解决该问题的关键；另一方面，近几十年来计算机技术的迅速发展，为突破传统的计算手段创造了条件。

不论是用力法还是用位移法进行结构分析，一个力学问题最终要化为求解一线性代数方程组的问题，当未知量较多时，手工求解就变得相当繁琐。计算机的广泛应用，使这一求解过程变得相当容易。这是因为线性代数方程组可用矩阵的形式既简洁又非常规范地来表示，有了这样一种高度统一和规范的表示方法，就可以编制出相应的计算机程序，从而达到利用计算机来分析结构受力的目的。因此，结构的矩阵分析法是利用计算机进行结构分析的桥梁。

结构的矩阵分析需要建立在一定的力学理论基础之上，前文介绍了力法和位移法，在用力法分析超静定结构时，同一结构可以有不同形式的基本结构，这就容易使分析过程与基本结构的选取联系在一起；而用位移法分析结构时，对应一定的结构，基本结构的形式是相同的。另外，位移法不仅适用于超静定结构而且适用于静定结构，求解过程也完全一致。由此可见，位移法的分析过程比力法更容易规格化，也就是更适宜于利用计算机来实现分析过程，因此，位移法是矩阵位移法的理论基础。

矩阵位移法是有限元的雏形，因此，结构的矩阵分析有时也称为杆系结构的有限元法。有限元的分析要点是：先把整体分解成若干个单元（在杆系结构中，一般把每一根杆件作为一个单元），这一过程称为离散化，然后再将这些单元按一定的条件集合成整体。因此，有限元分析包括两个基本环节——单元分析和整体分析，单元分析包括局部坐标系下的单元分析和整体坐标系下的单元分析。

矩阵位移法中单元分析的任务是建立单元刚度方程，形成单元刚度矩阵；整体分析的任务是将单元集合成整体，由单元刚度矩阵按照刚度集成的规则形成整体刚度矩阵，建立整个结构的位移法基本方程。

在单元分析方面，单元的刚度方程已在第7章导出，本章只是将已有的结果写成矩阵的形式，并讨论任意坐标系下单元刚度方程的通用形式；在整体分析方面，将根据计算过程程序化的要求，提出直接由单元刚度导出整体刚度的集成规则。

8.2 单元刚度矩阵

第 7 章位移法中已介绍了梁单元的位移法基本方程，即梁单元的刚度方程。本节将采用矩阵的形式推导一般单元的刚度方程和单元刚度矩阵。

8.2.1 局部坐标系下的单元刚度矩阵

1. 一般单元

如图 8-1 所示，从平面刚架中任取一等截面直杆单元，设杆件除弯曲变形外，还有轴向变形，这样杆件的左右两端就各有三个位移分量（两个线位移、一个角位移），这就是平面结构杆件单元的一般情况。

对于这个杆件单元，对其两端进行编号，如图 8-1中的 $\overline{1}$ 和 $\overline{2}$，并规定由端点 $\overline{1}$ 到 $\overline{2}$ 为杆件的正方向（图中用箭头标明），并对这根杆件单元取这样一个坐标系，即 $\overline{x}$ 轴与杆轴重合且以 $\overline{1}$ 到 $\overline{2}$ 方向为正，y 轴与杆轴垂直且以 $\overline{x}$ 顺时针转 90°为正。为了与后文讲的整体坐标系加以区别，在 x、y 上加一横线。这一坐标系称为局部坐标系，杆端的编号称为杆件的局部编码。

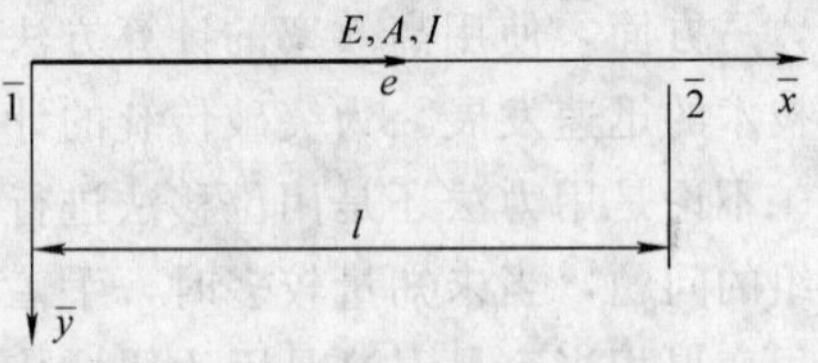

图 8-1 杆单元局部坐标系建立

这样，在局部坐标系中，一般单元的每端各有三个位移分量 $\overline{u}$、$\overline{v}$、$\overline{\theta}$，对应的三个力分量分别为 $\overline{F}_x$、$\overline{F}_y$、$\overline{M}$。位移、力分量的正方向如图 8-2 所示。

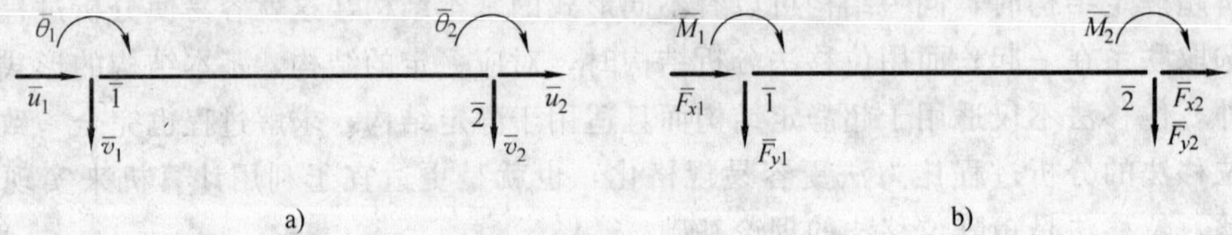

图 8-2 局部坐标系中的力与位移

把六个杆端位移分量和六个杆端力分量按一定顺序排列，就形成了单元的杆端位移向量 $\overline{\boldsymbol{\Delta}}^e$ 和单元的杆端力向量 $\overline{\boldsymbol{F}}^e$，即

$$
\left.\begin{aligned}
\overline{\boldsymbol{\Delta}}^e &= (\overline{\Delta}_{(1)}\ \overline{\Delta}_{(2)}\ \overline{\Delta}_{(3)}\ \overline{\Delta}_{(4)}\ \overline{\Delta}_{(5)}\ \overline{\Delta}_{(6)})^{eT} \\
&= (\overline{u}_1\ \overline{v}_1\ \overline{\theta}_1\ \overline{u}_2\ \overline{v}_2\ \overline{\theta}_2)^{eT} \\
\overline{\boldsymbol{F}}^e &= (\overline{F}_{(1)}\ \overline{F}_{(2)}\ \overline{F}_{(3)}\ \overline{F}_{(4)}\ \overline{F}_{(5)}\ \overline{F}_{(6)})^{eT} \\
&= (\overline{F}_{x1}\ \overline{F}_{y1}\ \overline{M}_1\ \overline{F}_{x2}\ \overline{F}_{y2}\ \overline{M}_2)^{eT}
\end{aligned}\right\} \qquad (8-1)
$$

向量中的六个元素的序码记为（1），（2），…，（6）。由于它们是在每个单元中各自编码，因此分别称为杆端位移分量局部码或杆端力分量局部码。数码（1），（2），…，（6）都加上括号，作为局部码的标志。

有了单元的杆端位移向量 $\overline{\boldsymbol{\Delta}}^e$ 和单元的杆端力向量 $\overline{\boldsymbol{F}}^e$，现在推导单元的刚度方程。所谓单元的刚度方程，是指由单元杆端位移求单元杆端力时所建立的方程，记为“$\overline{\boldsymbol{\Delta}}^e \longrightarrow \overline{\boldsymbol{F}}^e$”方程。

为了建立一般单元的刚度方程，根据位移法基本体系的思路，在杆两端加上人为控制的附加约束，使基本体系在两端发生任意指定的位移 $\overline{\boldsymbol{\Delta}}^{e}$，如图 8-3 所示，然后由 $\overline{\boldsymbol{\Delta}}^{e}$ 求得相应的 $\overline{\boldsymbol{F}}^{e}$。

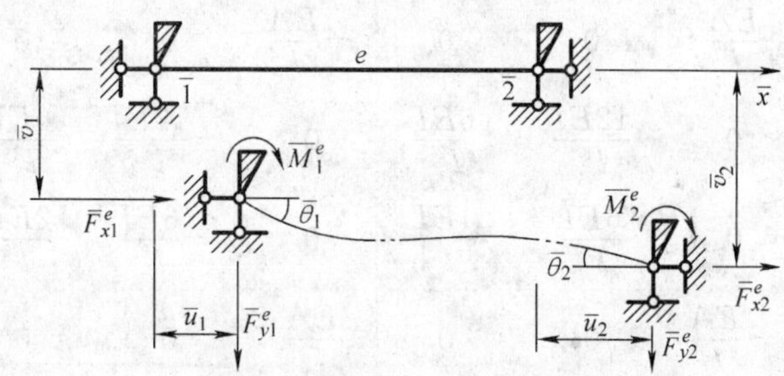

图 8-3

为简单起见，忽略轴向受力状态和弯曲受力状态之间的相互影响，分别推导轴向变形和弯曲变形的刚度方程。

1）由轴向位移 $\overline{u}_1$、$\overline{u}_2$ 推导相应的杆端轴力 $\overline{F}_{x1}$、$\overline{F}_{x2}$，根据材料力学，有

$$\begin{cases} \overline{F}_{x1}=\dfrac{EA}{l}\ (\overline{u}_1^e-\overline{u}_2^e) \\ \overline{F}_{x2}=-\dfrac{EA}{l}\ (\overline{u}_1^e-\overline{u}_2^e) \end{cases} \tag{8-2}$$

2）由杆端横向位移 $\overline{v}_1$、$\overline{v}_2$ 及转角 $\overline{\theta}_1$、$\overline{\theta}_2$ 推导相应的杆端横向力 $\overline{F}_{y1}$、$\overline{F}_{y2}$、$\overline{M}_1$、$\overline{M}_2$。由第 7 章，并改用本章的记号和正负号，有

$$\begin{cases} \overline{M}_1^e=\dfrac{4EI}{l}\overline{\theta}_1^e+\dfrac{2EI}{l}\overline{\theta}_2^e+\dfrac{6EI}{l^2}\ (\overline{v}_1^e-\overline{v}_2^e) \\ \overline{M}_2^e=\dfrac{2EI}{l}\overline{\theta}_1^e+\dfrac{4EI}{l}\overline{\theta}_2^e+\dfrac{6EI}{l^2}\ (\overline{v}_1^e-\overline{v}_2^e) \\ \overline{F}_{y1}^e=\dfrac{6EI}{l^2}\overline{\theta}_1^e+\dfrac{6EI}{l^2}\overline{\theta}_2^e+\dfrac{12EI}{l^3}\ (\overline{v}_1^e-\overline{v}_2^e) \\ \overline{F}_{y2}^e=-\dfrac{6EI}{l^2}\overline{\theta}_1^e-\dfrac{6EI}{l^2}\overline{\theta}_2^e-\dfrac{12EI}{l^3}\ (\overline{v}_1^e-\overline{v}_2^e) \end{cases} \tag{8-3}$$

将式（8-2）、式（8-3）写成矩阵的形式

$$\begin{pmatrix} \overline{F}_{x1} \\ \overline{F}_{y1} \\ \overline{M}_1 \\ \overline{F}_{x2} \\ \overline{F}_{y2} \\ \overline{M}_2 \end{pmatrix}^e = \begin{bmatrix} \dfrac{EA}{l} & 0 & 0 & -\dfrac{EA}{l} & 0 & 0 \\ 0 & \dfrac{12EI}{l^3} & \dfrac{6EI}{l^2} & 0 & -\dfrac{12EI}{l^3} & \dfrac{6EI}{l^2} \\ 0 & \dfrac{6EI}{l^2} & \dfrac{4EI}{l} & 0 & -\dfrac{6EI}{l^2} & \dfrac{2EI}{l} \\ -\dfrac{EA}{l} & 0 & 0 & \dfrac{EA}{L} & 0 & 0 \\ 0 & -\dfrac{12EI}{l^3} & -\dfrac{6EI}{l^2} & 0 & \dfrac{12EI}{l^3} & -\dfrac{6EI}{l^2} \\ 0 & \dfrac{6EI}{l^2} & \dfrac{2EI}{l} & 0 & -\dfrac{6EI}{l^2} & \dfrac{4EI}{l} \end{bmatrix}^e \begin{pmatrix} \overline{u}_1 \\ \overline{v}_1 \\ \overline{\theta}_1 \\ \overline{u}_2 \\ \overline{v}_2 \\ \overline{\theta}_2 \end{pmatrix}^e \tag{8-4}$$

式（8－4）记为

$$\overline{\boldsymbol{F}}^e=\overline{\boldsymbol{k}}^e\overline{\boldsymbol{\Delta}}^e \tag{8-5}$$

式中

$$\overline{\boldsymbol{k}}^e=\left[\begin{array}{ccc:ccc}
\frac{EA}{l} & 0 & 0 & -\frac{EA}{l} & 0 & 0 \\
0 & \frac{12EI}{l^3} & \frac{6EI}{l^2} & 0 & -\frac{12EI}{l^3} & \frac{6EI}{l^2} \\
0 & \frac{6EI}{l^2} & \frac{4EI}{l} & 0 & -\frac{6EI}{l^2} & \frac{2EI}{l} \\
\hdashline
-\frac{EA}{l} & 0 & 0 & \frac{EA}{L} & 0 & 0 \\
0 & -\frac{12EI}{l^3} & -\frac{6EI}{l^2} & 0 & \frac{12EI}{l^3} & -\frac{6EI}{l^2} \\
0 & \frac{6EI}{l^2} & \frac{2EI}{l} & 0 & -\frac{6EI}{l^2} & \frac{4EI}{l}
\end{array}\right]^e \tag{8-6}$$

式（8－6）即为局部坐标系中的单元刚度方程。$\overline{\boldsymbol{k}}^e$ 为局部坐标系中的单元刚度矩阵。它是一个 6×6 的方阵。

2. 单元刚度矩阵的性质

（1）单元刚度系数的意义　$\overline{\boldsymbol{k}}^e$ 中的每个元素 $\overline{k}^e_{(i)(j)}$（$i=1$，2，…，6；$j=1$，2，…，6）称为单元刚度系数。它代表由于单位杆端位移所引起的杆端力。例如，第（i）行第（j）列的元素 $\overline{k}^e_{(i)(j)}$ 代表第（j）个杆端位移分量 $\overline{\Delta}^e_{(j)}$ 等于 1 而其他位移分量为零时所引起的第（i）个杆端力分量 $\overline{F}^e_{(i)}$ 的值。

$\overline{\boldsymbol{k}}^e$ 中某一列的六个元素分别表示对应行的杆端位移分量等于 1 时所引起的六个杆端力分量。例如，第 5 列对应于第 5 个杆端位移分量（$\overline{v}_2$）为单位位移时所引起的 6 个杆端力。

（2）$\overline{\boldsymbol{k}}^e$ 是对称矩阵　根据反力互等定理，有

$$\overline{k}^e_{(i)(j)}=\overline{k}^e_{(j)(i)} \tag{8-7}$$

（3）一般单元的 $\overline{\boldsymbol{k}}^e$ 是奇异矩阵　由 $\overline{\boldsymbol{k}}^e$ 的表达式，有

$$|\overline{k}|^e=0 \tag{8-8}$$

由线性代数知，$\overline{\boldsymbol{k}}^e$ 不存在逆矩阵。也就是说，在单元刚度方程（8－5）中，可由杆端位移 $\overline{\boldsymbol{\Delta}}^e$ 求得杆端力 $\overline{\boldsymbol{F}}^e$，且 $\overline{\boldsymbol{F}}^e$ 的解是唯一的；但不能由杆端力 $\overline{\boldsymbol{F}}^e$ 求得杆端位移 $\overline{\boldsymbol{\Delta}}^e$，$\overline{\boldsymbol{\Delta}}^e$ 可能无解，如有解，则非唯一解，即存在刚体位移。

3. 特殊单元

刚才讲了一般单元的刚度方程，对一些特殊单元，稍加处理便可得到特殊单元的刚度方程。例如，对连续梁而言，通常忽略杆件的轴向变形，如取每跨梁作为单元，则只有两个杆端位移分量 $\overline{\theta}_1$、$\overline{\theta}_2$，其他位移分量均为零，如图 8－4 所示。

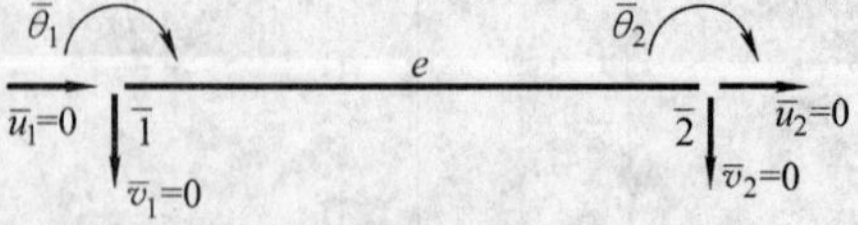

图 8－4　梁单元的力与位移

将位移分量为零的量代入式（8－4），便得到连续梁这一特殊单元的刚度方程，即

$$\begin{bmatrix}\overline{M}_1\\\overline{M}_2\end{bmatrix}^e=\begin{bmatrix}\dfrac{4EI}{l}&\dfrac{2EI}{l}\\\dfrac{2EI}{l}&\dfrac{4EI}{l}\end{bmatrix}^e\begin{bmatrix}\overline{\theta}_1\\\overline{\theta}_2\end{bmatrix}^e \tag{8-9}$$

此时，单元刚度矩阵为

$$\overline{\boldsymbol{k}}^e=\begin{bmatrix}\dfrac{4EI}{l}&\dfrac{2EI}{l}\\\dfrac{2EI}{l}&\dfrac{4EI}{l}\end{bmatrix}^e \tag{8-10}$$

可以看出，这一特殊单元的刚度矩阵(8-10)可由一般单元的刚度矩阵（8-6）删去第(1)、(2)、(4)、(5) 行和第 (1)、(2)、(4)、(5) 列自动得出。

当然，用同样的方法可求出其他特殊单元的刚度方程和刚度矩阵，但这不是我们的目的。在结构的矩阵分析中，我们着眼于计算过程的程序化、标准化和自动化。因此，只需采用一种标准化的形式（一般单元的刚度方程和刚度矩阵），至于特殊单元的刚度方程和刚度矩阵将由计算机程序自动形成。

8.2.2 整体坐标系下的单元刚度矩阵

在局部坐标系中，从结构中任取一根杆件单元，以这根杆件单元的轴线为 $\overline{x}$ 轴，其目的是推导单元刚度矩阵的最简单形式。由于在复杂的结构中，各个杆件的局部坐标系均不同，这不便于结构的整体分析，为此，要选用一个统一的公共坐标系，即整体坐标系。为了与局部坐标 $\overline{x}$、$\overline{y}$ 区别，用 x、y 表示整体坐标。下面推导整体坐标系中的单元刚度矩阵 $\boldsymbol{k}^e$。

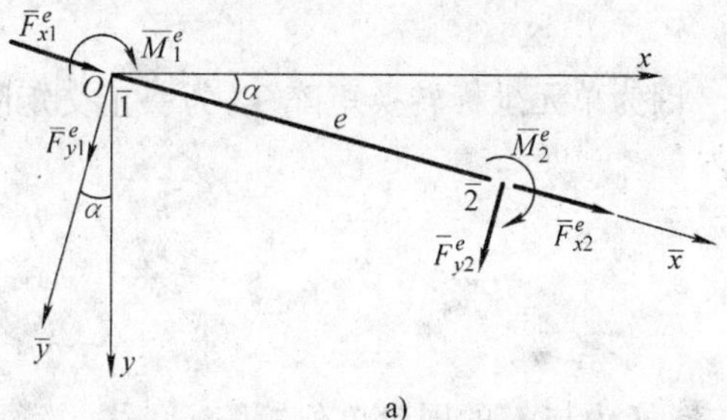

a)

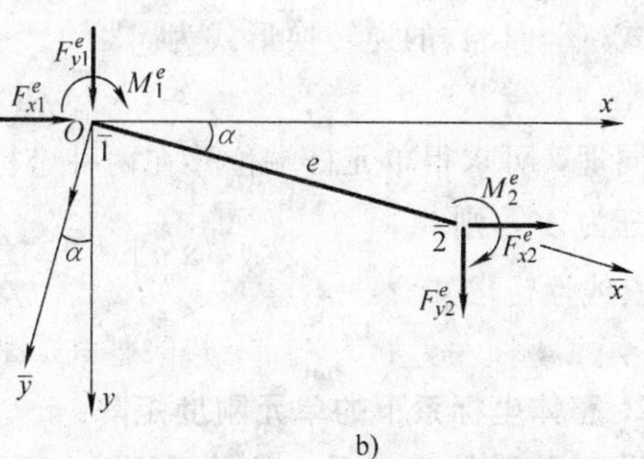

b)

图 8-5　整体坐标系下的杆单元

1. 单元坐标转换矩阵

如图 8-5 所示的任一单元 e，其局部坐标系为 $O\overline{x}\,\overline{y}$，整体坐标系为 Oxy，由 x 轴到 $\overline{x}$ 轴的夹角 α 以顺时针转向为正。局部坐标系中的杆端力分量用 $\overline{F}^e_x$、$\overline{F}^e_y$ 和 $\overline{M}^e$ 来表示（图 8-5a)，整体坐标系中的杆端力分量则用 F^e_x、F^e_y 和 M^e 来表示（图 8-5b)。将 F^e_x、F^e_y 向局部坐标系 $O\overline{x}\,\overline{y}$ 投影，通过比较可得出

$$\left.\begin{aligned}\overline{F}^e_{x1}&=F^e_{x1}\cos\alpha+F^e_{y1}\sin\alpha\\\overline{F}^e_{y1}&=-F^e_{x1}\sin\alpha+F^e_{y1}\cos\alpha\\\overline{M}^e_1&-M^e_1\\\overline{F}^e_{x2}&=F^e_{x2}\cos\alpha+F^e_{y2}\sin\alpha\\\overline{F}^e_{y2}&=-F^e_{x2}\sin\alpha+F^e_{y2}\cos\alpha\\\overline{M}^e_2&=M^e_2\end{aligned}\right\} \tag{8-11}$$

写成矩阵的形式

$$\begin{Bmatrix} \overline{F}_{x1} \\ \overline{F}_{y1} \\ \overline{M}_1 \\ \overline{F}_{x2} \\ \overline{F}_{y2} \\ \overline{M}_2 \end{Bmatrix}^e = \begin{bmatrix} \cos\alpha & \sin\alpha & 0 & 0 & 0 & 0 \\ -\sin\alpha & \cos\alpha & 0 & 0 & 0 & 0 \\ 0 & 0 & 1 & 0 & 0 & 0 \\ 0 & 0 & 0 & \cos\alpha & \sin\alpha & 0 \\ 0 & 0 & 0 & -\sin\alpha & \cos\alpha & 0 \\ 0 & 0 & 0 & 0 & 0 & 1 \end{bmatrix}^e \begin{Bmatrix} F_{x1} \\ F_{y1} \\ M_1 \\ F_{x2} \\ F_{y2} \\ M_2 \end{Bmatrix}^e \tag{8-12}$$

或简写为

$$\overline{\boldsymbol{F}}^e = T^e \boldsymbol{F}^e \tag{8-13}$$

式（8－13）即为两种坐标系中单元杆端力的转换式。其中 T^e 为单元坐标转换矩阵。

$$\boldsymbol{T}^e = \begin{bmatrix} \cos\alpha & \sin\alpha & 0 & 0 & 0 & 0 \\ -\sin\alpha & \cos\alpha & 0 & 0 & 0 & 0 \\ 0 & 0 & 1 & 0 & 0 & 0 \\ 0 & 0 & 0 & \cos\alpha & \sin\alpha & 0 \\ 0 & 0 & 0 & -\sin\alpha & \cos\alpha & 0 \\ 0 & 0 & 0 & 0 & 0 & 1 \end{bmatrix} \tag{8-14}$$

因为单元坐标转换矩阵 T^e 为一正交矩阵（证明从略），所以其逆矩阵等于其转换矩阵，即

$$\boldsymbol{T}^{e-1} = T^{e\mathrm{T}} \tag{8-15}$$

或

$$\boldsymbol{T}^e \boldsymbol{T}^{e\mathrm{T}} = \boldsymbol{T}^{e\mathrm{T}} \boldsymbol{T}^e = \boldsymbol{I} \tag{8-16}$$

式中，$\boldsymbol{I}$ 为与 $\boldsymbol{T}$ 的同阶单位矩阵。

式（8－13）的逆转换形式为

$$\boldsymbol{F}^e = \boldsymbol{T}^{e\mathrm{T}} \overline{\boldsymbol{F}}^e \tag{8-17}$$

同理，可求得单元杆端位移在两种坐标系中的转换关系。设整体坐标系中单元的杆端位移列阵为 $\boldsymbol{\Delta}^e$，则

$$\overline{\boldsymbol{\Delta}}^e = \boldsymbol{T}^e \boldsymbol{\Delta}^e \tag{8-18}$$

$$\boldsymbol{\Delta}^e = \boldsymbol{T}^{e\mathrm{T}} \overline{\boldsymbol{\Delta}}^e \tag{8-19}$$

2. 整体坐标系下的单元刚度矩阵

设 $\boldsymbol{k}^e$ 为整体坐标系中的单元刚度矩阵，则单元杆端力与杆端位移在整体坐标系中的关系式为

$$\boldsymbol{F}^e = \boldsymbol{k}^e \boldsymbol{\Delta}^e \tag{8-20}$$

下面来寻求 $\boldsymbol{k}^e$ 与局部坐标系中单元刚度矩阵 $\overline{\boldsymbol{k}}^e$ 的转换关系。

因为单元 e 在局部坐标系下的刚度方程为

$$\overline{\boldsymbol{F}}^e = \overline{\boldsymbol{k}}^e \overline{\boldsymbol{\Delta}}^e \tag{8-21}$$

将式（8－13）和式（8－18）代入上式，有

$$\boldsymbol{T}^e \boldsymbol{F}^e = \overline{\boldsymbol{k}}^e \boldsymbol{T}^e \boldsymbol{\Delta}^e$$

等式两边分别前乘 $\boldsymbol{T}^{e\mathrm{T}}$，并引入式（8－16），有

$$\boldsymbol{F}^e=\boldsymbol{T}^{e\mathrm{T}}\overline{\boldsymbol{k}}^e\boldsymbol{T}^e\boldsymbol{\Delta}^e \tag{8-22}$$

将式（8-22）与式（8-20）比较得

$$\boldsymbol{k}^e=\boldsymbol{T}^{e\mathrm{T}}\overline{\boldsymbol{k}}^e\boldsymbol{T}^e \tag{8-23}$$

式（8-23）即为两种坐标系下单元刚度矩阵的转换关系。只要求出单元坐标转换矩阵 $\boldsymbol{T}^e$，就可以由 $\overline{\boldsymbol{k}}^e$ 计算 $\boldsymbol{k}^e$。

两种坐标系中单元刚度矩阵 $\overline{\boldsymbol{k}}^e$ 和 $\boldsymbol{k}^e$ 同阶，具有类似的性质：

1）元素 $k^e_{(i)(j)}$ 代表在整体坐标系下第（j）个杆端位移分量 $\Delta^e_{(j)}$ 等于 1 而其他位移分量为零时所引起的第（i）个杆端力分量 $F^e_{(i)}$ 的值。

2）$\boldsymbol{k}^e$ 是对称矩阵

3）一般单元的 $\boldsymbol{k}^e$ 是奇异矩阵

【例 8-1】 如图 8-6 所示，试求该刚架中各单元在整体坐标系下的刚度矩阵，设各杆的长度和截面尺寸均相同。已知：$l=2.5\text{m}$，$b\times h=0.5\text{m}\times 1\text{m}$，$E=3\times10^4\text{MPa}$。

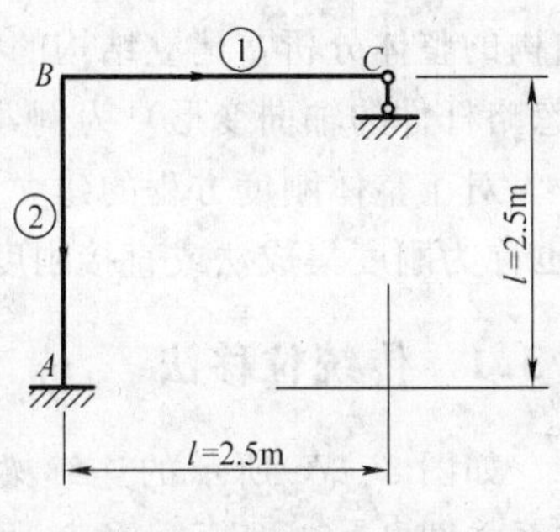

图 8-6　例 8-1 图

解：1）计算参数。由已知条件得，$A=0.5\text{m}^2$，$I=\dfrac{1}{24}\text{m}^4$，

$\dfrac{EA}{l}=150\times10^4\text{kN/m}$，$\dfrac{EI}{l}=12.5\times10^4\text{kN}\cdot\text{m}$

2）局部坐标系中的单元刚度矩阵 $\overline{\boldsymbol{k}}^e$ 的计算。由于单元①、②的尺寸相同，故 $\overline{\boldsymbol{k}}^{①}$ 与 $\overline{\boldsymbol{k}}^{②}$ 相等。由式（8-6）得

$$\overline{\boldsymbol{k}}^{①}=\overline{\boldsymbol{k}}^{②}$$

$$=\begin{bmatrix} 150\text{kN/m} & 0 & 0 & -150\text{kN/m} & 0 & 0 \\ 0 & 24\text{kN/m} & 30\text{kN} & 0 & -24\text{kN/m} & 30\text{kN} \\ 0 & 30\text{kN} & 50\text{kN}\cdot\text{m} & 0 & -30\text{kN} & 25\text{kN}\cdot\text{m} \\ -150\text{kN/m} & 0 & 0 & 150\text{kN/m} & 0 & 0 \\ 0 & -24\text{kN/m} & -30\text{kN} & 0 & 24\text{kN/m} & -30\text{kN} \\ 0 & 30\text{kN} & 25\text{kN}\cdot\text{m} & 0 & -30\text{kN} & 50\text{kN}\cdot\text{m} \end{bmatrix}^e \times10^4$$

3）整体坐标系中的单元刚度矩阵 $\boldsymbol{k}^e$。

单元①：$\alpha=0$，$\boldsymbol{T}=\boldsymbol{I}$

$$\boldsymbol{k}^{①}=\overline{\boldsymbol{k}}^{①}$$

单元②：$\alpha=\dfrac{\pi}{2}$，单元坐标转换矩阵为

$$\boldsymbol{T}^{②}=\begin{bmatrix} 0 & 1 & 0 & 0 & 0 & 0 \\ -1 & 0 & 0 & 0 & 0 & 0 \\ 0 & 0 & 1 & 0 & 0 & 0 \\ 0 & 0 & 0 & 0 & 1 & 0 \\ 0 & 0 & 0 & 1 & 0 & 0 \\ 0 & 0 & 0 & 0 & 0 & 1 \end{bmatrix}^e$$

$$\boldsymbol{k}^{②}=\boldsymbol{T}^{②\mathrm{T}}\overline{\boldsymbol{k}}^{②}\boldsymbol{T}^{②}$$

$$
=\begin{bmatrix}
24\text{kN/m} & 0 & -30\text{kN} & -24\text{kN/m} & 0 & -30\text{kN} \\
0 & 150\text{kN/m} & 0 & 0 & -150\text{kN/m} & 0 \\
-30\text{kN} & 0 & 50\text{kN}\cdot\text{m} & 30\text{kN} & 0 & 25\text{kN}\cdot\text{m} \\
-24\text{kN/m} & 0 & 30\text{kN} & 24\text{kN/m} & 0 & 30\text{kN} \\
0 & -150\text{kN/m} & 0 & 0 & 150\text{kN/m} & 0 \\
-30\text{kN} & 0 & 25\text{kN}\cdot\text{m} & 30\text{kN} & 0 & 50\text{kN}\cdot\text{m}
\end{bmatrix}^{e}\times 10^{4}
$$

8.3 连续梁的整体刚度矩阵

上一节进行了单元分析，建立了单元的刚度方程，推导了单元刚度矩阵。从本节起转到结构的整体分析，建立结构的整体刚度方程，从而导出结构的整体刚度矩阵。本节以连续梁（忽略杆件的轴向变形）为例，来说明建立整体刚度矩阵的过程。

对于整体刚度方程的建立，仍然采用位移法，其具体作法有传统的位移法和单元集成法（也称为刚度集成法或直接刚度法）。

8.3.1 传统位移法

如图 8-7a 所示的连续梁，位移法基本体系如图 8-7b 所示。位移法的基本未知量为结点的转角 Δ_1、Δ_2 和 Δ_3，它可以是任意的，具体由附加约束加以指定。由它们组成的结点位移列向量 $\boldsymbol{\Delta}$ 为

$$\boldsymbol{\Delta}=(\Delta_1\ \Delta_2\ \Delta_3)^{\mathrm{T}}$$

与 Δ_1、Δ_2 和 Δ_3 相应的力是附加力矩 F_1、F_2 和 F_3。由它们组成整个结构的结点力向量 $\boldsymbol{F}$ 为

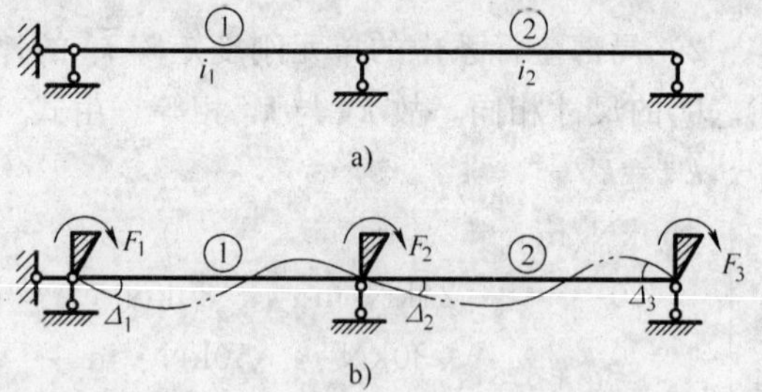

图 8-7 连续梁传统位移法分析的基本体系

$$\boldsymbol{F}=(F_1\ F_2\ F_3)^{\mathrm{T}}$$

在传统位移法中，分别考虑每个结点转角单独引起的结点力矩，如图 8-8 所示。

叠加以上三种情况，即得结点力矩 F_1、F_2 和 F_3，将其写成矩阵形式

$$\begin{pmatrix}F_1\\F_1\\F_1\end{pmatrix}=\begin{bmatrix}4i_1 & 2i_1 & 0\\ 2i_1 & 4(i_1+i_2) & 2i_2\\ 0 & 2i_2 & 4i_2\end{bmatrix}\begin{pmatrix}\Delta_1\\ \Delta_2\\ \Delta_3\end{pmatrix} \tag{8-24}$$

记为

$$\boldsymbol{F}=\boldsymbol{K\Delta} \tag{8-25}$$

其中

$$\boldsymbol{K}=\begin{bmatrix}4i_1 & 2i_1 & 0\\ 2i_1 & 4(i_1+i_2) & 2i_2\\ 0 & 2i_2 & 4i_2\end{bmatrix} \tag{8-26}$$

式（8-25）称为整体刚度方程，$\boldsymbol{K}$ 称为整体刚度矩阵。

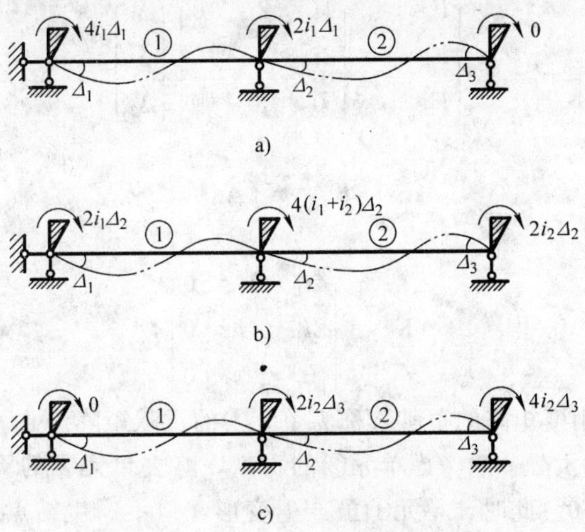

图 8-8 连续梁传统位移法分析

8.3.2 单元集成法

1. 单元集成法的力学模型和基本概念

传统位移法求结构的结点力 $\boldsymbol{F}$ 时，先分别考虑每个结点位移对 $\boldsymbol{F}$ 的单独贡献，然后叠加，而单元集成法求结构的结点力 $\boldsymbol{F}$ 时，先分别考虑每个单元对 $\boldsymbol{F}$ 的单独贡献，然后叠加。仍以连续梁为例，来说明单元集成的过程。

(1) 考虑单元①的贡献 既然只考虑单元①的贡献，因此必须略去单元②的贡献。如图 8-9 所示，令单元②的线刚度 $i_2=0$。此时，单元②虽产生变形，但不产生结点力，因此，整个结构的结点力是由单元①单独产生的，记为

$$\boldsymbol{F}^{①}=(F_1\ F_2\ F_3)^{①\mathrm{T}}$$

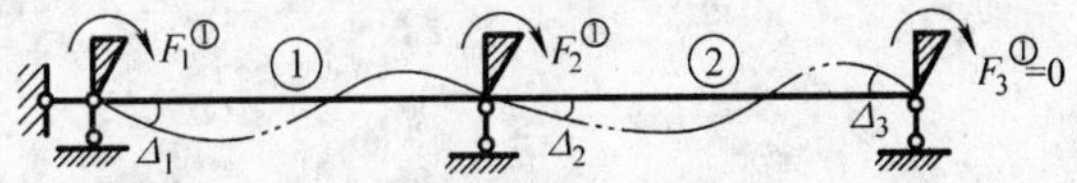

图 8-9 单元集成法—单元①的贡献

$\boldsymbol{F}^{①}$ 表示单元①对结构结点力 $\boldsymbol{F}$ 的贡献。

下面求此模型的结点力 $\boldsymbol{F}^{①}$。由于 $i_2=0$，因此

$$F_3^{①}=0 \tag{8-27}$$

$F_1^{①}$ 和 $F_2^{①}$ 可由单元①的单元刚度矩阵 $\boldsymbol{k}^{①}$ 算出。因为

$$\boldsymbol{k}^{①}=\begin{bmatrix}4i_1 & 2i_1\\ 2i_1 & 4i_1\end{bmatrix}$$

所以

$$\begin{pmatrix}F_1\\ F_2\end{pmatrix}^{①}=\begin{bmatrix}4i_1 & 2i_1\\ 2i_1 & 4i_1\end{bmatrix}\begin{pmatrix}\Delta_1\\ \Delta_2\end{pmatrix} \tag{8-28}$$

将式 (8-27) 和式 (8-28) 合并得

$$\begin{pmatrix} F_1 \\ F_2 \\ F_3 \end{pmatrix}^{①} = \begin{bmatrix} 4i_1 & 2i_1 & 0 \\ 2i_1 & 4i_1 & 0 \\ 0 & 0 & 0 \end{bmatrix} \begin{pmatrix} \Delta_1 \\ \Delta_2 \\ \Delta_3 \end{pmatrix} \tag{8-29}$$

记为

$$\boldsymbol{F}^{①} = \boldsymbol{K}^{①} \boldsymbol{\Delta} \tag{8-30}$$

其中

$$\boldsymbol{K}^{①} = \begin{bmatrix} 4i_1 & 2i_1 & 0 \\ 2i_1 & 4i_1 & 0 \\ 0 & 0 & 0 \end{bmatrix} \tag{8-31}$$

$\boldsymbol{K}^{①}$表示单元①对整体刚度矩阵的贡献，称为单元①的贡献矩阵。

(2) 考虑单元②的贡献　只考虑单元②的贡献，略去单元①的贡献。如图 8－10 所示，令单元①的线刚度 $i_1=0$。此时，单元①虽产生变形，但不产生结点力，因此，整个结构的结点力是由单元②单独产生的，记为

$$\boldsymbol{F}^{②} = (F_1\ F_2\ F_3)^{②\mathrm{T}}$$

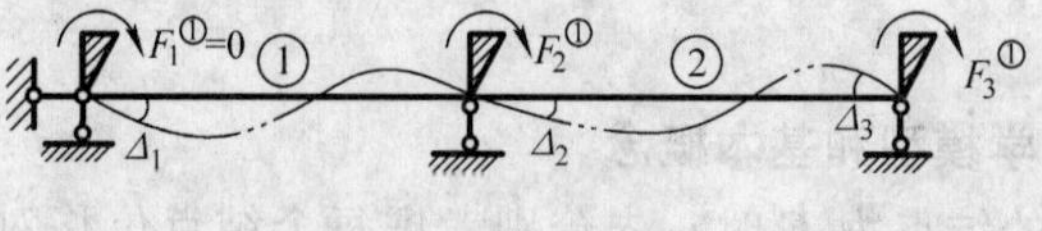

图 8－10　单元集成法—考虑单元②的贡献

$\boldsymbol{F}^{②}$表示单元②对结构结点力 $\boldsymbol{F}$ 的贡献。

由于 $i_1=0$，因此

$$F_1^{②} = 0 \tag{8-32}$$

$\boldsymbol{F}_2^{②}$ 和 $\boldsymbol{F}_3^{②}$ 可由单元②的单元刚度矩阵 $\boldsymbol{k}^{②}$ 算出。因为

$$\boldsymbol{k}^{②} = \begin{bmatrix} 4i_2 & 2i_2 \\ 2i_2 & 4i_2 \end{bmatrix}$$

所以

$$\begin{pmatrix} F_2 \\ F_3 \end{pmatrix}^{②} = \begin{bmatrix} 4i_2 & 2i_2 \\ 2i_2 & 4i_2 \end{bmatrix} \begin{pmatrix} \Delta_2 \\ \Delta_3 \end{pmatrix} \tag{8-33}$$

将式 (8－32) 和式 (8－33) 合并得

$$\begin{pmatrix} F_1 \\ F_2 \\ F_3 \end{pmatrix}^{②} = \begin{bmatrix} 0 & 0 & 0 \\ 0 & 4i_2 & 2i_2 \\ 0 & 2i_2 & 4i_2 \end{bmatrix} \begin{pmatrix} \Delta_1 \\ \Delta_2 \\ \Delta_3 \end{pmatrix} \tag{8-34}$$

记为

$$\boldsymbol{F}^{②} = \boldsymbol{K}^{②} \boldsymbol{\Delta} \tag{8-35}$$

其中

$$\boldsymbol{K}^{②} = \begin{bmatrix} 0 & 0 & 0 \\ 0 & 4i_2 & 2i_2 \\ 0 & 2i_2 & 4i_2 \end{bmatrix} \tag{8-36}$$

$\boldsymbol{K}^{②}$表示单元②对整体刚度矩阵的贡献，称为单元②的贡献矩阵。

可以看出，$\boldsymbol{K}^e$ 是 $\boldsymbol{K}$ 的同阶矩阵，又 $\boldsymbol{K}^e$ 是由 $\boldsymbol{k}^e$ 的元素及零元素所组成。

叠加式（8-29）和式（8-35），即得到结构的结点力 $\boldsymbol{F}$

$$\boldsymbol{F}=\boldsymbol{F}^{①}+\boldsymbol{F}^{②}=(\boldsymbol{K}^{①}+\boldsymbol{K}^{②})\boldsymbol{\Delta}=\sum\boldsymbol{K}^e\boldsymbol{\Delta}=\boldsymbol{K}\boldsymbol{\Delta} \tag{8-37}$$

式（8-37）表明，整体刚度矩阵等于各单元的贡献矩阵之和。

式（8-37）的 $\boldsymbol{K}^{①}$ 和 $\boldsymbol{K}^{②}$ 按式（8-31）、式（8-36）代入后，所得的 $\boldsymbol{K}$ 与式（8-26）相同。

从以上可以看出，单元集成法求整体刚度矩阵的步骤可表示为

$$\boldsymbol{k}^e \xrightarrow{\text{I}} \boldsymbol{K}^e \xrightarrow{\text{II}} \boldsymbol{K} \tag{8-38}$$

显然，第Ⅱ步比较简单。故下面仅对第Ⅰ步进行讨论。

2. 按照单元定位向量由 $\boldsymbol{k}^e$ 求 $\boldsymbol{K}^e$

前面指出，$\boldsymbol{K}^e$ 是由 $\boldsymbol{k}^e$ 的元素和零元素重新排列而成的矩阵，因此，现在来讨论 $\boldsymbol{k}^e$ 的定位问题。

（1）注意结点位移和结点力有两种编码　在整体分析中，结点位移在结构中统一编码，称为总码。如图 8-11a 所示，该连续梁统一编码为 1、2、3。

在单元分析中，每个单元的两个结点各自编码（1）、（2），称为局码。如图 8-11b 所示，其中（1）为始端，（2）为末端。

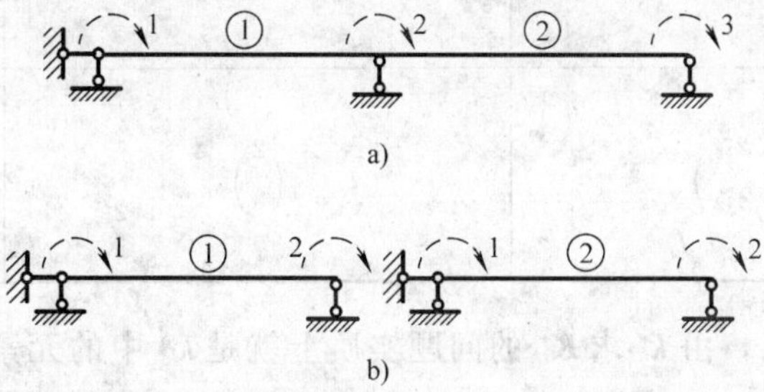

图 8-11　结点位移与结点力的两种编码

另外，规定凡给定为零值的结点位移分量，其总码均编为零。

（2）注意结点位移和结点力两种编码之间的对应关系　图 8-11 中单元①和②之间的对应关系见表 8-1。由单元的结点位移总码组成的向量称为单元定位向量，记为 $\boldsymbol{\lambda}^e$。单元①和②的定位向量见表 8-1。可以看出，单元定位向量反映了单元两种编码的对应关系，因此，单元定位向量也称为单元换码向量。

表 8-1　两种编码的对应关系

单元	对应关系 局码⟶总码	单元定位向量 $\boldsymbol{\lambda}^e$
①	(1) ⟶1 (2) ⟶2	$\boldsymbol{\lambda}^{①}=(1\quad 2)^{\mathrm{T}}$
②	(1) ⟶2 (2) ⟶3	$\boldsymbol{\lambda}^{②}=(2\quad 3)^{\mathrm{T}}$

（3）注意单元刚度矩阵 $\boldsymbol{k}^e$ 和单元贡献矩阵 $\boldsymbol{K}^e$ 中元素排列方式　在 $\boldsymbol{k}^e$ 中，元素按局码

排列，或者说，元素按局码对号入座；而在 $\boldsymbol{K}^e$ 中，元素按总码排列，或者说，元素按总码对号入座。

实际上，由单元刚度矩阵 $\boldsymbol{k}^e$ 得出单元贡献矩阵 $\boldsymbol{K}^e$ 的过程，就是换码重排座的过程，具体见表 8-2。

表 8-2　元素的换码重排座

	在单元刚度矩阵 $\boldsymbol{k}^e$ 中	在单元贡献矩阵 $\boldsymbol{K}^e$ 中	
换码	元素的原行码 (i) 新列码 (j)	换成新行码 λ_i 新列码 λ_j	$(i)\longrightarrow\lambda_i$ $(j)\longrightarrow\lambda_j$
重排座	原排在 (i) 行 (j) 列的元素	改排在 λ_i 行 λ_j 列	$k^e_{(i)(j)}\longrightarrow K^e_{\lambda_i\lambda_j}$

现按表 8-1、表 8-2 的作法，由 $\boldsymbol{k}^{①}$、$\boldsymbol{k}^{②}$ 求 $\boldsymbol{K}^{①}$、$\boldsymbol{K}^{②}$，详见表 8-3：

表 8-3　由 $\boldsymbol{k}^{①}$、$\boldsymbol{k}^{②}$ 求 $\boldsymbol{K}^{①}$、$\boldsymbol{K}^{②}$

单元	$\boldsymbol{k}^e$	$\boldsymbol{\lambda}^e$	$\boldsymbol{K}^e$
①	$\begin{pmatrix}4i_1 & 2i_1\\ 2i_1 & 4i_1\end{pmatrix}$	$\begin{pmatrix}1\\2\end{pmatrix}$	$\begin{bmatrix}4i_1 & 2i_1 & 0\\ 2i_1 & 4i_1 & 0\\ 0 & 0 & 0\end{bmatrix}$
②	$\begin{pmatrix}4i_2 & 2i_2\\ 2i_2 & 4i_2\end{pmatrix}$	$\begin{pmatrix}2\\3\end{pmatrix}$	$\begin{bmatrix}0 & 0 & 0\\ 0 & 4i_2 & 2i_2\\ 0 & 2i_2 & 4i_2\end{bmatrix}$

由表 8-3 可以看出，由 $\boldsymbol{k}^e$ 求 $\boldsymbol{K}^e$ 的问题实质上就是 $\boldsymbol{k}^e$ 中的元素在 $\boldsymbol{K}^e$ 中如何定位的问题。定位的规则是 $k^e_{(i)(j)}\longrightarrow K^e_{\lambda_i\lambda_j}$。

3. 单元集成法的实施方案

上面所讲的单元集成法之所以分为两步，是为了理解方便。实际工作中，为了使计算程序更为简单，经常合二为一，采取边定位边累加的办法，由 $\boldsymbol{k}^e$ 直接形成 $\boldsymbol{K}$。

详细地说，按单元集成法，形成 $\boldsymbol{K}$ 的过程，就是依次将每个 $\boldsymbol{k}^e$ 的元素在 $\boldsymbol{K}$ 中按 $\boldsymbol{\lambda}^e$ 定位并累加的过程，其步骤如下：

1）先将 $\boldsymbol{K}$ 置零，这时 $\boldsymbol{K}=0$；

2）将 $\boldsymbol{k}^{①}$ 的元素在 $\boldsymbol{K}$ 中按 $\boldsymbol{\lambda}^{①}$ 定位，这时 $\boldsymbol{K}=\boldsymbol{K}^{①}$；

3）将 $\boldsymbol{k}^{②}$ 的元素在 $\boldsymbol{K}$ 中按 $\boldsymbol{\lambda}^{②}$ 定位并进行累加，这时 $\boldsymbol{K}=\boldsymbol{K}^{①}+\boldsymbol{K}^{②}$；

4）按此作法，对所有单元循环一遍，最后得到 $\boldsymbol{K}=\sum\limits_e \boldsymbol{K}^{①}$。

仍以图 8-7a 所示的连续梁为例，来说明 $\boldsymbol{K}$ 的集成过程：

将 $\boldsymbol{k}^{①}$ 集成后，得到阶段性结果

$$\begin{bmatrix}4i_1 & 2i_1 & 0\\ 2i_1 & 4i_1 & 0\\ 0 & 0 & 0\end{bmatrix}$$

在此基础上再将 $\boldsymbol{k}^{②}$ 集成，得到最终结果：

$$\begin{bmatrix} 4i_1 & 2i_1 & 0 \\ 2i_1 & 4i_1+(4i_2) & (2i_2) \\ 0 & (2i_2) & (4i_2) \end{bmatrix}$$

可以看出，由单元集成法所得结果与传统位移法式（8－26）相同。

4. 整体刚度矩阵的性质

1）整体刚度系数的意义　$\boldsymbol{K}$ 中的元素 K_{ij} 称为整体刚度系数，它表示第 j 个结点位移分量 $\Delta_j=1$（其他结点位移分量为零）时所产生的第 i 个结点力 $\boldsymbol{F}_i$。

2）$\boldsymbol{K}$ 是对称矩阵。

3）按本节方法计算连续梁时，$\boldsymbol{K}$ 是可逆矩阵。如图 8－12 所示，由结点力 $\boldsymbol{F}$ 推算结点位移 $\boldsymbol{\Delta}$ 时，结构仍是一个几何不变体系，因此，当 $\boldsymbol{F}$ 指定为任意值时，均可求得 $\boldsymbol{\Delta}$ 的唯一解，故知 $\boldsymbol{K}^{-1}$ 是存在的。

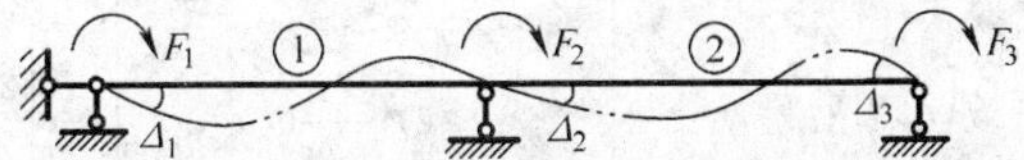

图 8－12　整体刚度矩阵的建立

4）$\boldsymbol{K}$ 是稀疏矩阵和带状矩阵。对于图 8－13 的 n 跨连续梁，根据单元集成法，不难得出其整体刚度方程：

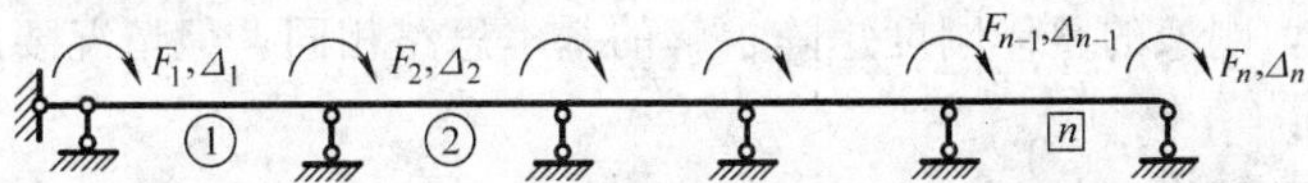

图 8－13　n 跨连续梁单元集成法的应用

$$\begin{pmatrix} F_1 \\ F_2 \\ F_3 \\ \vdots \\ F_{n-1} \\ F_n \end{pmatrix} = \begin{pmatrix} 4i_1 & 2i_1 & 0 & 0 & \\ 2i_1 & 4(i_1+i_2) & 2i_2 & 0 & 0 \\ 0 & 2i_2 & 4(i_2+i_3) & 2i_3 & \\ & & \ddots & \ddots & \\ & 0 & 2i_{n-1} & 4(i_{n-1}+i_n) & 2i_n \\ & & 0 & 2i_n & 4i_n \end{pmatrix} \begin{pmatrix} \Delta_1 \\ \Delta_2 \\ \Delta_3 \\ \vdots \\ \Delta_{n-1} \\ \Delta_n \end{pmatrix} \tag{8-39}$$

可以看出，$\boldsymbol{K}$ 有许多零元素，故称为稀疏矩阵。又非零元素都分布在以主对角线为中线的倾斜带状区域内，故 $\boldsymbol{K}$ 为带状矩阵。

【例 8－2】　试求图 8－14a 所示连续梁的整体刚度矩阵 $\boldsymbol{K}$。

解：1）结点位移分量总码。由于支座 D 的结点位移分量为零，所以该连续梁有三个结点位移分量，即结点转角 Δ_1、Δ_2、Δ_3，其总码如图 8－14b所示。

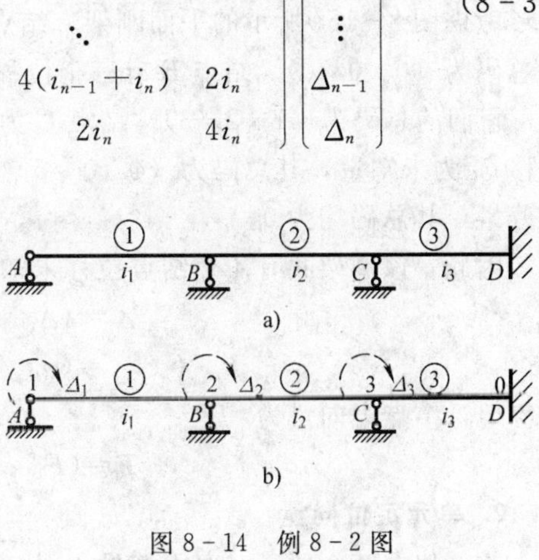

图 8－14　例 8－2 图

2）单元的定位向量 $\boldsymbol{\lambda}^e$。由图 8 - 14b，单元①、②、③的定位向量为

$$\boldsymbol{\lambda}^{①} = (1 \quad 2)^T, \boldsymbol{\lambda}^{②} = (2 \quad 3)^T, \boldsymbol{\lambda}^{③} = (3 \quad 0)^T$$

3）单元的集成过程。集成过程、相应的阶段结果和最终结果详见表 8 - 4。

表 8 - 4　单元的集成过程

单元	$\boldsymbol{k}^e$	按单元定位向量换码	集成的阶段结果
①	$\begin{pmatrix} 4i_1 & 2i_1 \\ 2i_1 & 4i_1 \end{pmatrix}$	(1) ⟶1 (2) ⟶2	$\begin{bmatrix} 4i_1 & 2i_1 & 0 \\ 2i_1 & 4i_1 & 0 \\ 0 & 0 & 0 \end{bmatrix}$
②	$\begin{pmatrix} 4i_2 & 2i_2 \\ 2i_2 & 4i_2 \end{pmatrix}$	(1) ⟶2 (2) ⟶3	$\begin{bmatrix} 4i_1 & 2i_1 & 0 \\ 2i_1 & 4i_1+(4i_2) & (2i_2) \\ 0 & (2i_2) & (4i_2) \end{bmatrix}$
③	$\begin{pmatrix} 4i_3 & 2i_3 \\ 2i_3 & 4i_3 \end{pmatrix}$	(1) ⟶3 (2) ⟶0	$\begin{bmatrix} 4i_1 & 2i_1 & 0 \\ 2i_1 & 4i_1+4i_2 & 2i_2 \\ 0 & 2i_2 & 4i_1+(4i_3) \end{bmatrix}$

8.4　刚架的整体刚度矩阵

同连续梁相比，刚架的整体刚度矩阵求解的基本思路相同，但情况要复杂一些，主要表现在以下几个方面：

1）一般情况下要考虑刚架中各杆的轴向变形。

2）每个刚结点有三个结点位移分量。

3）在整体分析时应采用整体坐标系。

4）除考虑刚结点外，尚应考虑铰结点等其他情况。

1. 结点位移分量统一编码

考虑图 8 - 15a 所示的平面刚架，结点 A 为固定端，三个位移分量 u_A、v_A 和 θ_A 均为零，其总码为（0　0　0）。结点 B 有三个位移分量，即沿 x 轴和 y 轴的线位移 u_B 和 v_B，角位移 θ_B。它们的总码为（1　2　3）。结点 C 为辊轴支座，其线位移 v_C 已知为零，线位移 u_C 和角位移 θ_C 为未知量，其总码为（4　0　5）。需说明的是，同连续梁，对于已知为零的结点位移分量，其总码均为 0。

因此，该刚架共有 4 个结点位移未知量，它们组成整个结构的结点位移向量 $\boldsymbol{\Delta}$，即

$$\begin{aligned} \boldsymbol{\Delta} &= (\Delta_1 \quad \Delta_2 \quad \Delta_3 \quad \Delta_4 \quad \Delta_5)^T \\ &= (u_B \quad v_B \quad \theta_B \quad u_C \quad \theta_C)^T \end{aligned}$$

相应地，结点力向量为

$$\boldsymbol{F} = (F_1 \quad F_2 \quad F_3 \quad F_4 \quad F_5)^T$$

2. 单元定位向量

该刚架有两个单元，图中杆轴上的箭头表示各杆局部坐标系中 $\overline{x}$ 的正方向。单元始末两端六个位移分量的局码 (1)，(2)，…，(6) 在图 8 - 15b 中已标明。因此，单元定位向量

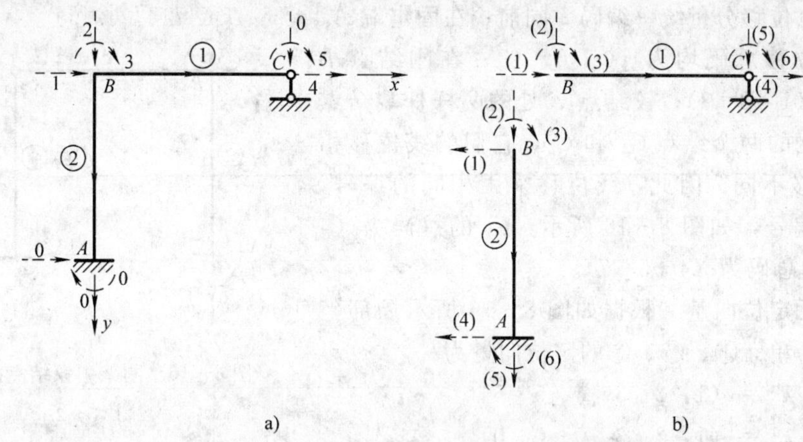

图 8-15　刚架的整体刚度矩阵分析

为

$$\boldsymbol{\lambda}^{①}=(1\quad 2\quad 3\quad 4\quad 0\quad 5)^{\mathrm{T}};\boldsymbol{\lambda}^{②}=(1\quad 2\quad 3\quad 0\quad 0\quad 0)^{\mathrm{T}}$$

3. 单元集成过程

(1) 考虑单元①　由于局码 (5) 对应的总码为零，因此，$\boldsymbol{k}^{①}$ 的第 5 行第 5 列在 $\boldsymbol{K}$ 中没有位置，即对应 $\boldsymbol{K}$ 的 0 行 0 列，所以

$$\boldsymbol{K}^{①}=\begin{bmatrix} 150\text{kN/m} & 0 & 0 & -150\text{kN/m} & 0 \\ 0 & 24\text{kN/m} & 30\text{kN} & 0 & 30\text{kN} \\ 0 & 30\text{kN} & 50\text{kN}\cdot\text{m} & 0 & 25\text{kN}\cdot\text{m} \\ -150\text{kN/m} & 0 & 0 & 150\text{kN/m} & 0 \\ 0 & 30\text{kN} & 25\text{kN}\cdot\text{m} & 0 & 50\text{kN}\cdot\text{m} \end{bmatrix}\times 10^{4}$$

(2) 考虑单元②　由例 8-1 有

$$\boldsymbol{k}^{②}=\begin{bmatrix} 24\text{kN/m} & 0 & -30\text{kN} & -24\text{kN/m} & 0 & -30\text{kN} \\ 0 & 150\text{kN/m} & 0 & 0 & -150\text{kN/m} & 0 \\ -30\text{kN} & 0 & 50\text{kN}\cdot\text{m} & 30\text{kN} & 0 & 25\text{kN}\cdot\text{m} \\ -24\text{kN/m} & 0 & 30\text{kN} & 24\text{kN/m} & 0 & 30\text{kN} \\ 0 & -150\text{kN/m} & 0 & 0 & 150\text{kN/m} & 0 \\ -30\text{kN} & 0 & 25\text{kN}\cdot\text{m} & 30\text{kN} & 0 & 50\text{kN}\cdot\text{m} \end{bmatrix}^{e}\times 10^{4}$$

由于局码 (4)、(5)、(6) 对应的总码为零，因此，$\boldsymbol{k}^{②}$ 的第 4、5、6 行第 4、5、6 列在 $\boldsymbol{K}$ 中没有位置，即对应 $\boldsymbol{K}$ 的 0 行 0 列，所以

$$\boldsymbol{K}=\begin{bmatrix} [150+(24)]\text{kN/m} & 0+(0) & [0+(-30)]\text{kN} & -150\text{kN/m} & 0 \\ 0+(0) & [24+(150)]\text{kN/m} & [30+(0)]\text{kN} & 0 & 30\text{kN} \\ [0+(-30)]\text{kN} & [30+(0)]\text{kN} & [50+(50)]\text{kN}\cdot\text{m} & 0 & 25\text{kN}\cdot\text{m} \\ -150\text{kN/m} & 0 & 0 & 150\text{kN/m} & 0 \\ 0 & 30\text{kN} & 25\text{kN}\cdot\text{m} & 0 & 50\text{kN}\cdot\text{m} \end{bmatrix}\times 10^{4}$$

4. 铰结点的处理

图 8-16 为一具有铰结点的刚架。下面指出与铰结点有关的一些处理方法。

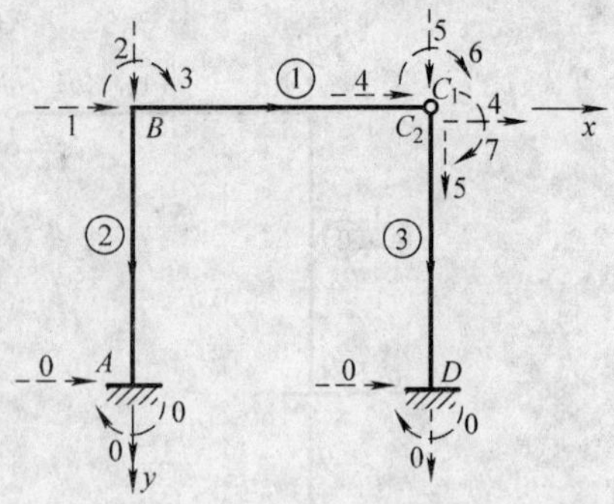

图 8-16　刚架中铰结点的处理

(1) 结点位移分量统一编码　同前，在固定端 A、D 处，结点位移总码均为（0　0　0）；在刚结点 B 处，编码为（1　2　3）；铰结点 C 处的两杆杆端结点应看作半独立的两个结点 C_1 和 C_2，它们的线位移相同，而角位移不同，因此，线位移采用相同的编号，角位移各自编号，如图 8-16 所示，C_1 的总码为（4　5　6），C_2 的总码为（4　5　7）。

(2) 单元定位向量　根据如图 8-16 所示局部坐标系的方向，单元①、②、③的定位向量为

$$\begin{cases}\boldsymbol{\lambda}^{①}=(1\quad 2\quad 3\quad 4\quad 5\quad 6)^{T}\\ \boldsymbol{\lambda}^{②}=(1\quad 2\quad 3\quad 0\quad 0\quad 0)^{T}\\ \boldsymbol{\lambda}^{③}=(4\quad 5\quad 7\quad 0\quad 0\quad 0)^{T}\end{cases}$$

(3) 单元集成过程　设各杆的尺寸同例 8-1 所示的尺寸。

1) 考虑单元①：$\boldsymbol{k}^{①}$ 由例 8-1 给出，根据 $\boldsymbol{\lambda}^{①}$，有

$$\boldsymbol{K}^{①}=10^4\times\begin{bmatrix}150 & 0 & 0 & -150 & 0 & 0 & 0\\ 0 & 24 & 30 & 0 & -24 & 30 & 0\\ 0 & 30 & 50 & 0 & -30 & 25 & 0\\ -150 & 0 & 0 & 150 & 0 & 0 & 0\\ 0 & -12 & -30 & 0 & 12 & -30 & 0\\ 0 & 30 & 25 & 0 & -30 & 50 & 0\\ 0 & 0 & 0 & 0 & 0 & 0 & 0\end{bmatrix}_{7\times 7}$$

2) 考虑单元②：根据例 8-1 给出的 $\boldsymbol{k}^{②}$，将其中的元素按 $\boldsymbol{\lambda}^{②}$ 在 $\boldsymbol{K}$ 中定位并与 $\boldsymbol{K}^{①}$ 累加，即有

$$\boldsymbol{K}^{②}=10^4\times\begin{bmatrix}150+(24) & 0+(0) & 0+(-30) & -150 & 0 & 0 & 0\\ 0+(0) & 24+(150) & 30+(0) & 0 & -24 & 30 & 0\\ 0+(-30) & 30+(0) & 50+(50) & 0 & -30 & 25 & 0\\ -150 & 0 & 0 & 150 & 0 & 0 & 0\\ 0 & -24 & -30 & 0 & 24 & -30 & 0\\ 0 & 30 & 25 & 0 & -30 & 50 & 0\\ 0 & 0 & 0 & 0 & 0 & 0 & 0\end{bmatrix}_{7\times 7}$$

3) 考虑单元③：$\boldsymbol{k}^{③}$ 同 $\boldsymbol{k}^{②}$，由 $\boldsymbol{\lambda}^{③}$ 即得 $\boldsymbol{K}$ 的最终结果

$$\boldsymbol{K}=10^4\times\begin{bmatrix}174 & 0 & -30 & -150 & 0 & 0 & 0\\ 0 & 174 & 30 & 0 & -24 & 30 & 0\\ -30 & 30 & 100 & 0 & -30 & 25 & 0\\ -150 & 0 & 0 & 150+(24) & 0+(0) & 0 & 0+(-30)\\ 0 & -24 & -30 & 0+(0) & 24+(150) & -30 & 0+(0)\\ 0 & 30 & 25 & 0 & -30 & 50 & 0\\ 0 & 0 & 0 & 0+(-30) & 0+(0) & 0 & 0+(50)\end{bmatrix}_{7\times 7}$$

以上计算中未标明单位，目的是说明单元的集成过程。

8.5 等效节点荷载

1. 位移法基本方程

前面讨论了整体刚度矩阵 $\boldsymbol{K}$，建立了整体刚度方程，即

$$\boldsymbol{F}=\boldsymbol{K\Delta}$$

这个式子是根据原结构的位移法基本体系建立的，它表示由结点位移 $\boldsymbol{\Delta}$ 推算结点力 $\boldsymbol{F}$（即由于结点位移在附加约束处产生的约束力）的关系式。事实上，它只反映了结构的刚度性质，并没有涉及到作用在结构上的实际荷载。因此，它并不是用以分析原结构的位移法基本方程。

为了建立位移法基本方程，回顾一下前面所讲的内容，在第 7 章中曾对位移法基本体系分两种状态进行考虑，即

1）设荷载单独作用时，在基本结构中引起的结点约束力为 $\boldsymbol{F}^{\mathrm{F}}$。

2）设结点位移单独作用时，在基本结构中引起的结点约束力为 $\boldsymbol{F}=\boldsymbol{K\Delta}$。

因为位移法的基本体系与原结构等效，所以

$$\boldsymbol{F}^{\mathrm{F}}+\boldsymbol{F}=0$$

即有

$$\boldsymbol{K\Delta}+\boldsymbol{F}^{\mathrm{F}}=0 \qquad (8-40)$$

2. 等效结点荷载的概念

作用在结构上的荷载可以是结点荷载，可以是非结点荷载，也可以是结点荷载和非结点荷载的组合。前面所讲的内容，适用于结点荷载的情况，因此，为统一起见，应将非结点荷载转换为与之等效的结点荷载。等效的原则是两种荷载在基本结构附加约束处中产生相同的结点约束力。若令等效结点荷载为 P，则

$$\boldsymbol{P}=-\boldsymbol{F}^{\mathrm{F}} \qquad (8-41)$$

将其代入（8-40），有

$$\boldsymbol{K\Delta}=\boldsymbol{P} \qquad (8-42)$$

由此可见，矩阵位移法中的原问题可看作图 8-17 中（Ⅰ）和（Ⅱ）两部分的叠加：图 8-17（Ⅰ）中施加了结点约束力 $\boldsymbol{F}^{\mathrm{F}}$，将结点位移约束为零；图 8-17（Ⅱ）中再将 $\boldsymbol{F}^{\mathrm{F}}$ 反方向加上以消除本不该有的结点力。

对于变形和内力来讲，都应该是这两种情况的叠加，但对于结点位移，仅仅图 8-17（Ⅱ）是真实精确解。

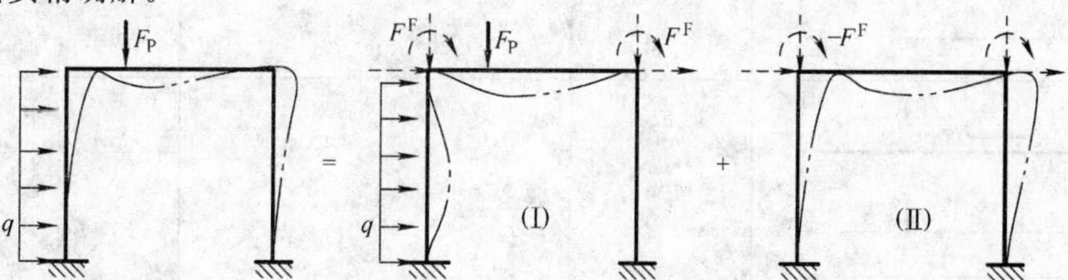

图 8-17　等效结点荷载的概念

3. 按单元集成法求整个结构的等效结点荷载

(1) 局部坐标系下单元的等效结点荷载 $\overline{\boldsymbol{P}}^{e}$　在结构中任取一杆件单元，在单元两端附加六个约束，使两端固定，则在给定荷载作用下，可求出六个固端约束力，它们组成固端约束力向量 $\overline{\boldsymbol{F}}^{\mathrm{F}e}$：

$$\overline{\boldsymbol{F}}^{\mathrm{F}e}=(\overline{F}_{x1}^{\mathrm{F}}\quad \overline{F}_{y1}^{\mathrm{F}}\quad \overline{M}_{1}^{\mathrm{F}}\quad \overline{F}_{x2}^{\mathrm{F}}\quad \overline{F}_{y2}^{\mathrm{F}}\quad \overline{M}_{2}^{\mathrm{F}})^{\mathrm{T}} \tag{8-43}$$

表 8-5 给出了几种典型荷载所引起的固端约束力。将固端约束力 $\overline{\boldsymbol{F}}^{\mathrm{F}e}$ 反号，即得到局部坐标系下单元的等效结点荷载为 $\overline{\boldsymbol{P}}^{e}$

$$\overline{\boldsymbol{P}}^{e}=-\overline{\boldsymbol{F}}^{\mathrm{F}e} \tag{8-44}$$

表 8-5　局部坐标系下单元固端约束力 $\overline{\boldsymbol{F}}^{\mathrm{F}e}$

序号	简图	固端力	始端 $\bar{1}$	始端 $\bar{2}$
1		$\overline{F}_x^{\mathrm{F}}$	0	0
		$\overline{F}_y^{\mathrm{F}}$	$-qa\left(1-\dfrac{a^2}{l^2}+\dfrac{a^3}{2l^3}\right)$	$-q\dfrac{a^3}{l^2}\left(1-\dfrac{a}{2l}\right)$
		$\overline{M}^{\mathrm{F}}$	$-\dfrac{qa^2}{12}\left(6-\dfrac{8a}{l}+\dfrac{3a^2}{l^2}\right)$	$\dfrac{qa^3}{12l}\left(4-\dfrac{3a}{l}\right)$
2		$\overline{F}_x^{\mathrm{F}}$	0	0
		$\overline{F}_y^{\mathrm{F}}$	$-F_{\mathrm{P}}\dfrac{b^2}{l^2}\left(1+\dfrac{2a}{l}\right)$	$-F_{\mathrm{P}}\dfrac{a^2}{l^2}\left(1+\dfrac{2b}{l}\right)$
		$\overline{M}^{\mathrm{F}}$	$-F_{\mathrm{P}}\dfrac{ab^2}{l}$	$F_{\mathrm{P}}\dfrac{a^2b}{l^2}$
3		$\overline{F}_x^{\mathrm{F}}$	0	0
		$\overline{F}_y^{\mathrm{F}}$	$\dfrac{6Mab}{l^3}$	$-\dfrac{6Mab}{l^3}$
		$\overline{M}^{\mathrm{F}}$	$M\dfrac{b}{l}\left(2-\dfrac{3b}{l}\right)$	$M\dfrac{a}{l}\left(2-\dfrac{3a}{l}\right)$
4		$\overline{F}_x^{\mathrm{F}}$	0	0
		$\overline{F}_y^{\mathrm{F}}$	$-\dfrac{qa}{4}\left(2-\dfrac{3a^2}{l^2}+\dfrac{1.6a^3}{l^3}\right)$	$-\dfrac{q}{4}\dfrac{a^3}{l^2}\left(3-\dfrac{1.6a}{l}\right)$
		$\overline{M}^{\mathrm{F}}$	$-\dfrac{qa^2}{6}\left(2-\dfrac{3a}{l}+\dfrac{1.2a^2}{l^2}\right)$	$\dfrac{qa^3}{4l}\left(1-\dfrac{0.8a}{l}\right)$
5		$\overline{F}_x^{\mathrm{F}}$	$qa\left(1-\dfrac{0.5a}{l}\right)$	$-\dfrac{0.5qa^2}{l}$
		$\overline{F}_y^{\mathrm{F}}$	0	0
		$\overline{M}^{\mathrm{F}}$	0	0
6		$\overline{F}_x^{\mathrm{F}}$	$-F_{\mathrm{P}}\dfrac{b}{l}$	$-F_{\mathrm{P}}\dfrac{a}{l}$
		$\overline{F}_y^{\mathrm{F}}$	0	0
		$\overline{M}^{\mathrm{F}}$	0	0

（2）整体坐标系下单元的等效结点荷载 $\boldsymbol{P}^e$　由坐标转换矩阵 $\boldsymbol{T}$，有

$$\boldsymbol{P}^e=\boldsymbol{T}^{\mathrm{T}}\overline{\boldsymbol{P}}^e=-\boldsymbol{T}^{\mathrm{T}}\overline{\boldsymbol{F}}^{\mathrm{F}e} \tag{8-45}$$

（3）整个结构的等效结点荷载 $\boldsymbol{P}$　依次将每个 $\boldsymbol{P}^e$ 中的元素按单元定位向量 $\boldsymbol{\lambda}^e$ 在 $\boldsymbol{P}$ 中进行定位并累加，最后得到 $\boldsymbol{P}$。

【例 8-3】　试求例 8-1 在图 8-18 所示的荷载下的等效荷载向量 $\boldsymbol{P}$。

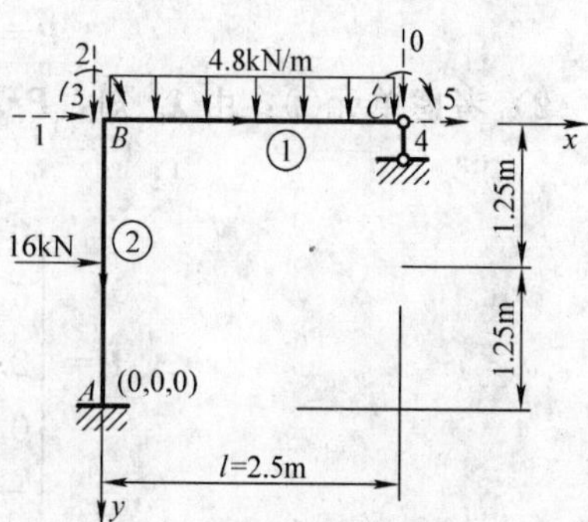

图 8-18　例 8-3 图

解：（1）局部坐标系中的固端约束力 $\overline{F}^{\mathrm{F}e}$

1）单元①：由表 8-5 的序号 1，$q=4.8\mathrm{kN/m}$，$a=l=2.5\mathrm{m}$，得

$$\begin{cases}\overline{F}^{\mathrm{F}}_{x1}=0\\ \overline{F}^{\mathrm{F}}_{y1}=-6\mathrm{kN}\\ \overline{M}^{\mathrm{F}}_1=-2.5\mathrm{kN\cdot m}\end{cases}\qquad \begin{cases}\overline{F}^{\mathrm{F}}_{x2}=0\\ \overline{F}^{\mathrm{F}}_{y2}=-6\mathrm{kN}\\ \overline{M}^{\mathrm{F}}_2=2.5\mathrm{kN\cdot m}\end{cases}$$

2）单元②：由表 8-5 的序号 2，$F_{\mathrm{P}}=-16\mathrm{kN}$，$a=b=2.5\mathrm{m}$，得

$$\begin{cases}\overline{F}^{\mathrm{F}}_{x1}=0\\ \overline{F}^{\mathrm{F}}_{y1}=8\mathrm{kN}\\ \overline{M}^{\mathrm{F}}_1=5\mathrm{kN\cdot m}\end{cases}\qquad \begin{cases}\overline{F}^{\mathrm{F}}_{x2}=0\\ \overline{F}^{\mathrm{F}}_{y2}=8\mathrm{kN}\\ \overline{M}^{\mathrm{F}}_2=-5\mathrm{kN\cdot m}\end{cases}$$

所以

$$\overline{\boldsymbol{F}}^{\mathrm{F}①}=\begin{bmatrix}0\\-6\\-2.5\\0\\-6\\2.5\end{bmatrix},\quad \overline{\boldsymbol{F}}^{\mathrm{F}②}=\begin{bmatrix}0\\8\\5\\0\\8\\-5\end{bmatrix}$$

（2）整体坐标系下各单元的等效荷载向量 $\boldsymbol{P}^e$　单元①、②的倾角分别为 $\alpha_1=90°$，$\alpha_2=90°$。由式（8-45）得

$$\boldsymbol{P}^{①}=-\overline{\boldsymbol{F}}^{\mathrm{F}①}=\begin{Bmatrix}0\\6\\2.5\\0\\6\\-2.5\end{Bmatrix}$$

$$\boldsymbol{P}^{②}=-\boldsymbol{T}^{②\mathrm{T}}\overline{\boldsymbol{F}}^{\mathrm{F}②}=-\begin{bmatrix}0&-1&0&0&0&0\\1&0&0&0&0&0\\0&0&1&0&0&0\\0&0&0&0&-1&0\\0&0&0&1&0&0\\0&0&0&0&0&1\end{bmatrix}\begin{Bmatrix}0\\8\\5\\0\\8\\-5\end{Bmatrix}=\begin{Bmatrix}8\\0\\-5\\8\\0\\5\end{Bmatrix}$$

(3) 求刚架的等效结点荷载 $\boldsymbol{P}$　两单元的总码如图 8-18 所示，所以单元的定位向量为

$$\boldsymbol{\lambda}^{①}=(1\quad 2\quad 3\quad 4\quad 0\quad 5)^{\mathrm{T}},\boldsymbol{\lambda}^{②}=(1\quad 2\quad 3\quad 0\quad 0\quad 0)^{\mathrm{T}}$$

将 $\boldsymbol{P}^e$ 中的元素，按 $\boldsymbol{\lambda}^e$ 在 $\boldsymbol{P}$ 中进行定位并累加即得到最终的 $\boldsymbol{P}$。

1）考虑单元①：由 $\boldsymbol{\lambda}^{①}$ 知，$\boldsymbol{P}^{①}$ 的第 5 行元素在 $\boldsymbol{P}$ 中无座位，所以 $\boldsymbol{P}$ 的阶段结果为

$$\boldsymbol{P}=(0\quad 6\quad 2.5\quad 0\quad -2.5)^{\mathrm{T}}$$

2）考虑单元②：由 $\boldsymbol{\lambda}^{②}$ 知，$\boldsymbol{P}^{②}$ 的第 4、5、6 行元素在 $\boldsymbol{P}$ 中无座位，所以 $\boldsymbol{P}$ 的最终结果为

$$\boldsymbol{P}=\begin{pmatrix}0+(8)\\6+(0)\\2.5+(-5)\\0\\-2.5\end{pmatrix}=\begin{pmatrix}8\text{kN}\\6\text{kN}\\-2.5\text{kN}\cdot\text{m}\\0\\-2.5\text{kN}\cdot\text{m}\end{pmatrix}$$

8.6　用先处理法计算平面刚架

所谓先处理法，就是在计算总刚度矩阵时，先将支座位移约束条件和因不计刚架式杆件的轴向变形等引起的结点位移相关关系作了考虑。实际上，当单元两端的某些位移已知为零时，只需将单元刚度矩阵（整体坐标系）中对应于上述位移的行和列删去，就可以得到考虑约束后的单元刚度矩阵（整体坐标系）。采用先处理法时，各个单元刚度矩阵（整体坐标系）的阶数常是不同的，结构的结点位移向量只需要列入独立的未知结点位移，同样，结点力向量也不包括支座反力。此时，单元刚度矩阵（整体坐标系）的元素按结点位移总码对号送入结构的总刚度矩阵并叠加得到最后的结构刚度矩阵。由于在先处理法中已考虑了结构的位移约束条件，所以形成的刚度矩阵是一个正定矩阵。根据 8.4、8.5 节的内容，可得到采用先处理法进行结构矩阵分析的步骤如下：

1）整理数据，对单元和刚架分别进行局部编码和总体编码。

2）根据式（8-6），形成局部坐标系下的单元刚度矩阵 $\overline{\boldsymbol{k}}^e$。

3）根据式（8-23），形成整体坐标系下的单元刚度矩阵 $\boldsymbol{k}^e$。

4）参照式（8-38），用单元集成法形成整体刚度矩阵 $\boldsymbol{K}$。

5）根据式（8-44）求局部坐标系下的单元等效结点荷载 $\overline{\boldsymbol{P}}^e$，由式（8-45）转换成整体坐标系的单元等效结点荷载 $\boldsymbol{P}^e$，最后用单元集成法形成整个结构的等效结点荷载 $\boldsymbol{P}$。

6）解方程 $\boldsymbol{K\Delta}=\boldsymbol{P}$，求出结点位移 $\boldsymbol{\Delta}$。

7）按如下方法求出各杆的杆端内力 $\overline{\boldsymbol{F}}^e$。

方法 1：$\overline{\boldsymbol{F}}^e=\overline{\boldsymbol{k}}^e\overline{\boldsymbol{\Delta}}^e+\overline{\boldsymbol{F}}^{\mathrm{F}e}$，其中 $\overline{\boldsymbol{\Delta}}^e=\boldsymbol{T}^e\boldsymbol{\Delta}^e$

方法 2：$\boldsymbol{F}^e=\boldsymbol{k}^e\boldsymbol{\Delta}^e+\boldsymbol{F}^{\mathrm{F}e}$，$\overline{\boldsymbol{F}}^e=\boldsymbol{T}^e\boldsymbol{F}^e$

【例 8-4】　试求如图 8-19a 所示刚架的内力。设各杆均为矩形截面，横梁 $b\times h=0.5\text{m}\times 1\text{m}$，柱子 $b\times h=0.6\text{m}\times 1\text{m}$。

解：(1) 原始数据及编码　为了计算上的方便，设 $E=1$。

柱：$A_1=0.6\text{m}^2$，$I_1=0.05\text{m}^4$，$l_1=6\text{m}$，$\dfrac{EA_1}{l_1}=0.1$

$\frac{EI_1}{l_1}=8.33\times10^{-3}$，$\frac{2EI_1}{l_1}=16.66\times10^{-3}$，$\frac{4EI_1}{l_1}=33.33\times10^{-3}$

$\frac{6EI_1}{l_1^2}=8.33\times10^{-3}$，$\frac{12EI_1}{l_1^3}=2.78\times10^{-3}$

单元编码、局部坐标系、整体坐标系、结点的位移分量编码如图 8－19b 所示。

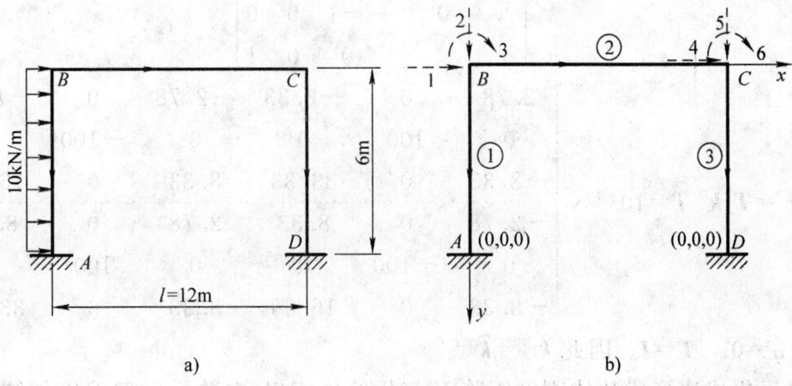

图 8－19　例 8－4 图

梁：$A_2=0.5\text{m}^2$，$I_2=\frac{1}{24}\text{m}^4$，$l_2=12\text{m}$，$\frac{EA_2}{l_2}=41.67\times10^{-3}$

$\frac{EI_2}{l_2}=3.47\times10^{-3}$，$\frac{2EI_2}{l_2}=6.94\times10^{-3}$，$\frac{4EI_2}{l_2}=13.89\times10^{-3}$

$\frac{6EI_2}{l_2^2}=1.74\times10^{-3}$，$\frac{12EI_2}{l_2^3}=0.29\times10^{-3}$

单元编码、整体坐标和结点位移分量的统一编码如图 8－19b 所示。

结点 **A** 和 **D** 为固定端，三个位移分量都为零，用 0 编码。结点 **B** 的编码为（1　2　3），结点 **C** 的编码为（4　5　6）。

（2）形成局部坐标系中的单元刚度矩阵 $\overline{\boldsymbol{k}}^e$

单元①和③

$$\overline{\boldsymbol{k}}^{①}=\overline{\boldsymbol{k}}^{③}=10^{-3}\times\left[\begin{array}{ccc:ccc}100 & 0 & 0 & -100 & 0 & 0\\ 0 & 2.78 & 8.33 & 0 & -2.78 & 8.33\\ 0 & 8.33 & 33.33 & 0 & -8.33 & 16.66\\ \hdashline -100 & 0 & 0 & 100 & 0 & 0\\ 0 & -2.78 & -8.33 & 0 & 2.78 & -8.33\\ 0 & 8.33 & 16.66 & 0 & -8.33 & 33.33\end{array}\right]$$

单元②

$$\overline{\boldsymbol{k}}^{②}=10^{-3}\times\left[\begin{array}{ccc:ccc}41.67 & 0 & 0 & -41.67 & 0 & 0\\ 0 & 0.29 & 1.74 & 0 & -0.29 & 1.74\\ 0 & 1.74 & 13.89 & 0 & -1.74 & 6.94\\ \hdashline -41.67 & 0 & 0 & 41.67 & 0 & 0\\ 0 & -0.29 & -1.74 & 0 & 0.29 & -1.74\\ 0 & 1.74 & 6.94 & 0 & -1.74 & 13.89\end{array}\right]$$

(3) 计算整体坐标系中的单元刚度矩阵 $\boldsymbol{k}^e$　单元①和③的坐标转换矩阵为（$\alpha=90°$）

$$\boldsymbol{T}=\begin{bmatrix} 0 & 1 & 0 & & & \\ -1 & 0 & 0 & & 0 & \\ 0 & 0 & 1 & & & \\ & & & 0 & 1 & 0 \\ & 0 & & -1 & 0 & 0 \\ & & & 0 & 0 & 1 \end{bmatrix}$$

$$\boldsymbol{k}^{①}=\boldsymbol{k}^{③}=\boldsymbol{T}^{\mathrm{T}}\overline{\boldsymbol{k}}^{①}\boldsymbol{T}=10^{-3}\times\begin{bmatrix} 2.78 & 0 & -8.33 & -2.78 & 0 & -8.33 \\ 0 & 100 & 0 & 0 & -100 & 0 \\ -8.33 & 0 & 33.33 & 8.33 & 0 & 16.66 \\ -2.78 & 0 & 8.33 & 2.78 & 0 & 8.33 \\ 0 & -100 & 0 & 0 & 100 & 0 \\ -8.33 & 0 & 16.66 & 8.33 & 0 & 33.33 \end{bmatrix}$$

单元②：$\alpha=0°$，$\boldsymbol{T}=\boldsymbol{I}$。因此 $\boldsymbol{k}^{②}=\overline{\boldsymbol{k}}^{②}$。

(4) 用单元集成法形成整体刚度矩阵 $\boldsymbol{K}$　由图 8－18b 中单元局部编码与结点位移统一编码的关系，各杆的单元定位向量可写出如下

$$\boldsymbol{\lambda}^{①}=(1\quad 2\quad 3\quad 0\quad 0\quad 0)^{\mathrm{T}}$$
$$\boldsymbol{\lambda}^{②}=(1\quad 2\quad 3\quad 4\quad 5\quad 6)^{\mathrm{T}}$$
$$\boldsymbol{\lambda}^{③}=(4\quad 5\quad 6\quad 0\quad 0\quad 0)^{\mathrm{T}}$$

按照单元定位向量 $\boldsymbol{\lambda}^e$，依次将各单元 $\boldsymbol{k}^e$ 中的元素在 $\boldsymbol{K}$ 中定位并累加，最后得到 $\boldsymbol{K}$ 如下

$$\boldsymbol{K}=10^{-3}\times\begin{bmatrix} 44.45 & 0 & -8.33 & -41.67 & 0 & 0 \\ 0 & 100.29 & 1.74 & 0 & -0.29 & 1.74 \\ -8.33 & 1.74 & 47.22 & 0 & -1.74 & 6.94 \\ -41.67 & 0 & 0 & 44.45 & 0 & -8.33 \\ 0 & -0.29 & -1.74 & 0 & 100.29 & -1.74 \\ 0 & 1.74 & 6.94 & -8.33 & -1.74 & 47.22 \end{bmatrix}$$

(5) 求等效结点荷载 $\boldsymbol{P}$　首先，求单元固端约束力 $\overline{\boldsymbol{F}}^{\mathrm{F}e}$

$$\overline{\boldsymbol{F}}^{\mathrm{F}①}=(0\quad 30\quad 30\quad 0\quad 30\quad -30)^{\mathrm{T}}$$

其次，求单元在整体坐标系中的等效结点荷载 $\boldsymbol{P}^e$。

单元①的倾角 $\alpha=90°$，则

$$\boldsymbol{P}^{①}=-\boldsymbol{T}^{①\mathrm{T}}\overline{\boldsymbol{F}}^{\mathrm{F}①}=-\begin{bmatrix} 0 & -1 & 0 & & & \\ 1 & 0 & 0 & & 0 & \\ 0 & 0 & 1 & & & \\ & & & 0 & -1 & 0 \\ & 0 & & 1 & 0 & 0 \\ & & & 0 & 0 & 1 \end{bmatrix}\begin{bmatrix} 0 \\ 30 \\ 30 \\ 0 \\ 30 \\ -30 \end{bmatrix}=\begin{bmatrix} 30 \\ 0 \\ -30 \\ 30 \\ 0 \\ 30 \end{bmatrix}$$

按单元定位向量 $\boldsymbol{\lambda}^{①}=(1\quad 2\quad 3\quad 0\quad 0\quad 0)^{\mathrm{T}}$，将 $\boldsymbol{P}^{①}$ 中的元素在 $\boldsymbol{P}$ 中定位，得

$$\boldsymbol{P}=(30\quad 0\quad -30\quad 0\quad 0\quad 0)^{\mathrm{T}}$$

(6) 解基本方程

$$10^{-3}\times\begin{bmatrix}44.45 & 0 & -8.33 & -41.67 & 0 & 0\\ 0 & 100.29 & 1.74 & 0 & -0.29 & 1.74\\ -8.33 & 1.74 & 47.22 & 0 & -1.74 & 6.94\\ -41.67 & 0 & 0 & 44.45 & 0 & -8.33\\ 0 & -0.29 & -1.74 & 0 & 100.29 & -1.74\\ 0 & 1.74 & 6.94 & -8.33 & -1.74 & 47.22\end{bmatrix}\begin{bmatrix}u_A\\ v_A\\ \theta_A\\ u_B\\ v_B\\ \theta_B\end{bmatrix}=\begin{bmatrix}30\\ 0\\ -30\\ 0\\ 0\\ 0\end{bmatrix}$$

求得

$$\begin{Bmatrix}u_A\\ v_A\\ \theta_A\\ u_B\\ v_B\\ \theta_B\end{Bmatrix}=\begin{Bmatrix}8622.3\\ -35.6\\ 686.6\\ 8340.4\\ 35.6\\ 1373\end{Bmatrix}$$

(7) 求各杆杆端力 $\overline{\boldsymbol{F}}^e$

单元①：先求 $\boldsymbol{F}^{①}$，然后求 $\overline{\boldsymbol{F}}^{①}$

$$\boldsymbol{F}^{①}=\boldsymbol{k}^{①}\boldsymbol{\Delta}^{①}+\boldsymbol{F}^{F①}=\boldsymbol{k}^{①}\boldsymbol{\Delta}^{①}+\boldsymbol{T}^{T}\overline{\boldsymbol{F}}^{F①}=\boldsymbol{k}^{①}\boldsymbol{\Delta}^{①}-\boldsymbol{P}^{①}$$

$$=10^{-3}\times\begin{bmatrix}2.78 & 0 & -8.33 & -2.78 & 0 & -8.33\\ 0 & 100 & 0 & 0 & -100 & 0\\ -8.33 & 0 & 33.33 & 8.33 & 0 & 16.66\\ -2.78 & 0 & 8.33 & 2.78 & 0 & 8.33\\ 0 & -100 & 0 & 0 & 100 & 0\\ -8.33 & 0 & 16.66 & 8.33 & 0 & 33.33\end{bmatrix}\begin{Bmatrix}8622.3\\ -35.6\\ 686.6\\ 0\\ 0\\ 0\end{Bmatrix}+\begin{Bmatrix}-30\\ 0\\ 30\\ -30\\ 0\\ -30\end{Bmatrix}$$

$=(-11.75\quad -3.56\quad -18.94\quad -48.25\quad 3.56\quad -90.39)^{T}$

$$\overline{\boldsymbol{F}}^{①}=\boldsymbol{T}\boldsymbol{F}^{①}=(-3.56\quad 11.75\quad -18.94\quad 3.56\quad 48.25\quad -90.39)^{T}$$

单元②

$$\overline{\boldsymbol{F}}^{②}=\boldsymbol{F}^{②}=\boldsymbol{k}^{②}\boldsymbol{\Delta}^{②}=10^{-3}\times\begin{bmatrix}41.67 & 0 & 0 & -41.67 & 0 & 0\\ 0 & 0.29 & 1.74 & 0 & -0.29 & 1.74\\ 0 & 1.74 & 13.89 & 0 & -1.74 & 6.94\\ -41.67 & 0 & 0 & 41.67 & 0 & 0\\ 0 & -0.29 & -1.74 & 0 & 0.29 & -1.74\\ 0 & 1.74 & 6.94 & 0 & -1.74 & 13.89\end{bmatrix}\begin{bmatrix}8622.3\\ -35.6\\ 686.6\\ 8340.4\\ 35.6\\ 1373\end{bmatrix}$$

$=(11.75\quad 3.56\quad 18.94\quad -11.75\quad -3.56\quad 23.71)^{T}$

单元③

$$\boldsymbol{F}^{③}=\boldsymbol{k}^{③}\boldsymbol{\Delta}^{③}$$

$$=10^{-3}\times\begin{bmatrix}2.78 & 0 & -8.33 & -2.78 & 0 & -8.33\\ 0 & 100 & 0 & 0 & -100 & 0\\ -8.33 & 0 & 33.33 & 8.33 & 0 & 16.66\\ -2.78 & 0 & 8.33 & 2.78 & 0 & 8.33\\ 0 & -100 & 0 & 0 & 100 & 0\\ -8.33 & 0 & 16.66 & 8.33 & 0 & 33.33\end{bmatrix}\begin{Bmatrix}8340.4\\ 35.6\\ 1373.0\\ 0\\ 0\\ 0\end{Bmatrix}=\begin{Bmatrix}11.75\\ 3.56\\ -23.71\\ -11.75\\ -3.56\\ -46.60\end{Bmatrix}$$

$$\overline{\boldsymbol{F}}^{③}=\boldsymbol{T}\boldsymbol{F}^{③}=(3.56 \quad -11.75 \quad -23.71 \quad -3.56 \quad 11.75 \quad -46.60)^{\mathrm{T}}$$

(8) 内力图绘制　根据杆端力绘制内力图，如图 8-20 所示。

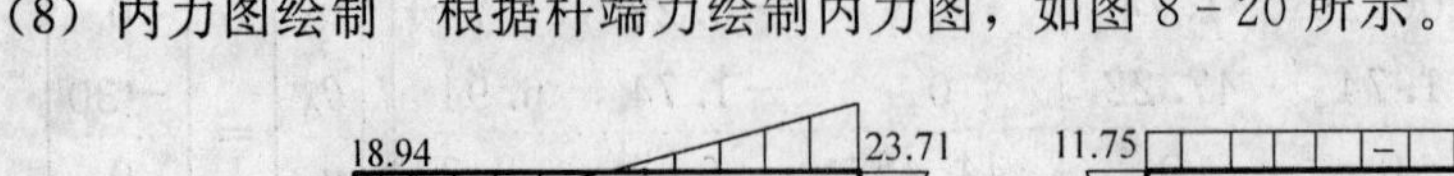

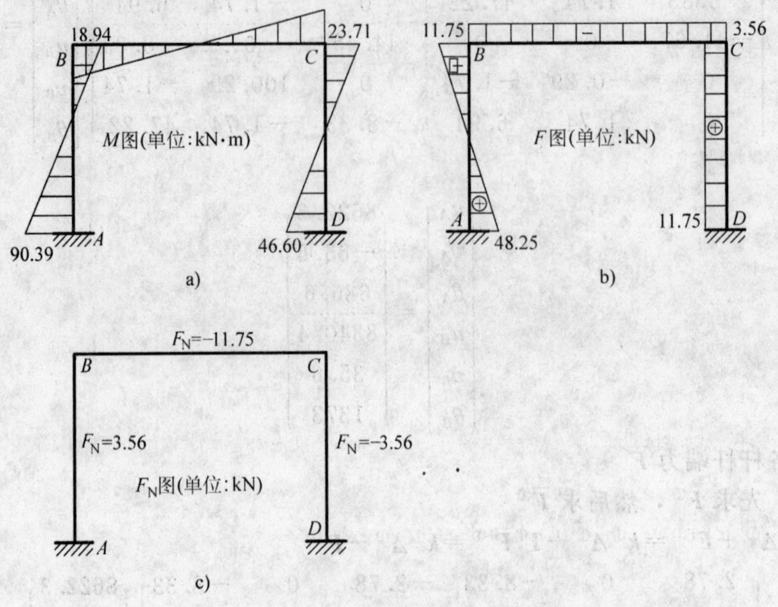

图 8-20　例 8-4 内力图

8.7　桁架的整体分析

如图 8-21 所示，局部坐标系下桁架单元的刚度方程已在 8.2 节中给出，其矩阵形式为

$$\begin{pmatrix}\overline{F}_{x1}\\ \overline{F}_{x2}\end{pmatrix}^{e}=\begin{bmatrix}\dfrac{EA}{l} & -\dfrac{EA}{l}\\ -\dfrac{EA}{l} & \dfrac{EA}{l}\end{bmatrix}\begin{pmatrix}\overline{u}_{1}\\ \overline{u}_{2}\end{pmatrix}^{e}$$

图 8-21　局部坐标系下的桁架单元

实际上，上式是一般单元刚度方程式（8-4）的特殊形式，即将式（8-4）中删去第 2、3、5、6 行和列后自动得出。

对于斜杆单元，其轴力和轴向位移在整体坐标系中将有沿 x 轴和 y 轴的两个分量。因此，如图 8-22 所示，整体坐标系中杆端力向量和杆端位移向量为

$$\boldsymbol{F}^{e}=\begin{pmatrix}F_{x1}\\ F_{y1}\\ F_{x2}\\ F_{y2}\end{pmatrix}^{e},\quad \boldsymbol{\Delta}^{e}=\begin{pmatrix}u_{1}\\ v_{1}\\ u_{2}\\ v_{2}\end{pmatrix}^{e}$$

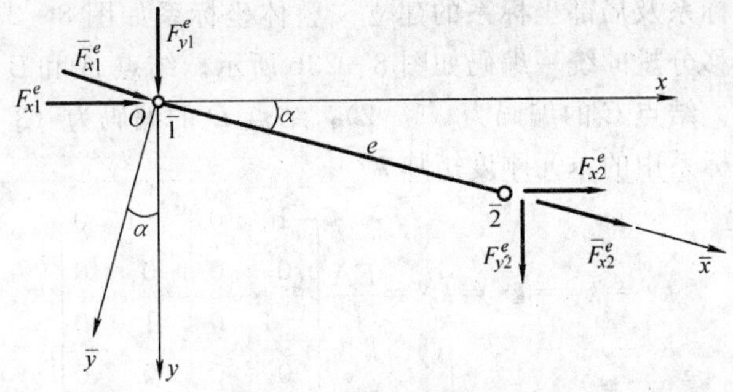

图 8-22 整体坐标下的桁架单元

由于 8.2 节推导的一般单元的转换关系具有一般性，而桁架单元是一般单元的特殊情况，只需根据桁架单元的特点，把 8.2 节的坐标转换矩阵 $\boldsymbol{T}$ 稍加修改，则 8.2 节的其他转换公式均可应用。

为了便于利用以前的坐标转换关系，将局部坐标系下的单元刚度方程扩大为四阶形式

$$\begin{Bmatrix} \bar{F}_{x1} \\ \bar{F}_{y1} \\ \bar{F}_{x2} \\ \bar{F}_{y2} \end{Bmatrix}^e = \frac{EA}{l}\begin{bmatrix} 1 & 0 & -1 & 0 \\ 0 & 0 & 0 & 0 \\ -1 & 0 & 0 & 1 \\ 0 & 0 & 0 & 0 \end{bmatrix}\begin{Bmatrix} \bar{u}_1 \\ \bar{v}_1 \\ \bar{u}_2 \\ \bar{v}_2 \end{Bmatrix}^e \tag{8-46}$$

式（8-12）是一般单元的杆端力转换式。对于桁架单元，由于不存在杆端弯矩，所以删去弯矩相应的行和列，便得到桁架单元的坐标转换矩阵 $\boldsymbol{T}$ 如下

$$\boldsymbol{T}^e = \begin{bmatrix} \cos\alpha & \sin\alpha & 0 & 0 \\ -\sin\alpha & \cos\alpha & 0 & 0 \\ 0 & 0 & \cos\alpha & \sin\alpha \\ 0 & 0 & -\sin\alpha & \cos\alpha \end{bmatrix} \tag{8-47}$$

单元集成法求总刚度矩阵的步骤同式（8-35）。需注意的是，桁架单元的结点转角不是基本未知量。

【例 8-5】 试求图 8-23a 所示的桁架的内力。各杆 EA 相同。（本例 EA 没有真值，故运算过程中不再注明单位）

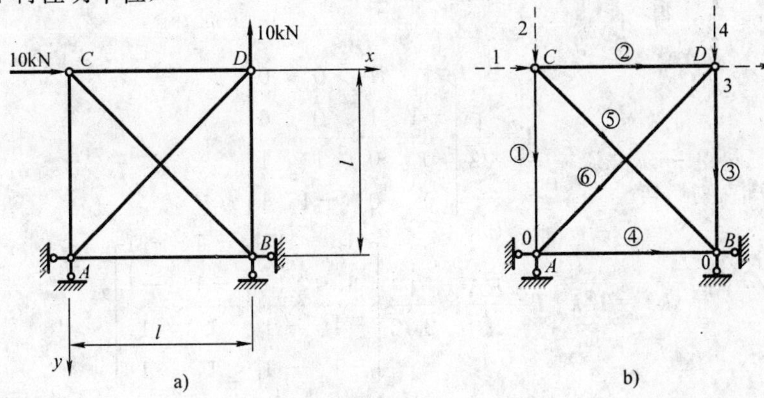

图 8-23 例 8-5 图

解：（1）整体坐标系及局部坐标系的建立　整体坐标系如图 8－23a 所示。单元的局部坐标、单元和结点位移分量的统一编码如图 8－23b 所示。结点 A 和 B 为简支，两个位移分量都为零，用 **0** 编码。结点 C 的编码为（1　2），结点 D 的编码为（3　4）。

（2）形成局部坐标系中的单元刚度矩阵 $\overline{\boldsymbol{k}}^e$

$$\overline{\boldsymbol{k}}^{①}=\overline{\boldsymbol{k}}^{②}=\overline{\boldsymbol{k}}^{③}=\overline{\boldsymbol{k}}^{④}=\frac{EA}{l}\begin{bmatrix}1 & 0 & -1 & 0\\0 & 0 & 0 & 0\\-1 & 0 & 1 & 0\\0 & 0 & 0 & 0\end{bmatrix}$$

$$\overline{\boldsymbol{k}}^{⑤}=\overline{\boldsymbol{k}}^{⑥}=\frac{EA}{\sqrt{2}l}\begin{bmatrix}1 & 0 & -1 & 0\\0 & 0 & 0 & 0\\-1 & 0 & 1 & 0\\0 & 0 & 0 & 0\end{bmatrix}$$

（3）整体坐标系下的单元刚度矩阵 $\boldsymbol{k}^e$　单元①和③的坐标转换矩阵为（$\alpha=\frac{\pi}{2}$）

$$\boldsymbol{T}=\begin{bmatrix}0 & 1 & 0 & 0\\-1 & 0 & 0 & 0\\0 & 0 & 0 & 1\\0 & 0 & -1 & 0\end{bmatrix}$$

所以

$$\boldsymbol{k}^{①}=\boldsymbol{k}^{③}=\boldsymbol{T}^{\mathrm{T}}\overline{\boldsymbol{k}}^{①}\boldsymbol{T}=\frac{EA}{l}\begin{bmatrix}0 & 0 & 0 & 0\\0 & 1 & 0 & -1\\0 & 0 & 0 & 0\\0 & -1 & 0 & 1\end{bmatrix}$$

单元②和单元④：$\alpha=0$，得

$$\boldsymbol{k}^{②}=\boldsymbol{k}^{④}=\frac{EA}{l}\begin{bmatrix}1 & 0 & -1 & 0\\0 & 0 & 0 & 0\\-1 & 0 & 1 & 0\\0 & 0 & 0 & 0\end{bmatrix}$$

单元⑤：$\alpha=\frac{\pi}{4}$，得

$$\boldsymbol{T}=\frac{1}{\sqrt{2}}\begin{bmatrix}1 & 1 & 0 & 0\\-1 & 1 & 0 & 0\\0 & 0 & 1 & 1\\0 & 0 & -1 & 1\end{bmatrix}$$

$$\boldsymbol{k}^{⑤}=\boldsymbol{T}^{\mathrm{T}}\overline{\boldsymbol{k}}^{⑤}\boldsymbol{T}=\frac{EA}{l}\times\frac{1}{2\sqrt{2}}\begin{bmatrix}1 & 1 & -1 & -1\\1 & 1 & -1 & -1\\-1 & -1 & 1 & 1\\-1 & -1 & 1 & 1\end{bmatrix}$$

单元⑥：$\alpha=\frac{3\pi}{4}$，得

$$T=\frac{1}{\sqrt{2}}\left[\begin{array}{cc:cc}-1 & 1 & 0 & 0\\ -1 & -1 & 0 & 0\\ \hdashline 0 & 0 & -1 & 1\\ 0 & 0 & -1 & -1\end{array}\right]$$

$$k^{⑥}=T^{\mathrm{T}}\overline{k}^{⑥}T=\frac{EA}{l}\times\frac{1}{2\sqrt{2}}\left[\begin{array}{cc:cc}1 & -1 & -1 & 1\\ -1 & 1 & 1 & -1\\ \hdashline -1 & 1 & 1 & -1\\ 1 & -1 & -1 & 1\end{array}\right]$$

(4) 用单元集成法形成整体刚度矩阵 K　由图 8-25b，各杆的单元定位向量如下：

$$\lambda^{①}=(1\quad 2\quad 0\quad 0)^{\mathrm{T}}$$
$$\lambda^{②}=(1\quad 2\quad 3\quad 4)^{\mathrm{T}}$$
$$\lambda^{③}=(3\quad 4\quad 0\quad 0)^{\mathrm{T}}$$
$$\lambda^{④}=(0\quad 0\quad 0\quad 0)^{\mathrm{T}}$$
$$\lambda^{⑤}=(1\quad 2\quad 0\quad 0)^{\mathrm{T}}$$
$$\lambda^{⑥}=(3\quad 4\quad 0\quad 0)^{\mathrm{T}}$$

按照单元定位向量 λ^{e}，依次将各单元 k^{e} 中的元素在 K 中定位，并与前阶段结果累加，最后得到 K 如下

$$K=\left[\begin{array}{cc:cc}1.35 & 0.35 & -1 & 0\\ 0.35 & 1.35 & 0 & 0\\ \hdashline -1 & 0 & 1.35 & -0.35\\ 0 & 0 & -0.35 & 1.35\end{array}\right]\frac{EA}{l}$$

(5) 求结点荷载 P　由图 8-23b，P 可直接写出如下

$$P=(10\quad 0\ \vdots\ 0\quad -10)^{\mathrm{T}}$$

(6) 解基本方程

$$\frac{EA}{l}\left[\begin{array}{cc:cc}1.35 & 0.35 & -1 & 0\\ 0.35 & 1.35 & 0 & 0\\ \hdashline -1 & 0 & 1.35 & -0.35\\ 0 & 0 & -0.35 & 1.35\end{array}\right]\left(\begin{array}{c}u_C\\ v_C\\ \hdashline u_D\\ v_D\end{array}\right)=\left(\begin{array}{c}10\\ 0\\ \hdashline 0\\ -10\end{array}\right)$$

得

$$\left(\begin{array}{c}u_C\\ v_C\\ \hdashline u_D\\ v_D\end{array}\right)=\left(\begin{array}{c}17.07\\ -4.43\\ \hdashline 11.50\\ -4.43\end{array}\right)\frac{l}{EA}$$

(7) 求各杆杆端力 $\overline{F}^{e}$

单元①

$$\overline{F}^{①}=TF^{①}-Tk^{①}\Delta^{①}$$

$$=\left[\begin{array}{cc:cc}0 & 1 & 0 & 0\\ -1 & 0 & 0 & 0\\ \hdashline 0 & 0 & 0 & 1\\ 0 & 0 & -1 & 0\end{array}\right]\left[\begin{array}{cc:cc}0 & 0 & 0 & 0\\ 0 & 1 & 0 & -1\\ \hdashline 0 & 0 & 0 & 0\\ 0 & -1 & 0 & 1\end{array}\right]\left(\begin{array}{c}17.07\\ -4.43\\ \hdashline 0\\ 0\end{array}\right)=\left(\begin{array}{c}-4.43\\ 0\\ \hdashline 4.43\\ 0\end{array}\right)$$

单元②

$$\overline{\boldsymbol{F}}^{②}=\boldsymbol{F}^{②}=\boldsymbol{k}^{②}\boldsymbol{\Delta}^{②}=\begin{bmatrix}1 & 0 & -1 & 0\\ 0 & 0 & 0 & 0\\ -1 & 0 & 1 & 0\\ 0 & 0 & 0 & 0\end{bmatrix}\begin{pmatrix}17.07\\ -4.43\\ 11.50\\ -4.43\end{pmatrix}=\begin{pmatrix}5.57\\ 0\\ -5.57\\ 0\end{pmatrix}$$

单元③

$$\overline{\boldsymbol{F}}^{③}=\boldsymbol{T}\boldsymbol{F}^{③}=\boldsymbol{T}\boldsymbol{k}^{③}\boldsymbol{\Delta}^{③}$$

$$=\begin{bmatrix}0 & 1 & 0 & 0\\ -1 & 0 & 0 & 0\\ 0 & 0 & 0 & 1\\ 0 & 0 & -1 & 0\end{bmatrix}\begin{bmatrix}0 & 0 & 0 & 0\\ 0 & 1 & 0 & -1\\ 0 & 0 & 0 & 0\\ 0 & -1 & 0 & 1\end{bmatrix}\begin{pmatrix}11.50\\ -4.43\\ 0\\ 0\end{pmatrix}=\begin{pmatrix}-4.43\\ 0\\ 4.43\\ 0\end{pmatrix}$$

单元④

$$\overline{\boldsymbol{F}}^{④}=\boldsymbol{F}^{④}=\boldsymbol{k}^{④}\boldsymbol{\Delta}^{④}=0$$

单元⑤

$$\overline{\boldsymbol{F}}^{⑤}=\boldsymbol{T}\boldsymbol{F}^{⑤}=\boldsymbol{T}\boldsymbol{k}^{⑤}\boldsymbol{\Delta}^{⑤}$$

$$=\frac{1}{\sqrt{2}}\begin{bmatrix}1 & 1 & 0 & 0\\ -1 & 1 & 0 & 0\\ 0 & 0 & 1 & 1\\ 0 & 0 & -1 & 1\end{bmatrix}\times\frac{1}{2\sqrt{2}}\begin{bmatrix}1 & 1 & -1 & -1\\ 1 & 1 & -1 & -1\\ -1 & -1 & 1 & 1\\ -1 & -1 & 1 & 1\end{bmatrix}\begin{pmatrix}17.07\\ -4.43\\ 0\\ 0\end{pmatrix}=\begin{pmatrix}6.32\\ 0\\ -6.32\\ 0\end{pmatrix}$$

单元⑥

$$\overline{\boldsymbol{F}}^{⑥}=\boldsymbol{T}\boldsymbol{F}^{⑥}=\boldsymbol{T}\boldsymbol{k}^{⑥}\boldsymbol{\Delta}^{⑥}$$

$$=\frac{1}{\sqrt{2}}\begin{bmatrix}-1 & 1 & 0 & 0\\ -1 & -1 & 0 & 0\\ 0 & 0 & -1 & 1\\ 0 & 0 & -1 & -1\end{bmatrix}\times\frac{1}{2\sqrt{2}}\begin{bmatrix}1 & -1 & -1 & 1\\ -1 & 1 & 1 & -1\\ -1 & 1 & 1 & -1\\ 1 & -1 & -1 & 1\end{bmatrix}\begin{pmatrix}11.50\\ -4.43\\ 0\\ 0\end{pmatrix}=\begin{pmatrix}-7.97\\ 0\\ 7.97\\ 0\end{pmatrix}$$

各杆内力值标在图 8 - 24 中桁架各杆旁边。

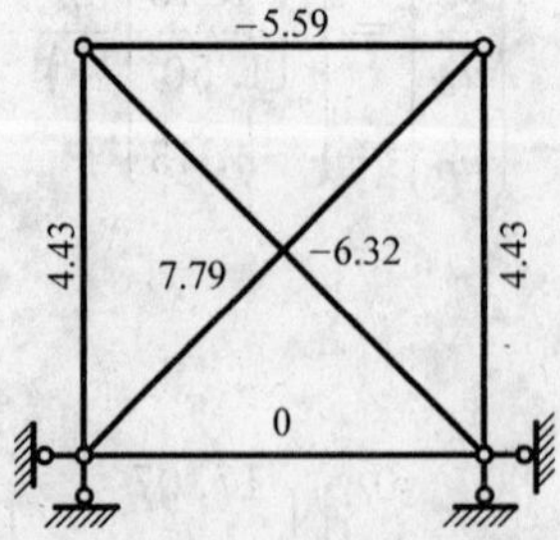

图 8 - 24　例 8 - 5 内力计算结果（单位：kN）

习　题

8-1　试建立图 8-25 所示连续梁的整体刚度矩阵。设 $EI=C$。

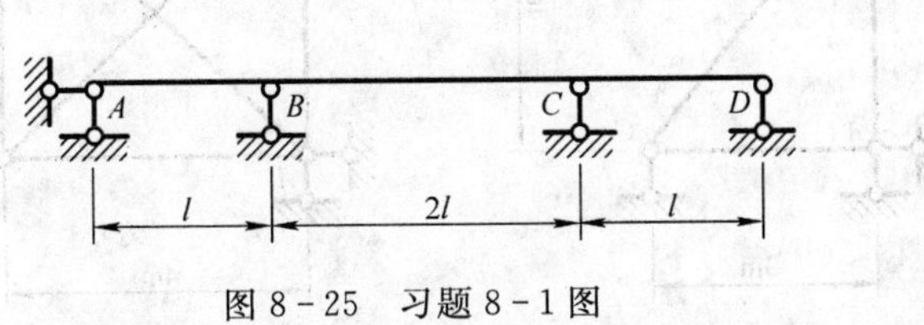

图 8-25　习题 8-1 图

8-2　试利用矩阵位移法计算图 8-26 所示连续梁，并画出弯矩图。

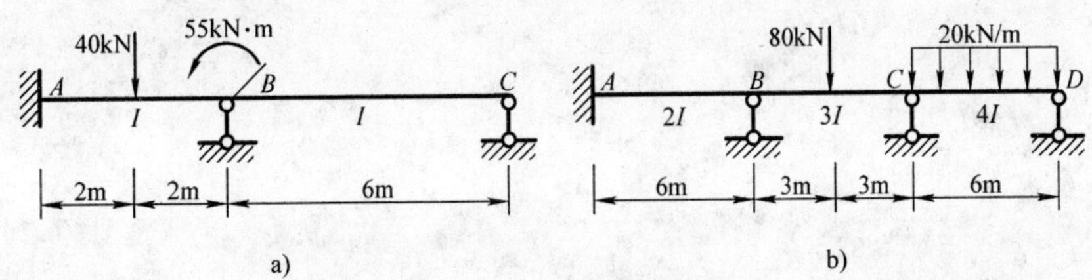

图 8-26　习题 8-2 图

8-3　试建立图 8-27 所示连续梁的整体刚度矩阵 K（忽略轴向变形）。设 $EI=C$。

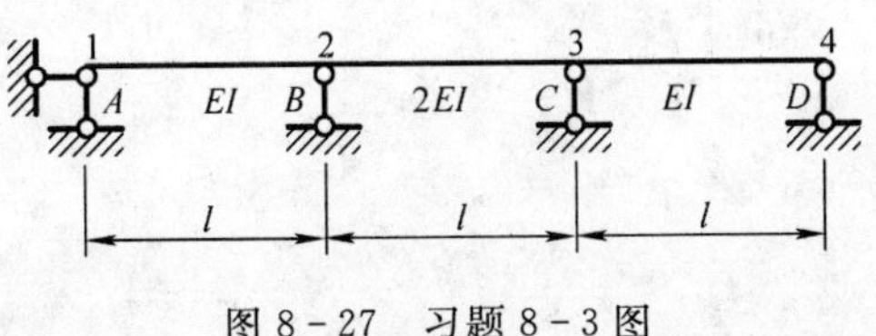

图 8-27　习题 8-3 图

8-4　试用矩阵位移法求图 8-28 所示刚架的内力，并画出内力图。已知 $A=0.5\text{m}^2$，$I=\frac{1}{24}\text{m}^4$，$E=3\times10^7\text{kN/m}^2$。

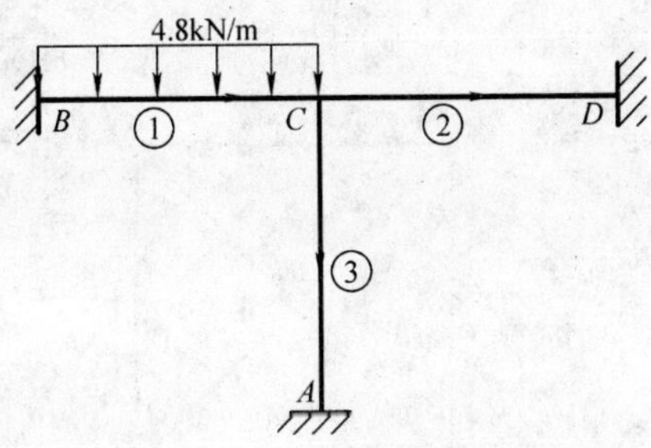

图 8-28　习题 8-4 图

8-5　试用矩阵位移法计算图 8-29 所示桁架的内力和反力。设各杆 EA 为常数。

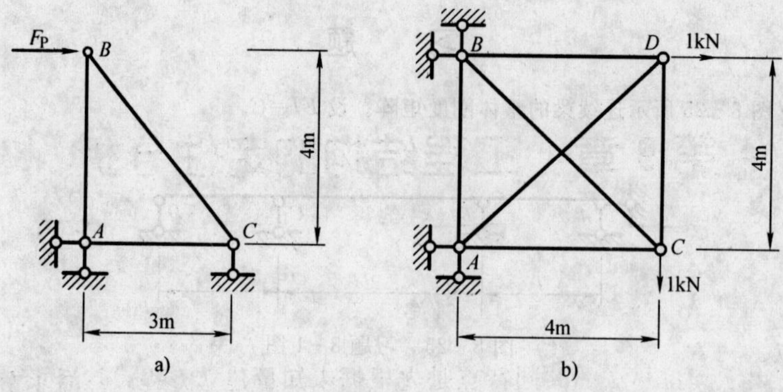

图 8-29　习题 8-5 图

第 9 章　工程结构的定性分析

9.1　概述

前文介绍的力法和位移法的共同特点是先根据未知量建立方程，然后求解方程。但当未知量个数较多时，求解就变得非常繁琐，为此，人们便提出了一些简化的计算方法，这些计算方法大致可分为两类：一是不建立方程直接逼近到真实的受力状态，通常称为渐近法，如弯矩分配法、无剪力分配法和迭代法等；二是通过忽略一些次要因素和对计算模型的近似，从而得到能满足工程要求的解答，通常称为近似法，如分层法、反弯点法和 D 值法等。渐近法通过简单的反复运算使其达到工程所要求的精度；而近似法的结果只能是近似的。随着计算机在结构分析中的广泛使用，手算虽然有所减少，但当未知量较少时，它仍然是一种较为有效的方法，同时，它是概念分析的有利工具。本章主要介绍弯矩分配法、无剪力分配法、分层法和反弯点法。

9.2　弯矩分配法的基本原理

弯矩分配法提出于 19 世纪 30 年代，后经过不断的改进和完善，它适用于无结点线位移的连续梁和刚架或虽有结点线位移但线位移已知的连续梁和刚架。

为了更好地说明弯矩分配法，先介绍一下几个定义。设 A 端为施力端，并称其为近端，另一端 B 为远端，使近端产生单位转角时所需施加的弯矩称为转动刚度，用 S_{AB} 表示，它表明了杆端对转动的抵抗能力，其值不仅与杆件的线刚度 $i=EI/l$ 有关，而且还与远端的支承条件有关。

如图 9-1 所示，根据等截面杆件的转角位移方程及转动刚度的定义，转动刚度 S_{AB} 汇总如下：

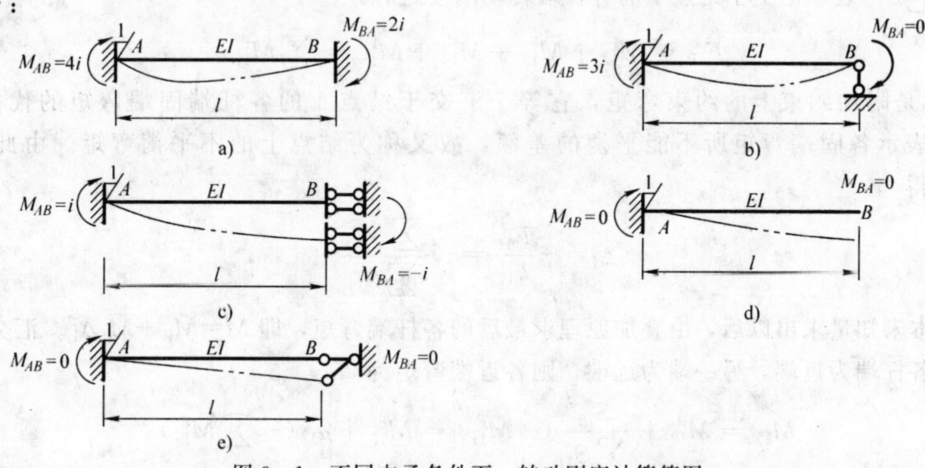

图 9-1　不同支承条件下，转动刚度计算简图

远端固定　　　　　　　　　　　$S=4i$

远端简支或铰支　　　　　　　　$S=3i$

远端滑动　　　　　　　　　　　$S=i$

远端自由或为轴向支杆　　　　　$S=0$

当近端发生转动时，远端也产生一定的弯矩，我们把远端弯矩与近端弯矩的比值称为传递系数，用 C_{AB} 来表示。对等截面杆件而言，传递系数 C_{AB} 与远端的支承条件有关，具体如下：

远端固定　　　　　　　　　　　$C_{AB}=0.5$

远端简支或铰支　　　　　　　　$C_{AB}=0$

远端滑动　　　　　　　　　　　$C_{AB}=-1$

远端自由或为轴向支杆　　　　　$C_{AB}=0$

传递系数和杆端弯矩具有关系式　$M_{BA}=C_{AB}M_{AB}$

弯矩分配法的理论基础是位移法，为此通过位移法基本体系来说明弯矩分配法的基本原理，如图 9-2a 所示的刚架，该刚架仅有一个基本未知量（只有角位移无线位移）。

其位移法的基本方程为　　　　　$k_{11}\Delta_1+F_{1P}=0$

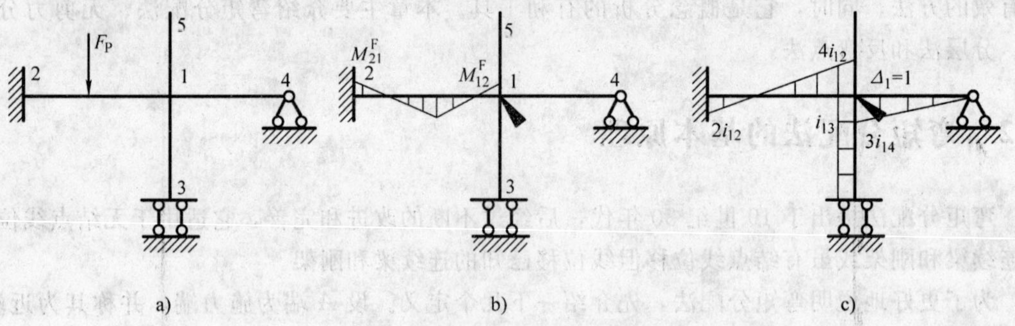

图 9-2　弯矩分配法基本原理分析图

由 M_P 图和 $\overline{M}_1$ 图，如图 9-2b、c 所示，可得系数和自由项为

$$k_{11}=4i_{12}+3i_{14}+i_{13}+0=S_{12}+S_{13}+S_{14}+S_{15}=\sum S_{1j}$$

式中，$\sum S_{1j}$ 表示汇交于结点 1 的各杆端转动刚度之和。

$$F_{1P}=M_{12}^F+M_{13}^F+M_{14}^F+M_{15}^F=\sum M_{1j}^F$$

F_{1P}是附加约束上的约束弯矩，它等于汇交于结点 1 的各杆端固端弯矩的代数和，它同时表示各固端弯矩所不能平衡的差额，故又称为结点上的不平衡弯矩。由此解基本方程得

$$\Delta_1=-\frac{F_{1P}}{k_{11}}=-\frac{\sum M_{1j}^F}{\sum S_{1j}}$$

基本未知量求出以后，由叠加原理求最后的各杆端弯矩，即 $M=M_P+\overline{M}_1\Delta_1$。汇交于结点 1 的各杆端为近端，另一端为远端，则各近端弯矩为

$$M_{12}=M_{12}^F+\frac{S_{12}}{\sum S_{1j}}(-M_{1j}^F)=M_{12}^F+\mu_{12}(-\sum M_{1j}^F)$$

$$M_{13} = M_{13}^{\mathrm{F}} + \frac{S_{13}}{\sum S_{1j}}(-M_{1j}^{\mathrm{F}}) = M_{13}^{\mathrm{F}} + \mu_{13}(-\sum M_{1j}^{\mathrm{F}})$$

$$M_{14} = M_{14}^{\mathrm{F}} + \frac{S_{14}}{\sum S_{1j}}(-M_{1j}^{\mathrm{F}}) = M_{14}^{\mathrm{F}} + \mu_{14}(-\sum M_{1j}^{\mathrm{F}})$$

$$M_{15} = M_{15}^{\mathrm{F}} + \frac{S_{15}}{\sum S_{1j}}(-M_{1j}^{\mathrm{F}}) = M_{15}^{\mathrm{F}} + \mu_{15}(-\sum M_{1j}^{\mathrm{F}})$$

上述各式中的第一项表示荷载单独作用时所产生的弯矩，即固端弯矩；第二项表示结点转动角度为 Δ_1 时所产生的弯矩，相当于把约束弯矩或不平衡弯矩反号后按汇交于同一结点的各转动刚度所占的比例分配给近端，故称为分配弯矩，其中 μ_{12}、μ_{13}、μ_{14}、μ_{15} 称为分配系数，可统一写为

$$\mu_{1j} = \frac{S_{1j}}{\sum S_{1j}}$$

显然，汇交于同一结点各杆端的分配系数之和应等于 1，即 $\sum \mu_{1j} = 1$，此条件主要用于校核。

各远端弯矩为

$$M_{21} = M_{21}^{\mathrm{F}} + C_{12}\frac{S_{12}}{\sum S_{1j}}(-M_{1j}^{\mathrm{F}}) = M_{21}^{\mathrm{F}} + C_{12}[\mu_{12}(-\sum M_{1j}^{\mathrm{F}})]$$

$$M_{31} = M_{31}^{\mathrm{F}} + C_{13}\frac{S_{13}}{\sum S_{1j}}(-M_{1j}^{\mathrm{F}}) = M_{31}^{\mathrm{F}} + C_{13}[\mu_{13}(-\sum M_{1j}^{\mathrm{F}})]$$

$$M_{41} = M_{41}^{\mathrm{F}} + C_{14}\frac{S_{14}}{\sum S_{1j}}(-M_{1j}^{\mathrm{F}}) = M_{41}^{\mathrm{F}} + C_{14}[\mu_{14}(-\sum M_{1j}^{\mathrm{F}})]$$

上述各式中的第二项为近端结点转动 Δ_1 时所产生的弯矩，如果暂不考虑固端弯矩项，它就等于近端的分配弯矩乘以传递系数，因此称为传递弯矩。

为此，在画无结点线位移的连续梁和刚架或虽有结点线位移但线位移已知的连续梁和刚架的弯矩图时，不必绘制 M_{P} 图和 $\overline{M}_1$ 图，也不必列位移法的基本方程，则直接计算各杆的杆端弯矩，具体步骤如下：

1）锁住结点，求约束弯矩。约束弯矩等于汇交于同一结点的固端弯矩之和，以顺时针转向为正。

2）放松结点，求分配弯矩和传递弯矩。分配弯矩等于将约束弯矩或不平衡弯矩反号后乘以汇交于同一结点的各杆端的分配系数；传递弯矩等于分配弯矩乘以传递系数。

3）叠加以上结果。各近端的杆端弯矩等于固端弯矩加上分配弯矩，各远端的杆端弯矩等于固端弯矩加上传递弯矩。

下面举例说明弯矩分配法的运算步骤。

【例 9-1】 试作图 9-3a 所示一等截面梁的弯矩图。

解：(1) 转动刚度　为计算方便，令

$$i = \frac{EI}{6} = 1$$

则

$$S_{AB} = 4\times1 = 4 \quad S_{BC} = 3\times1 = 3$$

(2) 分配系数计算

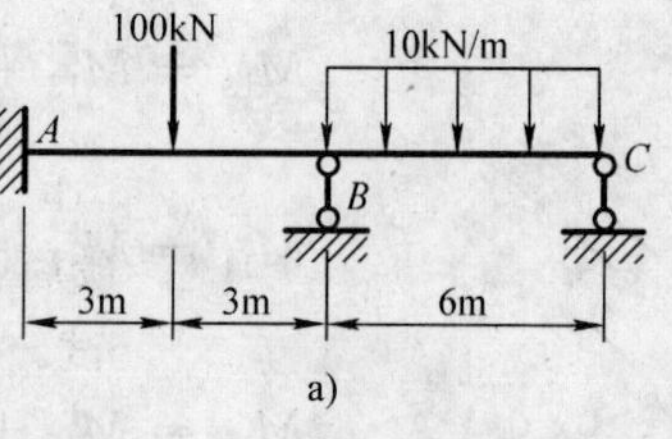

$$\mu_{BA}=\frac{4}{4+3}=0.571$$

$$\mu_{BA}=\frac{3}{4+3}=0.429$$

校核，$\mu_{BA}+\mu_{BC}=1$。

(3) 锁住结点，求约束弯矩

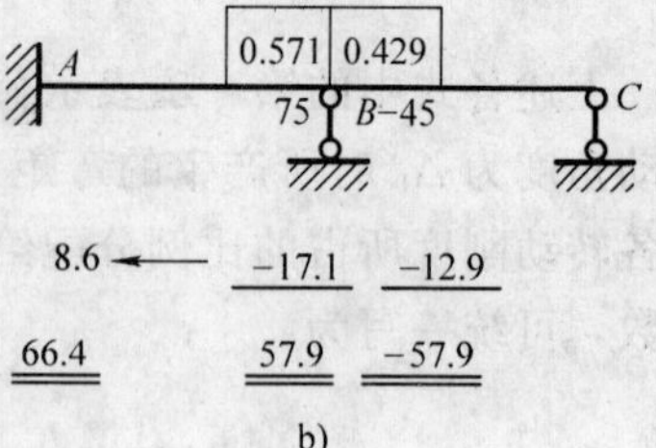

$$M_{AB}^{\mathrm{F}}=-\frac{1}{8}\times100\times6\mathrm{kN\cdot m}=-75\mathrm{kN\cdot m}$$

$$M_{BA}^{\mathrm{F}}=\frac{1}{8}\times100\times6\mathrm{kN\cdot m}=75\mathrm{kN\cdot m}$$

$$M_{AB}^{\mathrm{F}}=-\frac{1}{8}\times10\times6^{2}\mathrm{kN\cdot m}=-45\mathrm{kN\cdot m}$$

在结点 B 处，各杆端弯矩之和

$$M_B=(75-45)\mathrm{kN\cdot m}=30\mathrm{kN\cdot m}$$

即为结点 B 的约束弯矩。

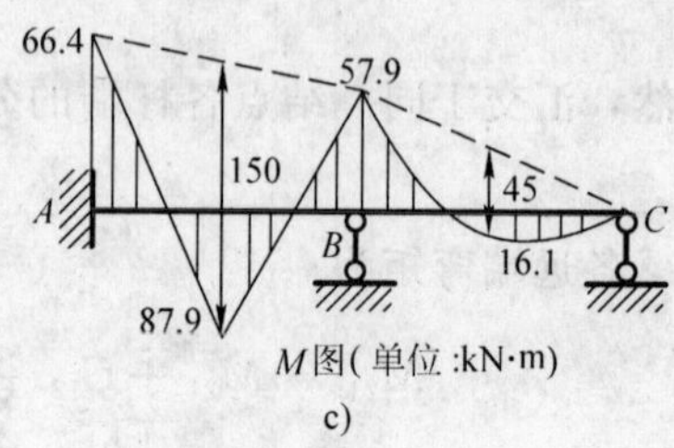

图 9-3 例 9-1 图

(4) 放松结点，求分配弯矩和传递弯矩　如图 9-3b 所示分配弯矩下面画一横线，表示结点已经放松，并达到平衡。用箭头表示弯矩的传递方向。

(5) 求杆端弯矩　叠加以上结果，即得最后杆端弯矩，用双横线来表示。注意汇交于同一结点各杆端弯矩应满足平衡条件。根据杆端弯矩，并利用叠加原理，绘弯矩图，如图 9-3c 所示。

9.3 弯矩分配法计算连续梁和无侧移刚架

上一节以只有一个结点位移未知量的结构说明了弯矩分配法的基本原理。对于具有多个结点的连续梁和无侧移刚架，只需依次对各结点使用上一节所述的方法，便得到最后杆端弯矩。但需要注意的是，一个结点的弯矩分配只需进行一次弯矩的分配与传递就可得到各杆端弯矩的精确解；而对于具有多个结点位移的结构，需要首先将所有结点锁住，求出各杆端固端弯矩，然后再轮流放松各结点，即每次只放松一个结点，其他结点仍暂时锁定，这样把各结点的不平衡弯矩轮流地进行分配与传递，直到传递弯矩小到按精度要求可以略去不计时为止。当然，若要加快收敛速度，根据转动刚度的定义可同时放松若干互不相邻的结点，并首先从不平衡弯矩绝对值较大的结点开始放松。

下面以图 9-4 所使得连续梁为例来说明弯矩分配法的求解步骤：

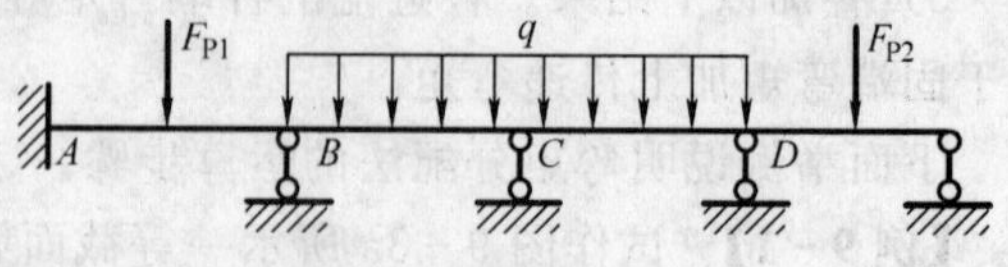

图 9-4 连续梁的弯矩分配

1) 将各结点同时锁定，计算各杆端分配系数。

2) 计算各杆端的固端弯矩和各结点的不平衡弯矩 M_B^{u}、M_C^{u}、M_D^{u}。

3) 先放松结点 B，其他结点暂时锁定，求结点 B 上各杆端的分配弯矩。

4）再放松结点 C，其他结点仍暂时锁定，求结点 C 上各杆端的分配弯矩，这时需要注意的是结点 C 的不平衡弯矩已不是 M_C^u，而应再加上结点 B 进行弯矩分配是传递到 BC 杆 C 端的传递弯矩，即 $M_C^{(u)}=M_C^u+M_{CB}^C$；

5）最后放松 D 结点，方法同结点 C，求出结点 D 上各杆端的分配弯矩。各结点轮流完成一次弯矩分配后，结点 B、C 又都处于不平衡状态。这样再重复步骤 3）～5），直到传递弯矩按精度要求可以略去时为止。最后将各步骤所得的各项弯矩叠加即可求得各杆端的最终弯矩。

【例 9-2】 用弯矩分配法计算图 9-5a 所示连续梁的各杆端弯矩并绘弯矩图。

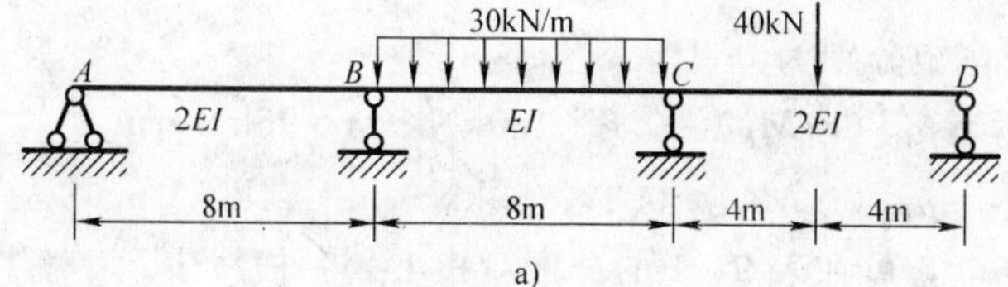

a)

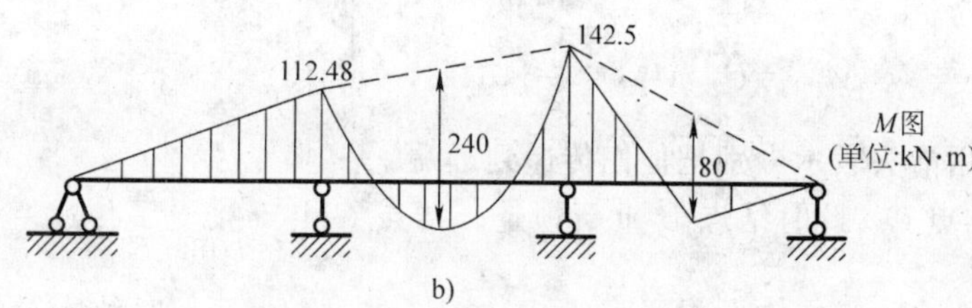

b)

图 9-5　例 9-2 图

解：1）计算结点的分配系数。

结点 B：　　$\mu_{BA}=\dfrac{6i}{6i+4i}=0.6$　　$\mu_{BC}=\dfrac{6i}{6i+4i}=0.4$

结点 C：　　$\mu_{CB}=\dfrac{6i}{6i+4i}=0.4$　　$\mu_{CD}=\dfrac{6i}{6i+4i}=0.6$

把分配系数分别写入表 9-1 内。

表 9-1　例 9-2 弯矩分配表

结点		A	B		C		D
杆端		AB	BA	BC	CB	CD	DC
分配系数			0.6	0.4	0.4	0.6	
固端弯矩			0	−160	160	−60	
1	放松结点 B	0	← 96	64 →	32		
	放松结点 C			−26.4	← −52.8	−72.9 →	0
2	放松结点 B	0	← 15.84	10.56 →	5.28		
	放松结点 C			−1.06	← −2.11	−3.17 →	0
3	放松结点 B	0	← 0.64	0.42 →	0.21		
	放松结点 C				−0.08	−0.13	
最终弯矩		0	112.48	−112.48	142.5	−142.5	0

2）锁定结点 B、C，计算固端弯矩。

$$M_{AB}^{F}=M_{BA}^{F}=0 \qquad M_{BC}^{F}=-\frac{1}{12}ql^2=-160\text{kN}\cdot\text{m}$$

$$M_{CB}^{F}=\frac{1}{12}ql^2=160\text{kN}\cdot\text{m} \quad M_{CD}^{F}=-\frac{3}{16}F_{P}l=-60\text{kN}\cdot\text{m}$$

$$M_{DC}^{F}=0$$

3）第一次弯矩分配与传递。为了使计算时收敛较快，分配宜从不平衡弯矩较大的结点开始，本例先放松结点 B，按单结点问题进行分配与传递，结点 B 的不平衡弯矩为

$$M_{B}^{u}=M_{BA}^{F}+M_{BC}^{F}=-160\text{kN}\cdot\text{m}$$

BA、BC 两杆的分配弯矩分别为

$$M_{BA}^{u}=\mu_{BA}(-M_{B}^{u})=0.6\times160\text{kN}\cdot\text{m}=96\text{kN}\cdot\text{m}$$

$$M_{BC}^{u}=\mu_{BC}(-M_{B}^{u})=0.4\times160\text{kN}\cdot\text{m}=64\text{kN}\cdot\text{m}$$

此时，结点 C 已经平衡，可在表 9-1 的分配弯矩下划一横线表示平衡。

传递弯矩

$$M_{AB}^{C}=0$$

$$M_{CB}^{C}=C_{BC}M_{BC}^{u}=\frac{1}{2}\times64\text{kN}\cdot\text{m}=32\text{kN}\cdot\text{m}$$

在表 9-1 中用箭头表示分别把他们传递到远端。

再单独放松结点 C，此时结点 B 重新锁定。结点 C 由于接受了传递弯矩，其不平衡弯矩变为

$$M_{C}^{(u)}=M_{C}^{(u)}+M_{CB}^{C}=M_{CB}^{F}+M_{CD}^{F}+M_{CB}^{C}=(160-60+32)\text{kN}\cdot\text{m}=132\text{kN}\cdot\text{m}$$

CB、CD 两杆的分配弯矩分别为

$$M_{CB}^{u}=\mu_{CB}(-M_{C}^{(u)})=0.4\times(-132)\text{kN}\cdot\text{m}=-52.8\text{kN}\cdot\text{m}$$

$$M_{CD}^{u}=\mu_{CD}(-M_{C}^{(u)})=0.6\times(-132)\text{kN}\cdot\text{m}=-79.2\text{kN}\cdot\text{m}$$

传递弯矩

$$M_{BC}^{C}=C_{CB}M_{CB}^{u}=\frac{1}{2}\times(-52.8)\text{kN}\cdot\text{m}=-26.4\text{kN}\cdot\text{m}$$

$$M_{DC}^{C}=0$$

此时，结点 C 已经平衡，但结点 B 又不平衡了。以上完成了弯矩的第一次分配与传递。

4）由于结点 B 又不平衡，须重新进行分配与传递，即重复过程 3)，直到传递弯矩小到按精度要求可以略去时为止。

5）计算最终杆端弯矩。将各杆端的固端弯矩、历次的分配弯矩和传递弯矩代数求和，即可得到各杆端的最终弯矩。如 AB 杆 B 端弯矩为 $M_{BA}=(96+15.84+0.64)\text{kN}\cdot\text{m}=112.48\text{kN}\cdot\text{m}$。

6）绘制弯矩图，如图 9-5b 所示。

一般情况下，只需对各结点进行两到三次的分配与传递就能达到工程中对精度的要求。

【例 9-3】 用弯矩分配法计算图 9-6a 所示连续梁的各杆端弯矩并绘弯矩图。

解：本题的特点是由伸臂部分 BE，这部分是静定的，荷载作用下的内力已知。计算时可将这部分去掉，在支座 B 处用等效的集中力和弯矩代替，如图 9-6b 所示。

下面针对图 9-6b 所示的连续梁进行计算。

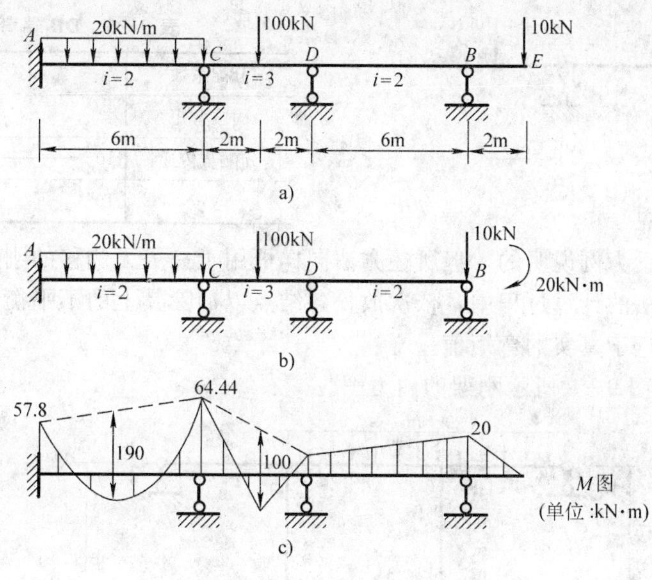

图 9-6 例 9-3 图

计算分配系数：

结点 C $\qquad \mu_{CA}=\dfrac{4\times 2i}{4\times 2i+4\times 3i}=0.4$， $\quad \mu_{CD}=\dfrac{4\times 3i}{4\times 2i+4\times 3i}=0.6$

结点 D $\qquad \mu_{CA}=\dfrac{4\times 3i}{4\times 3i+3\times 3i}=0.667$， $\quad \mu_{CA}=\dfrac{3\times 2i}{4\times 3i+3\times 2i}=0.333$

查表算出各固端弯矩后，其余计算见表 9-2。

表 9-2 例 9-3 弯矩分配

	结点	A	C		D		B
	杆端	AC	CA	CD	DC	DE	ED
	分配系数		0.4	0.6	0.667	0.333	
	固端弯矩	−60	60	−50	50	10	20
1	放松结点 D			−20	−40	−20	0
	放松结点 C	2	4	6	3		
2	放松结点 D			−1	−2	−1	0
	放松结点 C	0.2	0.4	0.6	−0.3		
3	放松结点 D			−0.1	−0.2	0.1	0
	放松结点 C		0.04	0.06			
	最终弯矩	−57.8	64.44	−64.44	11.1	−11.1	0

最后 M 图如图 9-6c 所示。

此题中 DB 杆固定端弯矩也可以利用弯矩分配法的概念求得，如图 9-7 所示，先不去掉悬臂，而暂时将结点 B 固定，于是写出各杆固端弯矩，见表 9-3。然后，按弯矩分配的方法消除结点 B 的不平衡弯矩 $M_B^F=-20\text{kN}\cdot\text{m}$。

此时 $\mu_{BD}=1$，$\mu_{BE}=0$。由图 9-7 可知，其结果与前述的相同。而结点 B 此次放松后便不在以后的计算中作为铰处理。

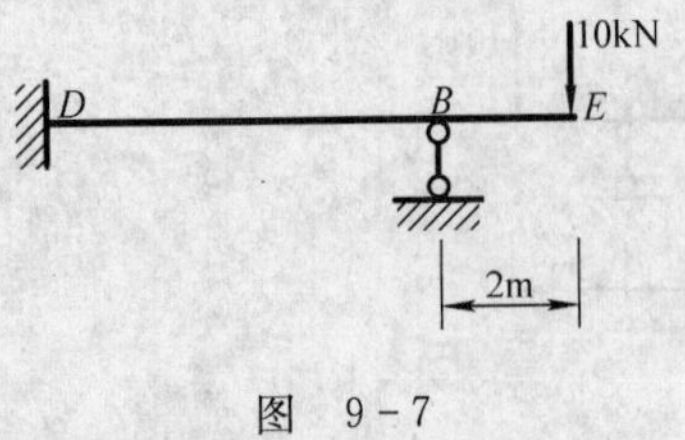

图 9-7

表 9-3 ***DB* 端弯矩分配**

分配系数		1	0
固端弯矩			−20
分配与传递	10 ←	<u>20</u>	<u>0</u>
弯矩	10	20	−20

以上是以连续梁为例说明的，但所述方法同样可用于一般无侧移的刚架。由以上的例子可知，在力矩分配法的计算过程中，依次放松各结点以消除其上的不平衡弯矩从而修正各杆端的弯矩，使其接近于真实的弯矩值。

【例 9-4】 求图 9-8 所示刚架的内力图。

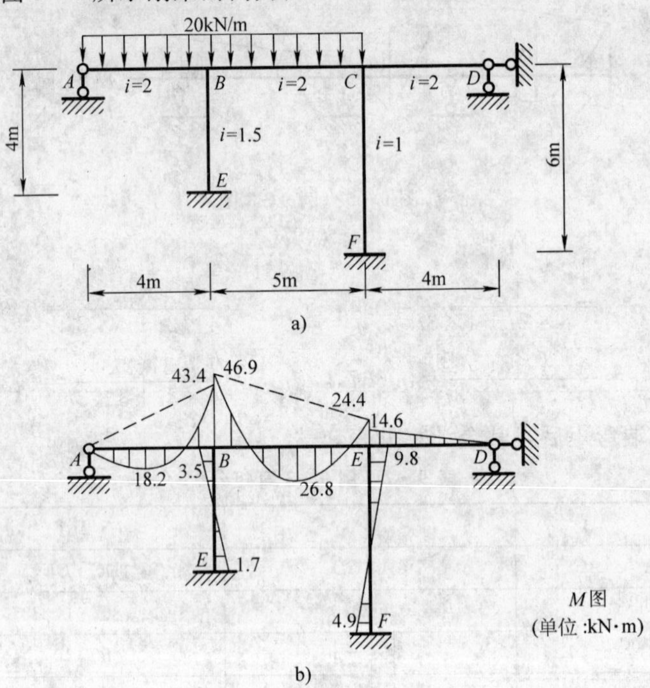

图 9-8　例 9-4 图

解：1）分配系数计算。

结点 B

$$\mu_{BA}=\frac{3\times 2i}{3\times 2i+4\times 2i+4\times 1.5i}=0.3$$

$$\mu_{BC}=\frac{4\times 2i}{3\times 2i+4\times 2i+4\times 1.5i}=0.4$$

$$\mu_{BE}=\frac{4\times 1.5i}{3\times 2i+4\times 2i+4\times 1.5i}=0.3$$

结点 C

$$\mu_{CB}=\frac{4\times 2i}{4\times 2i+3\times 2i+4\times i}=0.445$$

$$\mu_{CD}=\frac{3\times 2i}{4\times 2i+3\times 2i+4\times i}=0.333$$

$$\mu_{CF}=\frac{4\times i}{4\times 2i+3\times 2i+4\times i}=0.222$$

2）固端弯矩计算

$$M_{BA}^{F}=\frac{1}{8}ql^2=\frac{1}{8}\times 20\times 4^2\text{kN}\cdot\text{m}=40\text{kN}\cdot\text{m}$$

$$M_{BC}^{F}=-\frac{1}{12}ql^2=-\frac{1}{12}\times 20\times 5^2\text{kN}\cdot\text{m}=-41.7\text{kN}\cdot\text{m}$$

$$M_{CB}^{F}=41.7\text{kN}\cdot\text{m}$$

3）弯矩分配。按 C、B 顺序分配两次，计算见表 9-4。放松结点的顺序可以任意取，并不影响最后的结果。但为了缩短计算过程，最好先放松不平衡弯矩较大的结点。在本例中，先放松结点 C 较好。

表 9-4　例 9-4 弯矩分配

结点		A	E	B			C			D	F
杆端		AB	EB	BA	BE	BC	CB	CF	CD	DC	FC
分配系数				0.3	0.3	0.4	0.445	0.222	0.333		
固端弯矩				40		−41.7	41.7				
1	结点 B					−9.3	−19	−9.3	−13.9		−4.7
	结点 C		1.65	3.3	3.3	4.4	2.2				
2	结点 B					−0.5	−1.0	−0.5	−0.7		−0.2
	结点 C		0.075	0.15	0.15	0.2					
最终弯矩		0	1.725	43.4	3.5	−46.9	24.4	−9.8	−14.6	0	−4.9

4）作弯矩图，如图 9-8b 所示。

由于实际工程中连续梁和刚架一般都是对称结构，而作用在对称结构上的任意荷载可以分解成对称荷载和反对称荷载两部分分别计算。下面通过例题说明弯矩分配法在对称结构中的应用。

【例 9-5】 利用对称性用弯矩分配法计算图 9-9a 所示的刚架。$EI=C$（常数）。

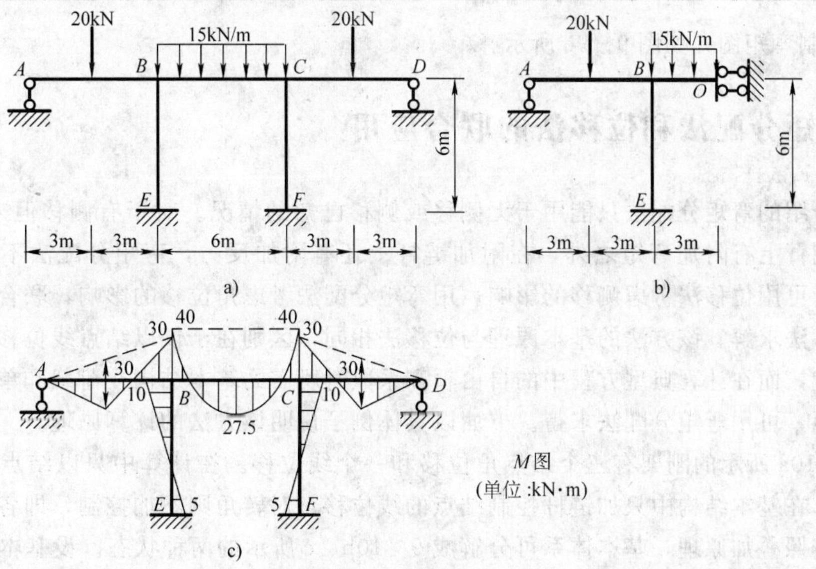

图 9-9　例 9-5 图

解：这个刚架受正对称荷载的作用，利用对称性取半刚架计算，如图 9－9b 所示。由于这是一个无结点侧移的刚架，可以用弯矩分配法计算。

1）分配系数计算 $i=\frac{EI}{6}$

结点 B

$$\mu_{BA}=\frac{3\times i}{3\times i+4\times i+1\times 2i}=0.333$$

$$\mu_{BE}=\frac{4\times i}{3\times i+4\times i+1\times 2i}=0.445$$

$$\mu_{BO}=\frac{2i}{3\times i+4\times i+1\times 2i}=0.222$$

2）固端弯矩计算

$$M_{BA}^{F}=\frac{3}{16}F_{P}l=\frac{3}{16}\times 20\times 6\text{kN}\cdot\text{m}=22.5\text{kN}\cdot\text{m}$$

$$M_{OB}^{F}=-\frac{1}{6}ql^{2}=\frac{1}{6}\times 15\times 3^{2}\text{kN}\cdot\text{m}=-22.5\text{kN}\cdot\text{m}$$

$$M_{AB}^{F}=0$$

$$M_{OB}^{F}=-\frac{1}{3}ql^{2}=\frac{1}{3}\times 15\times 3^{2}\text{kN}\cdot\text{m}=-45\text{kN}\cdot\text{m}$$

3）弯矩分配与传递，见表 9－5。

表 9－5　例 9－5 弯矩分配

结点	E	A	B			O
杆端	EB	AB	BA	BE	BO	OB
分配系数			0.333	0.445	0.222	
固端弯矩		0	22.5			−22.5
分配与传递	5	0	7.5	10		−5
最终弯矩	5	0	30	10	−40	−27.5

4）绘制弯矩图，如图 9－9c 所示。

9.4　弯矩分配法和位移法的联合应用

前面介绍的弯矩分配法只能用于无侧移或侧移已知的情况。对于有侧移但未知的刚架，除了附加刚臂上有附加弯矩之外，在附加链杆上还有附加反力，弯矩分配法不能再直接应用。为此，可用位移法考虑侧移的影响，用弯矩分配法考虑角位移的影响，联合应用弯矩分配法和位移法求解。该方法的基本原理与位移法相同，区别在于仅以结点线位移（侧移）为基本未知量，而在计算典型方程中的自由项和系数时所需的基本结构在荷载和单位线位移作用下的弯矩，可用弯矩分配法求得。下面以具体例子说明该方法的计算原理。

图 9－10a 所示的刚架有三个结点角位移和一个线位移。在计算中只以结点角位移为基本未知量，在基本结构中只加链杆控制结点的线位移，对转角则不加控制，即各结点可以自由转动。按照叠加原理，基本体系可分解成 9－10b、c 所示的两种状态。设基本结构在荷载作用下附加链杆上的反力为 F_{1P}，在发生与原结构相同的结点线位移 Δ_1 时附加链杆上的反

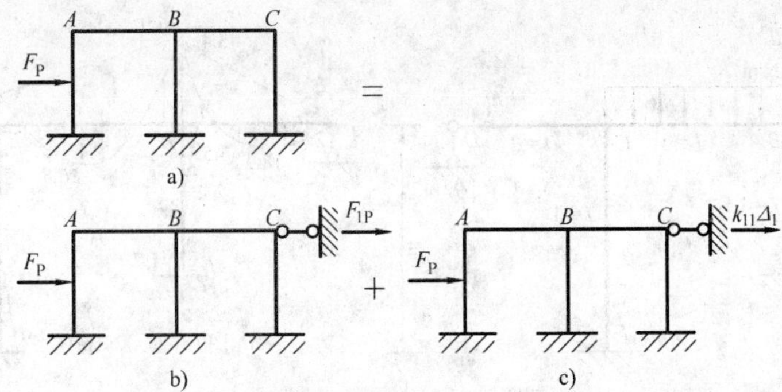

图 9－10 弯矩分配法与位移法联合应用示例

力为 $k_{11}\Delta_1$，k_{11} 为 $\Delta_1=1$ 时链杆的反力。

由此可建立位移法方程 $$k_{11}\Delta_1+F_{1P}=0 \quad (9-1)$$

此时弯矩则可表示为 $$M=\overline{M_1}\Delta_1+M_P \quad (9-2)$$

为了确定自由项 F_{1P} 和系数 k_{11}，须分别求出基本结构在荷载和单位线位移 $\Delta_1=1$ 作用下的弯矩 M_P 和 $\overline{M_1}$。求 M_P 时的各结点无结点线位移，可用弯矩分配法求得。求 M_1 时，结点线位移 $\Delta_1=1$，这时相当于无结点线位移刚架发生已知支座位移的情况，其弯矩同样可以用弯矩分配法求得。求得 M_P 和 $\overline{M_1}$ 后，便可通过平衡条件求出 F_{1P} 和 k_{11}。这样就可以直接按式（9－1）求出 $\Delta_1=\dfrac{F_{1P}}{k_{11}}$，然后按式（9－2）可求得弯矩图。

【例 9－6】 求图 9－11a 所示刚架的内力。

解：1）在 D 处加水平链杆，然后求出荷载作用下得的弯矩图 M_P，这时结构与例 9－4 相同。弯矩图如 9－11b 所示。

由杆端弯矩可求出柱底剪力

$$F_{QEB}=-\frac{3.45-1.7}{4}\text{kN}=-1.29\text{kN} \qquad F_{QFC}=\frac{9.8-4.9}{6}\text{kN}=2.45\text{kN}$$

再由整个刚架的平衡条件 $\sum F_x=0$，求得 $F_{1P}=(2.45-1.29)\text{kN}=1.16\text{kN}(\rightarrow)$

2）求支座 D 向右产生单位位移时刚架的弯矩图 M_1。此时结点线位移已知，为 $\Delta_1=1$。注意：这里 $\Delta_1=1$ 并非真值，故在运算中不注单位。可用弯矩分配法求得，弯矩图 M_1 如图 9－11c 所示。由杆端弯矩可求出柱底剪力

$$F_{QEB}=\frac{0.965+0.806}{4}=0.443$$

$$F_{QFC}=\frac{0.467+0.436}{6}=0.151$$

再由整体平衡条件求 k_{11}

$$k_{11}=0.443+0.151=0.594\ (\rightarrow)$$

3）求结点水平位移。 $\Delta_1=-\dfrac{F_{1P}}{k_{11}}=-\dfrac{1.16}{0.594}=-1.95$

4）作弯矩图。将 M_1 图乘以 $\Delta_1=-1.95$，再与 9－11b 的 M_P 图叠加，即得最终弯矩图，如图 9－11d 所示。

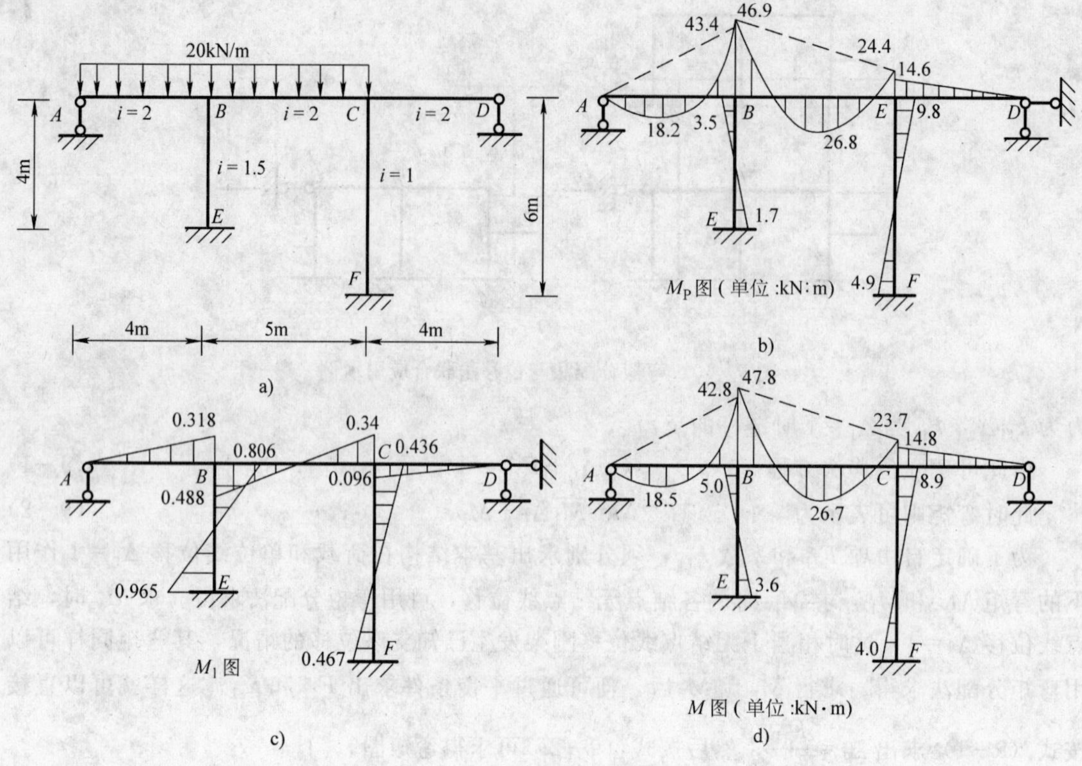

图 9-11　例 9-6 图

以上是刚架只有一个结点线位移时的情况，当结点线位移不止一个时处理方法仍相同，只是需组成和解算联立方程。而且这种方法对于任何形式的刚架和任何荷载的作用都是适用的。

9.5　无剪力分配法的基本原理

弯矩分配法是无侧移刚架的渐进法，不能直接用于有侧移刚架。而无剪力分配法则是计算符合某些特定条件的有侧移刚架的一种方法。下面以单跨对称结构在反对称荷载作用下的半刚架为例来说明这种方法。

单跨对称结构是工程中常见的一种结构形式，如刚架式桥墩、单跨厂房等。在对称荷载作用下，由于结点只有转角没有侧移，可用弯矩分配法直接计算；在反对称荷载作用下，结点除有转角外还有侧移，此时可采用无剪力分配法来计算。图 9-12a 为一承受反对称荷载的对称刚架，其半刚架如图 9-12b 所示。

此刚架有如下特点：各横梁虽有水平位移但两端结点并无相对线位移，这种杆件称为无侧移杆件；各立柱的两端虽有相对侧移，但剪力是静定的，如图 9-12c 所示，这种杆件称为剪力静定杆件。

无剪力分配法只适用于一些特殊的有侧移刚架，即刚架的一部分杆件是无侧移杆件，其余杆件都是剪力静定杆件。如图 9-13a 所示的立柱只有一根而各横梁外端的支座链杆都与立柱平行就属于这种情况；而图 9-13b 所示有侧移刚架，立柱 AB 和 CD 都不是剪力静定

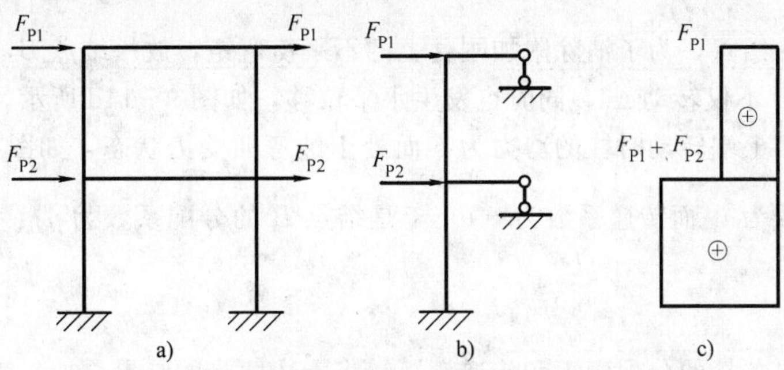

图 9-12　承受反对称荷载的对称刚架

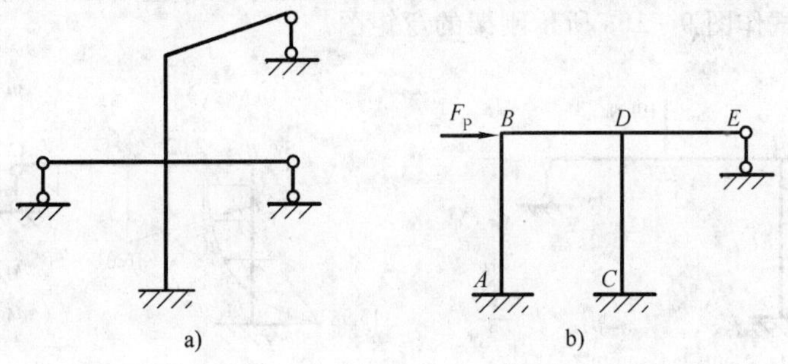

图 9-13　无剪力分配法的应用条件

杆件，也不是两端无侧移杆件，则不能用无剪力分配法。

采用无剪力分配法计算时，计算过程分两步：以图 9-14a 所示刚架为例。

第一步：固定结点，只加附加刚臂阻止结点角位移，但不加水平链杆阻止线位移，如图 9-14b 所示。这样柱 AB 的上端虽不能转动但可自由的水平滑动，相当于一个上端滑动下端固定的梁，如图 9-14c 所示。横梁 BC 因其水平移动并不影响其内力，仍相当于一端固定一端简支的梁。

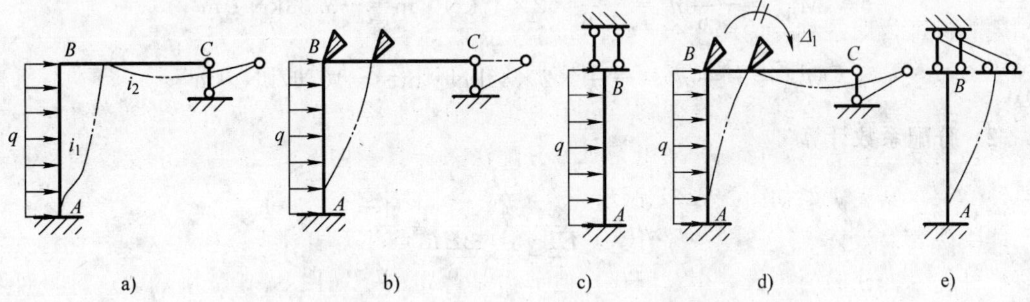

图 9-14　无剪力分配法计算示例

查表 7-1 可得固端弯矩为　$M_{AB}^{F}=-\dfrac{1}{3}ql^2$

$$M_{BA}^{F}=-\frac{1}{6}ql^2$$

第二步：放松结点，为了消除附加刚臂上的不平衡弯矩，放松结点 B，进行弯矩分配和传递。此时结点 B 不仅转动 Δ_1，同时也发生水平位移，如图 9-14d 所示。由于柱 AB 下端固定上端滑动，当上端转动时柱的剪力为零而处于纯弯曲受力状态，如图 9-14e 所示。由此可知其刚度系数为 i_1 而传递系数为 -1。于是结点 B 的分配系数为 $\mu_{BA}=\frac{i_1}{i_1+3i_2}$，$\mu_{BC}=\frac{3i_2}{i_1+3i_2}$

这样即可求出各杆的分配弯矩和传递弯矩，将上述两步的结果叠加，就可得到原刚架的最终弯矩图。由以上还可以看出，在弯矩的分配与传递过程中，柱中原有剪力保持不变且不增加新的剪力，故称此法为无剪力弯矩分配法，简称无剪力分配法。

【例 9-7】 试作图 9-15a 所示刚架的弯矩图。

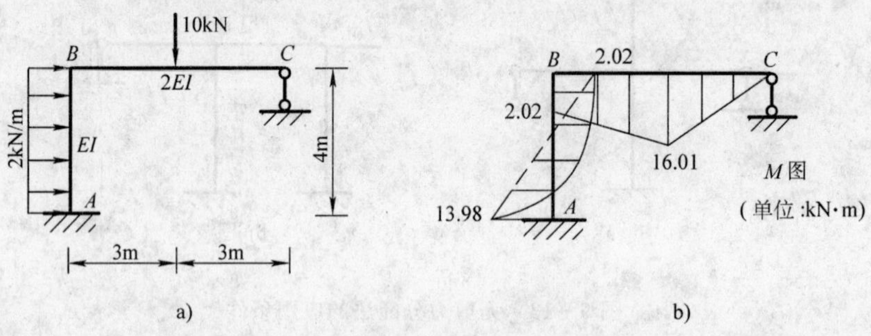

图 9-15　例 9-7 图

解：刚架中杆 BC 为两端无侧移杆件，杆 AB 为剪力静定杆件，可用无剪力分配法计算。

1）固端弯矩计算

$$M_{BC}^{F}=-\frac{3}{16}F_{P}l=-\frac{3}{16}\times10\times6\text{kN}\cdot\text{m}=-11.25\text{kN}\cdot\text{m}$$

$$M_{BA}^{F}=-\frac{1}{6}ql^2=-\frac{1}{6}\times2\times4^2\text{kN}\cdot\text{m}=-5.33\text{kN}\cdot\text{m}$$

$$M_{BA}^{F}=-\frac{1}{3}ql^2=-\frac{1}{3}\times2\times4^2\text{kN}\cdot\text{m}=-10.67\text{kN}\cdot\text{m}$$

2）分配系数计算

$$\mu_{BA}=\frac{\frac{EI}{4}}{\frac{EI}{4}+3\times\frac{2EI}{6}}=\frac{1}{5}$$

$$\mu_{BC}=\frac{3\times\frac{2EI}{6}}{\frac{EI}{4}+3\times\frac{2EI}{6}}=\frac{4}{5}$$

3）弯矩分配与传递。按 E、C、A 顺序进行分配，见表 9-6。

表 9-6　例 9-7 弯矩分配

结点	A	B		C
杆端	AB	BA	BC	CB
分配系数		0.2	0.8	
固端弯矩	−10.67	−5.33	−11.25	
分配与传递	−3.31	3.31	13.27	
最终弯矩	−13.98	−2.02	2.02	0

4）绘制最终弯矩图，如图 9-15b 所示。无剪力分配法对于多层刚架同样适用。如图 9-16a 所示刚架，各横梁均为无侧移杆件，各立柱均为剪力静定杆件。固定结点时仍只加刚臂阻止结点的角位移，而不阻止其线位移，如图 9-16b 所示。此时各层柱子两端均无转角，但有侧移。以 BC 柱为例，当其两端相对侧移时，可看作是下端固定上端滑动，如图 9-16c 所示。由平衡条件可知上端的剪力 $F_{QCB}=2ql$。由此可以推知，不论刚架有多少层，每一层柱子都可视为下端固定上端滑动的梁，除了柱身承受本层荷载外，柱顶还承受剪力，其大小等于柱顶以上各层所有水平荷载的代数和。这样便可算出各层立柱的固端弯矩，然后轮流放松各结点进行弯矩的分配与传递。图 9-16d 为放松某一结点 C 的情形，相当于将该结点上的不平衡弯矩反号作为力偶荷载作用于该点上。此时不仅结点 C 转动一角度 Δ_C，同时 BC、CD 两立柱还将产生相对侧移，但由平衡条件知两柱的剪力均为零而处于纯弯曲状态，因此计算时各立柱的刚度系数应取各自的线刚度 i 而传递系数为 -1。需要注意的是此时只有汇交于结点 C 的各杆才产生变形而受力；B 以下各层无任何位移故不受力；D 以上各层则随着 D 点一起发生水平位移而各杆两端无相对线位移也不受力。因此，放松结点 C 时，弯矩的分配与传递只在 CB、CF、CD 三杆内进行。放松其他结点时情况相似，下面通过例题来说明具体的弯矩分配与传递。

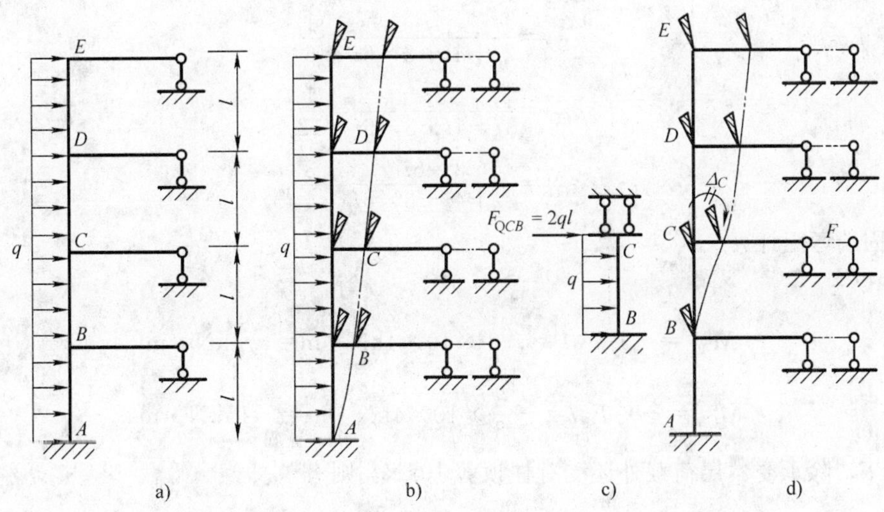

图 9-16　多层刚架的无剪力分配法示例

【例 9-8】 试用无剪力分配法计算图 9-17a 所示刚架。

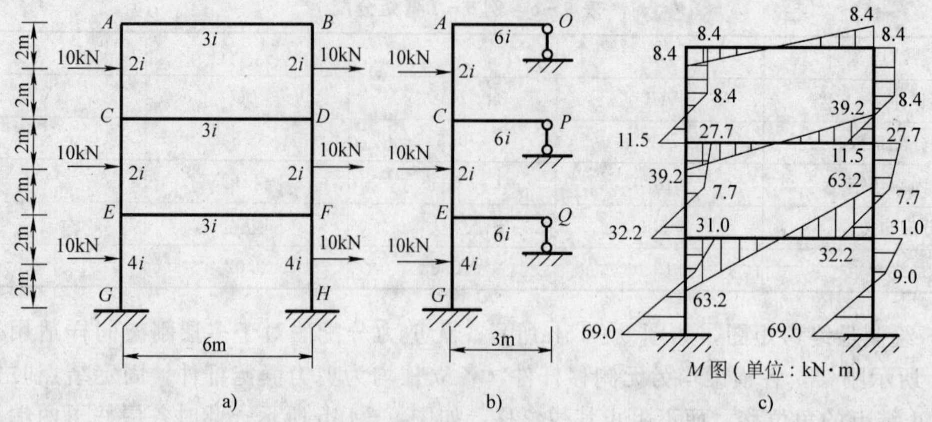

图 9－17　例 9－8 图

解：由于刚架为对称结构，在反对称荷载作用下，半刚架如图 9－17b 所示。由于横梁长度减少一半，故线刚度增大一倍。

1）分配系数计算。

结点 A
$$\mu_{AC}=\frac{2i}{2i+3\times 6i}=0.1$$
$$\mu_{AO}=\frac{3\times 6i}{2i+3\times 6i}=0.9$$

结点 C
$$\mu_{CA}=\frac{2i}{2i+2i+3\times 6i}=\frac{1}{11}$$
$$\mu_{CE}=\frac{2i}{2i+2i+3\times 6i}=\frac{1}{11}$$
$$\mu_{CP}=\frac{3\times 6i}{2i+2i+3\times 6i}=\frac{9}{11}$$

结点 E
$$\mu_{EG}=\frac{4i}{2i+4i+3\times 6i}=\frac{1}{6}$$
$$\mu_{EG}=\frac{2i}{2i+4i+3\times 6i}=\frac{1}{12}$$
$$\mu_{EG}=\frac{3\times 6i}{2i+4i+3\times 6i}=\frac{3}{4}$$

2）固端弯矩计算。

柱 AC
$$M_{AC}^{\mathrm{F}}=-\frac{1}{8}F_{\mathrm{P}}l=-\frac{1}{8}\times 10\times 4\mathrm{kN\cdot m}=-5\mathrm{kN\cdot m}$$
$$M_{CA}^{\mathrm{F}}=-\frac{3}{8}F_{\mathrm{P}}l=-\frac{3}{8}\times 10\times 4\mathrm{kN\cdot m}=-15\mathrm{kN\cdot m}$$

柱 CE，除承受本层荷载外还受有柱顶剪 10kN，则有
$$M_{CE}^{\mathrm{F}}=-\frac{1}{8}F_{\mathrm{P}}l-\frac{1}{2}F_{\mathrm{P}}l=\left(-\frac{1}{8}\times 10\times 4-\frac{1}{2}\times 10\times 4\right)\mathrm{kN\cdot m}=-25\mathrm{kN\cdot m}$$
$$M_{EC}^{\mathrm{F}}=-\frac{3}{8}F_{\mathrm{P}}l-\frac{1}{2}F_{\mathrm{P}}l=\left(-\frac{3}{8}\times 10\times 4-\frac{1}{2}\times 10\times 4\right)\mathrm{kN\cdot m}=-35\mathrm{kN\cdot m}$$

柱 EG，除本层荷载外还受有柱顶剪 20kN，则有

$$M_{CE}^{\mathrm{F}}=-\frac{1}{8}F_{\mathrm{P}}l-\frac{1}{2}F_{\mathrm{P}}l=\left(-\frac{1}{8}\times10\times4-\frac{1}{2}\times20\times4\right)\mathrm{kN\cdot m}=-45\mathrm{kN\cdot m}$$

$$M_{EC}^{\mathrm{F}}=-\frac{3}{8}F_{\mathrm{P}}l-\frac{1}{2}F_{\mathrm{P}}l=\left(-\frac{3}{8}\times10\times4-\frac{1}{2}\times20\times4\right)\mathrm{kN\cdot m}=-55\mathrm{kN\cdot m}$$

3）弯矩分配与传递。杆 AC、CE、EG 的传递系数均为−1，计算过程见表 9－7。

表 9－7　例 9－8 弯矩分配

结点		O	A		P	C			Q	E			G
杆端		OA	AC	AO	PC	CA	CE	CP	QE	EG	EC	EQ	GE
分配系数			$\frac{1}{10}$	$\frac{9}{10}$		$\frac{1}{11}$	$\frac{1}{11}$	$\frac{9}{11}$		$\frac{1}{6}$	$\frac{1}{12}$	$\frac{3}{4}$	
固端弯矩			−5			−15	−25			−45	−35		−55
1	E						−6.7		0	13.3	6.7	60	−13.3
	A	0	0.5	4.5		−0.5							
	C		−4.3		0	4.3	4.3	38.6			−4.3		
2	E						−0.4		0	0.7	0.4	3.2	−0.7
	A	0	0.4	3.9		−0.4							
	C				0	0.1	0.1	0.6					
		0	−8.4	8.4	0	−11.5	−27.7	39.2	0	−31.0	−32.2	63.2	−69

4）绘制最终弯矩图，如图 9－17c 所示。

9.6　剪力分配法的基本原理

9.6.1　柱顶有水平荷载作用的铰接排架

如图 9－18a 所示排架，在柱顶发生单位水平线位移 $\Delta=1$ 时，排架柱的剪力形常数 $\overline{F}_{\mathrm{Q}}=\frac{3i}{h^2}$，是柱的侧移刚度系数，即柱顶有单位侧移时所引起的剪力，后文记为 $d=\frac{3i}{h^2}$（图 9－18b）。由于各柱侧移 Δ 相等，因此，各柱的剪力为

$$\left.\begin{aligned}F_{\mathrm{Q1}}&=\frac{3i_1}{h_1^2}\Delta=d_1\Delta\\F_{\mathrm{Q2}}&=\frac{3i_2}{h_2^2}\Delta=d_2\Delta\\F_{\mathrm{Q3}}&=\frac{3i_3}{h_3^2}\Delta=d_3\Delta\end{aligned}\right\}\tag{9-3}$$

可简记为　$F_{\mathrm{Q}j}=\frac{3i_j}{h_j^2}=d_j\Delta$

式中，i_j 是第 j 柱的线刚度，h_j 是第 j 柱的高度。

由平衡条件，各柱剪力的和应等于 F_{P}（图 9－18c），即

$$F_{Q1}+F_{Q2}+F_{Q3}=F_P \tag{9-4}$$

由式（9-3）和式（9-4）可求出

$$F_{Qj}=\frac{d_j}{\sum_{j=1}^{3} d_j}F_P=\mu_j F_P$$

由此看出，各柱的剪力与该柱的侧移刚度系数 d 成正比，$\mu_j=\dfrac{d_j}{\sum d_j}$ 称为剪力分配系数。

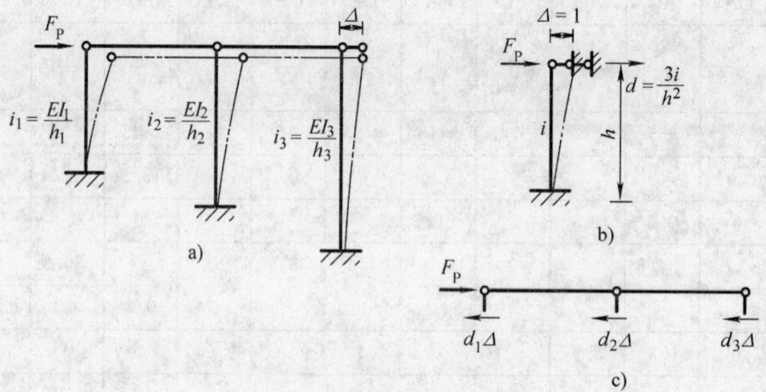

图 9-18　柱顶有水平荷载作用的排架

对如图 9-19a 所示的铰接排架，当柱顶受集中荷载 F_P 时，此集中力 F_P 按各柱的侧移刚度系数之比（即剪力分配系数 $\mu_j=\dfrac{d_j}{\sum d_j}$）进行分配，从而求得各柱顶的剪力。因弯矩零点在柱顶，进而可由剪力求出弯矩，如图 9-19b 所示。这种方法称为剪力分配法。

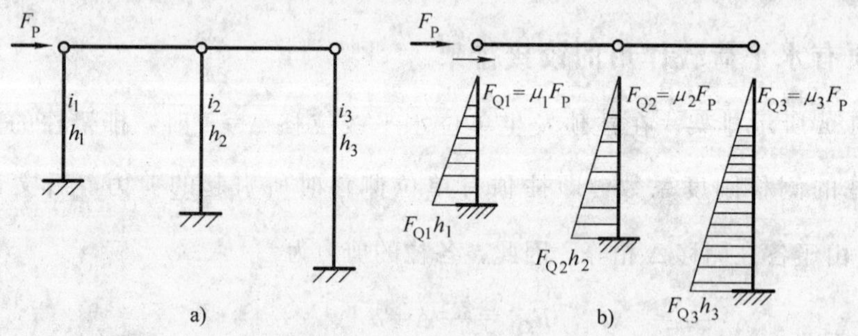

图 9-19　剪力分配法示例 1

9.6.2　横梁刚度无限大时刚架的剪力分配

对横梁刚度为无限大的刚架，当柱顶作用水平荷载时（图 9-20a），也可用剪力分配法进行计算。

因横梁刚度无限大，用位移法计算时，节点角位移 θ 为零，只有节点线位移。两端无转角的柱，在柱顶发生单位水平线位移 $\Delta=1$ 时，柱的剪力形常数 $\overline{F}_{Q1}=\dfrac{12i}{h^2}$，记为 $d=\dfrac{12i}{h^2}$，是

两端无转动柱的侧移刚度系数（图 9 - 20b）。由于各柱侧移 Δ 相等，因此，各柱的剪力为

$$F_{Qj} = d_j \Delta \tag{9-5}$$

式中，$d_j = \frac{12 i_j}{h_j^2}$，是两端无转动柱的侧移刚度系数。

由平衡条件，各柱剪力的和应等于 F_P（图 9 - 20c），即

$$F_{Q1} + F_{Q2} + F_{Q3} = F_P \tag{9-6}$$

由式（9 - 5）和式（9 - 6）可求出

$$F_{Qj} = \frac{d_j}{\sum_{j=1}^{3} d_j} F_P = \mu_j F_P$$

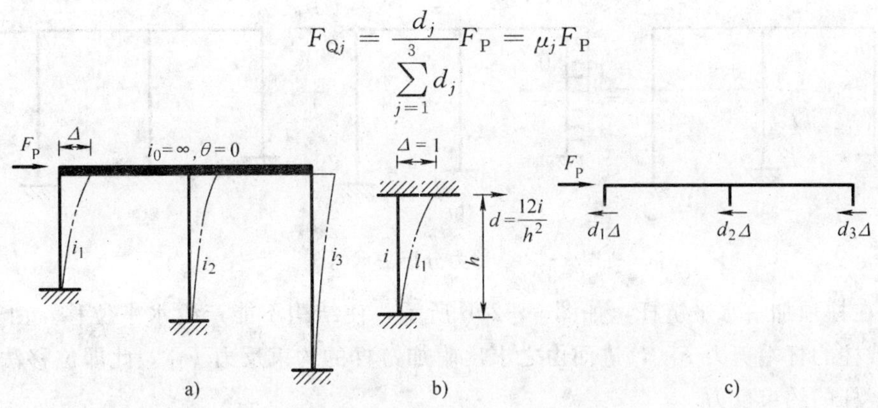

图 9 - 20　横梁刚度无限大的刚架

所以，横梁刚度无限大的刚架受柱顶集中荷载 F_P 时（图 9 - 21），集中力 F_P 也按各柱的侧移刚度系数之比，即剪力分配系数 $\mu_j = \frac{d_j}{\sum d_j}$ 进行分配，从而求得各柱顶的剪力。由柱的剪力求柱的弯矩时，应注意两端无转动的柱发生侧移 Δ 时，柱上、下端的弯矩是等值而反向的，即弯矩零点在柱高的中点。根据柱弯矩零点（即反弯点）在柱中点的条件，可由剪力求得各柱两端弯矩为 $M = F_Q \frac{h}{2}$，据此可画出立柱的弯矩图。最后，再根据节点的平衡条件，由柱端弯矩求出梁端弯矩，画出横梁的弯矩图。

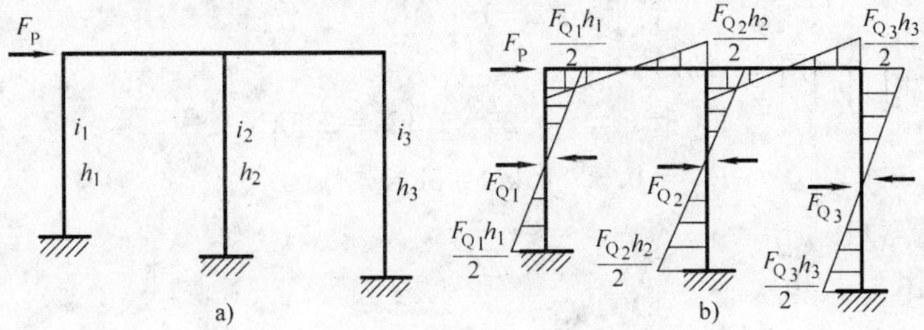

图 9 - 21　剪力分配法示例 2

9.6.3　柱间有水平荷载作用时的计算

对以上结构，当柱间有水平荷载作用时，如图 9 - 22a 中铰接排架起重机（吊车）刹车力（集中力）和刚架的风荷载（均布力）。下面以此为例，说明如何用剪力分配法计算柱间荷载作用的过程。

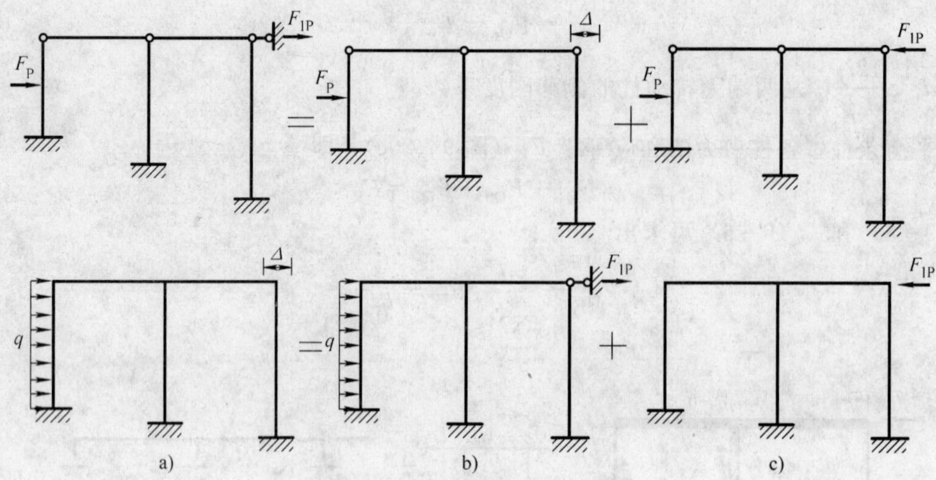

图 9-22　剪力分配法示例 3

1）先在柱顶加一水平链杆，如图 9-22b 所示，使结构不能产生水平位移，由表 7-1 可查出受载柱的杆端剪力 F_{Q1}^{F}，进而由之求出附加链杆的约束反力 F_{1P}，此即位移法基本结构中附加链杆的约束反力。

2）将 F_{1P} 反方向加在原结构上，如图 9-22c 所示。这一步可用剪力分配法进行计算。

3）原结构图 9-22a，等于图 9-22b 和图 9-22c 两种情况的叠加，故将图 9-22b 和图 9-22c 这两步的结果叠加，就得到图 9-22a 的结果。

【例 9-9】　用剪力分配法作图 9-23a 所示刚架的弯矩图。

解：1）求各柱剪力分配系数。$\mu_j = \dfrac{d_j}{\sum d_j}$

$$\mu_1 = \mu_3 = \frac{1}{1+2+1} = 0.25$$

$$\mu_2 = \frac{2}{1+2+1} = 0.5$$

2）计算各柱剪力（图 9-23b）。

$$F_{Q1} = F_{Q3} = 0.25 \times 10\text{kN} = 2.5\text{kN}$$
$$F_{Q2} = 0.5 \times 10\text{kN} = 5\text{kN}$$

3）计算杆端弯矩

柱端弯矩（图 9-23b）

$$M_1 = M_3 = -F_{Q1} \times \frac{h_1}{2} = -2.5 \times \frac{4}{2}\text{kN} \cdot \text{m} = -5\text{kN} \cdot \text{m}$$

$$M_2 = -F_{Q2} \times \frac{h_2}{2} = -5 \times \frac{4}{2}\text{kN} \cdot \text{m} = -10\text{kN} \cdot \text{m}$$

梁端弯矩由结点力矩平衡条件求得边结点（图 9-23c）

$$M_{AB} = 5\text{kN} \cdot \text{m}$$

中间结点（图 9-23d）：中柱端弯矩按梁刚度分配给两梁，两梁刚度相同，故

$$M_{BA}=M_{BC}=\frac{1}{2}\times 10\text{kN}\cdot\text{m}=5\text{kN}\cdot\text{m}$$

4）画 M 图，如图 9－23b 所示。

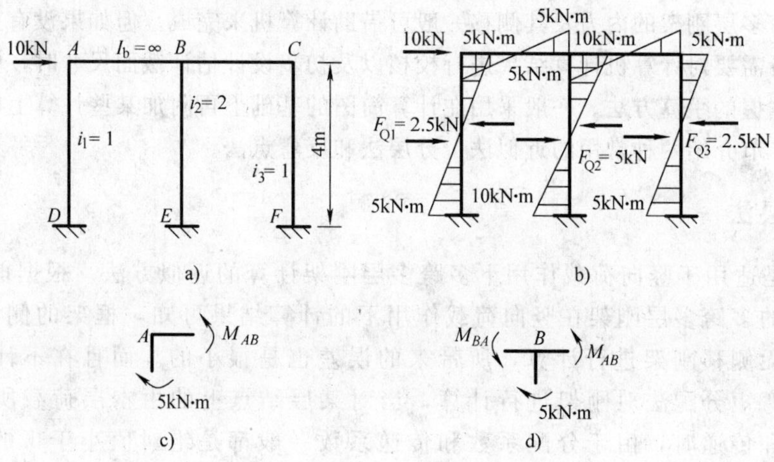

图 9－23　例 9－9 图

【例 9－10】 用剪力分配法计算图 9－24a 刚架，作弯矩图。

解：1）在柱顶加一水平支杆，求支杆的约束反力（图 9－24b）。在图 9－24b 中，只有左边柱间受均布荷载。由表 7－1 可查出 $F^{\mathrm{F}}_{QAD}=-\frac{qh}{2}=-\frac{5\times4}{2}\text{kN}=-10\text{kN}$。由横梁的平衡条件 $\sum F_x=0$，可以求出 $F_{1P}=-10\text{kN}$，此即为附加支杆的约束反力。

2）将支杆的约束反力反向加在原结构上，用剪力分配法进行计算（图 9－24c），这一步已在上例中计算过了，直接给出结果。

3）叠加图 9－24b 和图 9－24c，得最后弯矩图，如图 9－24d 所示。

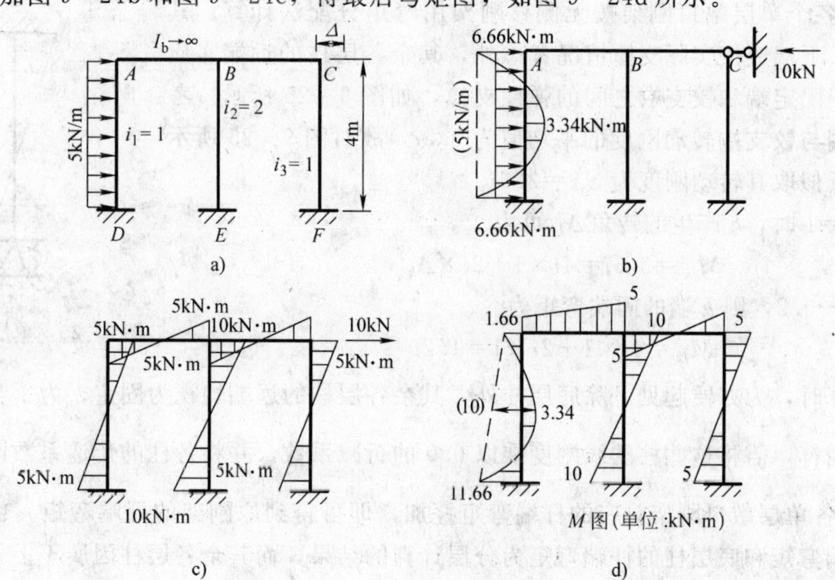

图 9－24　例 9－10 图

9.7 平面刚架结构的实用计算

目前多跨多层刚架的内力及其侧移一般可借助计算机来完成。但如果没有条件采用计算机计算，或者需要对计算机计算结果进行校核以及初步设计估计截面尺寸时，则常采用计算简便、易于掌握的手算方法。一般采用在计算简图的基础上再附加某些计算上的假定和简化的近似法。本节介绍两种常用的近似法：分层法和反弯点法。

9.7.1 分层法

分层法是适用于竖向荷载作用下多跨多层刚架计算的近似方法。根据前面用力法或位移法等解的多跨多层刚架在竖向荷载作用下的计算结果可知，框架的侧移是极小的，若将其作为无侧移刚架进行计算，所带来的误差也是很小的。而且在不计侧移的条件下就可以用弯矩分配法对刚架进行计算，当对某层结点上的由本层荷载所产生不平衡弯矩做分配和传递时，由于分配系数和传递系数一般都是绝对值小于 1 的数，因此本层荷载的影响将沿着上下左右的方向迅速衰减，也就是说刚架各层所受的竖向荷载的影响范围主要局限在本层横梁以及与其连接的上下立柱之内，而对其他各层的影响较小。据此，对分层法可作如下假定：

1）不考虑侧移对计算的影响；

2）忽略每层所受荷载对相邻各层的影响。

根据以上假定，分层法的计算步骤可以概括如下：

1）将多层刚架沿高度方向划分成若干独立的分层，其中每层都是由本层的横梁和与其相连的上下柱组成的单层敞口刚架，并将其作为计算单元。每个单元上只承受本层荷载，柱的远端视为固定端。

2）将各个单层敞口刚架按无侧移刚架用弯矩分配法计算。其中除底层柱下端应按实际支撑情况考虑外，其余各层柱的远端实质上都是介于固定端和铰支端之间的弹性支撑，如图 9-25 所示。考虑到固定端与铰支端转动刚度的平均值为 3.5i，故对图 9-25 所示的情况，近似取其转动刚度为 $S_{jk}=3.6i$。

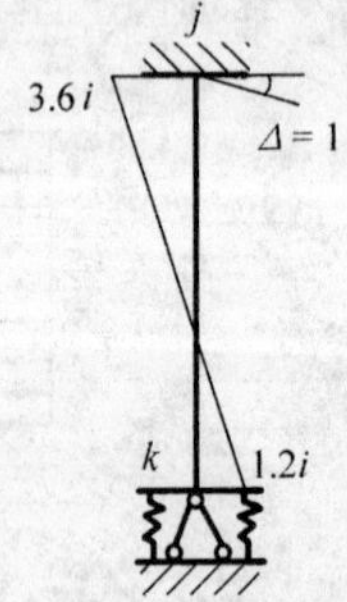

图 9-25 单层敞口单元

当 $\Delta_j=1$ 时，k 产生的转角 Δ_k 可由

$$M_{jk}=3.6i=4i\times1+2i\times\Delta_k$$

求得 $\Delta_k=-0.2$，则 k 端的固端弯矩为

$$M_{jk}=4i\times1+2i\times1=1.2i$$

在计算时，为方便起见，除底层柱外，其余各层柱的远端均视为固定。为了与 9-25 所示的情况相符，需将这些柱的线刚度乘以 0.9 的折减系数，并将各柱的传递系数改为 $\frac{1}{3}$。

3）将各单层敞口刚架对应的杆端弯矩叠加，即可得到原刚架的杆端弯矩。也可以说各层梁的杆端弯矩和底层柱的杆端弯矩为分层计算的结果，而其余各层柱因属于上下两层，其杆端弯矩均等与相邻两个分层计算结果的叠加。

4）由于分层的缘故，刚架的最后弯矩图在各结点上一般是不平衡的。若此数值较大，可对该结点再进行一次弯矩的分配与传递，此时除底层各柱支承端外，其余梁柱均不作传递。

下面结合例子来说明分层法的具体计算。

【例 9-11】 试用分层法计算图 9-26a 所示刚架。圆圈内的数字为杆件的相对线刚度。

解：1）分层后所得的单层刚架分别如图 9-26b、c 所示，其中第二层柱的线刚度已经按 0.9 折减。

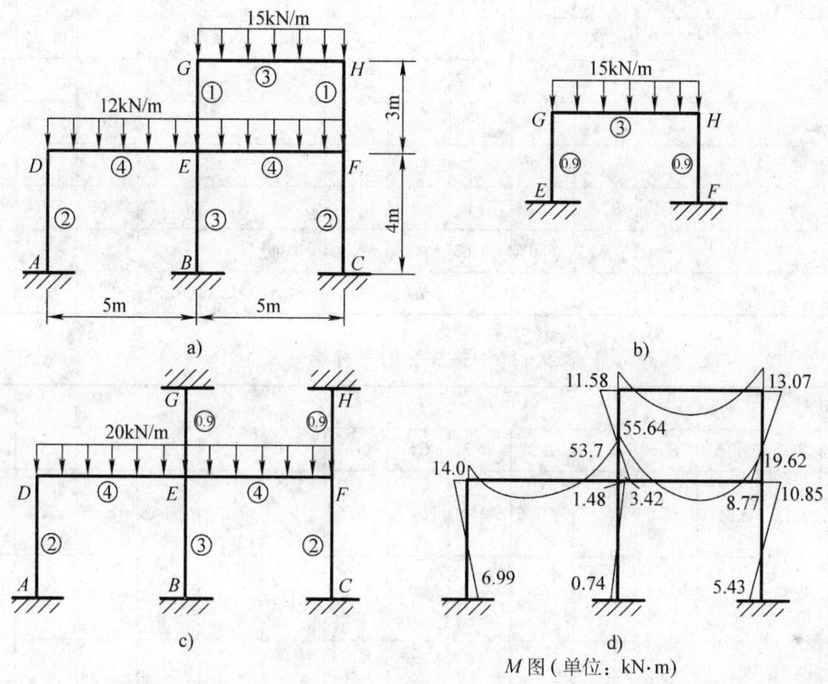

图 9-26　例 9-11 图

2）对两个单层刚架分别用弯矩分配法进行计算。第二层、第一层刚架的计算过程分别见表 9-8、表 9-9。

表 9-8　第二层的弯矩分配

结点		E	G		H		F
杆端		EG	GE	GH	HG	HF	FH
分配系数			0.231	0.769	0.769	0.231	
固端弯矩				−31.25	31.25		
1	结点 G	2.4	7.21	24.04	12.02		
	结点 H			−16.64	−33.28	−9.99	−3.33
2	结点 G	1.28	3.84	12.80	6.40		
	结点 H			−2.46	−4.92	−1.48	−0.49
3	结点 G	0.19	0.57	1.89	0.94		
	结点 H				−0.72	−0.22	−0.07
最终弯矩		3.87	11.62	−11.62	11.69	−11.69	−3.89

3）把表 9－8、表 9－9 对应的杆端弯矩叠加，得到刚架的各杆端弯矩，见表 9－10。

4）最后对叠加后杆端弯矩不平衡结点进行再次分配，并向支承端传递，结果见表 9－10。

5）绘制弯矩图，如图 9－26d 所示。

表 9－9　第一层的弯矩分配

结点		*A*	*D*		*B*	*E*				*G*	*F*			*C*	*H*
杆端		*AD*	*DA*	*DE*	*BE*	*ED*	*EB*	*EG*	*EF*	*GE*	*FE*	*FC*	*FH*	*CF*	*HF*
分配系数			0.33	0.67		0.336	0.252	0.076	0.336		0.58	0.29	0.13		
固端弯矩				−41.67		41.67			−41.67		41.67				
1	结点 *DF*	6.94	13.9	27.77		13.89			−12.08		−24.17	−12.08	−5.42	−6.04	−1.81
	结点 *E*			−0.3	−0.225	−0.605	−0.45	−0.14	−0.605	−0.045	−0.31				
2	结点 *DF*	0.05	0.1	0.2		0.1			0.09		0.17	0.09	0.04	0.05	0.01
	结点 *E*				−0.025	−0.06	−0.05	−0.02	−0.06	−0.006					
最终弯矩		6.99	14.0	−14.0	−0.25	55.0	−0.5	−0.16	−54.34	−0.05	17.36	−11.98	−5.38	−5.99	−1.80

表 9－10　叠加后的各杆端弯矩

结点	*A*	*D*		*B*	*E*				*G*		*F*			*C*	*H*	
杆端	*AD*	*DA*	*DE*	*BE*	*ED*	*EB*	*EG*	*EF*	*GE*	*GH*	*FE*	*FC*	*FH*	*CF*	*HF*	*HG*
第一层最终弯矩	6.99	14.0	−14.0	−0.25	55.0	−0.5	−0.16	−54.34	−0.05		17.36	−11.98	−5.38	−5.99	−1.80	
第二层最终弯矩							3.87		11.62	−11.62			−3.89		−11.69	11.69
叠加结果	6.99	14.0	−14.0	−0.25	55.0	−0.5	3.71	−54.34	11.57	−11.62	17.36	−11.98	−9.27	−5.99	−13.48	11.69
再分配与传递				−0.49	−1.3	−0.98	−0.29	−1.3	0.01	−0.04	2.26	1.13	0.5	0.56	0.41	1.38
最终弯矩	6.99	14.0	−14.0	−0.74	53.7	−1.48	3.42	−55.64	11.58	−11.58	19.62	−10.85	−8.77	−5.43	−13.07	13.07

9.7.2　反弯点法

反弯点法是适用于水平荷载作用下多跨多层刚架计算的近似方法。刚架所受的水平荷载主要是风荷载和地震荷载，其中风荷载虽为分布荷载，但可将迎风面积的分布荷载集中于结点之上。本节内容只限于水平结点荷载的情况。

下面以图 9－27a 为例来说明反弯点法的概念。

利用力法求得其弯矩图，如图 9－27b 所示，其中 $K=\frac{i_b}{i_c}$，为梁柱线刚度比，刚架的弯矩图随这一比值而变化。当 $K\to 0$ 时，其弯矩图如图 9－27c 所示，柱顶弯矩为零。当 $K\to\infty$时，其弯矩图如图 9－27d 所示，此时刚架结点不发生转动而只有侧移产生，柱上弯矩为零的反弯点位于二分之一柱高处。一般情况下，反弯点的的位置将在柱的上半范围内变动，反弯点距柱下端的距离$\bar{y}=\frac{6K+2}{6K+1}\cdot\frac{h}{2}$，$\bar{y}$又称反弯点高度。当$K=3$时，$\bar{y}=\frac{10h}{19}=0.526$，与柱的中点接近；直到$K=1$时，反弯点的位置仍在$\bar{y}=\frac{4h}{7}=0.571h$处。因此，我们假定$K\geqslant3$时，可近似认为反弯点位于柱的中点处。这种假定柱的反弯点即为柱的中点的计算方法称为柱反弯点法。对于受结点荷载作用的刚架柱中剪力为常数，因此只要求出柱剪力的大小，即可由反弯点的高度直接计算出柱端弯矩的数值。如图 9－28 所示，此时

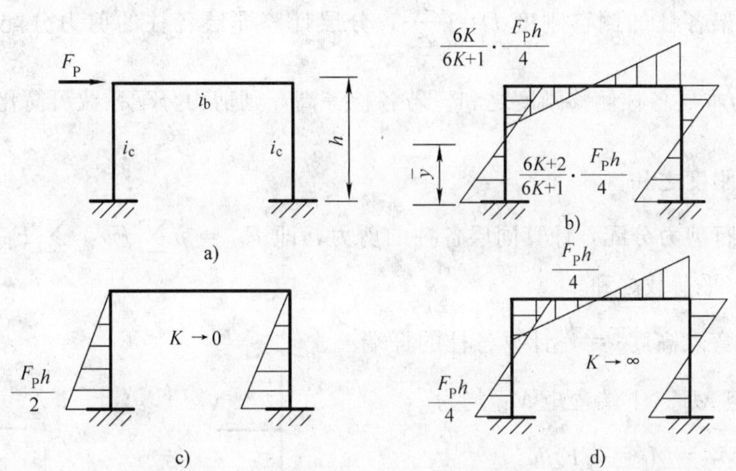

图 9－27　水平结点荷载下的反弯点法计算示例

$$M_{AC}=M_{CA}=\frac{1}{2}F_{QAC}h_{AC}$$

$$M_{BD}=M_{DB}=\frac{1}{2}F_{QBD}h_{BD}$$

再由结点平衡条件即可求出梁端弯矩。

下面讨论柱中剪力的求法。以D_{AC}和D_{BD}分别表示柱AC和柱BD两端产生单位相对线位移时柱顶的剪力，把它们又称为柱AC和柱BD的侧移刚度。与通过转动刚度求弯矩分配系数一样，也可以通过侧移刚度求剪力分配系数，用μ表示。则

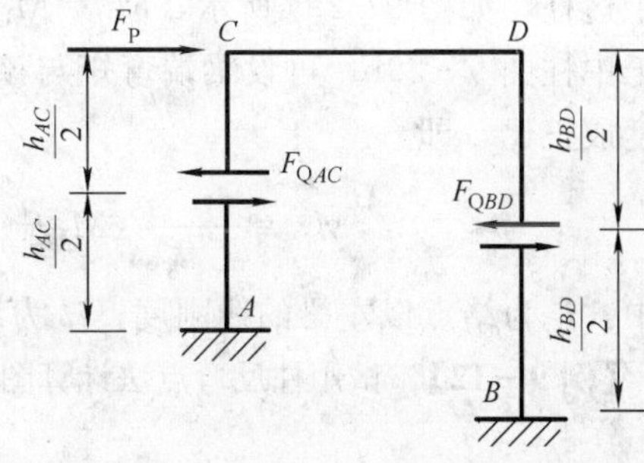

图 9－28　剪力为常数时反弯点法计算示例

$$\mu_{AC}=\frac{D_{AC}}{D_{AC}+D_{BD}}，\mu_{BD}=\frac{D_{BD}}{D_{AC}+D_{BD}}$$

由此可以得出　$F_{QAC}=\mu_{AC}F_P$，$F_{QBD}=\mu_{BD}F_P$。

显然，只要求出柱的剪力分配系数，即可按剪力分配法求得各柱的剪力。

在图 9－27a 所示的单层刚架中，可以求出横梁的侧移为$\Delta=\frac{6K+4}{6K+1}\cdot\frac{F_Ph^2}{24i_c}$，又因为刚架对称，$F_{QAC}=F_{QBD}=\frac{F_P}{2}$，故侧移刚度为$D_{AC}=D_{BD}=\frac{F_Q}{\Delta}=\frac{6K+1}{6K+4}\cdot\frac{12i_c}{h^2}$。当$K\to0$时，$D_{AC}=D_{BD}=\frac{3i_c}{h^2}$，即为下端固定上端铰支杆的侧移刚度。当$K\to\infty$时，$D_{AC}=D_{BD}=\frac{12i_c}{h^2}$，

即为两端固定杆的侧移刚度。一般情况下柱的侧移刚度介于两者之间。同样的方法，对单跨两层对称刚架当 $K\rightarrow\infty$ 时，各层柱的反弯点都与柱的中点重合，而且顶层柱和底层柱的侧移刚度都有 $D=\dfrac{12i_c}{h^2}$。如果 K 足够大（至少 $K\geqslant3$）时，都可近似取 $D=\dfrac{12i_c}{h^2}$。由于剪力分配值与侧移刚度的相对值有关，故此近似对内力的影响不大。

反弯点法的求解步骤如下：

1）根据刚架各柱的侧移刚度 $D=\dfrac{12i_c}{h^2}$，分层计算同层各柱的剪力分配系数，即 $\mu=\dfrac{D}{\sum D}$，$\sum D$ 为本层各柱侧移刚度之和。若各柱等高，则剪力分配系数可简化为 $\mu=\dfrac{i_c}{\sum i_c}$，$\sum i_c$ 为各柱线刚度之和。

2）分层进行剪力分配，计算同层各柱的剪力，即 $F_Q=\mu\sum F_P$，$\sum F_P$ 是本层和本层以上各层所有水平荷载之和。

3）根据反弯点高度 $\overline{y}=\dfrac{h}{2}$ 计算各柱的杆端弯矩。上端弯矩 M_U、下端弯矩 M_D 均为

$$M_U=M_D=\frac{1}{2}F_Qh$$

4）根据结点平衡条件，确定梁端弯矩。对于边柱，如图 9-29a 所示，$M_L=M_U+M_D$；对于中柱图 9-29b，可设梁端弯矩与该梁的线刚度成正比，即

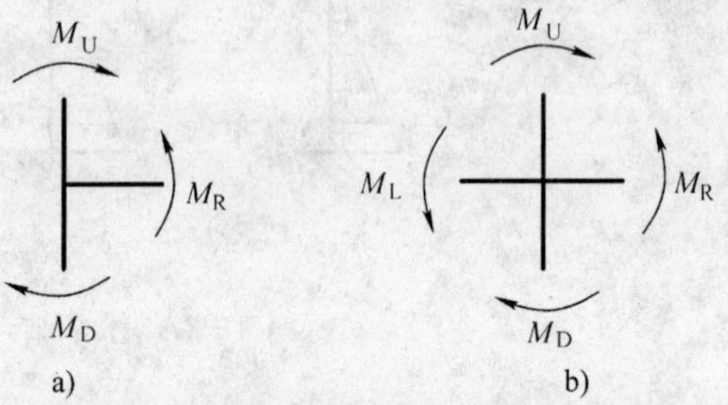

图 9-29　边柱及中柱梁端弯矩计算简图

$$M_L=\frac{i_l}{i_l+i_r}(M_U+M_D),\quad M_R=\frac{i_r}{i_l+i_r}(M_U+M_D)$$

式中，i_l 为结点以左梁的线刚度；i_r 为结点以右梁的线刚度。

【例 9-12】 试用柱反弯点法计算图 9-30a 所示刚架。圆圈内的数字为杆件的相对线刚度。

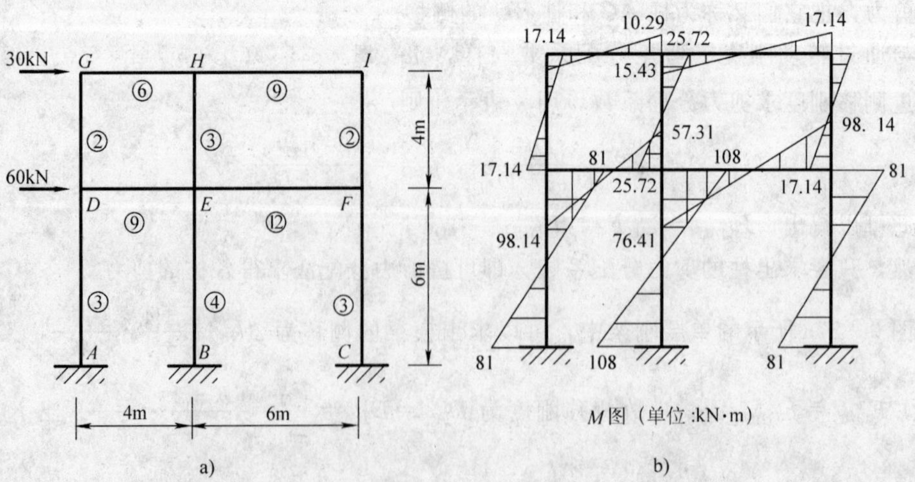

a)　　b)

图 9-30　例 9-12 图

解：1）计算剪力分配系数。

第二层

$$\mu_{GD}=\frac{2}{2+3+2}=\frac{2}{7}$$

$$\mu_{HE}=\frac{3}{2+3+2}=\frac{3}{7}$$

$$\mu_{IF}=\frac{2}{2+3+2}=\frac{2}{7}$$

第一层

$$\mu_{DA}=\frac{3}{3+4+3}=\frac{3}{10}$$

$$\mu_{EB}=\frac{4}{3+4+3}=\frac{4}{10}$$

$$\mu_{FC}=\frac{3}{3+4+3}=\frac{3}{10}$$

2）分层进行剪力分配，计算同层各柱的剪力。

第二层

$$F_{QGD}=\frac{2}{7}\times30\text{kN}=8.57\text{kN}$$

$$F_{QHE}=\frac{3}{7}\times30\text{kN}=12.86\text{kN}$$

$$F_{QIF}=\frac{2}{7}\times30\text{kN}=8.57\text{kN}$$

第一层

$$F_{QDA}=\frac{3}{10}\times90\text{kN}=27\text{kN}$$

$$F_{QEB}=\frac{4}{10}\times90\text{kN}=36\text{kN}$$

$$F_{QFC}=\frac{3}{10}\times90\text{kN}=27\text{kN}$$

3）计算各柱杆端弯矩。

第二层

$$M_{GD}=M_{DG}=8.57\times2\text{kN}\cdot\text{m}=17.14\text{kN}\cdot\text{m}$$

$$M_{HE}=M_{EH}=12.86\times2\text{kN}\cdot\text{m}=25.72\text{kN}\cdot\text{m}$$

$$M_{IF}=M_{FI}=8.57\times2\text{kN}\cdot\text{m}=17.14\text{kN}\cdot\text{m}$$

第一层

$$M_{DA}=M_{AD}=27\times3\text{kN}\cdot\text{m}=81\text{kN}\cdot\text{m}$$

$$M_{EB}=M_{BE}=36\times3\text{kN}\cdot\text{m}=108\text{kN}\cdot\text{m}$$

$$M_{FC}=M_{CF}=27\times3\text{kN}\cdot\text{m}=81\text{kN}\cdot\text{m}$$

4）求各横梁梁端弯矩。

第二层

$$M_{GH}=M_{DG}=17.14\text{kN}\cdot\text{m}$$

$$M_{IH}=M_{FI}=17.14\text{kN}\cdot\text{m}$$

$$M_{HG}=\frac{6}{6+9}\times M_{HE}=\frac{6}{6+9}\times25.72\text{kN}\cdot\text{m}=10.29\text{kN}\cdot\text{m}$$

$$M_{HI}=\frac{9}{6+9}\times M_{HI}=\frac{9}{6+9}\times25.72\text{kN}\cdot\text{m}=15.43\text{kN}\cdot\text{m}$$

第一层

$$M_{DE}=M_{DA}+M_{DG}=(81+17.14)\text{kN}\cdot\text{m}=98.14\text{kN}\cdot\text{m}$$

$$M_{FE}=M_{FC}+M_{FI}=(81+17.14)\text{kN}\cdot\text{m}=98.14\text{kN}\cdot\text{m}$$

$$M_{ED}=\frac{9}{9+12}\times(M_{EH}+M_{EB})=\frac{9}{9+12}\times(25.72+108)\text{kN}\cdot\text{m}=57.31\text{kN}\cdot\text{m}$$

$$M_{EF}=\frac{12}{9+12}\times(M_{EH}+M_{EB})=\frac{9}{9+12}\times(25.72+108)\text{kN}\cdot\text{m}=76.41\text{kN}\cdot\text{m}$$

5）绘制弯矩图，如图 9-30b 所示。

习　题

9-1　试用弯矩分配法计算图 9-31 所示结构，并绘制弯矩图。E 为常数。

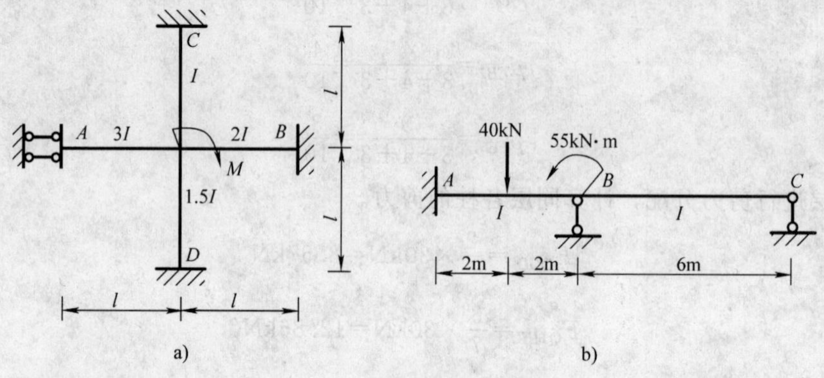

图 9-31　习题 9-1 图

9-2　试用弯矩分配法计算图 9-32 所示连续梁，并绘制弯矩图。E 为常数。

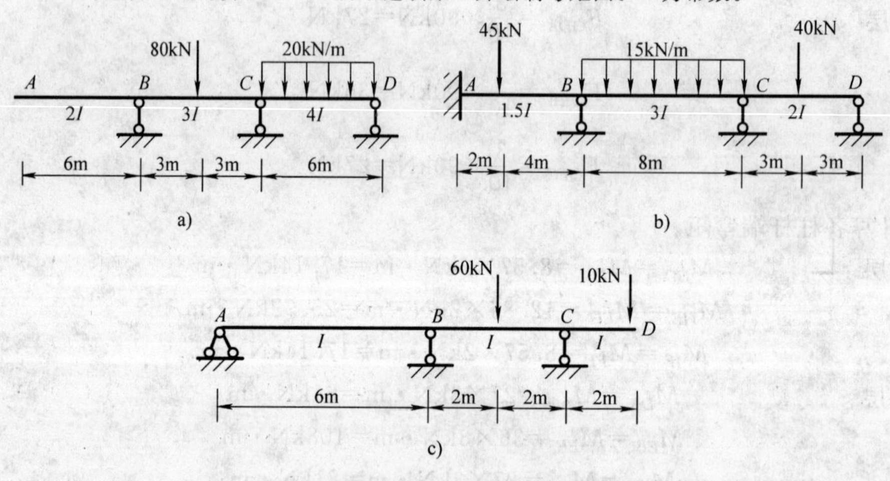

图 9-32　习题 9-2 图

9-3　试用弯矩分配法计算图 9-33 所示刚架，并绘制弯矩图。E 为常数。

9-4　试用弯矩分配法并利用对称性计算图 9-34 所示刚架，并绘制弯矩图。E 为常数。

9-5　试计算图 9-35 所示有侧移的刚架，并绘制弯矩图。E 为常数。

9-6　试用无剪力分配法计算图 9-36 所示刚架，并绘制弯矩图。E 为常数。

9-7　试用分层法计算图 9-37 所示刚架，并绘制弯矩图。E 为常数，圆圈内的数字表示杆件的相对线刚度。

9-8　试用反弯点法计算图 9-38 所示刚架，并绘制弯矩图。E 为常数，圆圈内的数字表示杆件的相对线刚度。

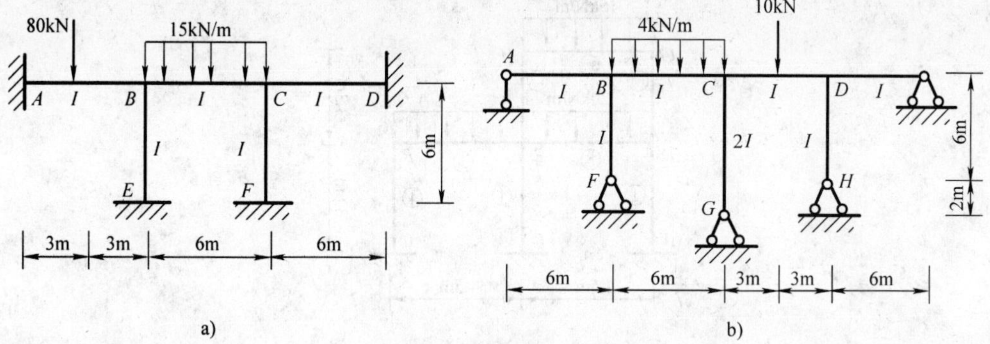

图 9-33　习题 9-3 图

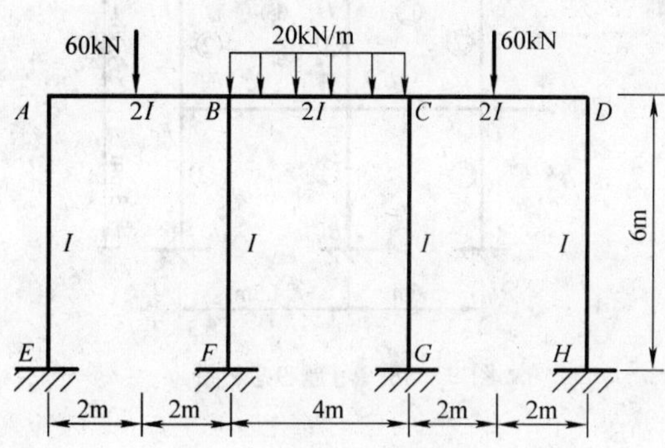

图 9-34　习题 9-4 图

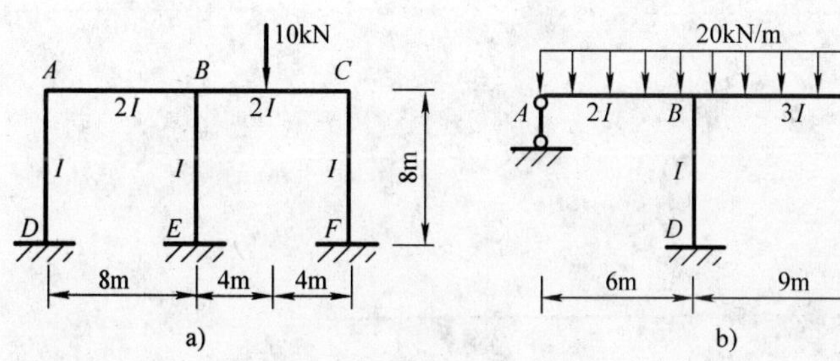

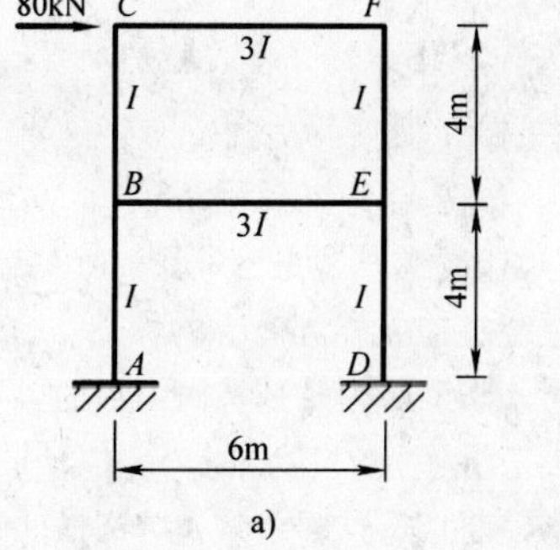

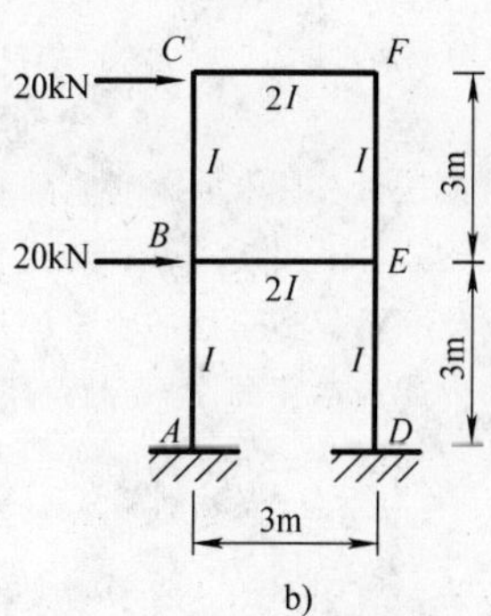

图 9-35　习题 9-5 图

图 9-36　习题 9-6 图

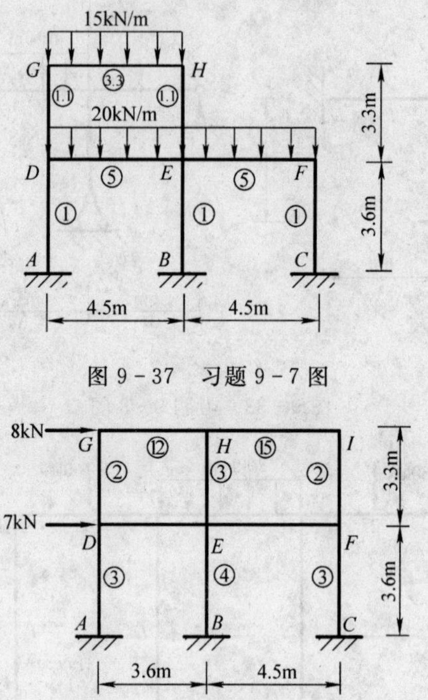

图 9-37 习题 9-7 图

图 9-38 习题 9-8 图

第 10 章　平面结构的影响线及其应用

10.1　移动荷载和影响线的基本概念

前面讨论的是结构在固定荷载作用下的内力计算，荷载的作用位置固定不变。但实际工程结构可能需要承受移动荷载，如桥梁上行驶的火车和汽车，起重机（吊车）梁上行驶的起重机（吊车）等，这些荷载共同的特点是荷载的大小不变，但作用位置会变化。而结构在每个具体的荷载位置下，对应的内力、反力和位移都不同，本章的内容就是讨论结构响应（内力、反力、位移）随荷载位置而变化的规律。

工程实际中的移动荷载通常由很多间距不变的竖向荷载所组成，为了使分析问题简化，仅分析一个方向不变的单位移动荷载 $F_P=1$ 即可。对其他不同类型的移动荷载，可采用叠加原理处理。

在单位移动荷载作用下，结构某一指定截面的某一响应（内力、反力、位移）与荷载位置之间的关系用图形表示，就称为该响应的影响线。举例来说明：

图 10－1a 所示为一简支梁 AB，当单位移动荷载 F_P 在梁上移动时，支座反力 F_{yA} 的影响线。取 A 为坐标原点，x 表示荷载 F_P 的位置。利用平衡方程，可求得

$$F_{yA}=\frac{l-x}{l}F_P,\qquad (0\leqslant x\leqslant l)$$

由此绘制该函数图形（图 10－1b）。图中横坐标表示荷载位置 x，纵坐标表示所求的量值 F_{yA}，该图形象地表明支座反力 F_{yA} 随荷载 F_P 移动而变化的规律：当荷载从 A 点逐渐向 B 点移动时，支座反力 F_{yA} 相应地从 1 开始逐渐减小，最后达到最小值 0。

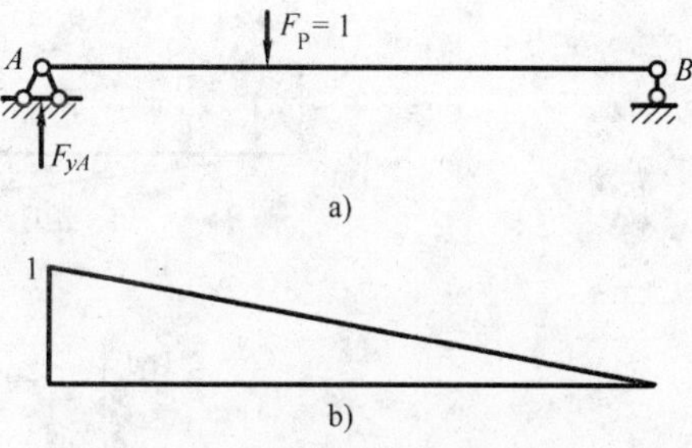

图 10－1　简支梁的影响线

为何要讨论影响线呢？上面的例子说明，要使 A 支座处的基础和地基在任何荷载位置下都承载安全，显然，由 F_{yA} 的影响线可知当荷载移动到 A 支座处，F_{yA} 达到最大值，用这个最大值来设计支座，就能使 A 支座承载安全。因此，讨论影响线是为了知道移动荷载在何位置时，结构关键截面的响应达到最大值，也称为最不利值。只有用最不利值来设计结构截面结构才安全。

10.2　静力法作影响线的基本原理

结构某量值的影响线是荷载在不同位置处的结构某量值的变化规律。若暂时把移动荷载作为某个固定位置上的静止荷载，用之前学习的各种方法，可以很容易求得结构的某量值，

若把移动荷载在每个位置处的结构某量值都求解出来的话，结构某量值的影响线也就知道了。这种方法就称为静力法。也就是说，把移动荷载看做一个静止荷载，根据力的平衡条件，把荷载作用在所有位置处的结构某量值均解出即可。由此可知，用静力法作影响线的具体步骤如下：

先确定坐标系，再把荷载 $F_P=1$ 放在任意位置 x，然后根据力平衡条件，列出所求量值与荷载位置 x 之间的关系，即影响线方程。根据影响线方程即可作出影响线。

下面以图 10－2a 所示简支梁为例来说明。

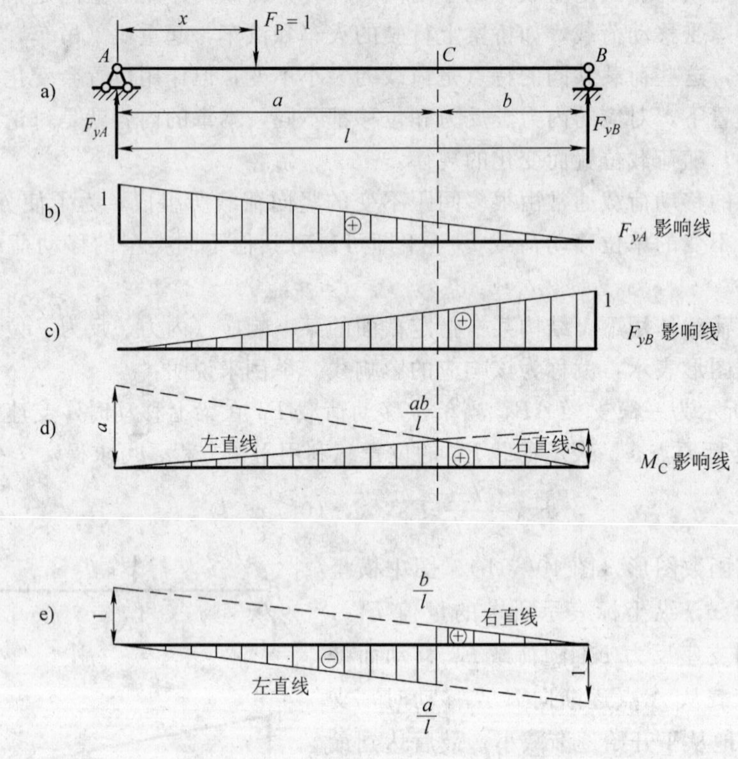

图 10－2　静力法作简支梁的影响线

1. 支座反力影响线

设坐标原点为 A 点，$F_P=1$ 距离原点 x，假设反力方向向上为正，由 $\sum M_B=0$，得

$$F_{yA}l-F_P(l-x)=0$$

则

$$F_{yA}=\frac{F_P(l-x)}{l}=\frac{l-x}{l}$$

这就是 F_{yA} 的影响线方程，绘制成函数图形就是 F_{yA} 的影响线，如图 10－2b 所示。同理，对于 F_{yB} 的影响线，由 $\sum M_A=0$ 得

$$F_{yB}=\frac{x}{l}$$

由此绘出 F_{yB} 的影响线，如图 10-2c 所示。要想知道实际荷载对某量值的影响时，需要用实际荷载乘以影响线，并计入荷载的量纲，才能得到量值的大小和量纲。例如，反力影响线的量纲为 1，若实际荷载 $F_P=10\text{kN}$，则求得的 F_{yB} 的最大值为 10kN。

2. 弯矩影响线

先考虑 $F_P=1$ 在截面 C 左侧移动，即 $0\leqslant x\leqslant a$。取 CB 段为隔离体，并规定梁下部受拉时弯矩为正，由 $\sum M_C=0$ 得

$$M_C=F_{yB}b=\frac{x}{l}b \quad (0\leqslant x\leqslant a)$$

再考虑 $F_P=1$ 在截面 C 右侧移动，即 $a\leqslant x\leqslant l$。取 AC 段为隔离体，由 $\sum M_C=0$ 得

$$M_C=F_{yA}a=\frac{l-x}{l}a \quad (a\leqslant x\leqslant l)$$

因此，M_C 的影响线如图 10-2d 所示，它是由两段直线组成，两直线的交点位于截面 C 处，竖标为 $\frac{ab}{l}$。

从影响线方程还可以看出，左右两段线分别是支座反力与 a 和 b 的乘积，故还可利用反力影响线来绘制 M_C 的影响线：在左、右支座处分别取竖标 a 和 b，将它们的顶点与左右支座的零点直线相连，则交点与左右零点相连的部分就是 M_C 的影响线。这种利用已有量值的影响线来作其他量值影响线的方法非常方便。

3. 剪力影响线

与弯矩影响线类似，先考虑 $F_P=1$ 在截面 C 左侧移动，即 $0\leqslant x\leqslant a$。取 CB 段为隔离体，并规定使隔离体顺时针转动的剪力为正，由 $\sum F_y=0$ 得

$$F_{QC}=-F_{yB}=-\frac{x}{l} \quad (0\leqslant x\leqslant a)$$

再考虑 $F_P=1$ 在截面 C 右侧移动，即 $a\leqslant x\leqslant l$。取 AC 段为隔离体，由 $\sum F_y=0$ 得

$$F_{QC}=F_{yA}=1-\frac{x}{l} \quad (a\leqslant x\leqslant l)$$

由此可看出，F_{QC} 影响线在 C 截面左段是 F_{yB} 影响线的反号，右段是 F_{yA} 影响线，然后将两部分用直线相连，并且两部分直线的斜率相等，即两部分直线平行，在 C 点处发生突变，突变值为 1，如图 10-2e 所示。

最后，要注意内力影响线与内力图的区别：

影响线的横坐标为荷载位置，而内力图的横坐标为结构截面位置；影响线的纵坐标为某一指定截面的内力，而内力图的纵坐标为结构各截面的内力；影响线是表示单位荷载在结构不同位置时，结构某一截面内力的变化情况；内力图表示荷载固定，结构任一截面内力的分布情况。图 10-3 是影响线和弯矩图的对比，图 10-3a 为 M_C 的影响线，图 10-3b 为结构的弯矩图；图 10-3a 中 K 截面对应的竖标表示当单位荷载移动到 K 截面处时 M_C 的大小，图 10-3b 中 K 截面对应的竖标表示结构在荷载作用下 K 截面处的弯矩 M_K 的大小。

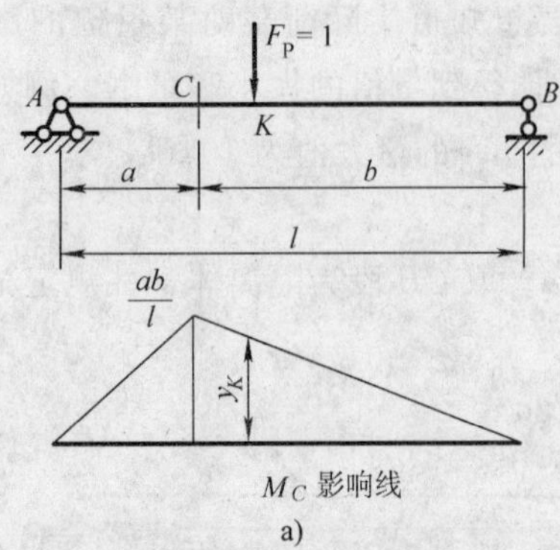

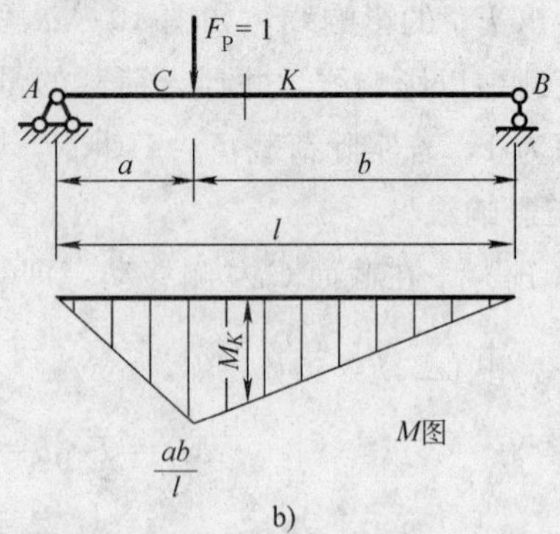

图 10-3 内力影响线与内力图的区别

【例 10-1】 试作图 10-4a 所示梁的 F_{yA}，F_{yB}，F_{QC}，M_C，F_{QD}，M_D 的影响线。

解：(1) 作 F_{yA}，F_{yB} 的影响线 取 A 为坐标原点，横坐标向右为正。$F_P=1$ 作用在任一点 x 时，由平衡方程得

$$F_{yA}=\frac{l-x}{l},\ F_{yB}=\frac{x}{l}$$

这两个方程与简支梁相同，只是荷载作用范围扩大了，即 $0\leqslant x\leqslant l+\frac{l}{4}$。所以在 AB 段内影响线与简支梁完全相同，在 $l\leqslant x\leqslant l+\frac{l}{4}$ 段内，将直线向伸臂部分延长，影响线如图 10-4b、c 所示。

(2) 作 F_{QC}，M_C 的影响线 当 $F_P=1$ 在 C 点左侧时，由平衡方程得

$$F_{QC}=-F_{yB},\ M_C=F_{yB}b=\frac{x}{l}b \quad (0\leqslant x\leqslant a)$$

当 $F_P=1$ 在 C 点右侧时，得

$$F_{QC}=F_{yA},\ M_C=F_{yA}a=\frac{l-x}{l}a\ \left(a\leqslant x\leqslant l+\frac{l}{4}\right)$$

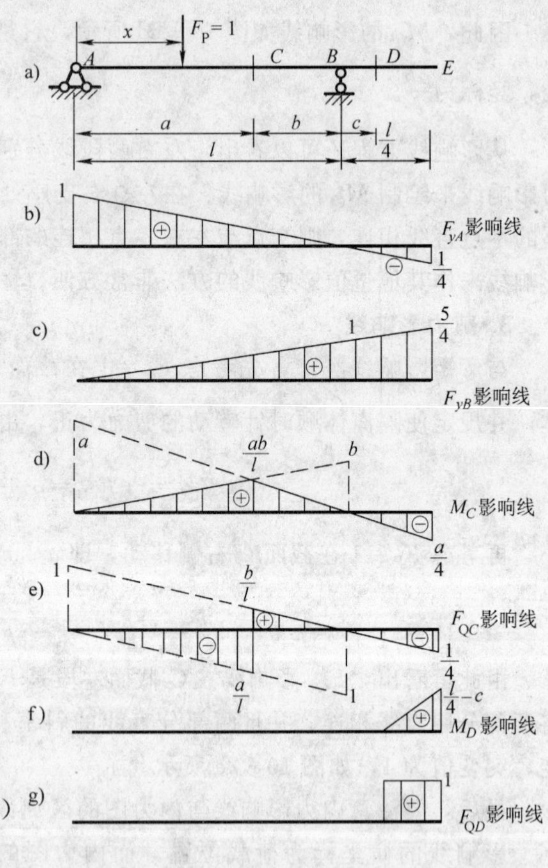

图 10-4 例 10-1 图

这两个方程也与简支梁相同，在 AB 段影响线与简支梁完全相同，在 BE 段内，将直线向伸臂部分延长，影响线如图 10-4d 、e 所示。

(3) 作 F_{QD}，M_D 的影响线 为方便起见，取 D 为坐标原点，横坐标向左为正。当 $F_P=1$ 在 D 点左侧时，取 DE 为隔离体，由平衡方程得

$$F_{QD}=0,\quad M_D=0 \quad \left(c+l\leqslant x\leqslant l+\frac{l}{4}\right)$$

当 $F_P=1$ 在 D 点右侧时，取 DE 为隔离体，得

$$F_{QD}=1, \quad M_D=-x \quad (0\leqslant x\leqslant \frac{l}{4}-c)$$

F_{QD}、M_D 的影响线如图 10－4f、g 所示。对于指定截面位于梁的悬臂段时，为表述方便，将指定截面将梁分为两部分，分别称为悬臂以内和悬臂以外，在本例中，AD 段为悬臂以内，DE 段为悬臂以外。在悬臂以内的弯矩和剪力都为 0，悬臂以外的剪力为常数 1，弯矩为直线，最大值是悬臂以外段的长度。

【例 10－2】 结点荷载作用下的梁的影响线。图 10－5 所示为一桥梁结构，荷载直接加于纵梁，纵梁的两端简支于横梁上，横梁再将荷载传递到主梁，主梁只在 A、B、C、E 点处承受集中力，称为结点荷载。求 F_{yA}、F_{yD}、M_C、M_D 的影响线。

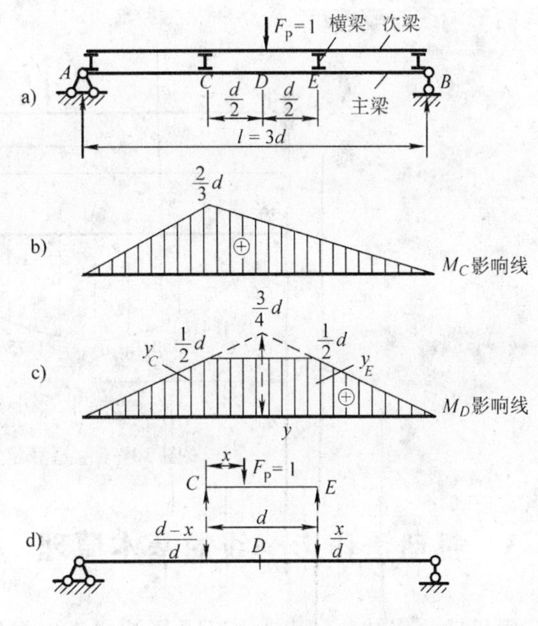

图 10－5 例 10－2 图

解：（1）支座反力 F_{yA}，F_{yD} 影响线 支座反力的表达式与简支梁完全相同，因此其影响线也完全相同。

（2）M_C 的影响线 C 点正好是结点。用静力法，以 A 为坐标原点，当 $F_P=1$ 在 C 点左侧时，取 AC 为隔离体，由平衡方程得

$$M_C=F_{yB}\times 2d \quad (0\leqslant x\leqslant d)$$

当 $F_P=1$ 在 C 点右侧时，得

$$M_C=F_{yA}d \quad (d\leqslant x\leqslant l)$$

因此，M_C 的影响线也与简支梁完全相同，如图 10－5b 所示。

（3）M_D 的影响线 当 $F_P=1$ 加在结点上时，结点荷载和直接荷载完全相同，因此 M_E 的影响线在结点 C、E 处竖标值与直接荷载作用下的 M_E 的竖标值相等。当 $F_P=1$ 作用在两结点 CE 之间时，取 C 为坐标原点，求得支座反力 $F_{yC}=\dfrac{d-x}{d}$，$F_{yE}=\dfrac{x}{d}$，这相当于在主梁上加上两个向下的荷载，大小分别为$\dfrac{d-x}{d}$，$\dfrac{x}{d}$。为此，已知单位荷载直接作用下的主梁 M_D 的影响线（图 10－5c），则根据叠加原理，就可以知道 CE 之间 M_D 的影响线为

$$M_D=y_C\frac{d-x}{d}+y_E\frac{x}{d}$$

上式表示 CE 之间 M_D 影响线是一条直线，且当 $x=0$ 时，$M_D=y_C$，$x=d$ 时，$M_D=y_E$，实际上就是连接 C 点和 E 点的直线（图 10－5c）。

所以，结点荷载作用下的影响线的绘制方法为：先作直接荷载作用下的结构影响线，再用直线连接相邻两结点的竖标，得到的就是结点荷载下作用下的影响线。

从上面两个例子可以看出，静定梁的反力和内力影响线都是由直线组成的，只要求出每段直线的两个竖标，就可绘制出影响线，且竖标计算也很简单，就是用静力平衡条件。但超静定梁的反力和内力影响线不是直线，其竖标计算也比较繁杂，必须用力法或位移法才能求

解，如图 10－6a 所示的梁，支座 A 处的弯矩影响线为 10－6b。其中 M_A 用力法求得

$$M_A=-\frac{(2l-x)(l-x)x}{2l^2}$$

所以可看出，超静定梁的影响线都是曲线。要用静力法求超静定梁的影响线，可先求得超静定结构的影响线方程，再把结构分成若干个等分，利用影响线方程计算各等分点的竖标，再连线得到影响线。

由于静力法作超静定结构的影响线非常繁杂，一般很少用到，故重点掌握静力法作静定结构的影响线步骤即可。

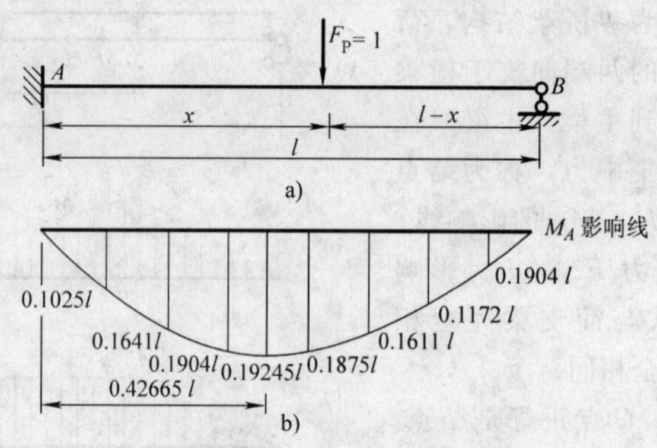

图 10－6　超静定法的影响线

10.3　机动法作影响线的基本原理

用机动法作结构的内力和反力影响线是以虚位移原理为依据。它把作影响线的静力问题转化为作位移图的几何问题。下面以图 10－7 所示简支梁为例，说明这一方法。

将 B 支座的相应约束去掉，代替以未知量 X，此时结构成为一个机构。给体系虚位移，X 和 $F_P=1$ 沿力方向作用的虚位移分别为 δ_x，δ_P 列出虚功方程

$$X\delta_x+F_P\delta_P=0$$

即有

$$X=-\frac{\delta_P}{\delta_x}$$

当 $F_P=1$ 移动时，δ_P 随之变化，它是荷载位置 x 的函数；而位移 δ_x 是个常数，简便起见，令 $\delta_x=1$，故上式变为：$X=-\delta_P(x)$

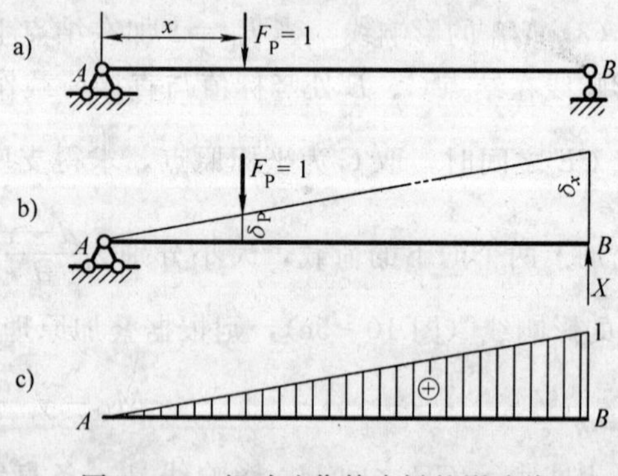

图 10－7　机动法作简支梁的影响线

因此，使 $\delta_x=1$ 时的虚位移图 δ_P 就是 X 的影响线。推而广之，要作静定结构某一量值的影响线，只需将相应的约束去掉，该机构沿 X 的正方向发生单位位移，各杆段如刚性杆那样发生符合约束条件的转动或移动，由此得到的虚位移图就是所求的影响线。这种方法称为机动法。

类似的思路也可用于超静定结构，下面以图 10－8 所示超静定梁为例子，说明用机动法求支座 B 的反力影响线。

该结构为 1 次超静定，先去掉 B 支座的约束，并以 X 代替，如图 10－8b 所示。根据原结构在 B 支座处的位移条件，建立力法典型方程

$$\delta_{11}X+\delta_{1P}F_P=0$$

$$X=-\frac{\delta_{1P}}{\delta_{11}}$$

又由位移互等定理，$\delta_{1P}=\delta_{P1}$，上式可写为 $X=-\frac{\delta_{P1}}{\delta_{11}}$，说明 B 支座反力 X 的影响线是 $-\frac{\delta_{P1}}{\delta_{11}}$，其中，$\delta_{11}$ 表示 $X=1$ 作用下，B 支座处沿 X 方向的位移，它是常数且为正值，δ_{P1} 表示 $X=1$ 作用下，在移动荷载 F_P 方向上引起的位移，它随 F_P 位置不同而变化，变化规律如图 10－8b 所示，所以 B 支座反力 X 的影响线的轮廓就是 δ_{P1} 图的轮廓。但不能得到竖标的具体数值，好在大多数情况仅需要知道影响线的轮廓即可。

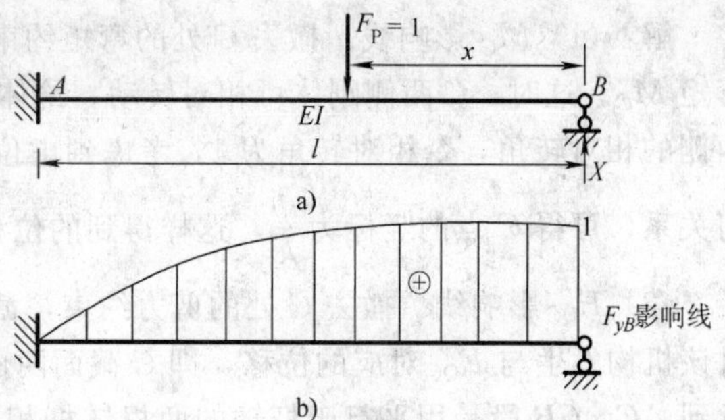

图 10－8　机动法求超静定梁

由此可见，要作超静定结构某一量值的影响线，只需将相应的约束去掉，对应于相应的约束力，让结构沿约束力的正方向发生单位位移，各杆段发生符合约束条件的虚位移图就是所求的影响线轮廓图。因此，无论静定还是超静定结构，机动法都可以不用计算迅速绘出影响线轮廓，非常方便。

【例 10－3】 用机动法作简支梁的 C 处的弯矩剪力影响线。

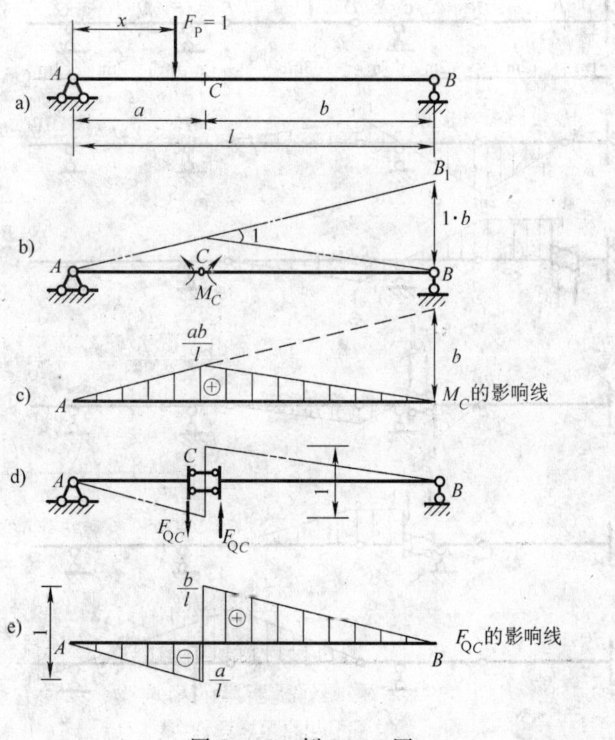

图 10－9　例 10－3 图

解：（1）M_C 影响线　撤去 C 处的弯矩约束，截面 C 改为铰结，代之以一对等值反向的弯矩 M_C。这时，C 两侧刚体可相对转动。给体系以虚位移，与 M_C 相对应的位移是 C 截面两侧的相对转角，令相对转角为 1，考虑到虚位移是微小转角，可得 $BB_1=1\cdot b$，再根据几何关系，可得 C 点的竖标为$\dfrac{ab}{l}$。这样得到的位移图就是 M_C 影响线，如图 10－9c 所示。

（2）F_{QC}影响线　撤去 C 处的剪力约束，截面 C 改为竖向滑动支座，代以剪力 F_{QC}，此时该机构发生与 F_{QC}对应的位移，即 C 截面两侧的相对竖向位移，令相对位移为 1，并且注意到 AC、CB 段是用平行于杆轴的两根链杆相连的，它们之间的相对运动只能在垂直于链杆的方向做平行移动，因此，两段位移图线应互相平行。根据几何关系，可得 F_{QC}影响线如图 10－9e 所示。

由此可见，机动法作静定结构影响线的步骤如下：

1）撤去与所求量值 X 对应的约束，代以未知力。

2）使体系沿 X 正向发生位移，令位移为 1。

3）作出该机构的位移图，就是 X 的影响线。

下面举静定多跨梁的例子，了解如何用机动法求解影响线。

【例 10－4】　试用机动法作图 10－10a 所示梁 M_K、F_{QK}、F_{QC}、F_{yF} 的影响线。

解：（1）M_K 影响线　在截面 K 加铰，以 M_K 代替。整个结构在 AK 段静定，转角为 0，KB 段是机构，绕 K 截面转动，两段相对转角为 1，故 KB 段转角为 1，其他段以此类推，由几何关系得到各控制点竖标。M_K 影响线如图 10－10b 所示。

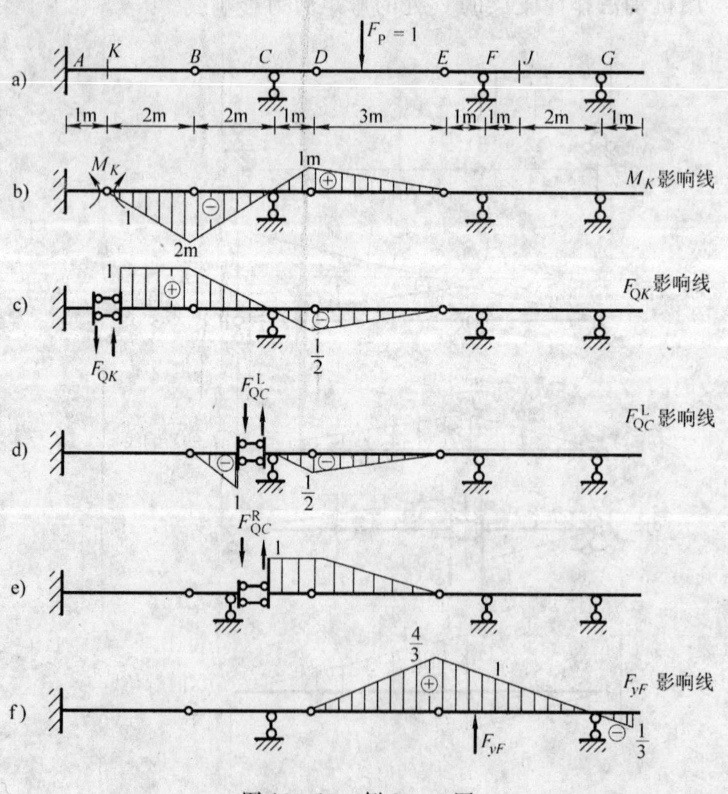

图 10－10　例 10－4 图

（2）F_{QK}影响线　设想 K 截面加竖向滑动支座，使 K 左右两杆段发生相对竖向位移 1，由此得到 F_{QK}影响线，如图 10-10c 所示。

（3）F_{QC}影响线　注意到 C 是支座，因此，C 左右两侧剪力影响线并不相同。先看 C 截面左侧剪力 F_{QC}^{L}影响线：在 C 截面左侧加竖向滑动支座，以 F_{QC}^{L}代替，此时，基本部分 AB 段不动，C 左侧发生位移而右侧不能发生位移，故 C 左侧位移 1，同时，注意到滑动支座两侧杆件必须保持平行，故 F_{QC}^{L}影响线如图 10-10d 所示。再求 C 截面右侧剪力 F_{QC}^{R}影响线：在 C 截面右侧加竖向滑动支座，此时，AC 段不动，C 右侧水平向上滑动位移 1，因此，F_{QC}^{R}影响线如图 10-10e 所示。

（4）F_{yF}影响线　撤去支座 F，并代以竖向反力 F_{yF}，此时 AD 段均不动，仅附属部分 DE 段发生位移，令 E 处竖向位移为 1 可得 F_{yF}影响线如图 10-10f 所示。

由以上各影响线图形可看出，在静定多跨梁上，基本部分的影响线布满全梁，而附属部分的影响线只在附属部分，基本部分上恒为 0。

【例 10-5】 试用机动法绘制出五跨连续梁 M_K，F_{QC}^{R}的影响线。

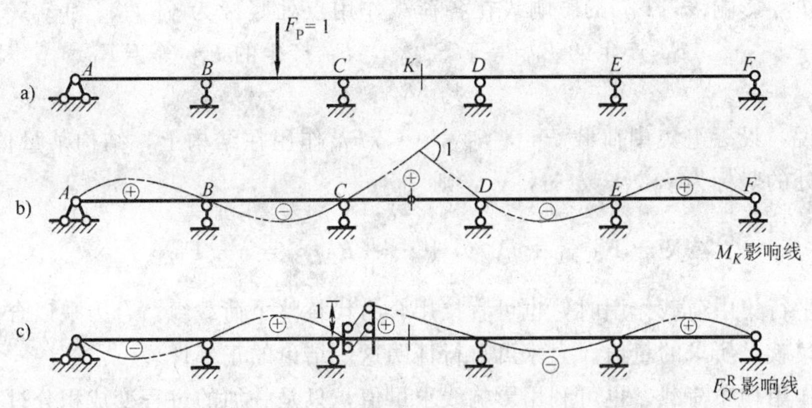

图 10-11　例 10-5

解：用机动法做 M_K 影响线时，去掉 K 截面处的相应约束，然后在约束处施加单位位移 1，则结构的变形如图 10-11b 所示，即为 M_K 的影响线。同样方法求得 F_{QC}^{R}的影响线，如图 10-11c 所示。

10.4　影响线的工程应用

10.4.1　求荷载作用下的影响量

前面已经知道，某量值的影响线是单位移动荷载下该值的变化规律。若知道某量值的影响线，而荷载位置确定，可用荷载大小乘以荷载位置处影响线的竖标，求得荷载作用下的结构量值。若有多个荷载，根据叠加原理，也可利用影响线求得荷载作用下的结构量值。

如图 10-12a 所示简支梁上作用有集中荷载 F_{P1}、F_{P2} 和 F_{P3}，求荷载作用下 C 截面处的剪力。

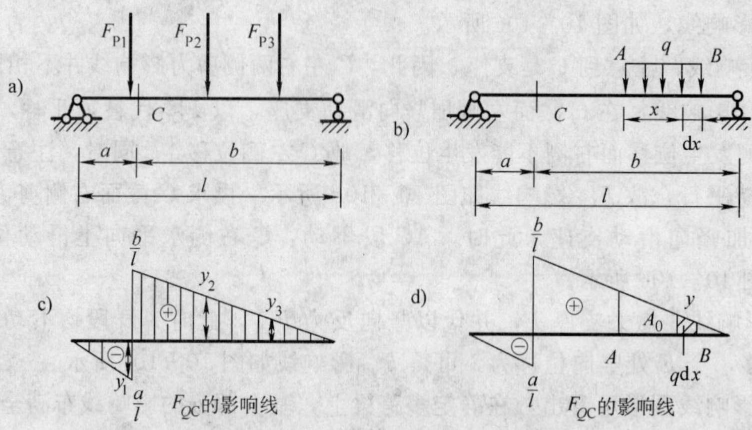

图 10-12 利用影响线求荷载作用下的影响量

若已知 F_{QC}影响线，F_{QC}的影响线在各荷载作用点处竖标为 y_1、y_2 和 y_3，则由 F_{P1}产生的 F_{QC}等于$F_{P1}y_1$，F_{P2}产生的 F_{QC}等于$F_{P2}y_2$，F_{P3}产生的 F_{QC}等于 $F_{P3}y_3$。因此，$F_{QC}=F_{P1}y_1+F_{P2}y_2+F_{P3}y_3$

一般来说，设一组集中荷载 F_{P1}，F_{P2}，…，F_{Pn}作用在结构上，结构某量值 X 的影响线在各荷载处的竖标为 y_1，y_2，…，y_n，则

$$X=F_{P1}y_1+F_{P2}y_2+\cdots+F_{Pn}y_n=\sum_{i=1}^{n}F_{Pi}y_i$$

当一组平行集中荷载作用时，也可直接用合力代替整个荷载组，合力乘以合力位置处的影响线竖标，就是所求的量值。大家可自行证明这一结论的正确性。

若结构作用均布荷载，也可利用影响线求量值，只是叠加的过程变成积分过程，将均布荷载沿长度方向分成无限多个微段 dx，每个微段上的荷载 qdx 可看作一个集中荷载，它所引起的 X 值为 $qdx\cdot y$，故在均布荷载作用下，结构量值 X 为

$$X=\int_A^B qy\,dx=q\int_A^B y\,dx=qA_0$$

A_0 表示影响线在均布荷载段的面积，但 A_0 有正负号，叠加时要注意。

【例 10-6】 利用影响线求简支梁在图 10-13 荷载下 C 截面弯矩和剪力。

解：先作出 M_C，F_{QC}的影响线并求出荷载对应位置处的竖标值，如图 10-13b 所示，则

$$M_C=20\times0.96\text{kN}\cdot\text{m}+10\times\left[\frac{1}{2}\times(0.72+1.44)\times1.2+\frac{1}{2}\times(0.48+1.44)\times2.4\right]\text{kN}\cdot\text{m}=55.2\text{kN}\cdot\text{m}$$

$$F_{QC}=20\times0.4\text{kN}+10\times\left[\frac{1}{2}\times(0.6+0.2)\times2.4-\frac{1}{2}\times(0.4+0.2)\times1.2\right]\text{kN}=14\text{kN}$$

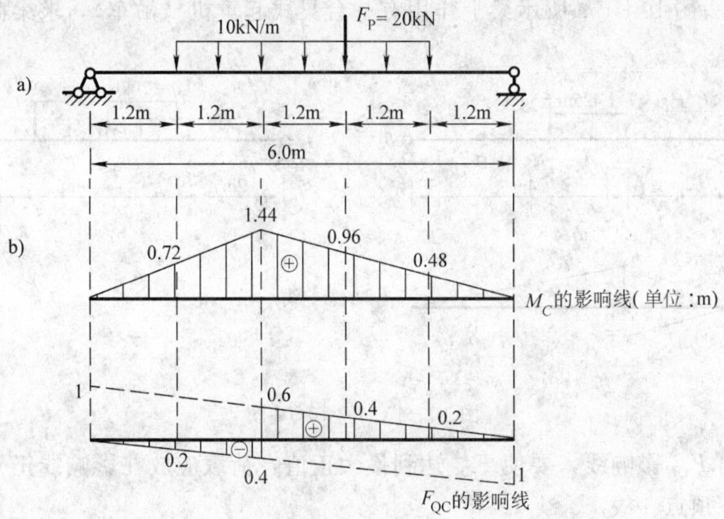

图 10-13　例 10-6 图

10.4.2　求最不利荷载位置

使结构量值 X 达到最大值的荷载位置，称为最不利荷载位置。在移动荷载作用下，先确定了最不利荷载位置，才能知道结构量值 X 的最大值，作为设计的依据。

（1）简单影响线　对一些简单的情况，对影响线和荷载特性加以分析判断，就可定出荷载的最不利位置。举例说明，X 的影响线如图 10-14 所示。

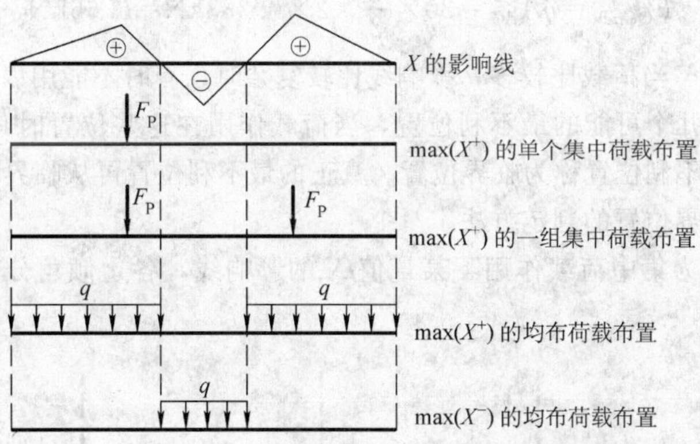

图 10-14　利用影响线求最不利荷载位置

1）若移动荷载是单个集中荷载，要使 X 最大，很容易判断，移动荷载应作用在影响线顶点，该处就是最不利荷载位置。

2）若移动荷载是一组集中荷载，要使 X 最大，应使各集中荷载尽量作用在影响线竖标较大的位置，且有一个荷载作用在影响线顶点。

3）若移动荷载是均布荷载，且可任意布置，要使 X 正值最大，应使荷载满布影响线正号部分，要使 X 负值最大，应使荷载满布影响线负号部分。

总之，就是应当把数量大、排列密的荷载放在影响线竖标较大的部位。此外，还要注意正负号。

【例 10-7】 图 10-15a 所示梁上作用有一台梁式起重机（吊车），求梁截面 C 的最大正剪力。

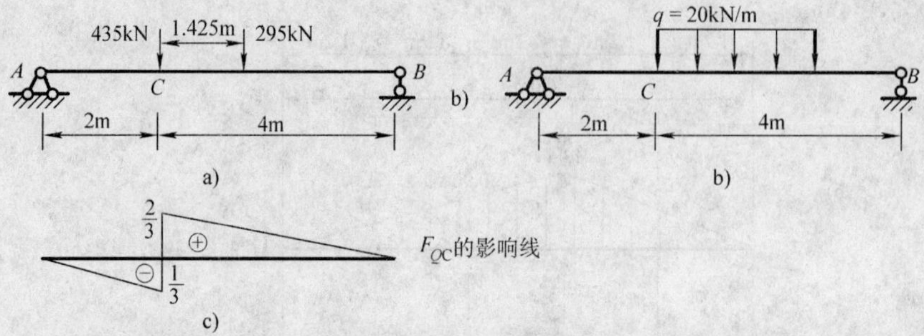

图 10-15　例 10-7 图

解：先绘出 F_{QC} 影响线，要使 F_{QC} 达到最大正值，荷载应放在影响线正号部分，且其中一个荷载应加在顶点。故

$$F_{QCmax}=435\times 0.667\text{kN}+295\times 0.425\text{kN}=415\text{kN}$$

【例 10-8】 若上例梁上仅作用均布荷载 $q=20\text{kN/m}$，且荷载可任意布置（图 10-15b），求梁截面 C 的最大正负剪力。

解：要求 F_{QC} 的最大正值，荷载应满布影响线正号部分，故

$$F_{QCmax}=qA_{CB}=20\times\frac{1}{2}\times 4\times 0.667\text{kN}=26.68\text{kN}$$

F_{QC} 的最大负值是荷载满布影响线负号部分，故

$$F_{QCmin}=qA_{AC}=20\times\frac{1}{2}\times 2\times 0.333\text{kN}=6.66\text{kN}$$

（2）复杂影响线　当荷载比较多，影响线比较复杂时，有时不能用以上原则直接判定最不利位置，只能先找出几个可能的最不利位置，当荷载作用在这些位置时，结构量值 X 达到极值，把这些可能的最不利位置称为临界位置。真正的最不利位置再从临界位置中比较选出。

下面举例说明临界位置的判定方法。

图 10-16a 所示为集中荷载作用下某量值 X 的影响线，各边倾角分别为 α_1，α_2，α_3，如图 10-16b 所示。

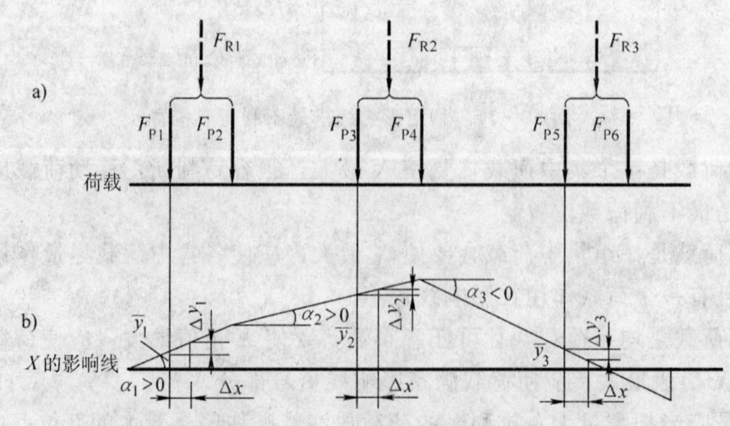

图 10-16　临界位置的判定方法

各边区间内荷载合力分别为 F_{R1}、F_{R2} 和 F_{R3}，对应的影响线竖标分别为 $\overline{y}_1$、$\overline{y}_2$ 和 $\overline{y}_3$，则

$$X = F_{R1}\,\overline{y}_1 + F_{R2}\,\overline{y}_2 + F_{Rn}\,\overline{y}_n = \sum_{i=1}^{3} F_{Ri}\,\overline{y}_i$$

当荷载移动 Δx，则竖标 $\overline{y}_i$ 的增量为

$$\Delta\,\overline{y}_i = \Delta x \tan\alpha_i$$

X 的增量为

$$\Delta X = \Delta x \cdot \sum_{i=1}^{3} F_{Ri}\tan\alpha_i$$

若荷载在极大值的临界位置，当荷载移动 Δx 时，X 的增量 $\Delta X \leqslant 0$，且当荷载向右移，$\Delta x > 0$，则 $\sum\limits_{i=1}^{3} F_{Ri}\tan\alpha_i \leqslant 0$；当荷载向左移，$\Delta x < 0$，则 $\sum\limits_{i=1}^{3} F_{Ri}\tan\alpha_i \geqslant 0$。同理，若荷载在极小值的临界位置，当荷载向右移，$\sum\limits_{i=1}^{3} F_{Ri}\tan\alpha_i \geqslant 0$；当荷载向左移，$\sum\limits_{i=1}^{3} F_{Ri}\tan\alpha_i \leqslant 0$。

以上这四式就是临界位置的判别条件，也就是说，当荷载在临界位置上稍向左、右移动，$\sum F_{Ri}\tan\alpha_i$ 会发生变号。$\sum F_{Ri}\tan\alpha_i$ 如何会变号呢？影响线的图形是确定的，因此 $\tan\alpha_i$ 不会变化，只有各段的荷载合力 F_{Ri} 会变化。要使荷载稍向左、右移动，F_{Ri} 就会变化，则必须有一个荷载正好作用在影响线的顶点上。因此，临界位置是某个荷载正好作用在影响线的顶点上，且会导致 $\sum F_{Ri}\tan\alpha_i$ 变号。

归纳起来，确定荷载最不利位置的步骤如下：

1）从荷载中选定一个集中力 F_{Ri}，使它位于影响线的一个顶点。

2）使 F_{Ri} 在该点向左或向右，分别求 $\sum F_{Ri}\tan\alpha_i$ 的数值，若该值变号，则此位置为临界位置。若该值不变号就不是临界位置。

3）对每个临界位置求出 X 的数值，从所有这些数值中选出最大值或最小值，此时的荷载位置就是荷载最不利位置。

【例 10-9】 试求图 10-17 所示梁在 K 截面的荷载最不利位置和最大弯矩。其中 $F_{P1}=50\text{kN}$，$F_{P2}=100\text{kN}$，$F_{P3}=30\text{kN}$，$F_{P4}=30\text{kN}$。

解：作弯矩 M_K 的影响线，如图 10-17b 所示。

根据荷载和影响线的情况，F_{P4} 在 K 截面时，部分荷载已经在梁外，因此不可能使 M_K 产生最大值。再将其他三个荷载依次放在 K 截面进行判断，当 F_{P2} 在 K 截面左、右侧时

$$\frac{7.5}{10}(50+100) > \frac{7.5}{30}(30+30)$$

$$\frac{50}{10} < \frac{100+30+30}{30}$$

F_{P2} 是临界荷载。

当 F_{P1} 在 K 截面左、右侧时

$$\frac{7.5}{10}\times 50 < \frac{(100+30+30)}{30}\times 7.5$$

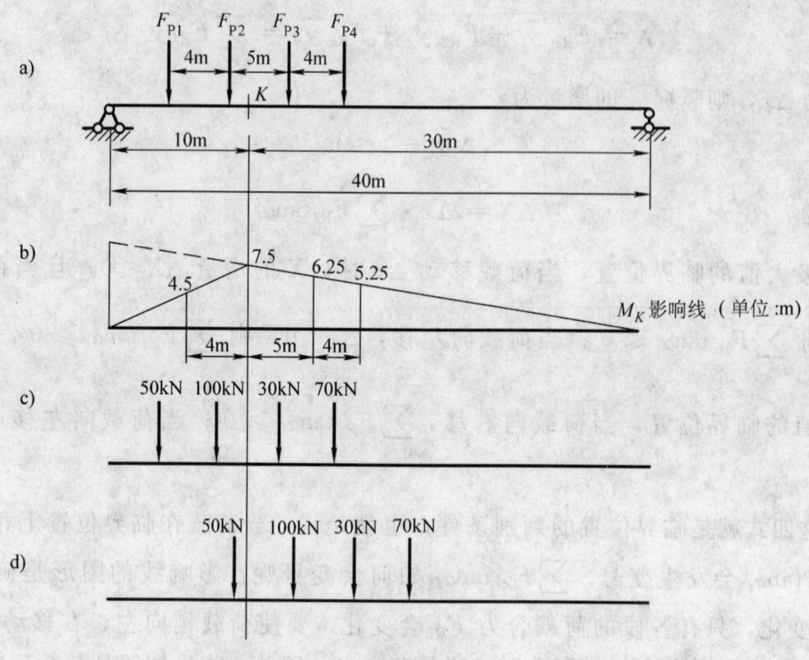

图 10-17　例 10-9 图

$$7.5\times\frac{0}{10}<\frac{(50+100+30+30)}{30}\times7.5$$

F_{P1}不是临界荷载。同理判断出 F_{P3} 也不是临界荷载。故 F_{P2} 在 K 截面时为荷载最不利位置，K 截面弯矩最大值为 $M_{K\max}=(50\times4.5+100\times7.5+30\times6.25+30\times5.25)\text{kN}\cdot\text{m}=832.5\text{kN}\cdot\text{m}$

10.4.3　梁板的内力包络图和绝对最大弯矩

结构设计时需要求出荷载作用下各截面的最大正负内力，作为设计截面的依据。连接各截面的最大内力值的曲线称为内力包络图。因此，内力包络图表达了各截面上内力变化的上下限。在绘制包络图时，通常将结构杆件分成若干等分，求出各截面的影响线，并逐点得到各截面内力上下限，即可绘出内力包络图。绝对最大弯矩就是在结构弯矩包络图中最大的弯矩值，它表示在移动荷载作用下梁内可能出现的弯矩最大值。

房屋中的梁板式楼面，其上的单向板、主梁和次梁一般按连续梁或简支梁计算。这些梁板承受恒载和活载。其中活载引起的内力随荷载分布不同而改变，故设计时需要求出内力包络图及绝对最大弯矩。

图 10-18 所示为一个简支梁的弯矩包络图，绝对最大弯矩在距离 A 支座 5.625m、6.375m 处，绝对最大弯矩 578kN・m。

可见即使用等分梁的方法绘制出弯矩包络图，也很难确定绝对最大弯矩的位置和大小，但梁的弯矩图顶点永远在集中荷载处。试取一个集中荷载 F_{Pcr}，研究荷载作用点的截面弯矩何时为最大，F_{Pcr} 距离 A 距离 x，梁上荷载合力为 F，F 与 F_{Pcr} 距离 a，由 $\sum M_B=0$，得

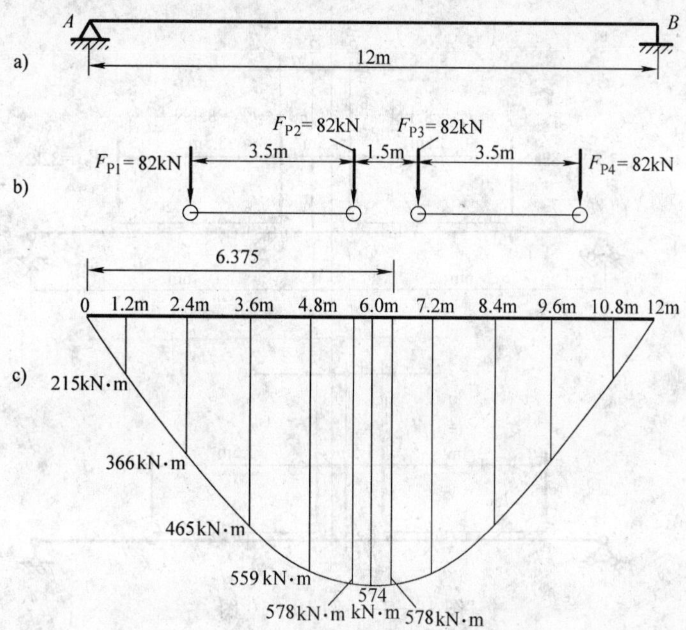

图 10-18　简支梁的弯矩包络图

$$F_{yA}=\frac{F}{l}(l-x-a)$$

则 F_{Pcr}作用点的弯矩为

$$M_x=F_{yA}x-M=\frac{F}{l}\ (l-x-a)\ x-M$$

其中：M 表示 F_{Pcr}以左的荷载对 F_{Pcr}作用点的弯矩之和，它与 x 无关。

则 M_x 最大值的位置为$\frac{dM_x}{dx}=0$，求得

$$x=\frac{l}{2}-\frac{a}{2}$$

说明 F_{Pcr}与荷载合力 F 对称分布时，F_{Pcr}作用点就是弯矩最大点。弯矩最大值为

$$M_{max}=\frac{F}{l}\left(\frac{l}{2}-\frac{a}{2}\right)^2-M$$

若有多个荷载，分别确定了各荷载的弯矩最大值位置后，比较各荷载位置下弯矩最大值，就可得到绝对最大弯矩。

【例 10-10】 求图 10-19 所示简支梁的绝对最大弯矩。

解：绝对最大弯矩应发生在 F_{P2}，F_{P3}处的截面，而 F_{P2}，F_{P3}对称，所以只需求其中一个即可。合力 F_R=328kN，合力作用点在 F_{P2}，F_{P3}中间，a=0.75m，使 F_{P2}移动到与 F 对称于梁中线处，F_{P2}距跨中 0.375m，则

$$M_{max}=\frac{F}{l}\left(\frac{l}{2}-\frac{a}{2}\right)^2-M=578\text{kN}\cdot\text{m}$$

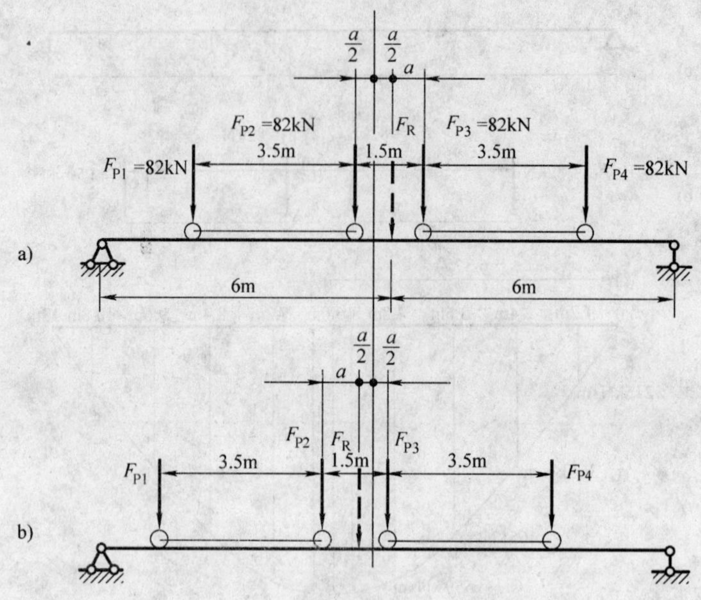

图 10-19　例 10-10 图

【例 10-11】 绘制图 10-20a 所示三跨等截面连续梁的弯矩包络图。

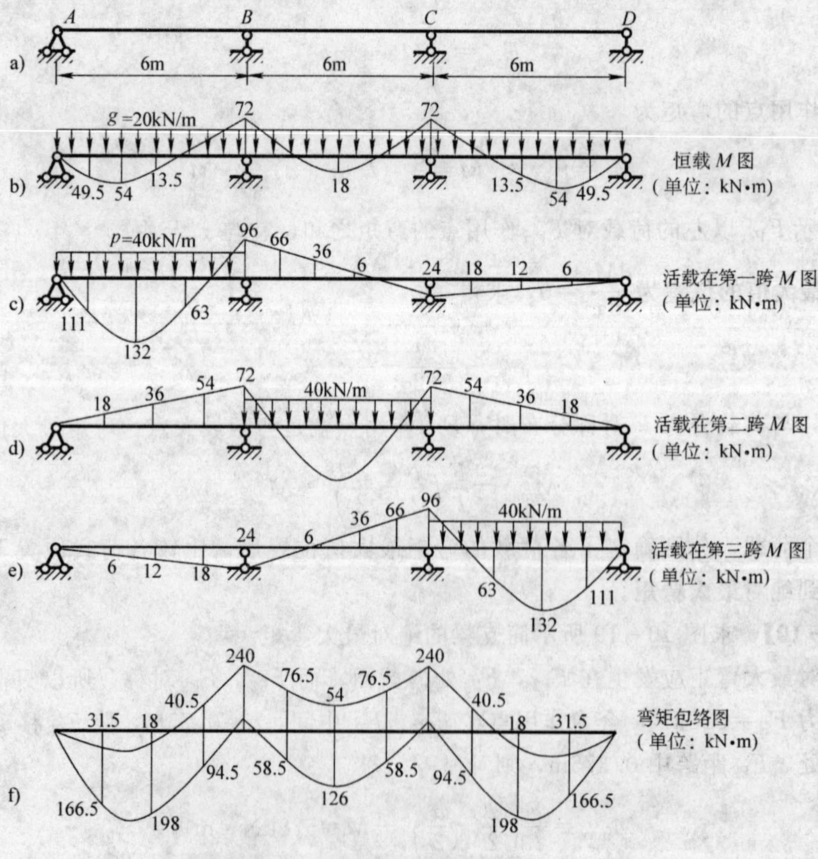

图 10-20　例 10-11 图（一）

解：首先作出恒载下的弯矩图，如图 10－20b 所示，各跨分别承受活载时的弯矩图如图 10－20c、d、e 所示，则结构的弯矩包络图可用图 10－20b 分别与图 10－20c、d、e 叠加，如图 10－20f 所示。同理也可作出结构的剪力包络图，如图 10－21 所示。

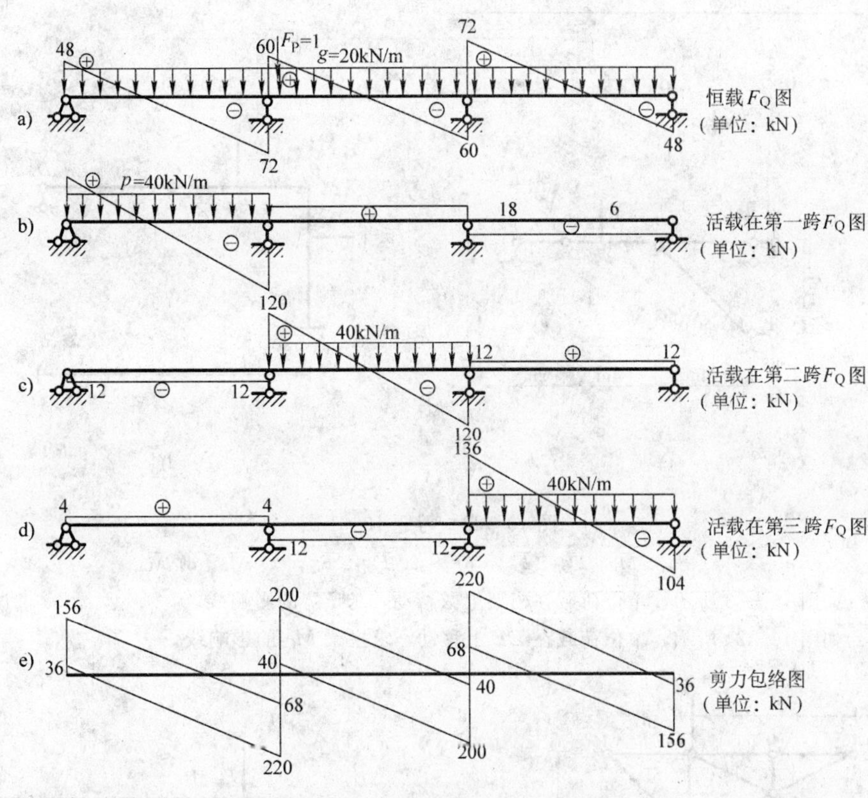

图 10－21　例 10－11 图（二）

习　题

10－1　作图 10－22 所示结构的影响线。

1）作图 10－22a 所示结构的 F_{yA}、M_B、F_{QB}^L、F_{QB}^R 的影响线

2）作图 10－22b 所示结构的 F_{yB}、F_{QD}^L、F_{QD}^R 的影响线

3）作图 10－22c 所示结构的 M_B 的影响线

4）作图 10－22d 所示结构的 M_A 的影响线

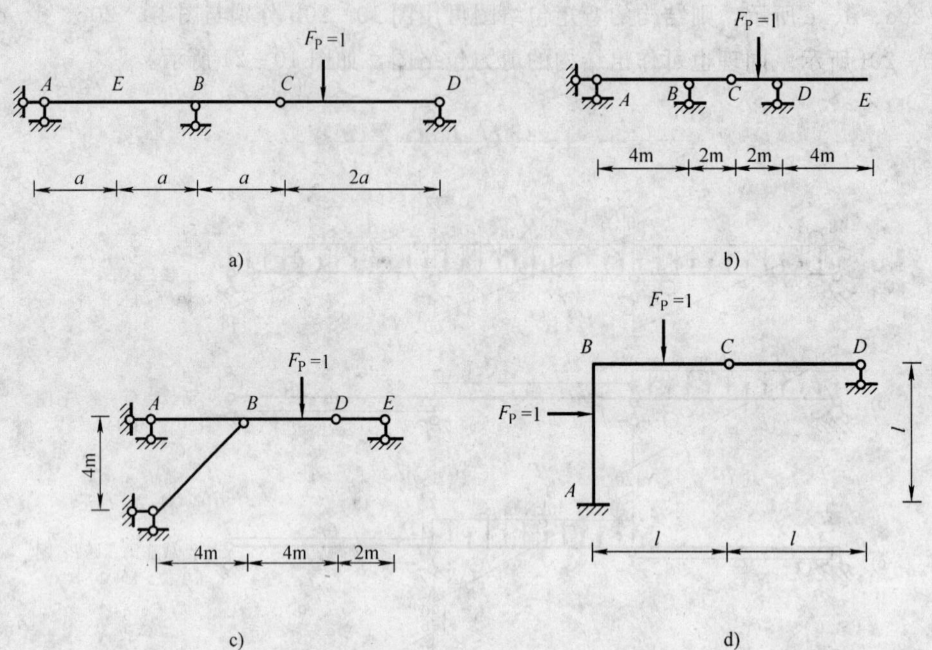

图 10-22　习题 10-1 图

a) $\overline{F}_{yA}$、$\overline{M}_B$、$\overline{F}_{QB}^{L}$、$\overline{F}_{QB}^{R}$　b) $\overline{F}_{yB}$、$\overline{F}_{QD}^{L}$、$\overline{F}_{QD}^{R}$　c) $\overline{M}_B$　d) $\overline{M}_A$

10-2　如图 10-23 所示，单位荷载在桁架上弦移动，求 F_{Na} 的影响线。

10-3　如图 10-24 所示，单位荷载在 DE 上移动，求主梁 M_C 的影响线。

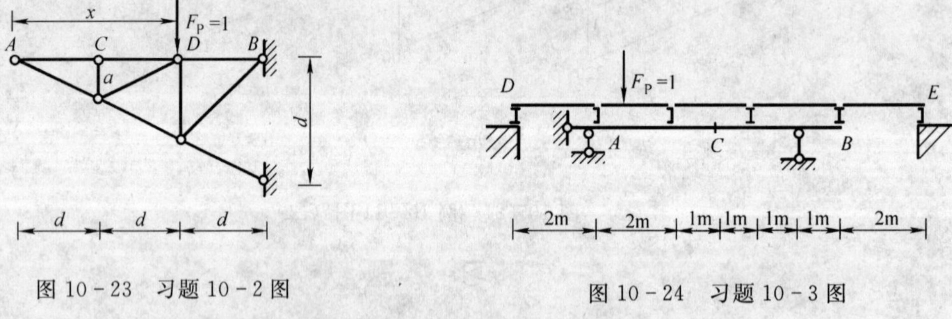

图 10-23　习题 10-2 图　　图 10-24　习题 10-3 图

10-4　如图 10-25 所示，利用影响线求出给定荷载下的 M_A 值。

10-5　图 10-26 所示静定梁上有移动荷载组作用，利用影响线求出 B 支座反力的最大值。

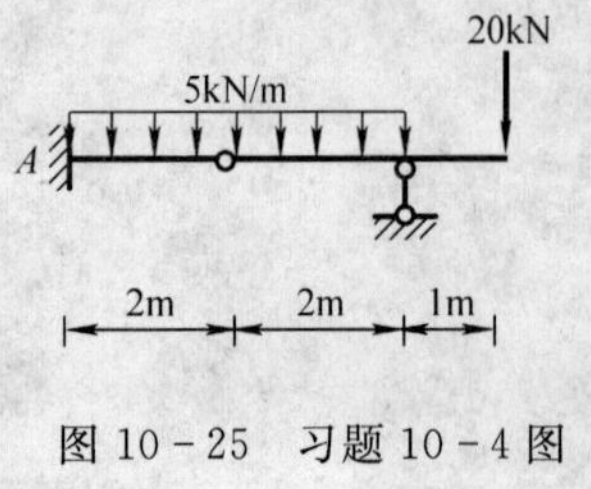

图 10-25　习题 10-4 图

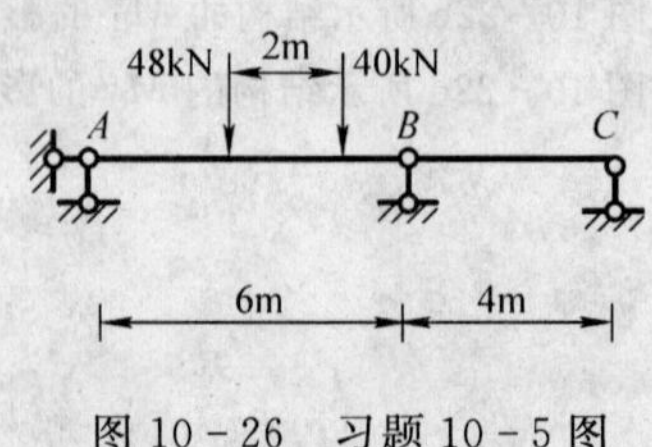

图 10-26　习题 10-5 图

10-6 作图 10-27 所示梁的 M_K、F_{QE}^{L}、F_{QE}^{R}影响线。

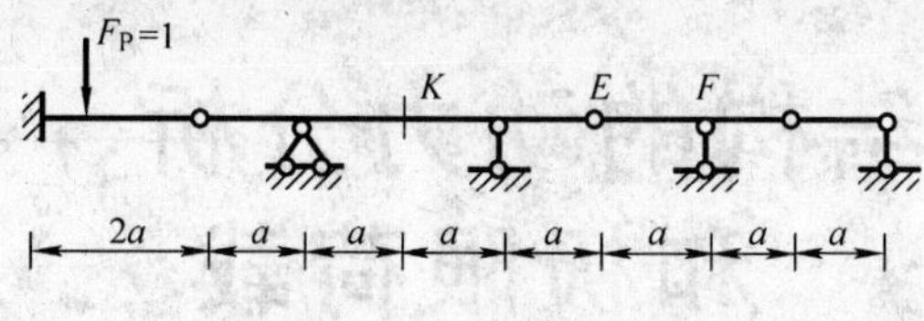

图 10-27 习题 10-6 图

第 2 篇 结构的动力分析、稳定分析和极限荷载

第 11 章 结构的动力分析

11.1 概述

结构动力学研究的是结构在动荷载作用下的问题。动荷载是指荷载大小、方向和作用位置随时间变化，并且变化得较快，使得质量运动加速度所产生的惯性力与结构外力相比不能忽略。所以，结构上作用动荷载与作用静荷载相比，计算时要特别考虑惯性力作用。另外，由于荷载随时间变化，结构响应（内力、反力、位移、速度和加速度）也随时间变化，显然，结构响应不会像静力问题那样是单一解，而是时间的函数，是一组解，因此结构动力分析要比静力分析复杂些。

工程中常见的动荷载有以下几类：

（1）周期荷载　即荷载随时间作周期性变化。若荷载随时间按正弦或余弦规律变化，则称为简谐荷载（图 11-1a)，对于其他周期荷载（图 11-1b)，可通过傅里叶变换后，用多个简谐荷载来表示。

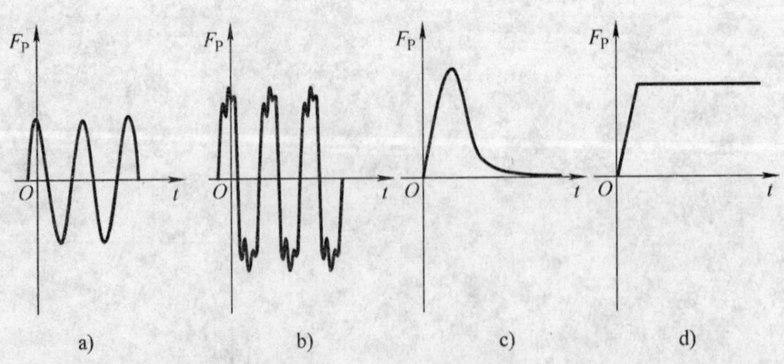

图 11-1　常见的动荷载

a）简谐荷载　b）周期荷载　c）冲击荷载　d）突加荷载

（2）冲击荷载　即指荷载在很短的时间内突然增减，如爆炸引起的冲击波，起重机

（吊车）刹车对厂房的作用等，图 11-1c、图 11-1d 都是冲击荷载。

（3）随机荷载　荷载无法用确定的函数来表示，或者说，荷载在将来任一时刻的数值不确定。风荷载和地震荷载就是随机荷载。对于这样的荷载，动力分析比较复杂，需要用随机过程论和数理统计的方法，本章仅讨论可以用确定的函数表示的荷载，也称为确定性荷载。

既然结构动力计算必须考虑惯性力的作用，而惯性力又与质量的运动情况有关，因此，动力分析中需要确定结构上全部质量的位置，把确定结构质量位置的独立几何参数的个数，称为动力自由度。

梁跨中有一个电动机，梁本身质量远小于电机质量，可忽略梁质量，结构计算简图如 11-2 所示。受弯构件的轴向刚度一般远大于侧向刚度，故因轴向变形引起的位置变化及相应的惯性力很小，一般可以忽略，再忽略转动引起的转动惯性力矩，则结构的动力位置仅由 $y(t)$ 一个几何参数确定，这种体系称为单自由度体系。

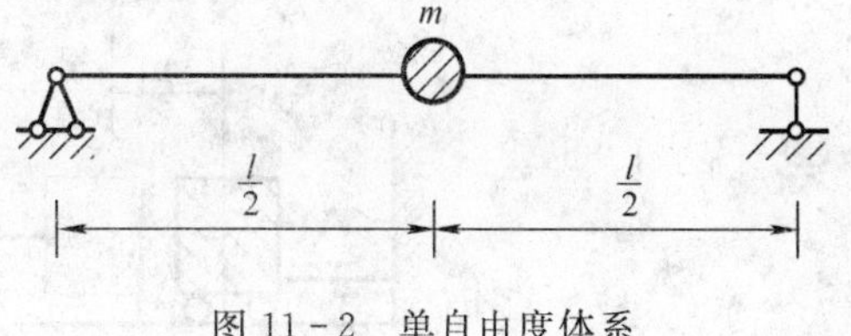

图 11-2　单自由度体系

图 11-3a 所示刚架，在水平力作用下横向振动时，楼面沿竖向振动很小，可略去不计，再假定楼面质量集中在各柱，且各柱的质量集中柱两端，若忽略各杆轴向变形，则振动自由度为 3 个。结构的动力位置由多个几何参数确定，这种体系称为多自由度体系。

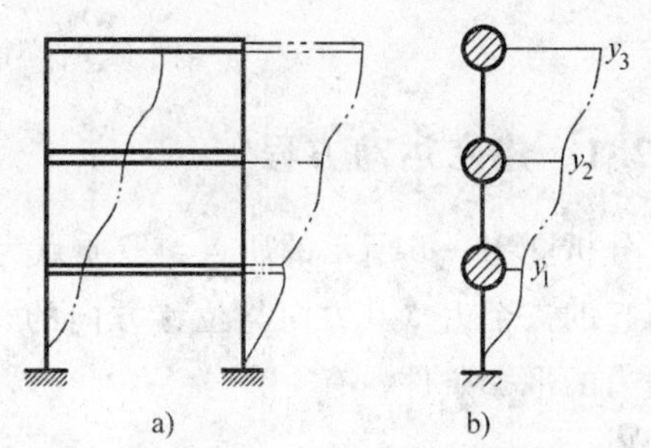

图 11-3　多自由度体系

可以看出，以上两个例子中都将质量分布集中在结构某些位置，而在其余位置不存在质量，这只是一种近似处理，也称为集中质量法。若要精确求解，应该考虑结构的质量连续分布，相当于有无限个质点，而各质点的位移又相互独立，故振动的自由度是无限多个，也称为无限自由度体系。

求解无限自由度体系时，可近似假设振动曲线 $y(t)=\sum_{k=1}^{n}a_k\varphi_k(x)$。如图 11-4 所示的悬臂梁，假设振动曲线，$y(x)=x^2(a_1+a_2x)$，该式同时满足固定端位移和转角为零的条件。

当确定 a_1、a_2 这两个未知数后（也称广义坐标），就可完全确定结构的位移。因此，结构由无限自由度转化为以 a_1、a_2 为独立参数的两个自由度问题。这种方法称为广义坐标法。

此外，还可将结构分成有限个单元，用有限数目的离散坐标表示结构位移，也称有限单元法。这种方法用计算机分析非常方便有效。

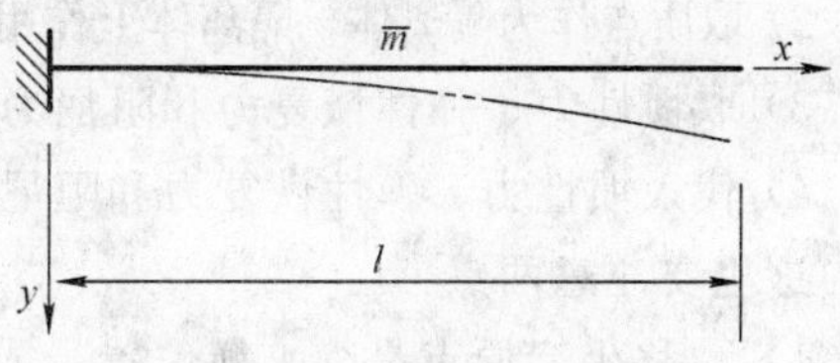

图 11-4　无限自由度体系

无论用那种方法，结构动力分析的目的是要得到动荷载下结构响应与时间的关系。确定结构在动荷载下可能的最大内力，设计结构截面满足承载要求；确定结构在动荷载下的最大位移、速度和加速度，设计结构满足正常使用要求。通过了解动力响应与荷载特征、结构特征的关系，指导结构设计。因此，在抗风、抗震工程学方面，结构动力学是基础。下面就分别按单自由度体系、多自由度体系、无限自由度体系分别说明结构的动力分析方法。

11.2 单自由度体系的自由振动

承受动荷载的线弹性体系都具有质量、弹性性能、能量耗散性能及外荷载，而单自由度体系是其中最简单的情况。如图 11-5 所示，该体系的质量用刚体表示，滚动支座能使其简单平移，弹性性能由刚度为 k 的无重量弹簧提供，能量耗散性能由阻尼器 c 提供，外荷载 $F(t)$，只有一个坐标 y 就可确定质点位置。

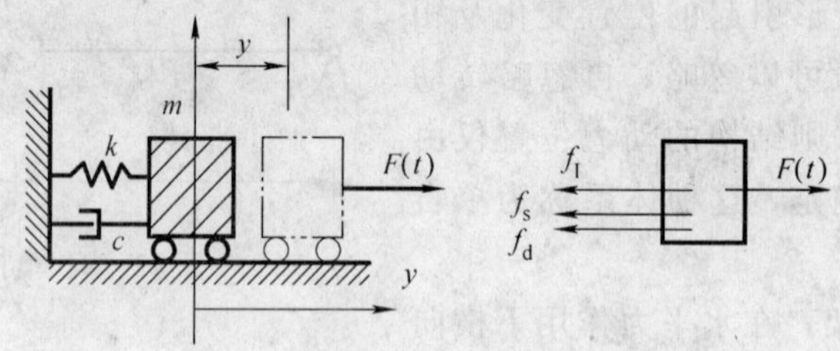

图 11-5 单自由度体系的自由振动

11.2.1 建立运动方程

分析图 11-5 所示的质点，取质点为隔离体，隔离体上作用有外荷载 F (t)，以及由运动引起的三个力（其方向与位移方向的相反）：惯性力 f_I、弹性恢复力 f_s、阻尼力 f_d，则根据力的平衡条件，有

$$f_I + f_s + f_d = F(t)$$

式中，惯性力是质量与加速度的乘积，$f_I = m\ddot{y}$；弹性恢复力是刚度与位移的乘积，$f_s = ky$；假设为粘滞阻尼，阻尼力是阻尼常数和速度的乘积，$f_d = c\dot{y}$。

上式还可写为

$$m\ddot{y} + c\dot{y} + ky = F(t) \tag{11-1}$$

这就是单自由度体系的运动方程。它是一个二次常系数线性微分方程。

由此可见，建立运动方程的过程是：

1）以静平衡位置为位移坐标原点，再使质点在外荷载作用下运动并远离坐标原点。

2）取质点作为隔离体，隔离体上作用外荷载和由运动引起的惯性力、弹性恢复力和阻尼力。

3）取惯性力、弹性恢复力和阻尼力与位移方向相反，建立隔离体力平衡方程。

4）代入惯性力、弹性恢复力和阻尼力的表达式，得到体系的运动方程。

这里要注意两点：

1）位移坐标原点是静平衡位置，或者说，运动方程中的 y 只是动位移，不包括某些常量使结构发生的静位移。例如，图 11-6 中 y_{st} 表示重力荷载下弹簧拉伸引起的位移，这部分弹簧恢复力是与重力平衡的，y 以静平衡位置算起。

2）运动方程是取质点作为隔离体，建立隔离体的力平衡方程得到。因此，所有的力都要作用在质点上，若外力不作用在质点上，则应等效为作用在质点上的力，再建立运动方程。例如，图 11-7 中 F_E 就是等效动力荷载。

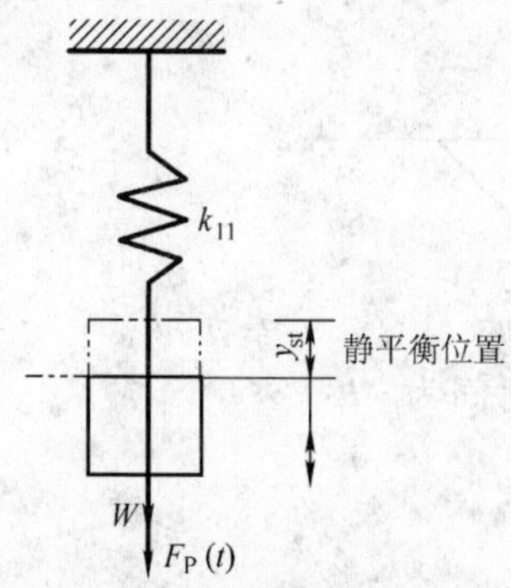

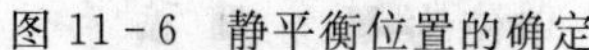

图 11-6　静平衡位置的确定

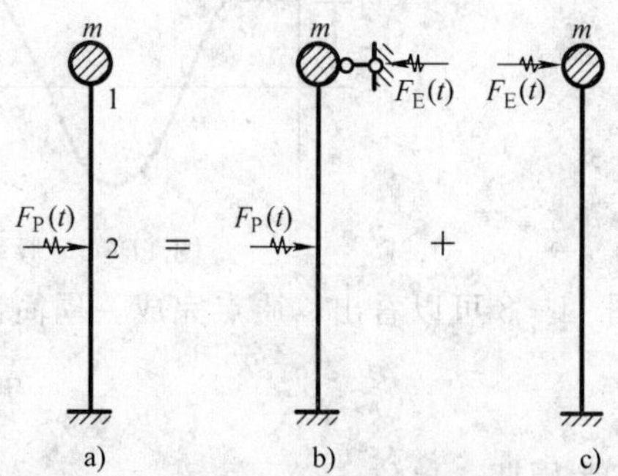

图 11-7　外力不作用在质点时的处理

11.2.2　无阻尼自由振动

单自由度体系的运动方程为

$$m\ddot{y}+c\dot{y}+ky=F(t)$$

若使外荷载 $F(t)=0$，则该体系称为自由振动，即

$$m\ddot{y}+c\dot{y}+ky=0 \tag{11-2}$$

若不考虑阻尼，$c=0$，则该体系称为无阻尼自由振动，上式变为

$$m\ddot{y}+ky=0 \tag{11-3}$$

以这种最简单的情况入手，讨论单自由度体系的运动规律。式（11-3）为一个常系数的齐次线性微分方程，令

$$\omega^2=\frac{k}{m} \tag{11-4}$$

则
$$\ddot{y}+\omega^2 y=0$$

该式的通解为

$$y(t)=C_1\cos\omega t+C_2\sin\omega t$$

式中，常数 C_1、C_2 由初始条件确定。

设初始时刻的位移和速度分别为 y_0、v_0（即 $t=0$ 时，$y(0)=y_0$、$\dot{y}(0)=v_0$），则求得 $C_1=y_0$、$C_2=\frac{v_0}{\omega}$，故

$$y(t)=y_0\cos\omega t+\frac{v_0}{\omega}\sin\omega t \tag{11-5}$$

也可表示为

$$y(t)=A\cos(\omega t+\theta) \tag{11-6}$$

式中，$A=\sqrt{y_0^2+\left(\frac{v_0}{\omega}\right)^2}$，$\theta=\tan^{-1}\frac{y_0\omega}{v_0}$。

这个解描述了一个频率为 ω 的简谐运动，形状如图 11-8 所示。A 表示质点的最大位移值，称为振幅，θ 为初相位角。

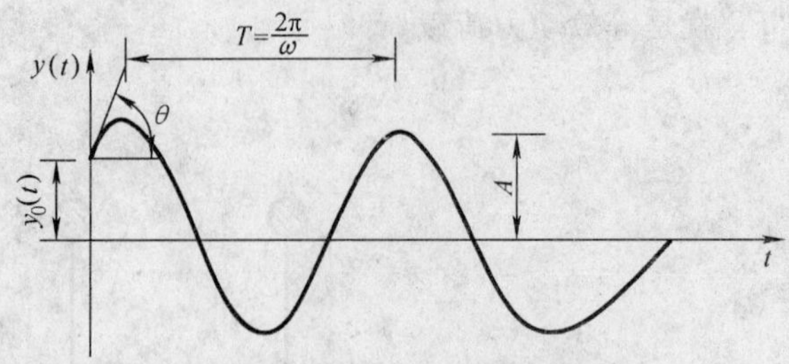

图 11-8　频率为 ω 的简谐振动

由图 11-8 可以看出，质点完成一周简谐运动所需的时间为

$$T=\frac{2\pi}{\omega} \tag{11-7}$$

式中，T 为周期，单位 s。

周期的倒数称为频率，表示在单位时间内振动的次数，单位为 Hz，即

$$f=\frac{1}{T} \tag{11-8}$$

多数时候用到圆频率，也简称为频率，根据式（11-4），得

$$\omega=\sqrt{\frac{k}{m}}=\sqrt{\frac{1}{m\delta}}=\sqrt{\frac{g}{W\delta}}=\sqrt{-\frac{g}{\delta_{\mathrm{st}}}} \tag{11-9}$$

结构的频率和周期是结构重要的动力特性之一。从式（11-9）可看出，结构频率仅与结构的质量和刚度有关，与外界干扰无关，所以也称为结构的自振频率。结构刚度越大、质量越小，结构自振频率越大。

【例 11-1】　如图 11-9 所示，简支梁截面抗弯刚度 EI，梁跨中有一个集中质量 m，若忽略梁本身质量，试求梁的自振周期和频率。

解：简支梁竖向振动时，跨中位移为

$$\delta=\frac{l^3}{48EI}$$

因此，根据式（11-9）有

$$\omega=\sqrt{\frac{1}{m\delta}}=\sqrt{\frac{48EI}{ml^3}}$$

则有

$$T=\frac{2\pi}{\omega}=2\pi\sqrt{\frac{ml^3}{48EI}},f=\frac{1}{T}$$

【例 11-2】　求排架的自振频率，如图 11-10 所示，略去柱质量。

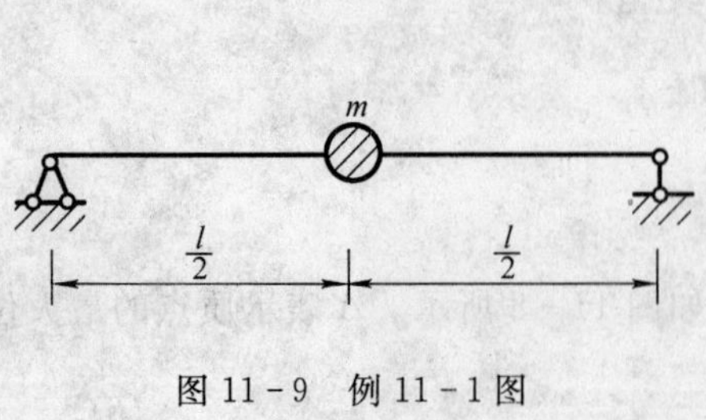

图 11-9　例 11-1 图

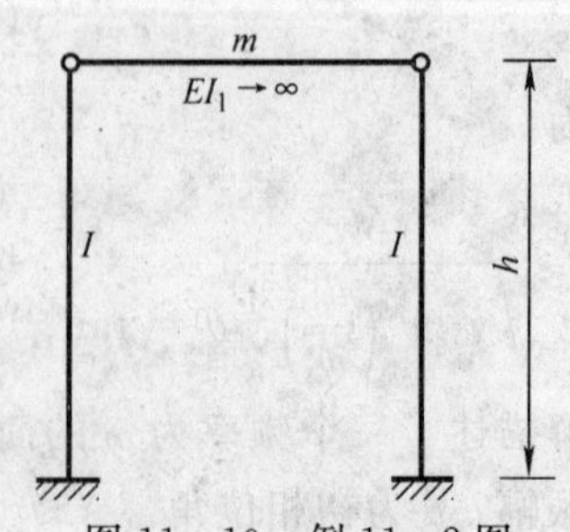

图 11-10　例 11-2 图

解：横梁刚度无穷大，故各柱的水平侧移相同，因此是单自由度体系。各柱的刚度系数 $k_1=\frac{3EI}{h^3}$，整个结构的刚度是两柱并联，则

$$k=\frac{3EI}{h^3}+\frac{3EI}{h^3}=\frac{6EI}{h^3}$$

因此，根据式（11-9）有

$$\omega=\sqrt{\frac{k}{m}}=\sqrt{\frac{6EI}{ml^3}}$$

11.2.3 有阻尼自由振动

单自由度体系自由振动的运动方程为

$$m\ddot{y}+c\dot{y}+ky=0 \tag{11-10}$$

若令阻尼比 $\xi=\frac{c}{2m\omega}$，且 $\omega^2=\frac{k}{m}$，则

$$\ddot{y}+2\xi\omega\dot{y}+\omega^2 y=0 \tag{11-11}$$

式（11-11）仍是一个常系数齐次线性微分方程，其特征方程是

$$\lambda^2+2\xi\omega\lambda+\omega^2=0$$

解得

$$\lambda_{1,2}=\omega(-\xi\pm\sqrt{\xi^2-1}) \tag{11-12}$$

则方程的一般解为

$$y(t)=C_1\mathrm{e}^{\lambda_1 t}+C_2\mathrm{e}^{\lambda_2 t} \tag{11-13}$$

方程的解取决于式（11-12）中根号内的数值，按照特征根的性质不同，分为三种情况：

1. $\xi<1$，即低阻尼情况

此时，$\xi^2-1<0$，则式（11-12）中 λ_1、λ_2 是两个共轭复数，即

$$\lambda_{1,2}=\omega(-\xi\pm\mathrm{i}\sqrt{1-\xi^2})$$

令 $\omega_D=\omega\sqrt{1-\xi^2}$，则

$$\lambda_{1,2}=-\xi\omega\pm\mathrm{i}\omega_D \tag{11-14}$$

所以，方程的解为

$$y(t)=\mathrm{e}^{-\xi\omega t}(C_1\cos\omega_D t+C_2\sin\omega_D t)$$

其中积分常数 C_1、C_2 可由初始条件求得

$$C_1=y_0, C_2=\frac{v_0+\xi\omega y_0}{\omega_D}$$

则

$$y(t)=\mathrm{e}^{-\xi\omega t}\left(y_0\cos\omega_D t+\frac{v_0+\xi\omega y_0}{\omega_D}\sin\omega_D t\right) \tag{11-15}$$

这就是低阻尼单自由度体系自由振动的解。

式（11 15）也可写为

$$y(t)=A\mathrm{e}^{-\xi\omega t}\sin(\omega_D t+\phi) \tag{11-16}$$

其中

$$A=\sqrt{y_0^2+\left(\frac{v_0+\xi\omega y_0}{\omega_D}\right)^2}, \phi=\tan^{-1}\frac{y_0\omega_D}{v_0+\xi\omega y_0}$$

注意：低阻尼振动具有不变的频率 ω_D，并按简谐振动的方式进行振动，振动周期 $T_D=\frac{2\pi}{\omega_D}$。与无阻尼体系相比，低阻尼体系的振幅 $Ae^{-\xi\omega t}$ 随时间而变化，而且是衰减的。图 11－11 所示为低阻尼自由振动的位移曲线。

经过一个周期的两振幅之比为

$$\frac{y_k}{y_{k+1}}=\frac{Ae^{-\xi\omega t_n}}{Ae^{-\xi\omega(t_n+T_D)}}=e^{\xi\omega T_D} \qquad (11-17)$$

对式（11－17）两边取对数，并考虑到一般建筑结构的阻尼比很小（小于 0.1），则

$$\ln\left(\frac{y_k}{y_{k+1}}\right)=\xi\omega T_D=\xi\omega\frac{2\pi}{\omega_D}\approx 2\pi\xi$$

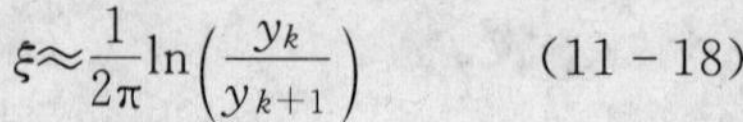

则 $$\xi\approx\frac{1}{2\pi}\ln\left(\frac{y_k}{y_{k+1}}\right) \qquad (11-18)$$

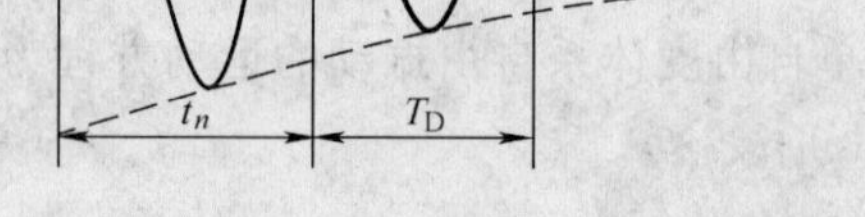

图 11－11　低阻尼自由振动的位移曲线

可用这种方法测量结构等效粘滞阻尼比。但对于阻尼较小的体系，取相差多个周期的振幅计算，可以得到更高的精度，即

$$\xi\approx\frac{1}{2n\pi}\ln\left(\frac{y_k}{y_{k+n}}\right) \qquad (11-19)$$

2. $\xi=1$，即临界阻尼情况

此时，$\lambda_{1,2}=-\omega$，方程的解为

$$y(t)=e^{-\omega t}(C_1+C_2t)$$

代入初始条件，求得

$$y(t)=e^{-\omega t}[y_0(1+\omega t)+v_0t] \qquad (11-20)$$

这就是临界阻尼单自由度体系自由振动的解。绘出该曲线，如图 11－12 所示，质点无振动发生，这是因为阻尼较大，体系在恢复到平衡位置的过程中初始能量全部被阻尼吸收，没有多余的能量引起振动。

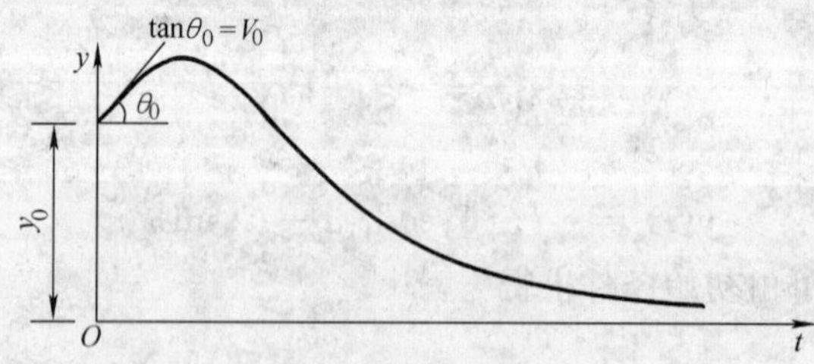

图 11－12　单自由度体系临界阻尼曲线

如把 $\xi=1$ 时对应的阻尼系数称为临界阻尼系数 c_{cr}，有

$$c_{cr}=2m\omega=2\sqrt{mk} \qquad (11-21)$$

3. $\xi>1$，即过阻尼情况

此时 λ_1、λ_2 是两个负实根，方程的解为

$$y(t)=e^{-\xi\omega t}(C_1\sinh\omega_D t+C_2\cosh\sqrt{\xi^2-1}\omega_D t) \qquad (11-22)$$

从方程形式看，过阻尼体系的反应不发生振动，与临界阻尼情况相似，但返回平衡位置的速度将更慢。

【例 11－3】 一个单层结构的计算简图如图 11－13 所示，横梁刚度无穷大，柱质量忽略不计。对该结构进行自由振动试验以测量其动力特性，试验用千斤顶在横梁处加压 20kN，使结构侧向偏移 0.2cm，然后突然释放力，使结构自由振动。测量到结构振动的最大位移为 0.16cm，周期为 1.4s。求该结构的振动频率、阻尼比和振动 6 周后的振幅。

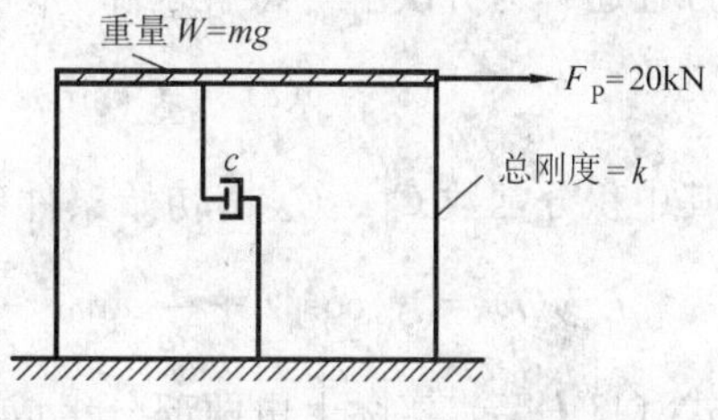

图 11－13 例 11－3 图

解：已知结构的振动周期 $T=1.4$s，由于实际结构的阻尼很小，则

$$\omega_D \approx \omega = \frac{2\pi}{T} = 4.48\text{rad/s}$$

结构的阻尼比

$$\xi \approx \frac{1}{2\pi}\ln\left(\frac{y_k}{y_{k+1}}\right) = \frac{1}{2\pi}\ln\left(\frac{0.2}{0.16}\right) = 3.55\%$$

振动 6 周后的振幅

$$y_6 \approx y_0\left(\frac{y_1}{y_0}\right)^6 = 0.2 \times \left(\frac{0.2}{0.16}\right)^6 \text{cm} = 0.0524\text{cm}$$

11.3 单自由度体系的受迫振动

单自由度体系在外荷载作用下的振动称为受迫振动或强迫振动，其运动方程为

$$m\ddot{y} + c\dot{y} + ky = F(t)$$

或写为

$$\ddot{y} + 2\xi\omega\dot{y} + \omega^2 y = \frac{F(t)}{m} \tag{11-23}$$

与自由振动相比，受迫振动的等式右侧不为 0，所以微分方程变成非齐次的线性微分方程，它的解由对应齐次方程的通解和非齐次方程的特解组成，而对应的齐次方程通解就是体系自由振动的解，前一节已经讨论过。本节的内容主要讨论对应不同外荷载时方程的特解表达式。

11.3.1 无阻尼受迫振动

为了简化分析，先分析无阻尼的情况，则体系的运动方程变为

$$\ddot{y} + \omega^2 y = \frac{F(t)}{m} \tag{11-24}$$

1. 简谐荷载

设体系承受简谐荷载 $F(t)=F\sin\theta t$，F、θ 分别为荷载的幅值和振动频率，则运动方程为

$$\ddot{y} + \omega^2 y = \frac{F}{m}\sin\theta t$$

设方程特解为 $y(t)=A\sin\theta t$，代入上式，得

$$A = \frac{F}{m(\omega^2 - \theta^2)}$$

故方程特解为

$$y(t) = \frac{F}{m(\omega^2 - \theta^2)}\sin\theta t$$

方程通解为齐次解与特解之和为

$$y(t) = C_1\sin\omega t + C_2\cos\omega t + \frac{F}{m(\omega^2 - \theta^2)}\sin\theta t$$

其中积分常数 C_1、C_2 由初始条件确定，则方程的解为

$$y(t) = y_0\cos\omega t + \frac{v_0}{\omega}\sin\omega t - \frac{F}{m(\omega^2 - \theta^2)} \cdot \frac{\theta}{\omega}\sin\omega t + \frac{F}{m(\omega^2 - \theta^2)}\sin\theta t \quad (11-25)$$

式（11-25）实际上由两部分组成，前三项是以为频率 ω 的简谐振动，它是由初始条件引起的自由振动；最后一项是以 θ 为频率的简谐振动，它是由荷载引起的。由于实际工程中总是有阻尼，自由振动项会很快衰减并最终为 0，称为瞬态反应，而在荷载作用下的结构振动会一直持续下去，称为稳态反应，所以下面仅讨论稳态反应。

$$y(t) = \frac{F}{m(\omega^2 - \theta^2)}\sin\theta t = \frac{F}{m\omega^2} \cdot \frac{1}{1 - \frac{\theta^2}{\omega^2}}\sin\theta t = y_{st}\mu\sin\theta t \quad (11-26)$$

式中，$y_{st} = \frac{F}{m\omega^2}$，为静位移，即荷载 F 静止作用在体系上使产生的位移；$\mu = \frac{1}{1 - \frac{\theta^2}{\omega^2}}$，称为放大系数，即动荷载作用下的结构反应与静荷载作用下的结构反应之比。

动力放大系数与荷载频率及结构频率有关。当$\theta < \omega$，$\mu > 1$，说明荷载频率小于结构频率时，动位移总是大于静位移，且位移方向总是与动荷载方向一致。当 $\theta \ll \omega$，$\mu \approx 1$ 说明荷载频率很慢，可近似为静荷载。实际上，当荷载频率是结构频率的$\frac{1}{5} \sim \frac{1}{6}$时，就可看作是静荷载。当 $\theta > \omega$ 时，μ 衰减很快，当 $\theta \gg \omega$，$\mu \approx 0$ 时，结构只是在平衡位置附近作微小振动；当 $\theta = \omega$，$\mu = \infty$，说明荷载频率与结构频率重合时，结构的位移和内力无限大，这种现象称为共振。虽然在阻尼作用下，位移和内力响应不会无限增加，但仍会增加很多，所以设计中应尽量避免结构频率和荷载频率接近，至少应相差 25%。图 11-14 显示了放大系数 μ 与频率比$\frac{\theta}{\omega}$的关系。

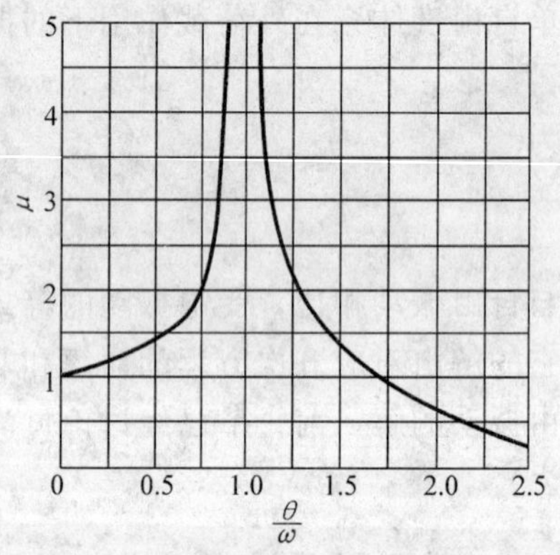

图 11-14　放大系数 μ 与频率比$\frac{\theta}{\omega}$的关系

最后还要指出，对于干扰力作用在质点上的单自由度体系，位移放大系数和内力放大系数完全相同，但干扰力不作用在质点上的单自由度体系，这两个放大系数并不相同；对于多自由度体系，不仅内力和位移放大系数不同，且不同截面上的位移放大系数和内力放大系数也各不相同。故只有干扰力作用在质点上的单自由度体系，才能采用统一的动力系数计算。

【例 11-4】 如图 11-15 所示，求简支梁的最大动位移和最大动弯矩。已知$\frac{\theta}{\omega} = 0.6$，不计阻尼。

解：简支梁的静位移由单位荷载法得

$$y_{st}=\frac{F_0 l^3}{48EI}$$

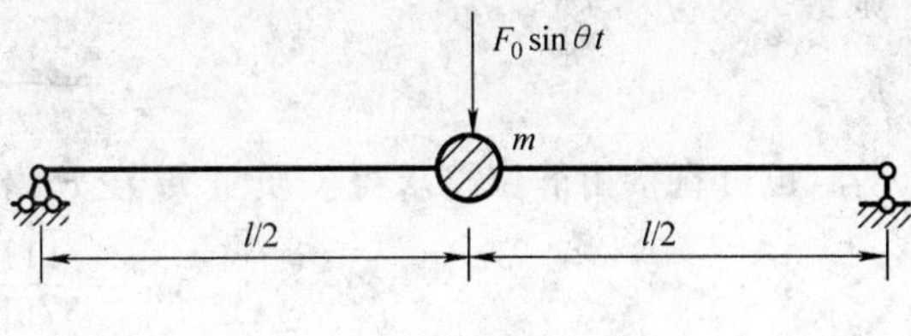

图 11－15　例 11－4 图

位移放大系数 $\mu=\dfrac{1}{1-\dfrac{\theta^2}{\omega^2}}=\dfrac{1}{1-0.6^2}=1.56$，则最大动位移为

$$y_{max}=\mu y_{st}=\frac{1.56F_0 l^3}{48EI}$$

由于荷载作用在质点上，故弯矩放大系数与位移放大系数相同，故最大动弯矩为：

$$M_{max}=\mu M_{st}=\frac{1.56F_0 l}{4}=0.39F_0 l$$

【例 11－5】 如图 11－16 所示，荷载作用在 1/4 跨处，其余条件与上例同，求简支梁的最大动位移和最大动弯矩。

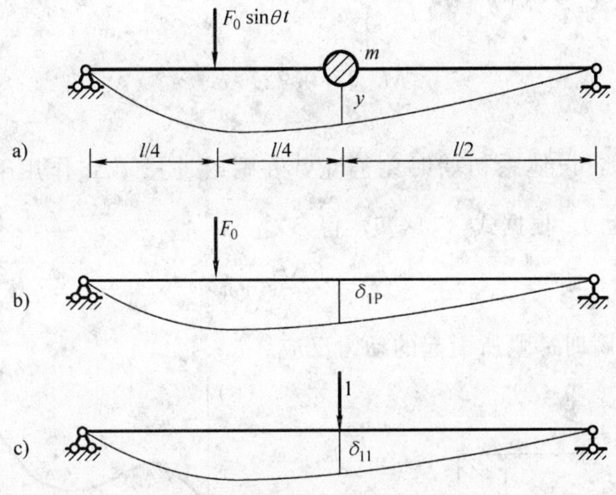

图 11－16　例 11－5 图

解：质点位移由惯性力和外荷载引起，质点的位移协调条件为

$$y=-m\ddot{y}\delta_{11}+F_0\sin\theta t\delta_{1P}$$

式中，δ_{11}、δ_{1P}分别表示单位力作用下及荷载作用下引起的质点位移，如图 11－16b、c 所示。由单位荷载法得

$$\delta_{11}=\frac{l^3}{48EI},\delta_{1P}=\frac{11l^3}{768EI}$$

则有

$$\ddot{y}+\frac{48EI}{ml^3}y=\frac{11F_0}{16m}\sin\theta t$$

即 $\omega^2=\dfrac{48EI}{ml^3}$，等效荷载为$\dfrac{11F_0}{16}$。

由式（11－26）得

$$y(t)=\frac{11F_0}{16m}\times 1.56\sin\theta t$$

则最大动位移为

$$y_{\max} = \frac{1.07F}{m\omega^2}$$

$y_{\max}$也可直接由静位移求得。质量 m 在 F_0 作用下，其静位移为

$$y_{st} = \frac{11F_0 l^3}{768EI}$$

故可得

$$y_{\max} = \mu \cdot y_{st} = 1.56 \times \frac{11F_0 l^3}{768EI}$$

最大弯矩发生在跨中，则

$$M = -m\ddot{y} \times \frac{l}{4} + F_0 \sin\theta t \times \frac{l}{8}$$

将 $y(t) = \dfrac{11F_0}{16m(\omega^2 - \theta^2)}\sin\theta t$ 代入上式，得

$$M = \frac{11F_0 l}{64\left(\dfrac{\omega^2}{\theta^2} - 1\right)}\sin\theta t + \frac{F_0 l}{8}\sin\theta t = 0.22F_0 l\sin\theta t$$

故最大动弯矩为

$$M_{\max} = 0.22F_0 l$$

2. 一般动荷载

如图 11－17 所示，设体系初始时刻静止，在瞬时冲量 $F\Delta t$ 作用下，体系产生初速度 $v_0 = \dfrac{F\Delta t}{m}$，但初位移为 0。根据式（11－5）得

$$y(t) = \frac{F\Delta t}{m\omega}\sin\omega t \tag{11-27}$$

这就是 $t=0$ 时刻作用瞬时冲量所引起的动力反应。

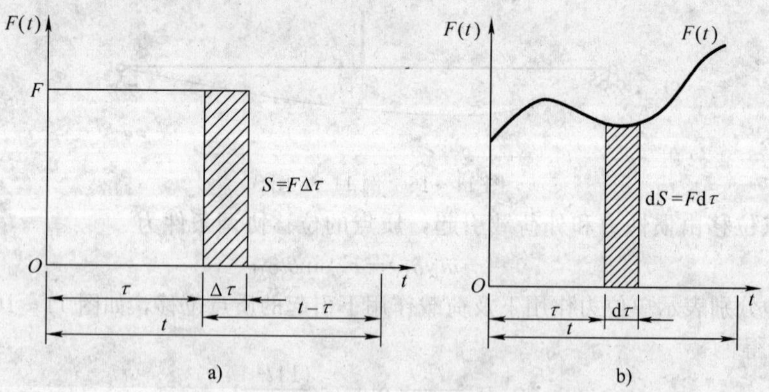

图 11－17　一般动荷载

若在 $t=\tau$ 时刻作用瞬时冲量，则在任一时刻$t>\tau$的位移为

$$y(t) = \frac{F\Delta t}{m\omega}\sin\omega(t-\tau)$$

若把一般动荷载的加载过程看作由一系列瞬时冲量组成，则瞬时冲量就是荷载与时间微分的乘积，即 $F(\tau)\mathrm{d}\tau$，由该冲量引起的动力反应为

$$\mathrm{d}y = \frac{F(\tau)\mathrm{d}\tau}{m\omega}\sin\omega(t-\tau)$$

则结构的总反应就是每个微段的微分反应的叠加，即

$$y(t) = \int_0^t \frac{F(\tau)}{m\omega}\sin\omega(t-\tau)\mathrm{d}\tau = \frac{1}{m\omega}\int_0^t F(\tau)\sin\omega(t-\tau)\mathrm{d}\tau \tag{11-28}$$

式（11-28）称为杜哈米（Duhamel）积分。用杜哈米积分就可以得到任意动荷载下单自由度体系的动力反应。若有初始位移和初始速度，则位移为

$$y(t) = y_0\cos\omega t + \frac{v_0}{\omega}\sin\omega t + \frac{1}{m\omega}\int_0^t F(\tau)\sin\omega(t-\tau)\mathrm{d}\tau \tag{11-29}$$

下面举例说明用杜哈米积分求解位移响应。

(1) 突加荷载　突加荷载如图 11-18 所示，表达式为

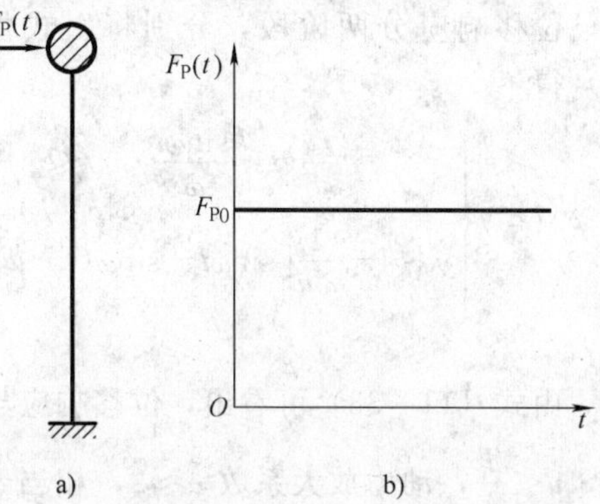

图 11-18　突加荷载

$$F(t)=\begin{cases}0 & (t<0)\\ F_{P0} & (t>0)\end{cases}$$

将上式代入式（11-29），得到位移为

$$y(t) = \frac{1}{m\omega}\int_0^t F_{P0}\sin\omega(t-\tau)\mathrm{d}\tau = \frac{F_{P0}}{m\omega^2}(1-\cos\omega t) \tag{11-30}$$

可看出，在突加荷载作用下，动位移的最大值为 $y_{max}=\dfrac{2F_{P0}}{m\omega^2}=2y_{st}$，即动力放大系数 $\mu=2$。

(2) 短时荷载　短时荷载如图 11-19 所示，表达式为

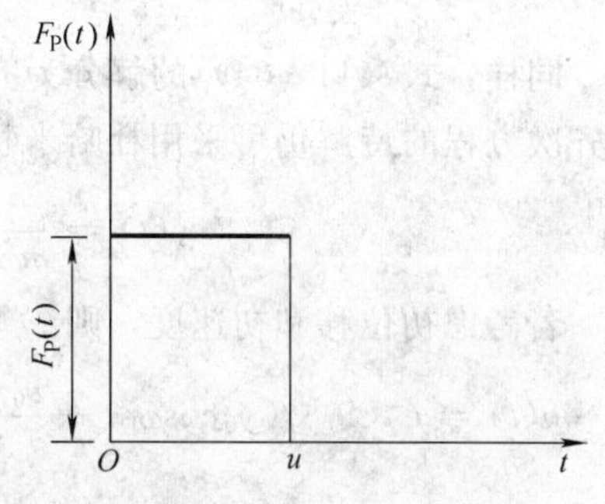

图 11-19　短时荷载

$$F(t)=\begin{cases}0 & (t<0)\\ F_{P0} & (0<t<u)\\ 0 & (t>u)\end{cases}$$

位移响应分两阶段计算。第一阶段（$0<t\leqslant u$），此阶段与突加荷载情况相同，故位移响应为 $y(t)=\dfrac{F_{P0}}{m\omega^2}(1-\cos\omega t)$。

第二阶段($t>u$)，此阶段荷载卸除，质点以 $t=u$ 时刻的位移和速度作为初位移和初速度作自由振动，此时的位移响应按式（11-5）得到。

也可用叠加原理，将这阶段的荷载看作突加荷载 F_{P0} 和反向突加荷载 $-F_{P0}$ 的叠加。故

$$y(t) = \frac{F_{P0}}{m\omega^2}(1-\cos\omega t) - \frac{F_{P0}}{m\omega^2}[1-\cos\omega(t-u)] = 2y_{st}\sin\frac{\omega u}{2}\sin\omega(t-\frac{u}{2}) \tag{11-31}$$

此时，最大动位移与荷载持续时间 u 有关，若时 $u\geqslant\dfrac{T}{2}$，最大位移发生在第一阶段，动力放大系数 $\mu=2$；当 $u<\dfrac{T}{2}$时，最大位移发生在第二阶段，动力放大系数为

$$\mu=2\sin\frac{\omega u}{2}=2\sin\frac{\pi u}{T} \tag{11-32}$$

(3) 线性增加荷载　线性增加荷载如图 11-20 所示，表达式为

$$F(t)=\begin{cases}\dfrac{F_{P0}}{u} & (0\leqslant t<u)\\ F_{P0} & (t\geqslant u)\end{cases}$$

位移响应分两阶段，分别将上式代入式（11-29）得

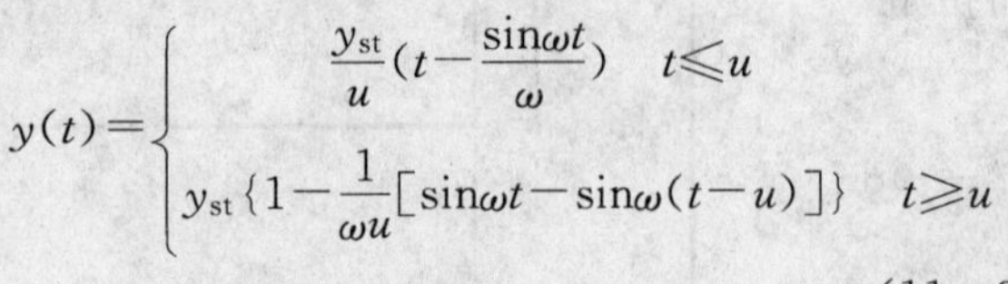

$$y(t)=\begin{cases}\dfrac{y_{st}}{u}\left(t-\dfrac{\sin\omega t}{\omega}\right) & t\leqslant u\\ y_{st}\left\{1-\dfrac{1}{\omega u}[\sin\omega t-\sin\omega(t-u)]\right\} & t\geqslant u\end{cases}$$

（11-33）

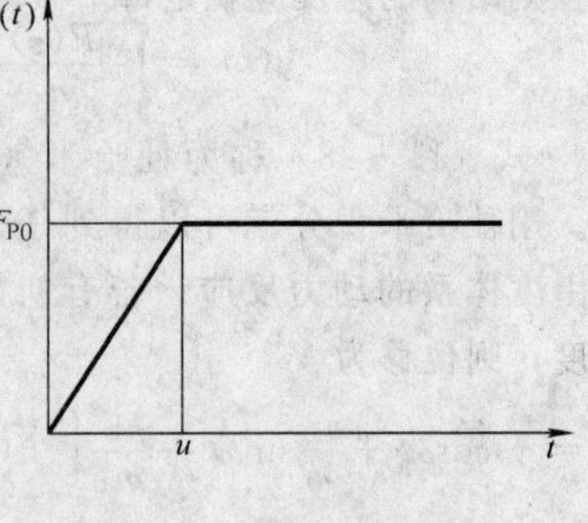

图 11-20　线性增加荷载

由式（11-33）可看出，位移响应与增加荷载的时间 u 的大小有关。当荷载增加时间很短，$u<\dfrac{T}{4}$，动力放大系数 $\mu\approx2$，相当于突加荷载的情况；当荷载增加时间很长，$u>4T$，动力放大系数 $\mu\approx1$，相当于静荷载的情况。

11.3.2　有阻尼受迫振动

有阻尼单自由度体系受迫振动的运动方程为

$$m\ddot{y}+c\dot{y}+ky=F(t)$$

或写为

$$\ddot{y}+2\xi\omega\dot{y}+\omega^2y=\frac{F(t)}{m} \tag{11-34}$$

同样，式（11-34）的解分为齐次方程的通解和非齐次方程的特解。对于一般动荷载，非齐次方程的特解仍可采用杜哈米积分得到，但注意此时有阻尼项的影响，即

$$y(t)=\frac{1}{m\omega_D}\int_0^t F(\tau)e^{-\xi\omega(t-\tau)}\sin\omega_D(t-\tau)d\tau \tag{11-35}$$

若考虑初位移和初速度，则

$$y(t)=e^{-\xi\omega(t-\tau)}\left(y_0\cos\omega_D t+\frac{v_0+\xi\omega y_0}{\omega_D}\sin\omega_D t\right)+\frac{1}{m\omega_D}\int_0^t F(\tau)e^{-\xi\omega(t-\tau)}\sin\omega_D(t-\tau)d\tau \tag{11-36}$$

这就是有阻尼单自由度体系在一般动荷载下的位移响应。下面讨论简谐荷载的情况。将简谐荷载代入式（11-35），考虑到由初始条件引起的自由振动会因阻尼的作用而衰减，因此只关心由荷载引起的稳态反应，即 $F(t)=F_{P0}\sin\theta t$，得

$$y(t)=A_1\sin\theta t+A_2\cos\theta t$$

其中

$$\begin{cases}A_1=\dfrac{F}{m}\cdot\dfrac{\omega^2-\theta^2}{(\omega^2-\theta^2)^2+4\xi^2\omega^2\theta^2}\\[2ex] A_2=\dfrac{F}{m}\cdot\dfrac{-2\xi\omega\theta}{(\omega^2-\theta^2)^2+4\xi^2\omega^2\theta^2}\end{cases}$$

令 $A_1=A\cos\alpha$、$A_2=A\sin\alpha$，则上式又可写为

$$y(t)=A\sin(\theta t-\alpha) \tag{11-37}$$

其中

$$A=\frac{F}{m\omega^2}\times\frac{1}{\sqrt{(1-\frac{\theta^2}{\omega^2})^2+4\xi^2\frac{\theta^2}{\omega^2}}}=y_{st}\mu, \alpha=\tan^{-1}\left(\frac{2\xi\frac{\theta}{\omega}}{1-\frac{\theta^2}{\omega^2}}\right) \tag{11-38}$$

分别为有阻尼稳态响应的振幅和相位角。动力放大系数

$$\mu=\frac{1}{\sqrt{(1-\frac{\theta^2}{\omega^2})^2+4\xi^2\frac{\theta^2}{\omega^2}}} \tag{11-39}$$

式（11－39）表明，动力放大系数不仅与频率比有关，还与阻尼比有关。图 11－21 所示为动力放大系数与频率比及阻尼比之间的关系。

从图中可看出，阻尼比增大，动力放大系数减小，尤其在$\frac{\theta}{\omega}=1$处，动力放大系数的峰值下降显著。但在$\frac{\theta}{\omega}=1$处，动力放大系数$\mu=\frac{1}{2\xi}$，而动力放大系数的最大值是$\mu_{\max}=\frac{1}{2\xi\sqrt{1-\xi^2}}$，所以共振处并不是响应最大处，但非常接近。

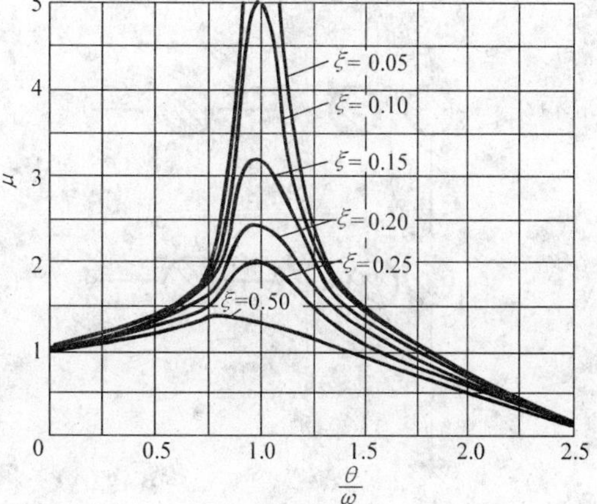

图 11－21　动力放大系数与频率比、阻尼比的关系

11.4　多自由度体系的自由振动

11.2 节讨论了单自由度体系的振动，对单自由度体系的研究使我们了解了振动的一些基本概念和特性，但实际工程中多数是多自由度体系，若简化为单自由度体系会过于粗糙。如多层房屋的侧向振动，计算简图如图 11－22 所示，横梁刚度无穷大，柱质量忽略不计，假设质量集中在各层处，则结构的振动由每层的水平位移确定，故该结构是三个自由度，表示为弹簧－阻尼系统（图 11－22b）。

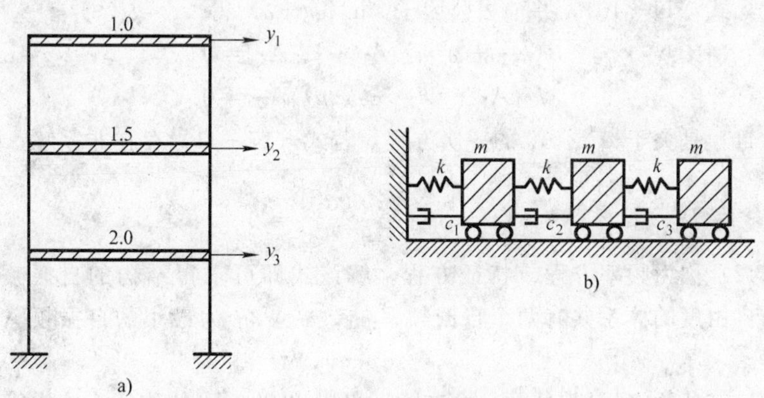

图 11－22　多自由度体系的自由振动

多自由度体系与单自由度体系的区别在于运动方程变成了方程组，方程组中的每个方程分别表示各质点的运动情况。而建立运动方程的方法和单自由度体系完全相同，或考虑质点的力平衡，用刚度法来求解，或考虑质点的位移协调，用柔度法来求解。下面举例说明。

11.4.1 刚度法

图 11-23 所示为两自由度体系，假设无阻尼。取各质点作为隔离体，如图 11-23b 所示。隔离体上分别作用有惯性力$-m_1\ddot{y}_1$、$-m_2\ddot{y}_2$和弹性恢复力f_{s1}、f_{s2}。

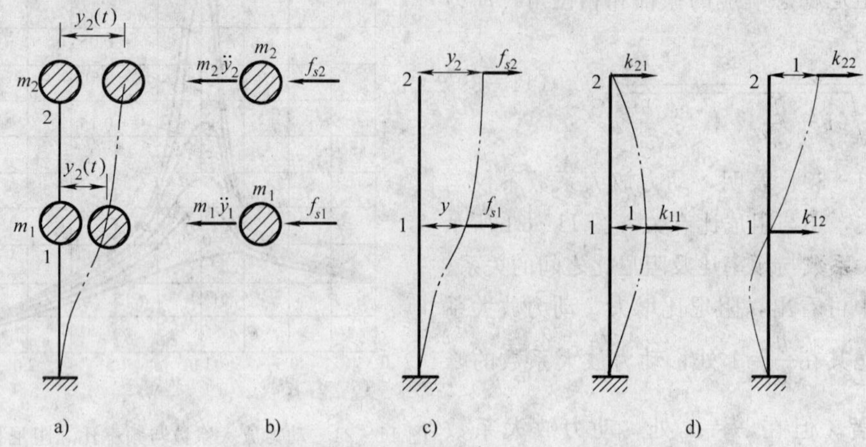

图 11-23　位移法建立两自由度体系的运动方程

其中弹性恢复力可按叠加原理表示为

$$\begin{cases} f_{s1} = k_{11}y_1 + k_{12}y_2 \\ f_{s2} = k_{21}y_1 + k_{22}y_2 \end{cases}$$

列各质点的平衡方程，得

$$\begin{cases} m_1\ddot{y}_1 + k_{11}y_1 + k_{12}y_2 = 0 \\ m_2\ddot{y}_2 + k_{21}y_1 + k_{22}y_2 = 0 \end{cases} \tag{11-40}$$

这就是刚度法建立多自由度体系自由振动的运动方程。

假设方程的特解为

$$\begin{cases} y_1(t) = A_1\sin(\omega t + \alpha) \\ y_2(t) = A_2\sin(\omega t + \alpha) \end{cases}$$

将上式代入式（11-40），并消去公因子 sin（$\omega t+\alpha$）得

$$\begin{cases} (k_{11} - \omega^2 m_1)A_1 + k_{12}A_2 = 0 \\ k_{21}A_1 + (k_{22} - \omega^2 m_2)A_2 = 0 \end{cases} \tag{11-41}$$

式（11-41）是关于A_1、A_2的齐次方程，若式（11-41）存在非零解，则

$$\begin{vmatrix} k_{11} - \omega^2 m_1 & k_{12} \\ k_{21} & k_{22} - \omega^2 m_2 \end{vmatrix} = 0 \tag{11-42}$$

式（11-42）称为频率方程或特征方程。解该式即可求得结构的自振频率ω。可以知道，具有两个自由度的体系共有两个自振频率ω_1、ω_2，ω_1为最小的自振频率，称为第一频率或基本频率。

将ω_1代入式（11-41）中任意一个方程，可求出A_1/A_2的比值，该比值所确定的振动形式就是第一振型，如图 11-24a 所示。

$$\frac{A_{11}}{A_{21}} = -\frac{k_{12}}{k_{11} - \omega_1^2 m_1} \tag{11-43}$$

式中，A_{11}、A_{21}分别表示第一振型中质点 1、2 的振幅。

同样，将 ω_2 代入，也可求出 A_1/A_2 的比值，该比值所确定的振动形式是第二振型，如图11-24b所示。

$$\frac{A_{12}}{A_{22}}=-\frac{k_{12}}{k_{11}-\omega_2^2 m_1} \tag{11-44}$$

式中，A_{12}、A_{22}分别表示第二振型中质点 1、2 的振幅。

振型表示质点在振动过程中的相对位置不变，或者说，振动形式不变。当一个多自由度体系的初始位移和初始速度与某个振型对应时，多自由度体系就按该振型进行振动。所以，可以把多质点的自由振动看作多个振型振动的叠加。

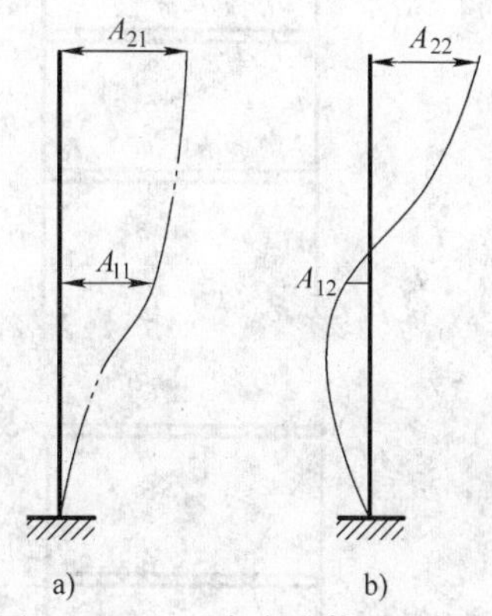

图 11-24　两自由度体系的振型

以上的方法可推广到多自由度体系，列出相应的频率方程为

$$(\boldsymbol{K}-\omega^2\boldsymbol{M})\boldsymbol{A}=0 \tag{11-45}$$

式中，K，M 分别为结构的刚度矩阵和质量矩阵；ω 为结构的自振频率。

式（11-45）是关于 $\boldsymbol{A}$ 的齐次方程，要得到 $\boldsymbol{A}$ 的非零解，应使

$$|\boldsymbol{K}-\omega^2\boldsymbol{M}|=0 \tag{11-46}$$

求得该方程的 n 个根，即可得到体系的 n 个自振频率 ω_1，ω_2，…，ω_n。令 $\boldsymbol{A}^{(i)}$ 表示与 ω_i 对应的振型，将 ω_i 代入（11-45）的前 $n-1$ 个式中，即可得到 A_{1i}/A_{ni}，A_{2i}/A_{ni}，…，A_{n-1i}/A_{ni}，则振型向量 $\boldsymbol{A}^{(i)}=(A_{1i}/A_{ni}\ A_{2i}/A_{ni}\ \cdots\ 1)$。

【例 11-6】 求图 11-25a 所示刚架的自振频率和振型。设横梁刚度无穷大，体系质量全部集中在各横梁上，各层侧移刚度均为 k。

解：图 11-25b、c、d 所示为各层横梁分别发生单位侧移时的情况，各刚度系数如图所示。

体系的刚度矩阵为

$$\boldsymbol{K}=\begin{bmatrix}2k & -k & 0\\ -k & 2k & -k\\ 0 & -k & 2k\end{bmatrix}$$

由于体系是集中质量，质量矩阵为

$$\boldsymbol{M}=\begin{bmatrix}1.5m & 0 & 0\\ 0 & m & 0\\ 0 & 0 & 1.5m\end{bmatrix}$$

则频率方程为

$$|\boldsymbol{K}-\omega^2\boldsymbol{M}|=\begin{vmatrix}2k-1.5m\omega^2 & -k & 0\\ -k & 2k-m\omega^2 & -k\\ 0 & -k & 2k-1.5m\omega^2\end{vmatrix}=0$$

解得

$$\omega_1=0.386\sqrt{\frac{k}{m}},\omega_2=1.036\sqrt{\frac{k}{m}},\omega_3=1.666\sqrt{\frac{k}{m}}$$

振型为

$$\boldsymbol{A}^{(1)}=\begin{pmatrix}A_{11}\\A_{21}\\A_{31}\end{pmatrix}=\begin{pmatrix}1\\1.777\\2.288\end{pmatrix},\ \boldsymbol{A}^{(2)}=\begin{pmatrix}A_{12}\\A_{22}\\A_{32}\end{pmatrix}=\begin{pmatrix}1\\0.391\\-0.638\end{pmatrix},\ \boldsymbol{A}^{(3)}=\begin{pmatrix}A_{13}\\A_{23}\\A_{33}\end{pmatrix}=\begin{pmatrix}1\\-2.166\\0.683\end{pmatrix}$$

相应的振型图如图 11-26 所示。

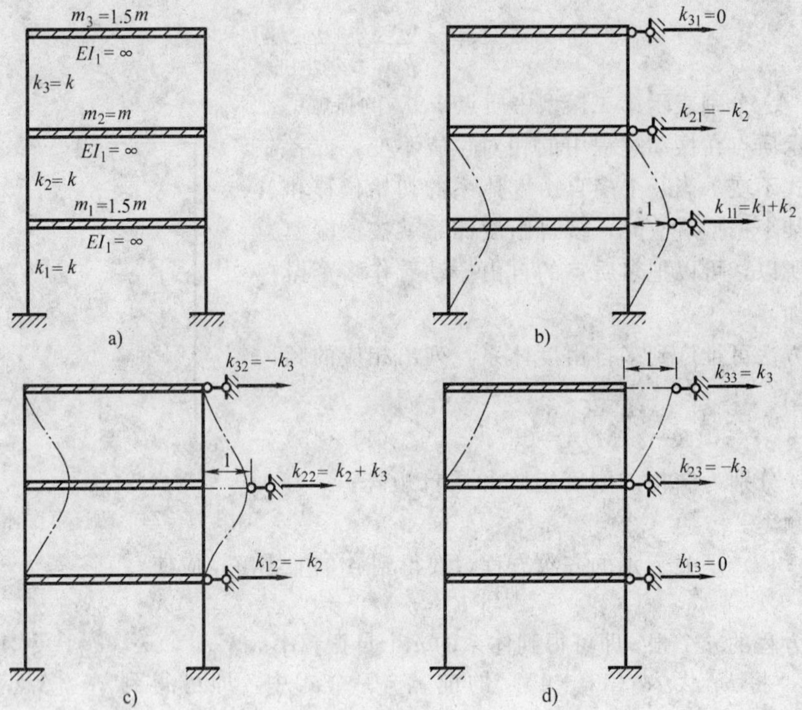

图 11-25 例 11-6 图

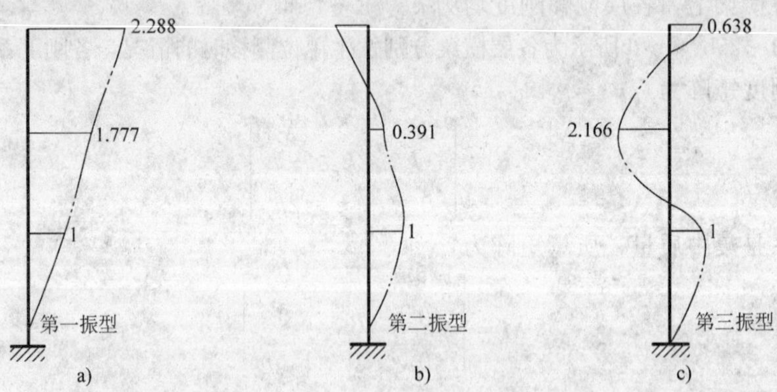

图 11-26 例 11-6 的振型图

11.4.2 柔度法

仍以 11-23 所示的两质点体系为例。各质点的位移 $y_1(t)$、$y_2(t)$，应等于惯性力 $-m_1\ddot{y}_1$、$-m_2\ddot{y}_2$ 作用下产生的静位移。列出方程为

$$\begin{cases} y_1 = -m_1\ddot{y}_1\delta_{11} - m_2\ddot{y}_2\delta_{12} \\ y_2 = -m_1\ddot{y}_1\delta_{21} - m_2\ddot{y}_2\delta_{22} \end{cases} \tag{11-47}$$

其中 δ_{ij} 如图 11-27b、c 所示。这就是用柔度法建立的运动方程。

仍设方程的特解为

$$\begin{cases} y_1(t) = A_1\sin(\omega t+\alpha) \\ y_2(t) = A_2\sin(\omega t+\alpha) \end{cases}$$

将上式代入式（11-47)，并消去公因子 sin（$\omega t+\alpha$）得

$$\begin{cases} (\delta_{11}m_1 - \dfrac{1}{\omega^2})A_1 + \delta_{12}m_2A_2 = 0 \\ \delta_{21}m_1A_1 + (\delta_{22}m_2 - \dfrac{1}{\omega^2})A_2 = 0 \end{cases} \tag{11-48}$$

式（11-48）是关于 A_1、A_2 的齐次方程，得到非零解的条件是系数行列式等于零，即

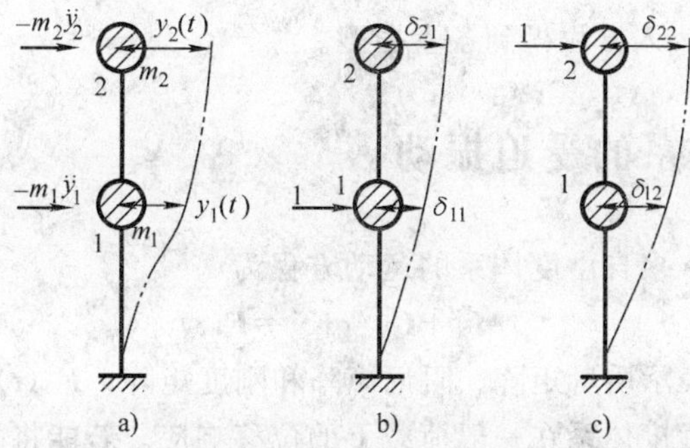

图 11-27　柔度法建立两自由度体系的运动方程

$$\begin{vmatrix} \delta_{11}m_1 - \dfrac{1}{\omega^2} & \delta_{12} \\ \delta_{21} & \delta_{22}m_2 - \dfrac{1}{\omega^2} \end{vmatrix} = 0 \tag{11-49}$$

式（11-49）即为用柔度系数表示的频率方程或特征方程。解该式即可求得结构的自振频率 ω。然后将 ω 代入式（11-48)，即可得到对应的振型。

将上式推广到 n 个自由度的体系，并令 $\lambda=\dfrac{1}{\omega^2}$，则方程为

$$(\boldsymbol{\delta M}-\lambda \boldsymbol{I})\boldsymbol{A}=0 \tag{11-50}$$

式中，$\boldsymbol{\delta}$，$\boldsymbol{M}$ 分别为结构的柔度矩阵和质量矩阵；$\boldsymbol{I}$ 为单位矩阵。

频率方程为

$$|\boldsymbol{\delta M}-\lambda \boldsymbol{I}|=0 \tag{11-51}$$

由此得到关于 λ 的 n 次代数方程，解得 n 个频率和振型。

【例 11-7】　用柔度法重做例 11-6。

解：各层层间柔度系数为 $\delta=\dfrac{1}{k}$，即单位层间力引起的层间位移。由层间柔度系数得柔度矩阵为

$$\delta=\delta\begin{bmatrix} 1 & 1 & 1 \\ 1 & 2 & 2 \\ 1 & 2 & 3 \end{bmatrix}$$

则

$$\delta M=\delta m\begin{bmatrix} 1 & 1 & 1 \\ 1 & 2 & 2 \\ 1 & 2 & 3 \end{bmatrix}\begin{bmatrix} 1.5 & 0 & 0 \\ 0 & 1 & 0 \\ 0 & 0 & 1.5 \end{bmatrix}=\delta m\begin{bmatrix} 1.5 & 1 & 1.5 \\ 1.5 & 2 & 3 \\ 1.5 & 2 & 4.5 \end{bmatrix}$$

列出频率方程

$$|\delta M-\lambda I|=\begin{vmatrix}1.5m\delta-\lambda & 1 & 1.5\\ 1.5 & 2m\delta-\lambda & 3\\ 1.5 & 2 & 4.5m\delta-\lambda\end{vmatrix}=0$$

解得

$$\lambda_1=0.36m\delta,\lambda_2=0.93m\delta,\lambda_3=6.71m\delta$$

$$\omega_1=0.4\sqrt{\frac{k}{m}},\omega_2=1.0\sqrt{\frac{k}{m}},\omega_3=1.7\sqrt{\frac{k}{m}}$$

将 λ_1、λ_2、λ_3 分别代入方程得到各主振型。

11.5 多自由度体系的受迫振动

在一般荷载作用下，多自由度体系的运动方程为

$$\boldsymbol{M}\ddot{y}+\boldsymbol{C}\dot{y}+\boldsymbol{K}y=\boldsymbol{F}(t) \tag{11-52}$$

式中，$\boldsymbol{M}$、$\boldsymbol{C}$ 和 $\boldsymbol{K}$ 分别表示质量矩阵、阻尼矩阵和刚度矩阵，$\boldsymbol{F}(t)$ 为荷载矩阵。

前面已推导出单自由度体系在一般荷载下的位移响应。若能将多自由度体系转化为多个单自由度体系，就可以求出多自由度体系的位移响应。

11.5.1 振型的正交性

在讨论多自由度位移响应之前，先讨论振型的正交性质。

图 11-28a 为第一振型，频率为 ω_1，振幅为（A_{11}，A_{21}），其值正好等于惯性力（$\omega_1^2m_1A_{11}$，$\omega_1^2m_2A_{21}$）产生的静位移。图 11-28b 为第二振型，频率为 ω_2，振幅为（A_{12}，A_{22}），其值正好等于惯性力 $\omega_2^2m_1A_{12}$，$\omega_2^2m_2A_{22}$ 产生的静位移。

对上述两种静力平衡条件用功的互等定理，得

$$(\omega_1^2m_1A_{11})A_{12}+(\omega_1^2m_2A_{21})A_{22}=(\omega_2^2m_1A_{12})A_{11}+(\omega_2^2m_2A_{22})A_{21}$$

移项后，并注意到 $\omega_1\neq\omega_2$，则有

$$m_1A_{11}A_{12}+m_2A_{21}A_{22}=0 \tag{11-53}$$

推广到多个自由度，可表示为

$$\boldsymbol{A}^{(l)\mathrm{T}}\boldsymbol{M}\boldsymbol{A}^{(k)}=0 \qquad (l\neq k) \tag{11-54}$$

即表示振型关于质量矩阵正交，也称为第一正交性。说明某一主振型的惯性力不会在其他主振型上作功。

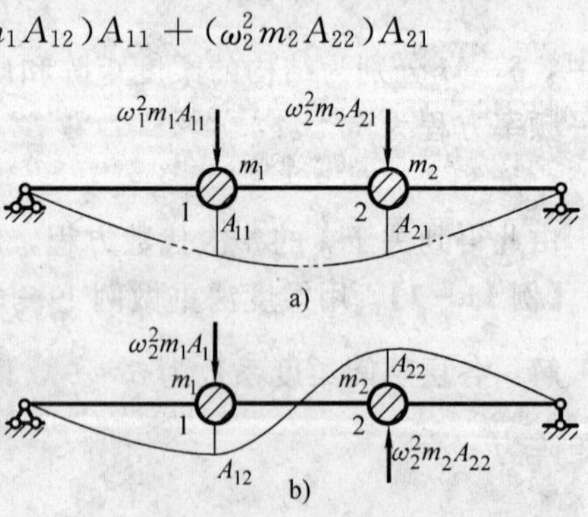

图 11-28 多自由度体系的受迫振动

又 $\boldsymbol{K}=\boldsymbol{M}\omega^2$，并在其两侧分别左乘 $\boldsymbol{A}^{(l)\mathrm{T}}$ 和右乘 $\boldsymbol{A}^{(k)}$，则

$$\boldsymbol{A}^{(l)\mathrm{T}}\boldsymbol{K}\boldsymbol{A}^{(k)}=\omega_k^2\boldsymbol{A}^{(l)\mathrm{T}}\boldsymbol{M}\boldsymbol{A}^{(k)}$$

根据式（11-54），可知

$$\boldsymbol{A}^{(l)\mathrm{T}}\boldsymbol{K}\boldsymbol{A}^{(k)}=0 \qquad (l\neq k) \tag{11-55}$$

即表示振型关于刚度矩阵正交，也称为第二正交性。说明某一主振型的弹性恢复力不会在其他主振型上作功。

11.5.2 振型分解法

如图 11－29 的体系，结构任一点的位移曲线可以用对应的三个位移分量叠加表示，即将实际位移按振型加以分解，所以称为振型分解法，即

$$y = \boldsymbol{A}^{(1)}\eta_1 + \boldsymbol{A}^{(2)}\eta_2 + \cdots + \boldsymbol{A}^{(n)}\eta_2 = \sum_{i=1}^{n}\boldsymbol{A}^{(i)}\eta_i \qquad (11-56)$$

或写为

$$\boldsymbol{y} = \boldsymbol{A\eta} \qquad (11-57)$$

式中，y 表示质点位移，称为几何坐标，η 表示各振型的组合系数，称为正则坐标。

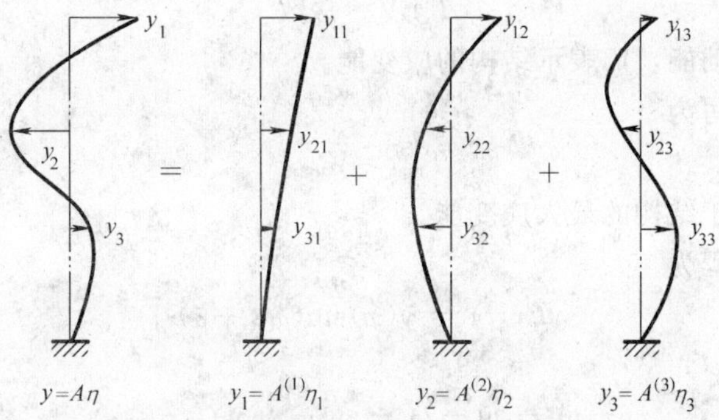

图 11－29

所以式（11－57）也表示了两个坐标系之间的转换关系，振型矩阵 **A** 就是坐标转换矩阵。

将式（11－56）代入式（11－52），并前乘 $\boldsymbol{A}^{\mathrm{T}}$，得

$$\boldsymbol{A}^{\mathrm{T}}\boldsymbol{MA}\ddot{\eta} + \boldsymbol{A}^{\mathrm{T}}\boldsymbol{CA}\dot{\eta} + \boldsymbol{A}^{\mathrm{T}}\boldsymbol{KA}\eta = \boldsymbol{A}^{\mathrm{T}}\boldsymbol{F}(t)$$

利用质量和刚度正交条件，并假设阻尼矩阵也满足正交条件，则

$$M^*\ddot{\eta} + \boldsymbol{C}^*\dot{\eta} + \boldsymbol{K}^*\eta = \boldsymbol{F}^*(t) \qquad (11-58)$$

式中，$M_i^* = \boldsymbol{A}_i^{\mathrm{T}}\boldsymbol{MA}_i$，称为广义质量；$K_i^* = \boldsymbol{A}_i^{\mathrm{T}}\boldsymbol{KA}_i$，称为广义刚度；$C_i^* = \boldsymbol{A}_i^{\mathrm{T}}\boldsymbol{CA}_i$，称为阻尼系数；$F_i^* = \boldsymbol{A}_i^{\mathrm{T}}\boldsymbol{F}(t)$，称为广义荷载。

广义质量、广义刚度和转换的阻尼矩阵都是对角矩阵，因此，式（11－58）实际上变成了 n 个未知量为 η 的独立方程，相当于 n 个单自由度体系的方程。这样，对每个独立方程，利用杜哈米积分就可求解：

$$\eta_i = \frac{1}{M_i^*\omega_{\mathrm{D}i}}\int_0^t F_i(\tau)\mathrm{e}^{-\xi_i\omega_i(t-\tau)}\sin\omega_{\mathrm{D}i}(t-\tau)\mathrm{d}\tau \qquad (11-59)$$

η 求出后，再代入式（11－57），即得到几何坐标 **y**。这一步是将正则坐标按振型进行叠加，所以这个方法也称为振型叠加法。

由此可知，用振型分解法求解多自由度体系动力响应的步骤：

1）求出体系各振型和频率。

2）把各振型代入，求得广义质量、广义刚度和广义荷载等，得到式（11－58）。

3）按单自由度体系求解正则坐标，计算式见（11－59）。

4）将各正则坐标叠加，计算式见（11－57），得到位移响应 y。

振型分解法在弹性体系的结构振动计算中非常重要，应注意体会振型分解的思路。

11.6 近似法求频率

结构的自振频率是基本的结构动力特性之一，而且，对结构反应起主要作用的是几个低频。当自由度数目较少时，可用频率方程来求解结构自振频率，但对于自由度非常多的结构，求解频率方程非常复杂。因此，可应用近似方法求解结构的基本频率。

11.6.1 瑞利法（Rayleigh）

根据能量守恒定律，当不考虑阻尼影响时，振动体系在任一时刻的总能量保持不变，即

$$T+V=\text{常数}$$

式中，T 表示结构的动能，V 表示结构的应变能。

上式也可进一步写为

$$T_{\max}=V_{\max} \tag{11-60}$$

即结构的最大动能等于结构的最大应变能。

设体系的振动方程为

$$y(x,t)=y(x)\sin(\omega t+\alpha)$$

则速度为

$$v(x,t)=\dot{y}(x,t)=y(x)\omega\cos(\omega t+\alpha)$$

其动能为

$$T=\frac{1}{2}\int_0^l m(x)v^2(x,t)\mathrm{d}x=\frac{1}{2}\omega^2\cos^2(\omega t+\alpha)\int_0^l m(x)y^2(x)\mathrm{d}x$$

最大动能为

$$T_{\max}=\frac{1}{2}\omega^2\int_0^l m(x)y^2(x)\mathrm{d}x$$

应变能为

$$V=\frac{1}{2}\int_0^l\frac{M^2}{EI}\mathrm{d}x=\frac{1}{2}\int_0^l EI[y''(x,t)]^2\mathrm{d}x=\frac{1}{2}\sin^2(\omega t+\alpha)\int_0^l EI[y''(x,t)]^2\mathrm{d}x$$

最大应变能为

$$V_{\max}=\frac{1}{2}\int_0^l EI[y''(x,t)]^2\mathrm{d}x$$

根据式（11-60），得

$$\omega^2=\frac{\int_0^l EI[y''(x,t)]^2\mathrm{d}x}{\int_0^l m(x)y^2(x)\mathrm{d}x} \tag{11-61}$$

若知道振型曲线 $y(x)$，用式（11-61）即可计算出频率。但在不知道频率之前，实际的振型曲线并不确定，因此通常假定 $y(x)$，使其满足位移边界条件，所以求得的频率也仅为近似解。常采用重力荷载下的弹性曲线来求解，则应变能为

$$V=\frac{1}{2}\int_0^l\frac{M^2}{EI}\mathrm{d}x=\frac{1}{2}\int_0^l q(x)y(x)\mathrm{d}x$$

若假设结构质量均匀分布，则 $m(x)=\overline{m}$，结构频率为

$$\omega^2 = \frac{\int_0^l q(x)y(x)\mathrm{d}x}{\int_0^l \overline{m}y^2(x)\mathrm{d}x} \tag{11-62}$$

另外，若体系上还有集中质量，则频率计算公式写为

$$\omega^2 = \frac{\int_0^l EI[y''(x,t)]^2\mathrm{d}x}{\int_0^l m(x)y^2(x)\mathrm{d}x + \sum_{i=1}^{n} m_i y_i^2} \tag{11-63}$$

【例 11-8】 用瑞利法计算等截面简支梁的第一频率。

解：假设振型曲线为正弦曲线为

$$y(x) = a\sin\frac{\pi x}{l}$$

代入式（11-63）得

$$\omega^2 = \frac{\int_0^l EI[y''(x,t)]^2\mathrm{d}x}{\int_0^l m(x)y^2(x)\mathrm{d}x} = \frac{EIa^2\frac{\pi^4}{l^4}\int_0^l (\sin\frac{\pi x}{l})^2\mathrm{d}x}{\overline{m}a^2\int_0^l \sin^2(\frac{\pi x}{l})\mathrm{d}x} = \frac{\pi^4 EI}{\overline{m}l^4}$$

则

$$\omega = \frac{9.8696}{l^2}\sqrt{\frac{EI}{\overline{m}}}$$

若假设振型曲线是均布荷载 q 作用下得挠度曲线为

$$y(x) = \frac{q}{24EI}(l^3x - 2lx^3 + x^4)$$

则

$$\omega^2 = \frac{\int_0^l qy(x)\mathrm{d}x}{\int_0^l \overline{m}y^2(x)\mathrm{d}x} = \frac{\frac{q^2l^5}{120EI}}{\overline{m}\left(\frac{q}{24EI}\right)^2\frac{31}{630}l^9}$$

即

$$\omega = \frac{9.87}{l^2}\sqrt{\frac{EI}{\overline{m}}}$$

本例的精确解是正弦曲线的解，而用静力荷载作用下的挠度曲线求得的频率也有很高的精度。

11.6.2 集中质量法

体系中的分布质量转换为集中质量，使无限自由度体系变成多自由度体系或单自由度体系，这样频率计算就得到了简化。

【例 11-9】 用集中质量法计算具有分布质量的简支梁（图 11-30）的频率。已知分布质量为 $\overline{m}$，跨度为 l。

解：将梁分为等分段，各段质量集中在该段两端，若等分两段，则体系为单自由度；若等分三段，

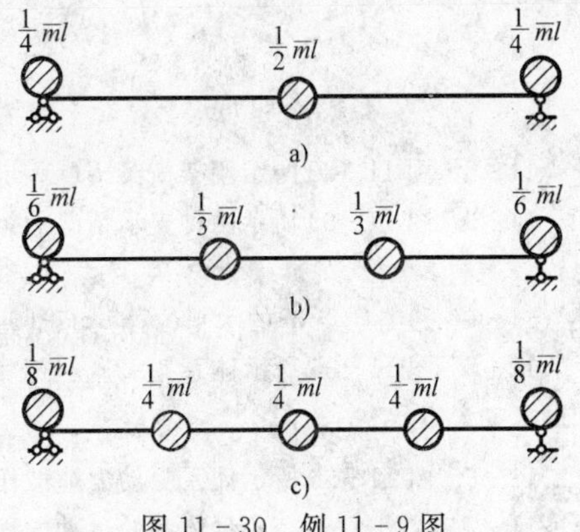

图 11-30 例 11-9 图

体系为两个自由度；等分四段，体系为三个自由度，分别如图 11－30a、b、c 所示。

对于单自由度，解得自振频率为

$$\omega=\sqrt{\frac{1}{m\delta}}=\sqrt{\frac{2}{\bar{m}l}\times\frac{48EI}{l^3}}=\frac{9.798}{l^2}\sqrt{\frac{EI}{\bar{m}}}$$

对于两个自由度，$\delta_{11}=\delta_{22}=\dfrac{l^3}{243EI}$，$\delta_{12}=\delta_{21}=\dfrac{7l^3}{486EI}$，列频率方程为

$$|\boldsymbol{\delta M}-\lambda\mathbf{I}|=\begin{vmatrix}\dfrac{2\bar{m}l^4}{1458EI}-\lambda & \dfrac{7\bar{m}l^4}{1458EI}\\ \dfrac{7\bar{m}l^4}{1458EI} & \dfrac{2\bar{m}l^4}{1458EI}-\lambda\end{vmatrix}=0$$

解得自振频率为

$$\omega_1=\frac{9.86}{l^2}\sqrt{\frac{EI}{\bar{m}}},\ \omega_2=\frac{38.2}{l^2}\sqrt{\frac{EI}{\bar{m}}}$$

同样，对于三个自由度，解得自振频率为

$$\omega_1=\frac{9.865}{l^2}\sqrt{\frac{EI}{\bar{m}}},\ \omega_2=\frac{39.2}{l^2}\sqrt{\frac{EI}{\bar{m}}},\ \omega_3=\frac{84.6}{l^2}\sqrt{\frac{EI}{\bar{m}}}$$

而结构的精确解为

$$\omega_1=\frac{9.87}{l^2}\sqrt{\frac{EI}{\bar{m}}},\ \omega_2=\frac{39.48}{l^2}\sqrt{\frac{EI}{\bar{m}}},\ \omega_3=\frac{88.83}{l^2}\sqrt{\frac{EI}{\bar{m}}}$$

可见将无限自由度转换为多自由度，计算得到的自振频率比较精确，且随自由度的增加，计算值越精确。

习　题

11－1　图 11－31 所示梁自重不计，求自振频率 ω。

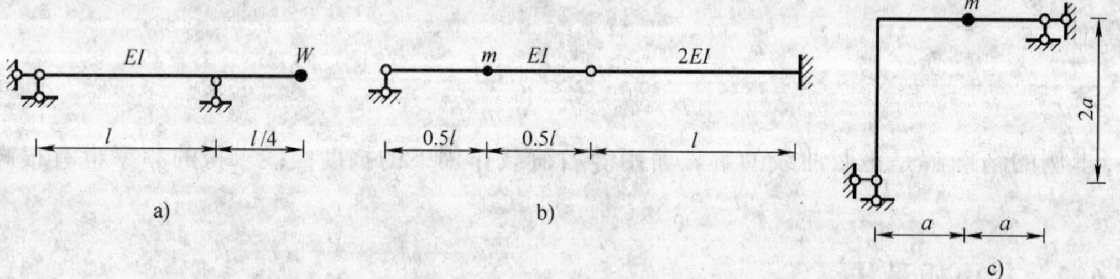

图 11－31　习题 11－1 图

11－2　图 11－32 所示刚架横梁 $EI=\infty$ 且重量 W 集中于横梁上。求自振周期 T。

11－3　图 11－33 所示两种支承情况的梁，不计梁的自重。求图 11－33a 与图 11－33b 的自振频率之比。

11－4　忽略质点 m 的水平位移，求图 11－34 所示桁架竖向振动时的自振频率 ω。各杆 EA 为常数。

11－5　图 11－35 所示体系 $\theta=2\mathrm{s}^{-1}$，$k=6\times10^5\,\mathrm{N/m}$，$F=3\times10^3\,\mathrm{N}$，$W=30\mathrm{kN}$。求质点处最大动位移和最大动弯矩。

11－6　图 11－36 所示体系受动力荷载作用，不考虑阻尼，杆重不计，求发生共振时干扰力的频率 θ。

11－7　求图 11－37 所示体系的运动方程。

11-8　图 11-38 所示体系中，电动机重 $W=10\text{kN}$ 置于刚性横梁上，电动机转速 $n=500\text{r/min}$，水平方向干扰力为 $F(t)=2\text{kN}\cdot\sin(\theta t)$，已知柱顶侧移刚度 $k=1.02\times10^4\text{kN/m}$，自振频率 $\omega=100\text{s}^{-1}$。求稳态振动的振幅及最大动力弯矩图。

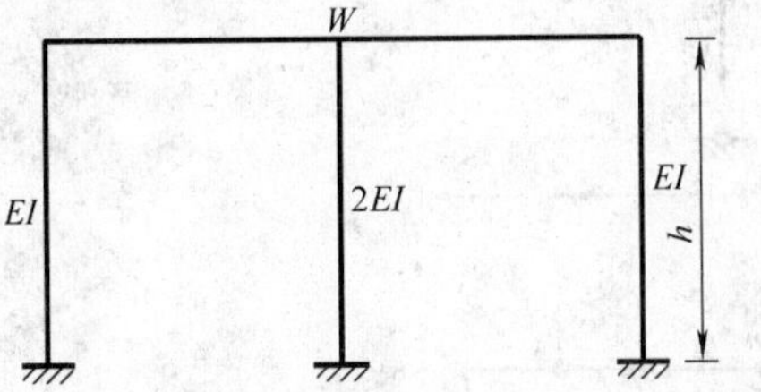

图 11-32　习题 11-2 图

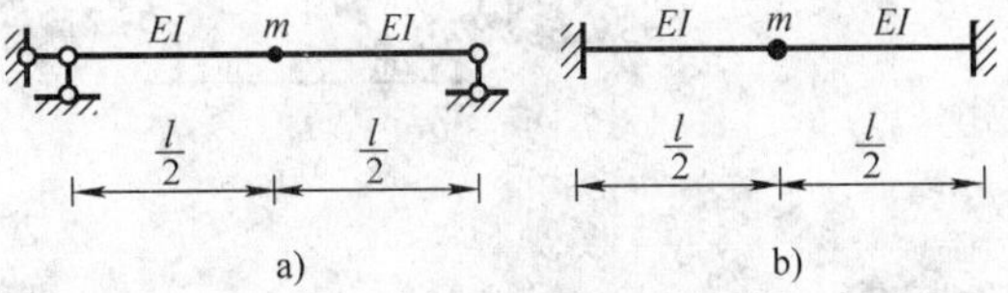

图 11-33　习题 11-3 图

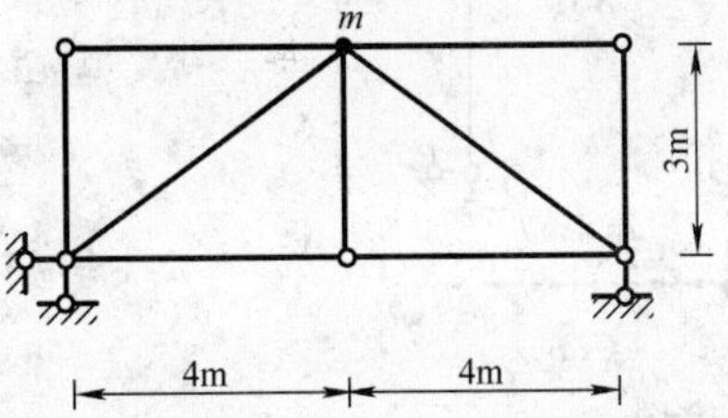

图 11-34　习题 11-4 图

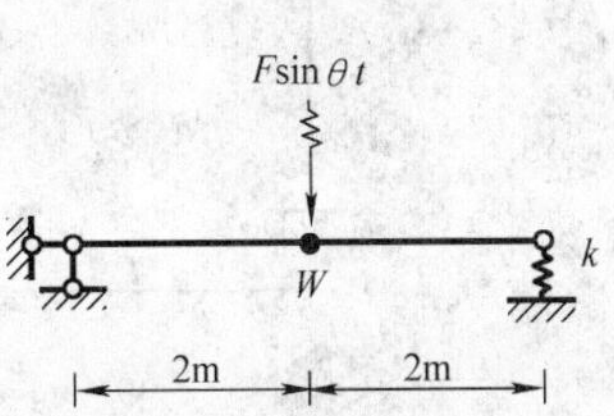

图 11-35　习题 11-5 图

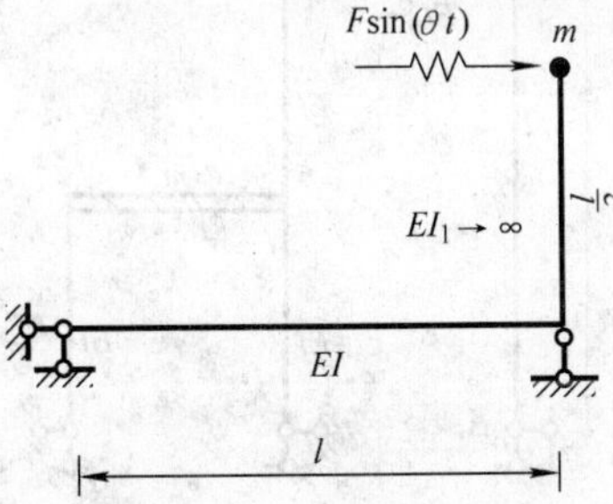

图 11-36　习题 11-6 图

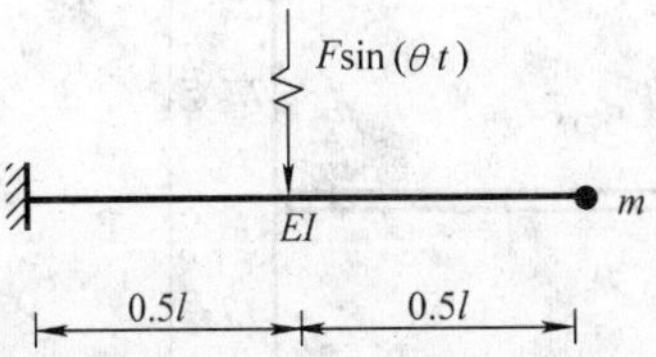

图 11-37　习题 11-7 图

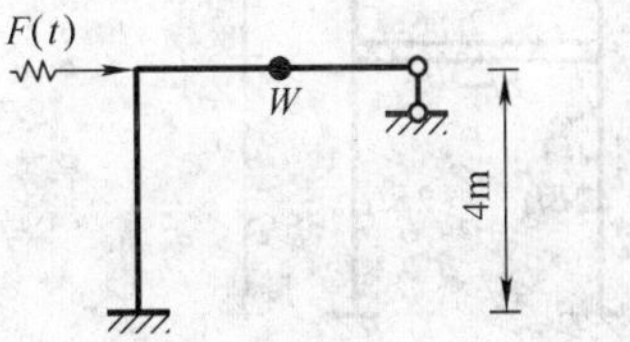

图 11-38　习题 11-8 图

11-9　图 11-39 所示体系分布质量不计，EI 为常数。求自振频率及主振型。

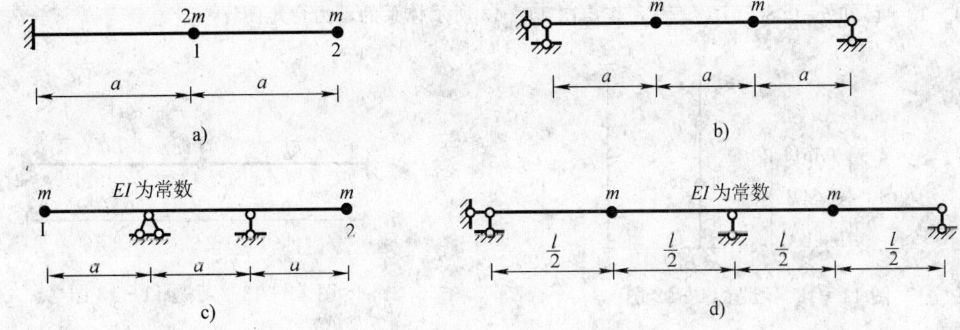

图 11-39　习题 11-9 图

11-10　图 11-40 所示刚架杆自重不计，各杆 EI 为常数。求自振频率。

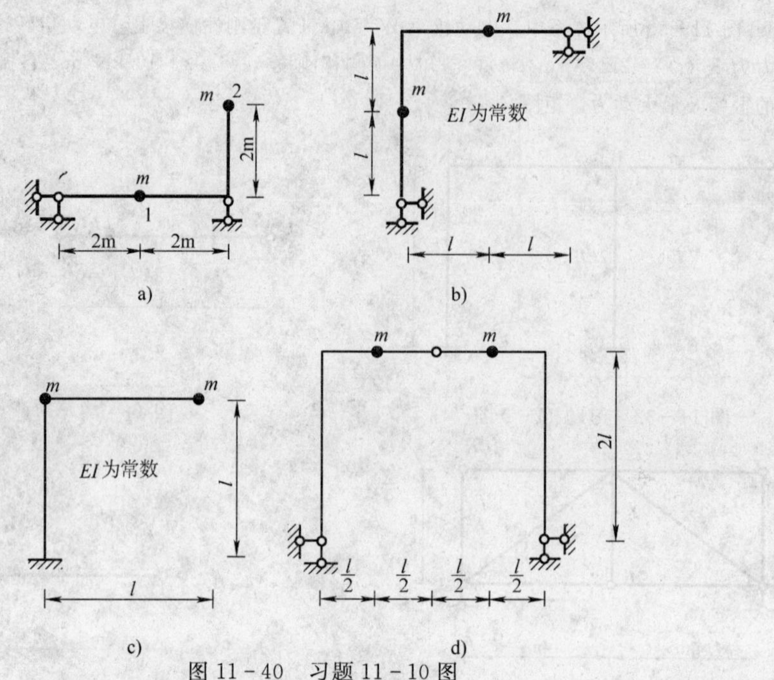

图 11-40　习题 11-10 图

11-11　求图 11-41 所示体系的自振频率并画出主振型图。

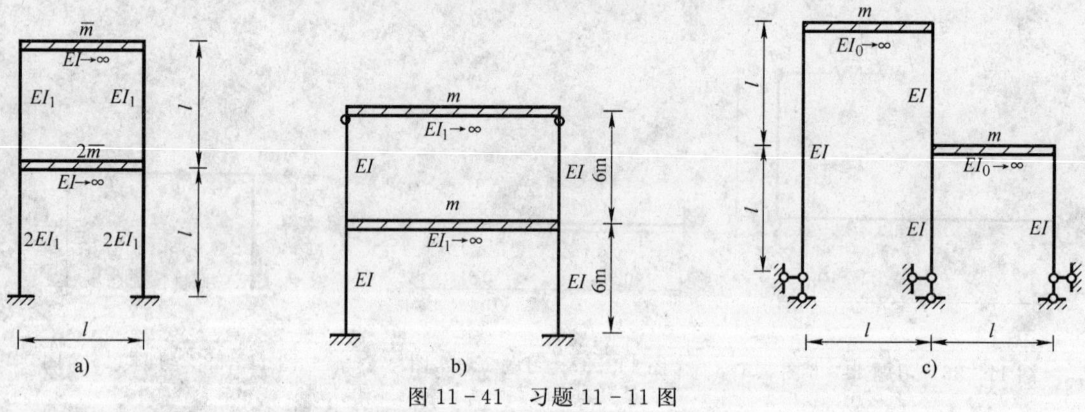

图 11-41　习题 11-11 图

11-12　已知图 11-42 所示体系的第一振型如下，求体系的第一频率。EI 为常数。

11-13　已知 $\theta=0.82567\sqrt{\frac{EI}{ml^3}}$，作出图 11-43 所示体系的动力弯矩图。

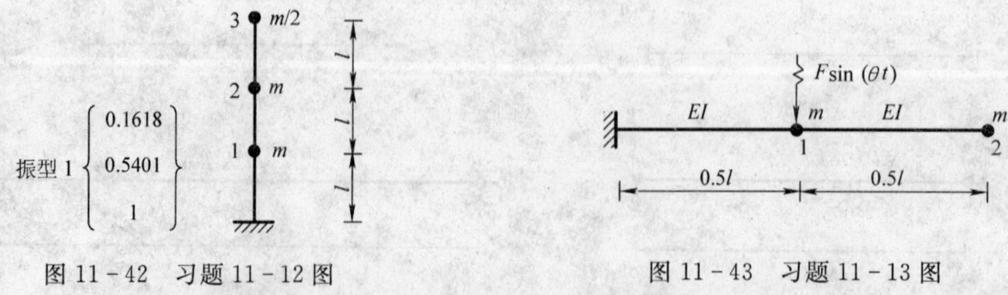

图 11-42　习题 11-12 图　　　　图 11-43　习题 11-13 图

11-14　作图 11-44 所示体系的动力弯矩图。柱高均为 h，柱刚度 EI 为常数。

11-15　绘出图 11-45 所示体系的最大动力弯矩图。已知：动荷载幅值 $F=10\text{kN}$，$\theta=20.944\text{s}^{-1}$，质

量$m=500\text{kg}$，$a=2m$，$EI=4.8\times10^{6}\,\text{N}\cdot\text{m}^{2}$。

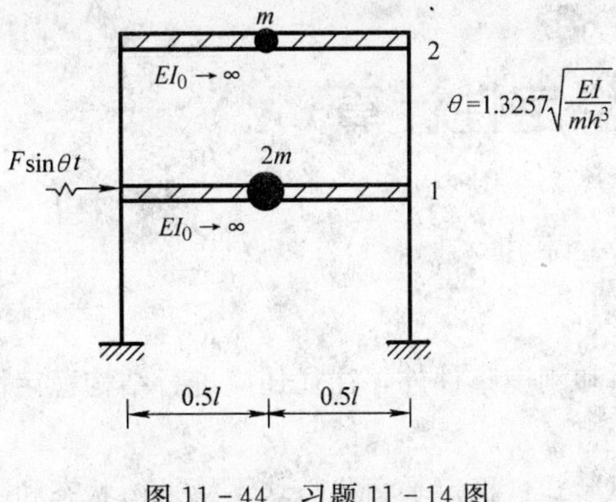

图 11-44　习题 11-14 图

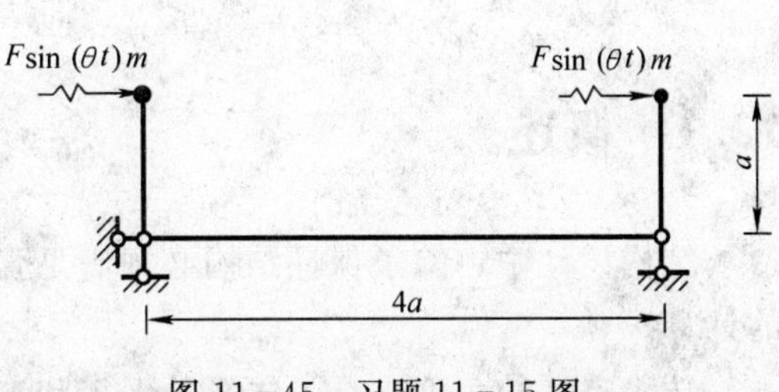

图 11-45　习题 11-15 图

第 12 章　结构稳定性计算

12.1　概述

结构设计中，除了保证结构必须满足强度条件和刚度条件外，往往还应进行结构稳定性的计算。

从稳定性的角度来看，体系的平衡状态有三种形式：稳定平衡状态、不稳平衡状态和随遇平衡状态。设结构原来处于某个平衡状态，后来由于受到轻微干扰而稍微偏离了原来的平衡位置，当干扰力消失后，如果结构能回到原来的平衡位置，则原来的平衡状态称为稳定平衡状态；如果结构继续偏离，不能回到原来的平衡位置，则原来的平衡状态称为不稳平衡状态；结构由稳定平衡状态过渡到不稳平衡的中间状态，称为随遇平衡状态。当结构处于不稳平衡状态时，任何轻微干扰都将使它偏离原来的平衡位置，其构件将产生很大的变形，从而导致结构丧失承载能力而破坏，这种现象称为丧失稳定性，简称为失稳或屈曲。由于结构处于随遇平衡状态时，原来的平衡形式已不是稳定的，故随遇平衡状态也可归入不稳平衡的范畴。

结构失稳问题的分类很多，按照失稳时其材料应力所处的阶段，可分为弹性失稳、塑性失稳和弹塑性失稳三种，当然还有其他的分类方法，限于篇幅，这里不作介绍。本章仅限于讨论结构弹性失稳的基本概念及其计算原理和方法。

在结构的稳定计算中，通常采用小挠度理论，其优点是可以用比较简单的方法得到基本正确的结论。如果希望获得更精确的结论，则需采用较为复杂的大挠度理论。

结构弹性失稳主要有两种类型：分支点失稳和极值点失稳。下面以压杆为例加以说明。

1. 分支点失稳

图 12－1a 所示为简支压杆的完善体系或理想体系：杆轴为理想直线且处于中心受压状态。由材料力学可知，当其上端压力 F_P 小于欧拉临界值 $F_{Pcr}=\dfrac{\pi^2 EI}{l^2}$时，压杆只是单纯受压，不发生弯曲变形（$\Delta=0$），处于直线形式的平衡状态，也称为原始平衡状态。在图 12－1b中，其 $F_P-\Delta$ 曲线由直线 OAB 表示，称为原始平衡路径（或称为路径Ⅰ）。此时，如果杆件受到某种轻微干扰而发生微小弯曲，当干扰消失后杆件又能恢复到原来的原始平衡状态。因此，当 $F_{P1}<F_{Pcr}$时，原始平衡状态是稳定的。也就是说，在原始平衡路径Ⅰ上，A 点所对应的平衡状态是稳定的。这时，原始平衡形式是唯一的平衡形式。

当荷载值 $F_{P1}>F_{Pcr}$时，原始平衡形式不再是唯一的平衡形式，压杆既可以处于直线形式的平衡状态，也可以处于弯曲形式的平衡状态，出现了两种不同形式的平衡状态。反映在图 12－1b 中，有两条不同的 $F_P-\Delta$ 曲线：原始平衡路径Ⅰ（由直线 BC 表示）和第二条平衡路径Ⅱ（根据大挠度理论，由曲线 BD 表示；根据小挠度理论，近似由直线 BD' 表示）。可以看出，这时原始平衡状态（如 C 点）是不稳定的。如果压杆受到某种轻微干扰而发生微小弯曲，当干扰消失后杆件并不能恢复到原来 C 点所对应的原始平衡状态，而是继续弯曲，直到图中 D 点对应的弯曲形式的平衡状态为止。

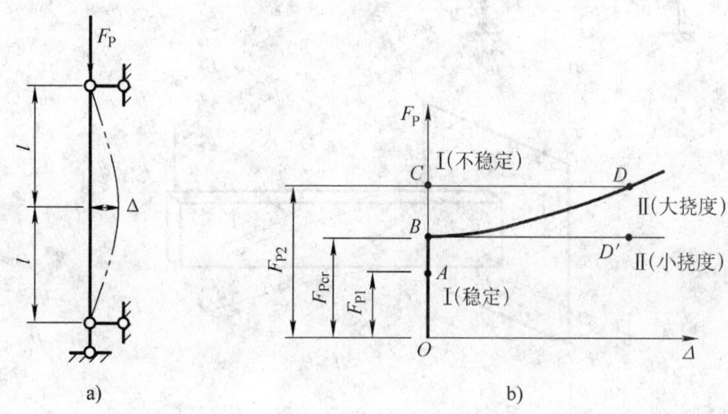

图 12－1　简支压杆的分支点失稳

两条平衡路径Ⅰ和Ⅱ的交点 B 称为分支点。分支点将原始平衡路径Ⅰ分为 OB 和 BC 两段，OB 上的点属于稳定平衡，BC 上的点属于不稳定平衡。也就是说，完善体系（受压杆均为理想轴压杆）的分支点失稳（分叉屈曲），在分支点 B 处，原始平衡路径Ⅰ和新平衡路径Ⅱ同时并存，即分支点处的平衡具有两重性。失稳前后平衡状态所对应的变形性质发生改变，即原始平衡路径Ⅰ由稳定平衡转变为不稳定平衡。具有这种特征的失稳形式称为分支点失稳，也称为第一类失稳。分支点处的荷载称为临界荷载，对应的平衡状态称为临界状态。

其他结构同样可以出现分支点失稳现象。例如，图 12－2a 所示的承受结点荷载的刚架，在原始平衡形式中，各柱单独受压，无弯曲变形；在新的平衡形式中，刚架产生侧移，出现了弯曲变形。又如图 12－2b 所示的承受静水压力的圆弧无铰拱，在原始平衡形式中，单纯受压，拱轴保持圆形；在新的平衡形式中，拱轴不再保持为圆形，出现压弯组合变形。另外，图 12－2c 所示的窄悬臂梁，在原始平衡形式中，梁处于平面弯曲状态；在新的平衡形式中，梁处于斜弯曲和扭转状态。

2. 极值点失稳

图 12－3a、b 分别为具有初始曲率和承受偏心荷载的压杆，压杆一开始加载就处于弯曲平衡状态。按照小挠度理论，其 $F_P-\Delta$ 曲线由图 12－3c 中的曲线 OA 表示。在初始阶段，挠度增加较慢，以后逐渐加快，当 F_P 接近中心压杆的欧拉临界荷载 F_{Pcr}时，挠度趋向无限大。如果按照小挠度理论，其 $F_P-\Delta$ 曲线由图 12－3c 中的曲线 OBC 表示。B 为极值点，在极值点以前的曲线 OB，其平衡状态是稳定的；在极值点以后的曲线 BC，其平衡状态是不稳定的。也就是说，非完善体系（受压杆或有初曲率或有偏心荷载等“初始缺陷”）的极值点失稳，失稳前后变形性质没有变化，杆件产生附加挠度，$F_P-\Delta$ 关系曲线存在极值点。具有这种特征的失稳形式称为极值点失稳，也称为第二类失稳。该点对应的荷载即为临界荷载（比上述中心受压直杆的临界荷载小），达到时结构被压溃，故常称之为压溃荷载。

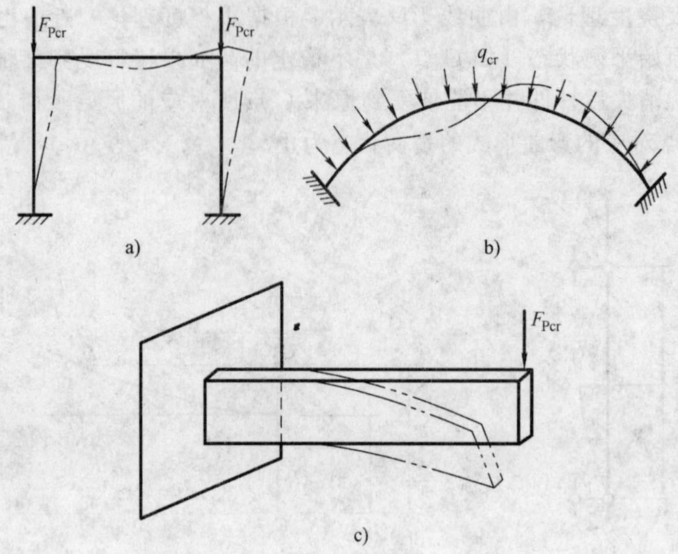

图 12-2　其他结构的分支点失稳

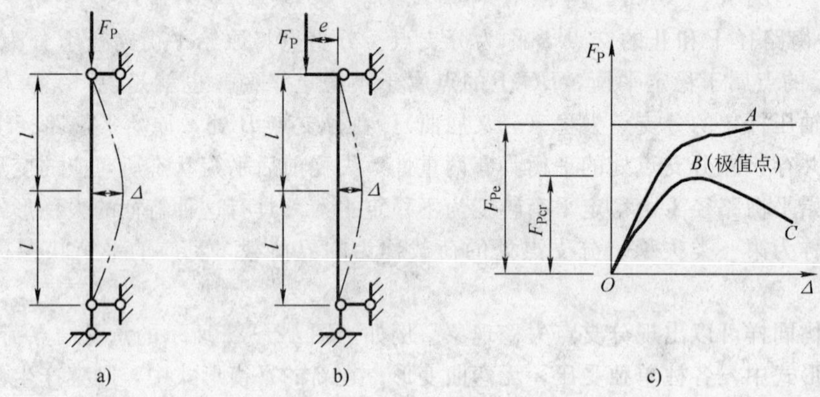

图 12-3　压杆的极值点失稳

工程中大量稳定问题都属于第二类，但是因为第一类稳定问题在数学上容易作为特征值问题处理，力学上表达明确，而且它的临界荷载又近似地代表相应的第二类稳定问题的上限，所以通常化为第一类失稳问题来处理。

除分支点失稳和极值点失稳外，在扁平拱式结构中失稳时，还可能发生所谓“跳跃失稳”的第三类失稳形式，限于篇幅，在此不作介绍，读者如有兴趣，请查阅相关书籍。

无论发生何种失稳，对于工程结构来说，都是不允许的，因为它们或者使结构不能维持原来的工作状态，或者使其丧失承载能力，而且变形常急剧增加，导致结构破坏。因此，在许多工程结构设计中，为保证结构安全，除考虑强度和刚度条件外，尚应进行稳定验算。

12.2　用静力法确定等截面压杆的临界荷载

用静力法求分支点的临界荷载，是以结构失稳时平衡形式的二重性为依据，应用静力平衡条件，寻求结构在新的形式下能维持平衡的荷载，其最小值即为临界荷载。

现以图 12-4a 所示的一端固定一端简支的直杆为例来说明静力法的原理及其计算步骤。

当荷载 F_P 达到临界值时，平衡出现新的平衡形式，设该杆在图 12-4a 所示的曲线形式下平衡，取图 12-4b 所示的坐标系，则任一截面上的弯矩为

$$M=F_P y+F_R(l-x)$$

式中，F_R 为上支座的支座反力。

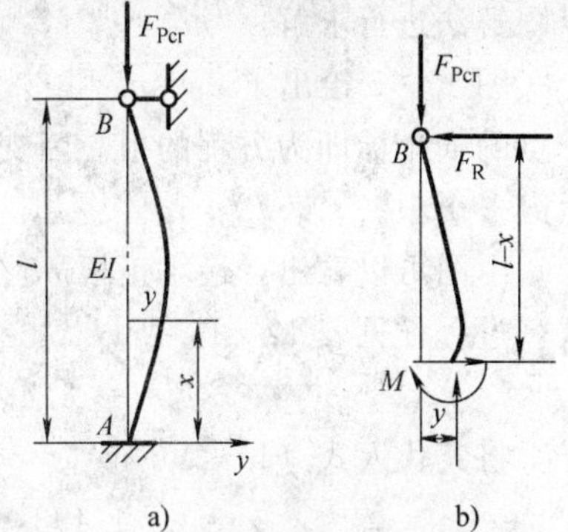

图 12-4　静力法确定等截面压杆的临界荷载

由材料力学知，对图 12-4b 所示的坐标系，弯矩与曲率的关系为

$$EIy''=-M$$

所以

$$EIy''+F_P y=-F_R(l-x)$$

为简单起见，令

$$n=\sqrt{\frac{F_P}{EI}} \tag{12-1}$$

则有

$$y''+n^2 y=-\frac{F_P}{EI}(l-x)$$

此微分方程的通解为

$$y=A\cos nx+B\sin nx-\frac{F_R}{F_P}(l-x) \tag{12-2}$$

上式中 A 和 B 为积分常数，$\frac{F_R}{F_P}$也是未知的。

边界条件：当 $x=0$ 时，$y=0$ 和 $y'=0$；当 $x=l$ 时，$y=0$。将它们分别代入式(12-2)，得到关于 A、B、$\frac{F_R}{F_P}$的齐次方程组

$$\left\{\begin{aligned}&A-\frac{F_R}{F_P}l=0\\&Bn+\frac{F_R}{F_P}=0\\&A\cos nl+B\sin nl=0\end{aligned}\right\} \tag{12-3}$$

当 $A=B=\frac{F_R}{F_P}=0$ 时，以上方程组自然满足。但由（12-2）知，此时各点的位移均为零，它对应于原有的直线平衡形式，不是我们所要研究的问题。对于新的弯曲平衡形式，应要求 A、B、$\frac{F_R}{F_P}$不全为零，因此，欲使式（12-3）有非零解，必使方程组的系数行列式为零，从而得到稳定方程或特征方程为

$$D=\begin{vmatrix}1 & 0 & -l\\0 & n & 1\\\cos nl & \sin nl & 0\end{vmatrix}$$

展开上面的行列式得

$$\tan nl=nl \tag{12-4}$$

式（12-4）为一超越方程，可采用图解法，也可采用试算法。本教材采用试算法并配以图解法进行求解。

图 12-5 绘出了 $z_1=nl$ 和 $z_2=\tan nl$ 的函数曲线，它们交点的横坐标即为方程的根。因交点有无穷多个，故方程有无穷多个根。

由图可以看出，最小正根 nl 在 $1.5\pi\approx4.7$ 的左侧附近，试算过程详见表 12-1，所以

$$nl=4.493$$

将其代入式（11-1）得

$$F_{\mathrm{Pcr}}=n^2EI=\left(\frac{4.493}{l}\right)^2EI=\frac{20.19}{l^2}EI$$

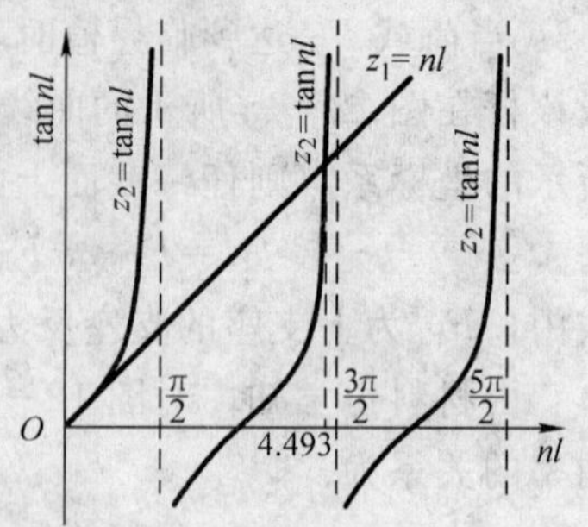

图 12-5　$z_1=nl$ 和 $z_2=\tan nl$ 的函数曲线

表 12-1　试算法寻求最小正根

nl	$\tan nl$	$nl-\tan nl$
4.5	4.637	−0.137
4.4	3.096	+1.304
4.49	4.422	+0.068
4.491	4.443	+0.048
4.492	4.464	+0.028
4.493	4.485	+0.008
4.494	4.506	−0.012

12.3　用静力法确定变截面压杆的临界荷载

工程中常见的变截面压杆有两类：一类是截面尺寸沿杆长连续变化的压杆，另一类是阶形压杆。用静力法求解截面沿杆长连续变化压杆的稳定问题时，将得到变系数的平衡微分方程，求解较为复杂，实际计算时一般采用能量法计算这类压杆问题，为此，本节仅限于讨论阶形压杆的临界荷载。

如图 12-6a 所示的一阶形直杆，若以 y_1、y_2 分别表示压杆失稳时上、下两部分的挠度，如图 12-6b 所示，则两部分的平衡微分方程分别为

$$\begin{cases}EI_1y''_1=F_{\mathrm{P}}\ (\Delta-y_1)\\EI_2y''_2=F_{\mathrm{P}}\ (\Delta-y_2)\end{cases}$$

为简单起见，令

$$n_1=\sqrt{\frac{F_{\mathrm{P}}}{EI_1}},\quad n_2=\sqrt{\frac{F_{\mathrm{P}}}{EI_2}}\qquad(12-5)$$

则有

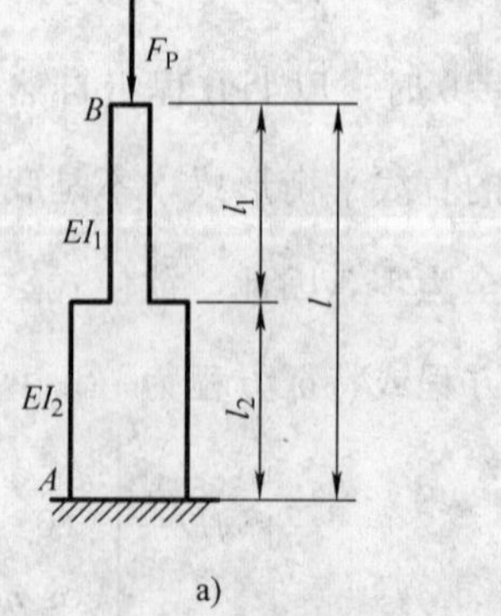

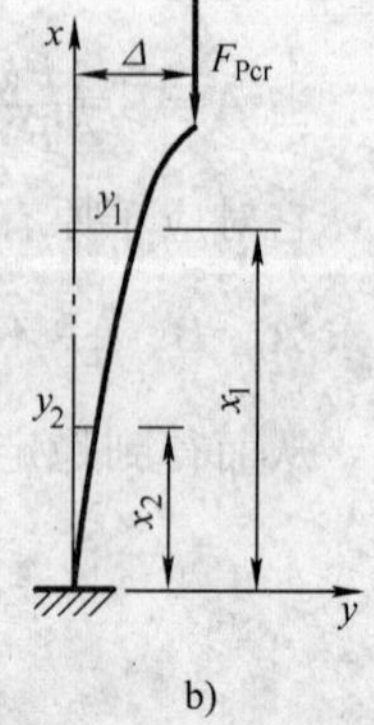

图 12-6　静力法确定变截面压杆的临界荷载

$$\begin{cases} y''_1 - n_1^2 \ (\Delta - y_1) \ = 0 \\ y''_2 - n_1^2 \ (\Delta - y_2) \ = 0 \end{cases}$$

此微分方程组的解为

$$\begin{cases} y_1 = A_1 \cos n_1 x + B_1 \sin n_1 x + \Delta \\ y_2 = A_2 \cos n_2 x + B_2 \sin n_2 x + \Delta \end{cases} \tag{12-6}$$

式（12-6）中 A_1、B_1、A_2、B_2、Δ 为未知常数。已知的边界条件为

1）当 $x=0$ 时，$y_2=0$。

2）当 $x=0$ 时，$y'_2=0$。

3）当 $x=l$ 时，$y_1=\Delta$。

4）当 $x=l_2$ 时，$y_1=y_2$。

5）当 $x=l_2$ 时，$y'_1=y'_2$。

由前两个边界条件，有

$$A_2=-\Delta,\ B_2=0$$

故 y_2 的解可写为

$$y_2 = (1-\cos n_2 x)\ \Delta \tag{12-7}$$

将其余三个边界条件代入式（12-7）和式（12-6），得到关于 A_1、B_1、Δ 的齐次方程组

$$\begin{cases} A_1 \cos n_1 l + B_1 \sin n_1 l = 0 \\ A_1 \cos n_1 l_2 + B_1 \sin n_1 l_2 + \Delta \cos n_2 l_2 = 0 \\ A_1 n_1 \sin n_1 l_2 - B_1 n_1 \cos n_1 l_2 + \Delta n_2 \sin n_2 l_2 = 0 \end{cases}$$

欲使上式有非零解，必使方程组的系数行列式为零，从而得到稳定方程或特征方程为

$$D = \begin{vmatrix} \cos n_1 l & \sin n_1 l & 0 \\ \cos n_1 l_2 & \sin n_1 l_2 & \cos n_2 l_2 \\ \sin n_1 l_2 & -\cos n_1 l_2 & \dfrac{n_2}{n_1} \sin n_2 l_2 \end{vmatrix} = 0$$

将其展开得

$$\tan n_1 l_1 \tan n_2 l_2 = \frac{n_1}{n_2} \tag{12-8}$$

这个方程只有给定$\dfrac{I_1}{I_2}$和$\dfrac{l_1}{l_2}$的比值时才能求解。

当 $EI_2=10EI_1$，$l_1=l_2=0.5l$ 时，$n_1=\sqrt{\dfrac{F_P}{EI_1}}$，$n_2=\sqrt{\dfrac{F_P}{10EI_2}}=0.316n_1$，特征方程变为

$$\tan n_1 l_1 \tan\ (0.316 n_1 l_1)\ = 3.165$$

解得最小根为 $n_1 l_1=3.953$，从而有

$$F_{Pcr} = \frac{3.953^2 EI_1}{l_1^2} = 25.33\ \frac{\pi^2 EI_1}{4l^2}$$

下面考虑阶形压杆在顶端承受压力 F_{P1} 外，变截面处还作用有压力 F_{P2} 的情况。

如图 12-7a 所示，设压杆失稳时，B、C 两截面的水平位移分别为 Δ_1 和 Δ_2，且对于 AB 和 BC 两杆段，选取各自的坐标系，如图 12-7b 所示，则两段的平衡微分方程分别为

$$\begin{cases}EI_1 y''_1 = F_{P1}\ (\Delta_1 - y_1)\\ EI_2 y''_2 = F_{P1}\ (\Delta_1 - y_2)\ + F_{P2}\ (\Delta_2 - y_2)\end{cases}$$

为简单起见，令

$$n_1 = \sqrt{\frac{F_{P1}}{EI_1}},\ n_2 = \sqrt{\frac{F_{P1}+F_{P2}}{EI_2}} \quad (12-9)$$

则有

$$\begin{cases}y''_1 + n_1^2 y_1 = n_1^2 \Delta_1\\ y''_2 + n_2^2 y_2 = \dfrac{F_{P1}\Delta_1 + F_{P2}\Delta_2}{EI_2}\end{cases}$$

此微分方程组的解为

$$\begin{cases}y_1 = A_1 \cos n_1 x_1 + B_1 \sin n_1 x_1 + \Delta_1\\ y_2 = A_2 \cos n_2 x_2 + B_2 \sin n_2 x_2 + \dfrac{F_{P1}\Delta_1 + F_{P2}\Delta_2}{F_{P1}+F_{P2}}\end{cases}$$

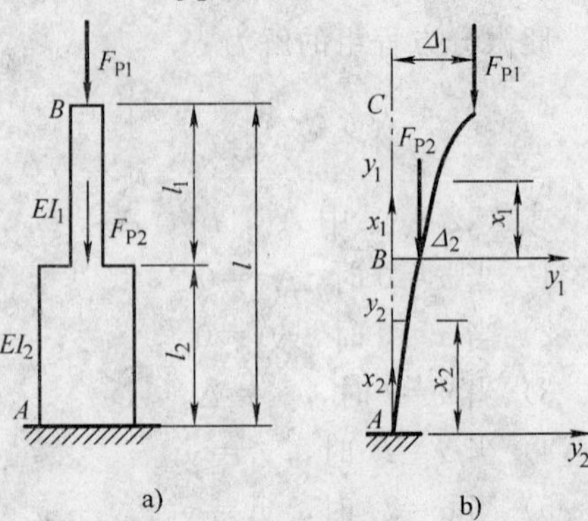

图 12-7　变截面杆变截面处作用有压力

式中，A_1、B_1、Δ_1、A_2、B_2、Δ_2 为未知常数。

已知的边界条件为

1）当 $x_2=0$ 时，$y'_2=0$，有 $B_2=0$。

2）当 $x_2=0$ 时，$y_2=0$，有 $A_2+\dfrac{F_{P1}\Delta_1+F_{P2}\Delta_2}{F_{P1}+F_{P2}}=0$。

3）当 $x_2=l_2$ 时，$y_2=\Delta_2$，有 $A_2\cos n_2 l_2+\dfrac{F_{P1}\ (\Delta_1-\Delta_2)}{F_{P1}+F_{P2}}=0$。

4）当 $x_1=0$ 时，$y_1=\Delta_2$，有 $A_1=-\ (\Delta_1-\Delta_2)$。

5）当 $x_1=0$ 时，$y'_1=y'_2\mid_{x_2=l_2}$，$B_1=\dfrac{n_2}{n_1}A_2\sin n_2 l_2$。

6）当 $x_1=l_1$ 时，$y_1=\Delta_1$，$A_1\cos n_1 l_1+B_1\sin n_1 l_1=0$。

以边界条件 4）、5）所得的 A_1、B_1 代入边界条件 6），有

$$A_2\ \frac{n_2}{n_1}\tan n_1 l_1 \sin n_2 l_2 + \Delta_1 - \Delta_2 = 0$$

将其与边界条件 2）、3）所得的关系式联立后得到只包含三个未知常数 A_2、Δ_1 和 Δ_2 三个齐次方程。由此得到压杆的稳定方程（特征方程）为

$$D=\begin{vmatrix}1 & \dfrac{F_{P1}}{F_{P1}+F_{P2}} & \dfrac{F_{P1}}{F_{P1}+F_{P2}}\\ \cos n_2 l_2 & \dfrac{F_{P1}}{F_{P1}+F_{P2}} & -\dfrac{F_{P1}}{F_{P1}+F_{P2}}\\ \dfrac{n_2}{n_1}\tan n_1 l_1 \sin n_2 l_2 & 1 & -1\end{vmatrix}=0$$

将其展开得

$$\tan n_1 l_1 \tan n_2 l_2 = \frac{n_1}{n_2}\frac{F_{P1}+F_{P2}}{F_{P1}} \quad (12-10)$$

若 $EI_2=1.5EI_1$，$l_1=\dfrac{2l}{3}$，$l_2=\dfrac{l}{3}$，时，$F_{P1}=F_P$，$F_{P2}=5F_P$，则有

$$n_1=\sqrt{\frac{F_{P1}}{EI_1}}=n,\ n_2=\sqrt{\frac{F_{P1}+F_{P2}}{EI_2}}=2n,\ n_1l_1=n_2l_2=\frac{2}{3}nl$$

如令 $n_1l_1=n_2l_2=K$，则由式（12-10），有

$$\tan^2K=3$$

所以有

$$K=n_1l_1=n_2l_2=\frac{\pi}{3}$$

即有

$$\frac{2l}{3}\sqrt{\frac{F_P}{EI_1}}=\frac{\pi}{3}$$

由上式解得临界荷载为

$$F_{Pcr}=\frac{\pi^2EI_1}{4l^2}=\frac{2.467EI_1}{l^2}$$

12.4 用能量法确定临界荷载

用静力法确定结构的临界荷载，当情况较为复杂时常遇到困难。例如，当微分方程具有变系数而不能积分为有限形式时，或者边界条件较为复杂以致导出的稳定方程为高阶行列式而不易展开和求解时等。在这些情况下用能量法就较为简便。

用能量法确定临界荷载，就是以结构失稳时平衡的二重性为依据，应用以能量形式表示的平衡条件，寻求结构在新的形式下能维持平衡的荷载，其中最小值即为临界荷载。

势能驻值原理就是用能量形式表示的平衡条件，它可表述为：对于弹性结构，在满足支承条件及位移连续条件的一切虚位移中，同时又满足平衡条件的位移（因而就是真实的位移）使结构的势能 Π 为驻值，也就是结构势能的一阶变分等于零，即

$$\delta\Pi=0 \tag{12-11}$$

因为结构的势能（或称结构的总势能）Π 等于结构的应变能 U 与外力势能 U_P 之和，即

$$\Pi=U+U_P \tag{12-12}$$

其中应变能 U 可按材料力学有关公式计算，而外力势能定义为

$$U_P=-\sum_{i=1}^{n}F_{Pi}\Delta_i$$

式中，F_{Pi} 为结构上的外力；Δ_i 为在虚位移中与外力 F_{Pi} 相应的位移。

由此可见，外力势能等于外力所作虚功的负值。

对于有限自由度结构，所有可能的位移状态只用有限个独立参数 a_1，a_2，…，a_n 即可表示。这样，结构的势能 Π 可表示为只是这有限个独立参数的函数，因而应用势能驻值原理时，只需使用一般的微分计算即可求解。当 a_i（$i=1$，2，…，n）有任一微小的增量 δa_i 时，势能的变分为

$$\delta\Pi=\frac{\partial\Pi}{\partial a_1}\delta a_1+\frac{\partial\Pi}{\partial a_2}\delta a_2+\cdots+\frac{\partial\Pi}{\partial a_n}\delta a_n \tag{12-13}$$

当结构处于平衡时，应有 $\delta\Pi=0$，由于 δa_i（$i=1$，2，…，n）的任意性，故只有当

$$\frac{\partial\Pi}{\partial a_i}=0\quad(i=1,\ 2,\ \cdots,\ n) \tag{12-14}$$

时，势能的变分 $\delta\Pi$ 才能等于零，即势能才能为驻值。由此可获得一组含 a_i（$i=1, 2, \cdots, n$）的齐次方程组，要使 a_i（$i=1, 2, \cdots, n$）不全为零，则此方程组的系数行列式应等于零，据此可建立稳定方程或特征方程，从而确定临界荷载。

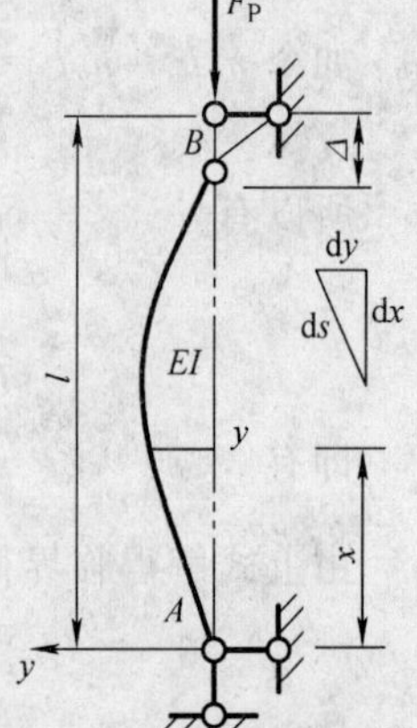

图 12-8　弹性压杆

对无限自由度结构，如图 12-8 所示的弹性压杆，失稳时发生弯曲变形，其弯曲应变能为

$$U=\frac{1}{2}\int_0^l \frac{M^2}{EI}\mathrm{d}x \tag{12-15}$$

将 $M=EIy''$ 代入，有

$$U=\frac{1}{2}\int_0^l EI(y'')^2\mathrm{d}x \tag{12-16}$$

荷载作用点下降的距离 Δ 应等于杆长 l 减去挠曲线在原来杆轴方向上的投影。挠曲线上任一微段 $\mathrm{d}s$ 与其投影 $\mathrm{d}x$ 的差为

$$\begin{aligned}\mathrm{d}s-\mathrm{d}x&=\mathrm{d}x\sqrt{1+(y')^2}-\mathrm{d}x=\mathrm{d}x\left(\sqrt{1+(y')^2}-1\right)\\&=\mathrm{d}x\left[1+\frac{1}{2}(y')^2+\cdots-1\right]\approx\frac{1}{2}(y')^2\mathrm{d}x\end{aligned}$$

将上式沿杆长积分得

$$\Delta=\frac{1}{2}\int_0^l (y')^2\mathrm{d}x \tag{12-17}$$

因而外力势能为

$$U_P=-F_P\Delta=\frac{F_P}{2}\int_0^l (y')^2\mathrm{d}x \tag{12-18}$$

于是，结构的势能为

$$\Pi=U+U_P=\frac{1}{2}\int_0^l EI(y'')^2\mathrm{d}x-\frac{F_P}{2}\int_0^l (y')^2\mathrm{d}x \tag{12-19}$$

此时，由于挠度函数是未知的，它可以看作是无限多个独立参数。结构的势能 Π 是挠曲线 y 的函数，即是一个泛函，而 $\delta\Pi=0$ 则是求泛函极值的问题。因此，对于无限自由度结构，精确地运用势能驻值原理，需要用到变分运算，问题就变得十分复杂，而且事先只能得到微分方程，然后进行求解，并不是直接求问题的解。实用上，将无限自由度近似为有限自由来处理，即瑞利—李兹法。

瑞利—李兹法是假定是挠曲线 y 为有限个已知函数的组合，其一般形式为

$$y=a_1\varphi_1(x)+a_2\varphi_2(x)+\cdots+a_n\varphi_n(x)=\sum_{i=1}^{n}a_i\varphi_i(x) \tag{12-20}$$

式中，$\varphi_i(x)$ 是满足位移边界条件的已知函数，a_i 是任意参数。

这样，原无限自由度的问题就简化为只有 n 个自由度的有限自由度的问题，因而可按前面所述的有限自由度情况来确定临界荷载。需说明的是，所得的临界荷载是一个近似解，解答的近似程度取决于所假设的挠度曲线与真实曲线的接近程度。对于假设的挠度曲线，要求它至少应满足边界条件。为使结果不致产生过大的误差，通常可取在某一横向荷载作用下的挠度曲线作为失稳时的近似挠度曲线。

如果式（12-20）仅取一项，即

$$y=a_1\varphi_1(x)$$

便是单自由度的稳定问题，该解往往不能较好地接近真实的挠度曲线。为了提高解答的精确程度，可取多项计算。一般说来，取 2～3 项就能得到较好的结果。

需要指出的是，按这种方法所得的临界荷载近似值总是比精确解大。这是由于所假设的挠度曲线与真实的曲线不相同，故相当于加入了某些约束，从而加大了压杆失稳的抵抗能力。

为方便计算，表 12-2 列出了几种直杆的挠度函数形式。

表 12-2　满足位移边界条件的常用级数形式

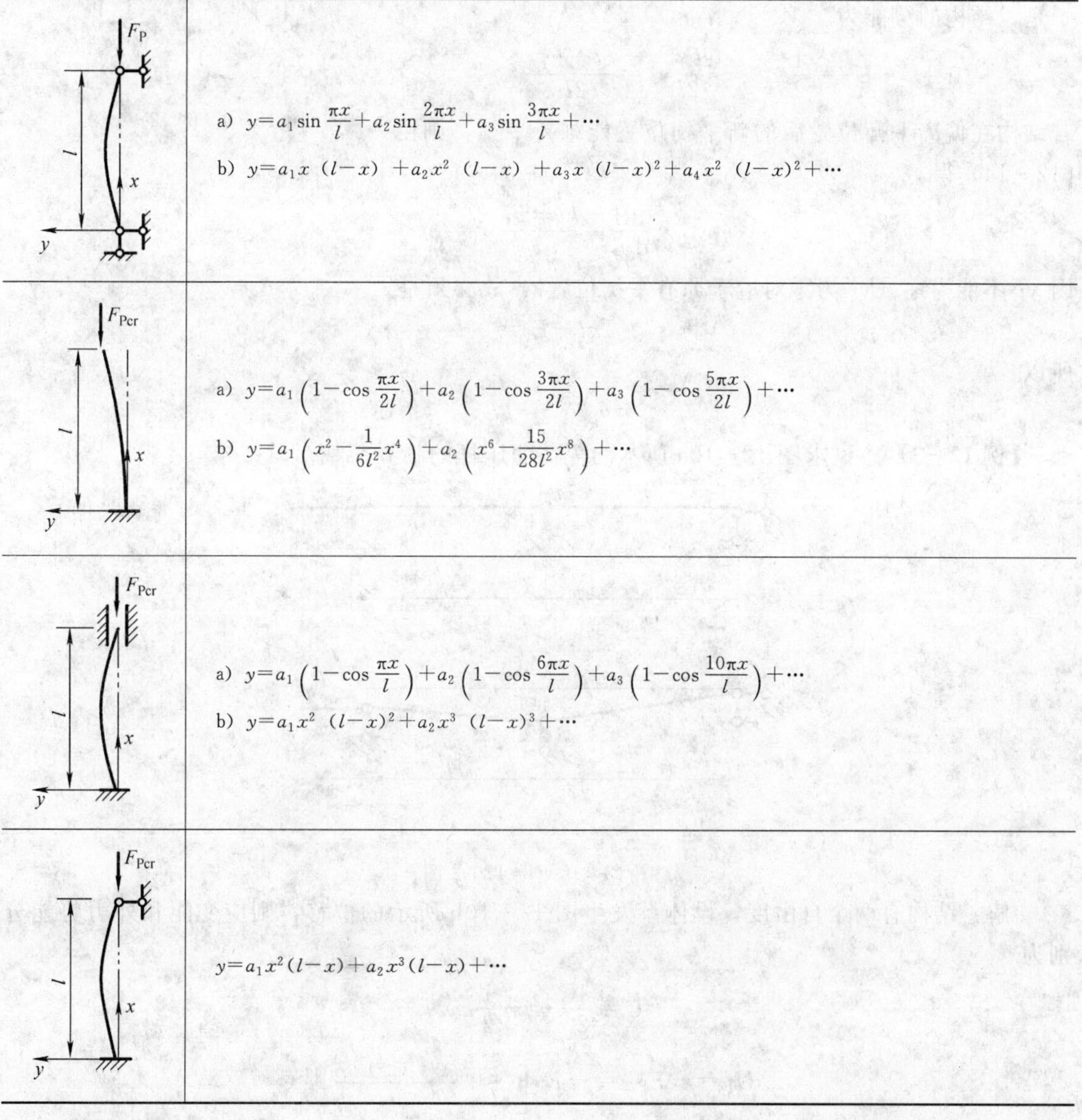

	a) $y=a_1\sin\frac{\pi x}{l}+a_2\sin\frac{2\pi x}{l}+a_3\sin\frac{3\pi x}{l}+\cdots$ b) $y=a_1x(l-x)+a_2x^2(l-x)+a_3x(l-x)^2+a_4x^2(l-x)^2+\cdots$
	a) $y=a_1\left(1-\cos\frac{\pi x}{2l}\right)+a_2\left(1-\cos\frac{3\pi x}{2l}\right)+a_3\left(1-\cos\frac{5\pi x}{2l}\right)+\cdots$ b) $y=a_1\left(x^2-\frac{1}{6l^2}x^4\right)+a_2\left(x^6-\frac{15}{28l^2}x^8\right)+\cdots$
	a) $y=a_1\left(1-\cos\frac{\pi x}{l}\right)+a_2\left(1-\cos\frac{6\pi x}{l}\right)+a_3\left(1-\cos\frac{10\pi x}{l}\right)+\cdots$ b) $y=a_1x^2(l-x)^2+a_2x^3(l-x)^3+\cdots$
	$y=a_1x^2(l-x)+a_2x^3(l-x)+\cdots$

【例 12-1】　图 12-9a 所示的压杆抗弯刚度 EI 为无穷大，弹簧的刚度系数为 k，试确定其临界荷载。

解：设体系失稳时发生微小的偏离，如图 12-9b 所示，其上端的水平位移为 y_1，竖向

位移为 Δ，则有

$$\Delta=l-\sqrt{l^2-y_1^2}=l-l\left(1-\frac{1}{2}\ \frac{y_1^2}{l^2}+\cdots\right)\approx\frac{y_1^2}{2l}$$

弹簧的应变能为

$$U=\frac{1}{2}(ky_1)y_1=\frac{1}{2}k^2y_1^2$$

外力势能为

$$U_{\mathrm{P}}=-F_{\mathrm{P}}\Delta=-\frac{F_{\mathrm{P}}}{2l}y_1^2$$

于是，结构的势能为

$$\Pi=U+U_{\mathrm{P}}=\frac{1}{2}k_1^2y_1^2-\frac{F_{\mathrm{P}}}{2l}y_1^2=\frac{kl-F_{\mathrm{P}}}{2l}y_1^2$$

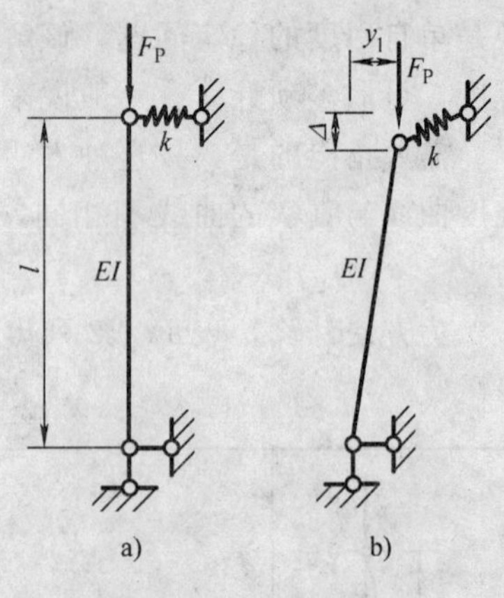

图 12-9 例 12-1 图

若结构在偏离平衡位置后的新平衡位置能维持平衡，则由(12-14) 得

$$\frac{\mathrm{d}\Pi}{\mathrm{d}y_1}=\frac{kl-F_{\mathrm{P}}}{l}y_1^2=0$$

因 y_1 不能为零（y_1 为零对应于原有平衡位置），故必须是

$$kl-F_{\mathrm{P}}=0$$

所以

$$F_{\mathrm{Pcr}}=kl$$

【例 12-2】 试求图 12-10a 所示的等截面压杆的临界荷载。

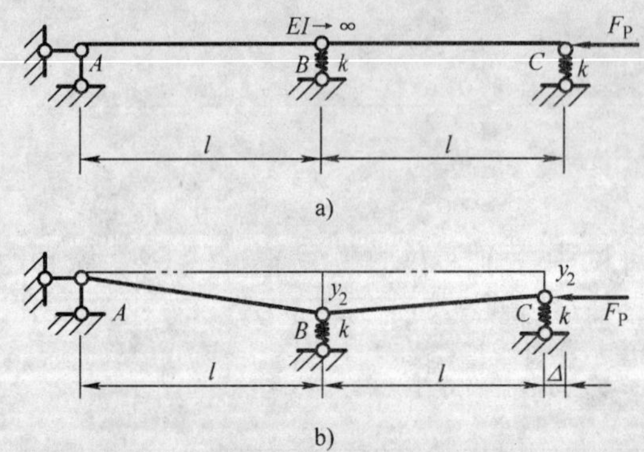

图 12-10 例 12-2 图

解：结构有两个自由度，设体系发生图 12-10b 所示的位移，则应变能和外力势能分别为

$$U=\frac{1}{2}ky_1^2+\frac{1}{2}ky_2^2$$

$$U_{\mathrm{P}}=-F_{\mathrm{P}}\Delta=-F_{\mathrm{P}}\left[\frac{y_2^2}{2l}+\frac{(y_2-y_1)^2}{2l}\right]$$

结构的势能为

$$\Pi=U+U_{\mathrm{P}}=\frac{1}{2l}\ \left[(kl-F_{\mathrm{P}})y_1^2+2F_{\mathrm{P}}y_2y_1+(kl-2F_{\mathrm{P}})y_2^2\right]$$

此时 Π 是 y_1 和 y_2 的函数，结构达到平衡时，有

$$\begin{cases}\dfrac{\partial \Pi}{\partial y_1}=\dfrac{1}{l}\left[(kl-F_P)y_1+F_Py_2\right]=0\\ \dfrac{\partial \Pi}{\partial y_2}=\dfrac{1}{l}\left[F_Py_1+(kl-2F_P)y_2\right]=0\end{cases}$$

因为 y_1 和 y_2 不全为零，故有

$$D=\begin{vmatrix}(kl-F_P) & F_P\\ F_P & (kl-2F_P)\end{vmatrix}=0$$

解方程得

$$F_P=\frac{3\pm\sqrt{5}}{2}kl=\begin{cases}2.618kl\\ 0.382kl\end{cases}$$

即临界荷载为

$$F_P=0.382kl$$

【例 12-3】 试求图 12-11 所示的两端铰支等截面压杆的临界荷载。

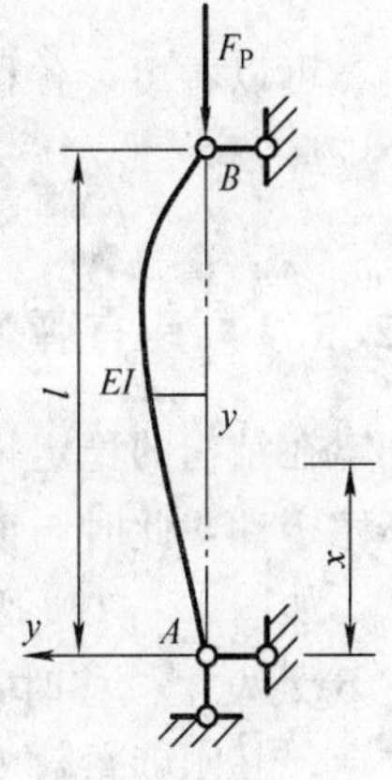

图 12-11 例 12-3 图

解：由表 11-2，取级数的前两项计算

$$y=a_1x^2(l-x)+a_2x^3(l-x)$$

将其代入式（12-19）得

$$\Pi=\frac{EI}{2}\left(4l^3a_1^2+8l^4a_1a_2+\frac{24}{5}l^5a_2^2\right)-\frac{F_P}{2}\left(\frac{2}{15}l^5a_1^2+\frac{2}{10}l^6a_1a_2+\frac{3}{35}l^7a_2^2\right)$$

由式（12-14），整理后得

$$\begin{cases}\left(4EI-\dfrac{2}{15}l^2F_P\right)a_1+\left(4EIl-\dfrac{1}{10}l^3F_P\right)a_2=0\\ \left(4EI-\dfrac{1}{10}l^2F_P\right)a_1+\left(\dfrac{24}{5}EIl-\dfrac{3}{35}l^3F_P\right)a_2=0\end{cases}$$

因 a_1、a_2 不全为零，所以

$$D=\begin{vmatrix}4EI-\dfrac{2}{15}l^2F_P & 4EIl-\dfrac{1}{10}l^3F_P\\ 4EI-\dfrac{1}{10}l^2F_P & \dfrac{24}{5}EIl-\dfrac{3}{35}l^3F_P\end{vmatrix}=0$$

展开整理后，可解得临界荷载为

$$F_{Pcr}=\frac{20.92EI}{l^2}$$

同精确解 $\dfrac{20.19EI}{l^2}$ 相比，仅大 3.6%。

12.5 等截面直杆稳定

12.5.1 刚性支承上等截面直杆的稳定

由材料力学或 12.2 节、12.4 节的内容，可以确定出等截面直杆在四种刚性支承情况下（图 12-12）的最小临界荷载值。

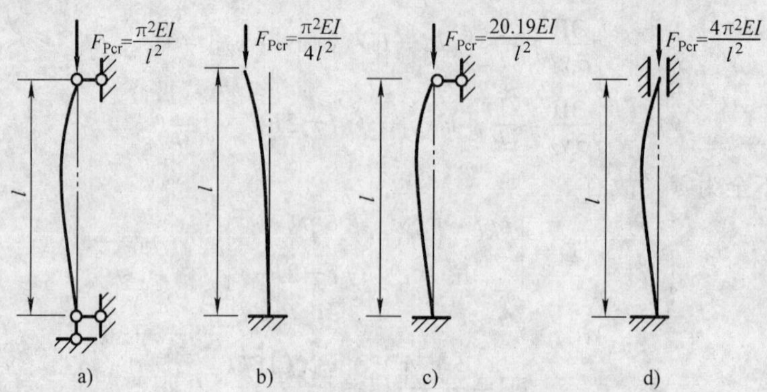

图 12－12　刚性支承上等截面直杆的稳定

可以看出，各种支承情况下的最小临界荷载可由下面通式表示

$$F_{\mathrm{Pcr}}=\frac{\pi^2 EI}{(\mu l)^2} \tag{12-21}$$

12.5.2　具有弹性支承的等截面直杆的稳定

在结构的稳定计算中，常把结构中杆端受压力作用的杆件从结构中单独取出，验算其局部稳定性，此时与该杆相连的其他部分对它的约束作用，就可以用弹性支承来表示。

如图 12－13a 所示的铰接排架，在中性平衡状态下发生如图实线所示的变形。压杆 AB 在 B 处发生位移时，将受到 BDC 部分的约束，这种约束相当于图 12－13b 所示 B 端的弹性支承，其刚度系数为 k（使 B 端发生单位水平位移所需施加的力），它可以利用原结构在取出该压杆后的剩余部分当与压杆连接处发生单位位移时所需的力所得，如图 12－13c 所示，由位移法，$k=\dfrac{3EI}{l^3}$。

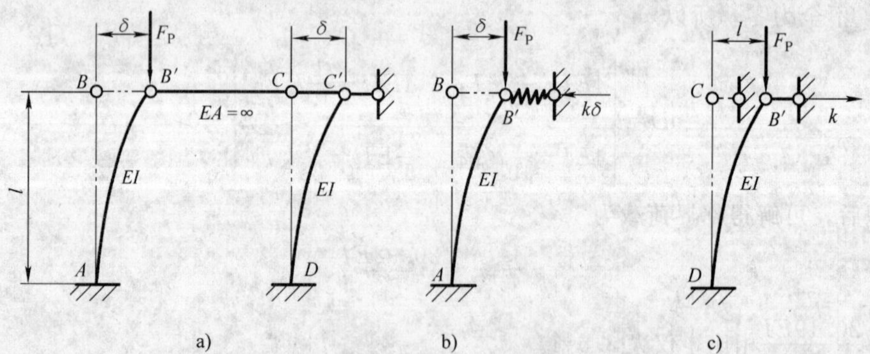

图 12－13　具有弹性支承的等截面直杆的稳定

又如图 12－14a 所示的结构压杆 AB，可将其简化为如图 12－14b 所示的弹性支承压杆，其刚度系数可利用结构剩余部分 AC 当 A 发生单位转角时所需的力矩求得（图 12－14c），由位移法得，$k=\dfrac{6EI}{l_2}$。

1. 用静力法确定具有弹性支承等截面直杆的稳定举例

如图 12－15 所示，在临界状态下，任一截面的弯矩为

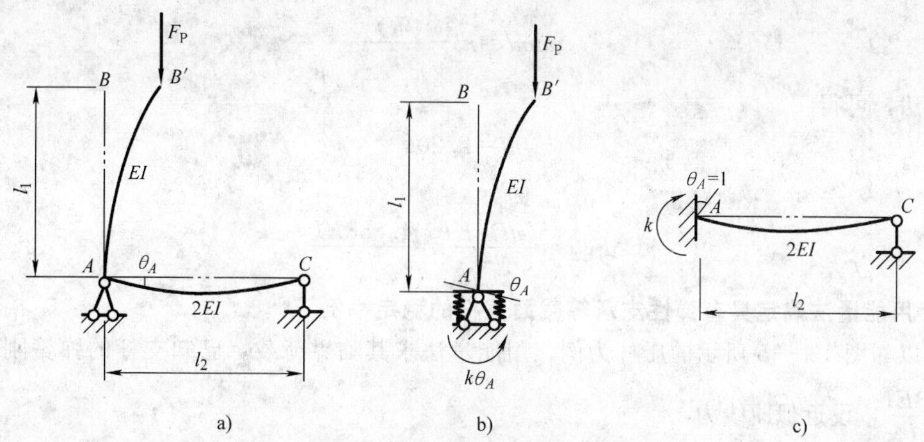

图 12-14　复杂结构压杆的简化

$$M=-F_P(\delta-y)+k\delta(l-x)$$

式中，δ 为弹簧端点的水平位移；k 为弹簧的刚度系数。

由材料力学知，$EIy''=-M$，所以，弹性曲线的微分方程为

$$EIy''+F_P y=F_P(\delta-y)-k\delta(l-x)$$

若令 $n=\sqrt{\dfrac{M}{EI}}$，则一般解为

$$y=A\cos nx+B\sin nx+\delta\left[1-\frac{k}{F_P}(l-x)\right]$$

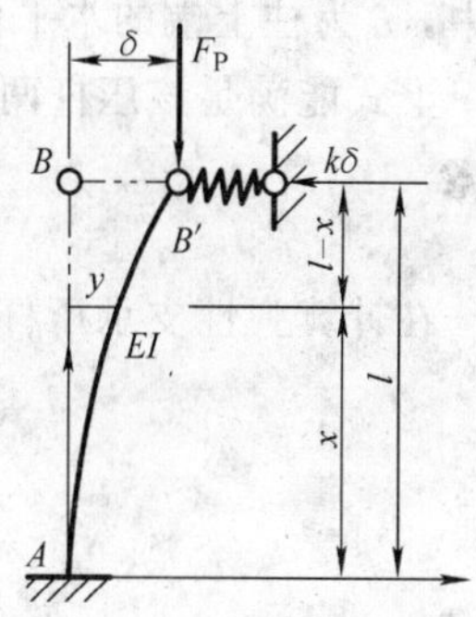

图 12-15　静力法确定具有弹性支承等截面直杆的稳定

引入边界条件：$x=0$，$y=y'=0$ 及 $x=l$，$y=\delta$，则得到如下线性方程组

$$\begin{cases}A+\left(1-\dfrac{kl}{F_P}\right)\delta=0\\ Bn+\dfrac{k}{F_P}\delta=0\\ A\cos nl+B\sin nl=0\end{cases}$$

由于未知数 A、B 和 δ 不全为零，则它们的系数行列式应等于零，即

$$D=\begin{vmatrix}1 & 0 & \dfrac{kl}{n^2EI}\\ 0 & n & \dfrac{k}{n^2EI}\\ \cos nl & \sin nl & 0\end{vmatrix}=0$$

由此，可得稳定方程或特征方程为

$$\tan nl=nl-\frac{(nl)^3EI}{kl^3} \tag{12 22}$$

如已知 k，便可由式（12-22）求得该类压杆的临界荷载值。如对图 12-13 所示的排架，将 $k=\dfrac{3EI}{l^3}$ 代入上式，有

$$\tan nl = nl - \frac{(nl)^3}{3}$$

用试算法，可得

$$nl = 2.204$$

所以

$$F_{Pcr} = \frac{(nl)^2 EI}{l^2} = \frac{4.858EI}{l^2}$$

2. 用能量法确定具有弹性支承等截面直杆的稳定举例

仍以如图 12－15 所示的压杆为例，用能量法求其临界荷载。已知支杆的弹簧刚度系数为 $k=\dfrac{3EI}{l^3}$，设近似曲线为

$$y = \delta\left(1 - \cos\frac{\pi x}{2l}\right)$$

式中，δ 为柱上端的水平位移。

上式能满足该压杆两端的位移边界条件，因为

$$y' = \frac{\delta\pi}{2l}\sin\frac{\pi x}{2l},\quad y'' = \frac{\delta\pi^2}{4l^2}\cos\frac{\pi x}{2l}$$

在计算弹性支承压杆的应变能时，除考虑压杆的应变能外，还应计入弹簧的应变能，故有

$$\begin{aligned} U &= \frac{1}{2}\int_0^l EI(y'')^2\,\mathrm{d}x + \frac{1}{2}k\delta^2 \\ &= \frac{EI}{2}\int_0^l\left(\frac{\delta\pi^2}{4l^2}\right)^2\cos^2\left(\frac{\pi x}{2l}\right)\mathrm{d}x + \frac{1}{2}\,\frac{3EI}{l^3}\delta^2 \\ &= \frac{(96+\pi^4)\ \delta^2}{64l^3}EI \end{aligned}$$

$$\begin{aligned} U_P &= -\frac{F_P}{2}\int_0^l (y')^2\,\mathrm{d}x = -\frac{F_P}{2}\int_0^l \frac{\delta^2\pi^2}{4l^2}\sin^2\left(\frac{\pi x}{2l}\right)\mathrm{d}x \\ &= -\frac{\delta^2\pi^2}{16l}F_P \end{aligned}$$

由式（12－12），结构的势能为

$$\Pi = U + U_P = \frac{(96+\pi^4)\ \delta^2}{64l^3}EI - \frac{\delta^2\pi^2}{16l}F_P$$

若结构在偏离平衡位置后的新平衡位置能维持平衡，则

$$\frac{\mathrm{d}\Pi}{\mathrm{d}\delta} = \frac{(96+\pi^4)\ EI}{32l^3}\delta - \frac{\pi^2F_P}{8l}\delta = 0$$

因 δ 不能为零（δ 为零对应于原有平衡位置），故必须是

$$\frac{(96+\pi^4)\ EI}{32l^3} - \frac{\pi^2F_P}{8l} = 0$$

所以

$$F_{Pcr} = \frac{(96+\pi^4)\ EI}{4l^2\pi^2} = 4.899\,\frac{EI}{l^2}$$

12.6 组合压杆稳定

通过前几节的分析可知，压杆的临界荷载与杆件截面的惯性矩成正比，而与杆件计算长度的平方成反比。因此，为了提高压杆的稳定性，一方面可以采取增加杆件侧向支撑和强化支座约束的方法，另一方面可以设法增大杆件截面的惯性矩。为了保证它们能共同工作，在型钢的翼缘上常用一附属杆件将两边的型钢联结在一起，如图 12-16 所示。由此所形成的杆件称为组合压杆。其中作为承受荷载主要部分的两型钢称为肢杆；用以联结的主要杆件的附属杆件称为缀材。缀材通常有两种形式，即缀条式（图 12-16a）和缀板式（图 12-16b)。前者是采用角钢或小型槽钢将肢杆联成桁架形式，缀条与肢杆联结一般视为铰结，称为缀条式组合压杆；后者采用条形钢板将肢杆联成封闭刚架形式，缀板与肢板的联结视为刚结，称为缀板式组合压杆。

分析双肢组合压杆时，将图 12-16 所示截面中的 $y-y$ 轴称为实轴，$x-x$ 轴称为虚轴。当组合压杆绕实轴失稳时，其临界荷载的计算与前面实腹式压杆相同；当组合压杆绕虚轴失稳时，由于肢杆是由缀条或缀板相互联结的，由此形成的格构式压杆虽然整体截面惯性矩增大很多，但因整体剪切变形较大，使得临界荷载比相应的实腹式压杆有明显降低。由此可见，组合压杆稳定性分析的关键在于确定整体剪切变形对其失稳临界荷载的影响。

12.6.1 剪切变形对临界荷载的影响

轴心受压杆件在发生弯曲失稳时，杆内力除有轴力和剪力外，还存在剪力。如图 12-17a所示，处于弯曲平衡状态的简支压杆，截面剪力是由柱两端向中央逐渐减小为零的。由于剪切变形会增加杆件的侧向挠度，从而降低了杆件的临界荷载。

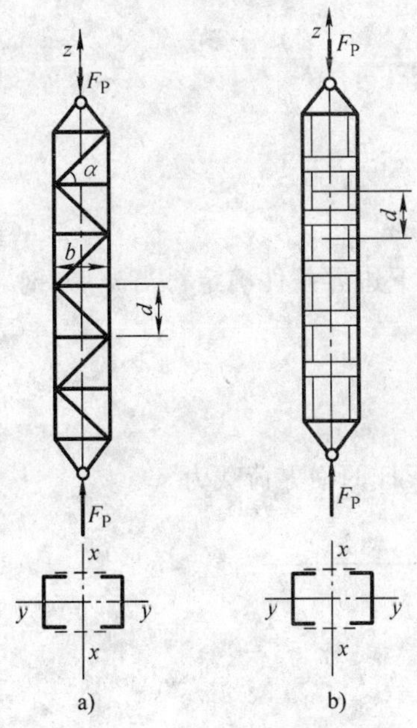

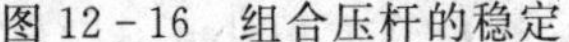

图 12-16　组合压杆的稳定

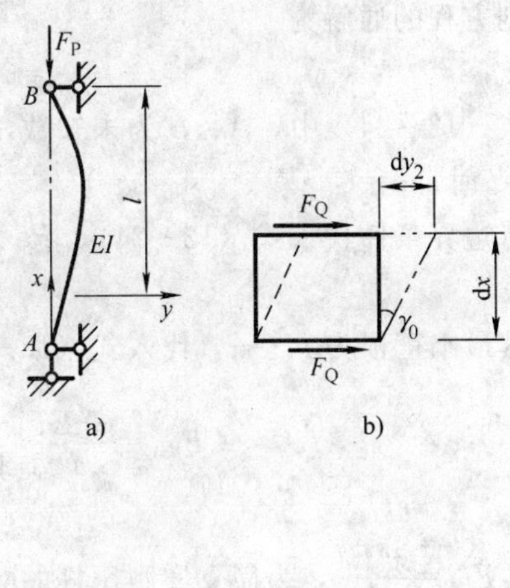

图 12-17　剪切变形对临界荷载的影响

设 y_1 为压杆因弯曲变形引起的挠度，y_2 为压杆因剪切变形引起的附加挠度，则压杆的实际挠度为

$$y=y_1+y_2$$

设压杆微段上由于剪切变形引起的附加转角为$\frac{\mathrm{d}y_2}{\mathrm{d}x}$，平均剪切角为 γ_0。由图 12-17b 可知，有

$$\frac{\mathrm{d}y_2}{\mathrm{d}x}=\gamma_0$$

在第 4 章中已知

$$\gamma_0=k\frac{F_Q}{GA},\quad F_Q=\frac{\mathrm{d}M}{\mathrm{d}x}$$

所以，杆件因剪切变形引起的附加曲率为

$$\frac{\mathrm{d}^2y_2}{\mathrm{d}x^2}=\frac{k}{GA}\frac{\mathrm{d}^2M}{\mathrm{d}x^2}$$

由于杆件轴线的总曲率等于弯曲变形引起的曲率与上式所示剪切变形引起的曲率之和，所以

$$\frac{\mathrm{d}^2y}{\mathrm{d}x^2}=-\frac{M}{EI}+\frac{k}{GA}\frac{\mathrm{d}^2M}{\mathrm{d}x^2}$$

对于图 12-17b 所示的简支压杆，$M=F_P y$，所以

$$EI\left(1-\frac{kF_P}{GA}\right)y''+F_P y=0$$

上式就是考虑剪切变形影响后压杆的挠曲微分方程。与不考虑剪切变形影响时的区别仅在于二阶导数项的系数含有因子$\left(1-\frac{kF_P}{GA}\right)$。若令

$$n^2=\frac{F_P}{EI\left(1-\frac{kF_P}{GA}\right)} \tag{12-23}$$

则方程的通解为

$$y=A\cos nx+B\sin nx \tag{12-24}$$

式（12-24）中，A、B 为未知数，其值可根据以下边界条件确定：当 $x=0$ 时，$y=0$；当 $x=l$ 时，$y=0$。

将边界条件代入式（12-24），有

$$\sin nx=0$$

其最小正根为 $nl=\pi$，代入式（12-23），即得到压杆的临界荷载为

$$F_{Pcr}=\frac{\pi^2EI}{l}\left(\frac{1}{1+\frac{\pi^2EI}{l^2}\frac{k}{GA}}\right)=\frac{F_{Pe}}{1+F_{Pe}\frac{k}{GA}} \tag{12-25}$$

式中，$F_{Pe}=\frac{\pi^2EI}{l}$，为简支实腹压杆的欧拉临界荷载。

式（11-25）括号内的项代表了因剪切变形影响的修正系数，其值恒小于 1。其中，$\frac{k}{GA}$为

由单位剪力所引起的杆轴平均剪切角 $\overline{\gamma}_0$。

剪切变形对于实腹式压杆临界荷载的影响一般是很小的。在式（12－25）中，注意到

$$\frac{kF_{Pe}}{GA}=\frac{k\sigma_{cr}}{GA}$$

式中，σ_{cr}为欧拉临界应力。

若压杆为工字形截面，截面系数 $k\approx1$。取钢材的切变模量 $G=80\text{GPa}$，临界应力 $\sigma_{cr}=200\text{MPa}$，则可求得修正系数为 0.9975，即压杆的临界荷载仅降低 0.25%。

对于组合压杆而言，所谓剪切变形，就是因剪力作用，缀材和肢杆发生轴向和弯曲变形所引起的杆轴线微段上的剪切角。只需求出由单位剪力在组合压杆中引起的剪切角，并将其代替式（12－25）中的单位剪切角 $\frac{k}{GA}$，即得到组合压杆的临界荷载。

12.6.2 缀条式组合压杆的稳定

为计算组合压杆在单位剪力作用下的剪切角，可取压杆的一个结间进行分析，如图12－18所示，在单位剪力作用下，缀条发生了变形，此时所形成的剪切应变，可近似按下式计算

$$\gamma=\tan\gamma=\frac{\delta}{\text{d}} \tag{12-26}$$

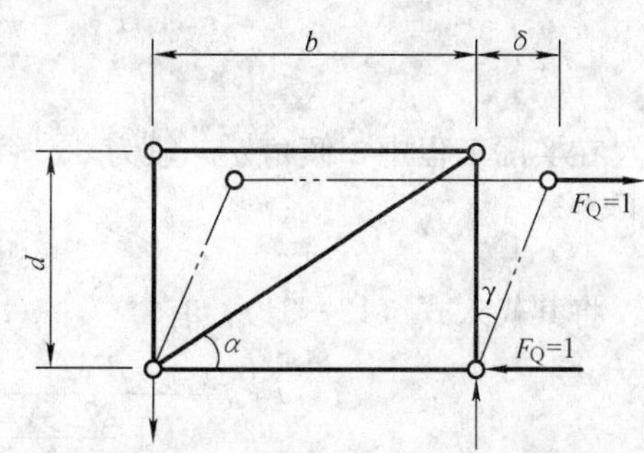

图 12－18　缀条式组合压杆的单元分析

式中，δ 为单位剪力 $\overline{F}_Q=1$ 所引起的侧移，根据桁架位移计算公式，有

$$\delta=\sum\frac{\overline{F}_Q^2 l}{EA}$$

通常，组合压杆中肢杆的截面面积远大于缀条，因而上式中只需考虑计算简图中的一对横杆。

设一对斜缀条的截面面积为 A_{1x}，一对横缀条的截面面积为 A_{2x}，由上式得

$$\delta=\frac{d}{E}\left(\frac{1}{A_{1x}\sin\alpha\cos^2\alpha}+\frac{1}{A_{2x}\tan\alpha}\right) \tag{12-27}$$

式中，α 为斜缀条的倾角；d 为结间长度。

将式（12－27）代入式（12－26），可得单位剪力所引起的剪切角

$$\gamma=\frac{1}{E}\left(\frac{1}{A_{1x}\sin\alpha\cos^2\alpha}+\frac{1}{A_{2x}\tan\alpha}\right) \tag{12-28}$$

将式（12－28）代替式（12－25）中实腹杆单位剪切角 $\frac{k}{GA}$，就可得到缀条式组合压杆临界荷载的近似计算公式

$$F_{Pcr}=\frac{F_{Pe}}{1+\frac{F_{Pe}}{E}\left(\frac{1}{A_{1x}\sin\alpha\cos^2\alpha}+\frac{1}{A_{2x}\tan\alpha}\right)} \tag{12-29}$$

式中，$F_{Pe}=\frac{\pi^2EI_x}{l^2}$，为组合柱绕虚轴 x 失稳时，按实腹压杆算得的欧拉临界荷载。

因为

$$I_x=Ai_x^2,\ \lambda_x=\frac{l}{i_x}$$

式中，i_x 为压杆整体失稳时，对虚轴的截面回转半径；λ_x 为压杆整体失稳时，对虚轴的长细比。

所以，将上式代入式（12-29）得

$$F_{\mathrm{Pcr}}=\frac{F_{\mathrm{Pe}}}{1+\frac{\pi^2}{\lambda_x^2}\left(\frac{A}{A_{1x}\sin\alpha\cos^2\alpha}+\frac{A}{A_{2x}\tan\alpha}\right)} \tag{12-30}$$

由式（12-30）可以看出，横缀条的变形对临界荷载的影响一般要比斜缀条小得多，因此，为简单起见，通常略去横缀条的变形影响，于是，式（12-30）简化为

$$F_{\mathrm{Pcr}}=\frac{F_{\mathrm{Pe}}}{1+\frac{\pi^2}{\lambda_x^2}\frac{A}{A_{1x}\sin\alpha\cos^2\alpha}} \tag{12-31}$$

在实际工程中，倾角 α 一般为 30°～60°，所以

$$\frac{\pi^2}{\sin\alpha\cos^2\alpha}\approx 27$$

将其代入式（12-31），有

$$F_{\mathrm{Pcr}}=\frac{F_{\mathrm{Pe}}}{1+\frac{27}{\lambda_x^2}\frac{A}{A_{1x}}}=\frac{\pi^2EI}{\left(l\sqrt{1+\frac{27}{\lambda_x^2}\frac{A}{A_{1x}}}\right)^2}=\frac{\pi^2EI}{(\mu l)^2} \tag{12-32}$$

由此可见，缀条式简支组合压杆绕虚轴失稳时的计算长度系数为

$$\mu=\sqrt{1+\frac{27}{\lambda_x^2}\frac{A}{A_{1x}}} \tag{12-33}$$

其换算长细比 λ_{0x} 为

$$\lambda_{0x}=\mu\lambda_x=\sqrt{\lambda_x^2+27\frac{A}{A_{1x}}} \tag{12-34}$$

12.6.3 缀板式组合压杆的稳定

如图 12-19 所示，由于两肢杆之间由成对的横向缀板刚性联结，所以组合压杆可视为单跨多层刚架，并近似地认为主要杆件的反弯点在节间中点，从而可取如图 12-19a 所示的部分来计算其剪切应变。此时，上下分割截面上的弯矩等于零，且剪力是平均分配在两边的主要杆件上，由图 12-19b，利用图乘法，有

$$\delta=\sum\frac{M^2}{EI}\mathrm{d}s=\frac{d^3}{24EI_1}+\frac{bd^2}{12EI_{\mathrm{h}}}$$

式中，I_1 为单肢杆对其形心轴 1-1 的截面惯性矩；I_{h} 为两侧一对缀板的截面惯性矩之和。

因此，剪切应变为

$$\gamma=\frac{\delta}{d}=\frac{d^2}{24EI_1}+\frac{bd}{12EI_{\mathrm{h}}}$$

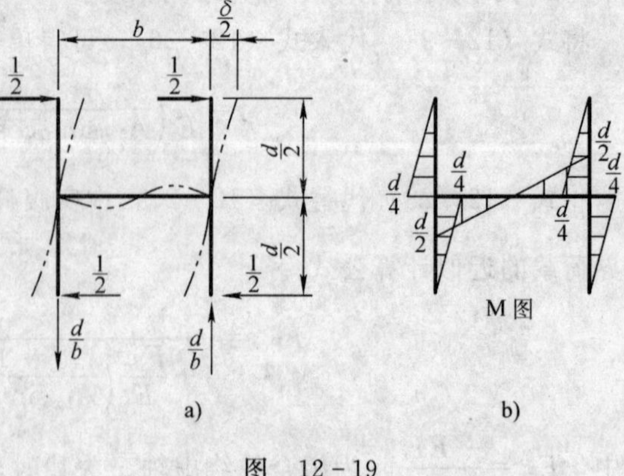

图 12-19

同前，将上式代替式（12-25）中的$\frac{k}{GA}$，即可得出临界荷载为

$$F_{\mathrm{Pcr}}=\frac{F_{\mathrm{Pe}}}{1+\left(\frac{d^2}{24EI_1}+\frac{bd}{12EI_{\mathrm{h}}}\right)F_{\mathrm{Pe}}}=\alpha_2 F_{\mathrm{Pe}} \tag{12-35}$$

由式（12-35）可见，缀板的刚度比主要构件的刚度要大得多，因此，可近似地取$EI_{\mathrm{h}}=\infty$，故上式变为

$$F_{\mathrm{Pcr}}=\frac{F_{\mathrm{Pe}}}{1+\frac{d^2}{24EI_1}F_{\mathrm{Pe}}}=\frac{F_{\mathrm{Pe}}}{1+\frac{\pi^2 d^2 I_x}{24l^2 I_1}} \tag{12-36}$$

因为

$$I_x=Ai_x^2, I_1=\frac{1}{2}Ai_1^2$$

$$\lambda_x=\frac{l}{i_x}, \lambda_1=\frac{d}{i_1}$$

式中，i_1为单根肢杆对其形心轴1-1的截面回转半径；λ_1为单根肢杆对其形心轴1-1的长细比。

将上式代入（12-36），得

$$F_{\mathrm{Pcr}}=\frac{F_{\mathrm{Pe}}}{1+\frac{\pi^2 d^2 i_x^2 A}{12l^2 i_1^2 A}}=\frac{F_{\mathrm{Pe}}}{1+0.83\frac{\lambda_1^2}{\lambda_x^2}} \tag{12-37}$$

若近似地以1代替上式中的系数0.83，则上式进一步简化为

$$F_{\mathrm{Pcr}}=\frac{\lambda_x^2}{\lambda_x^2+\lambda_1^2}F_{\mathrm{Pe}} \tag{12-38}$$

相应的计算长度系数μ和换算长细比λ_0分别为

$$\mu=\sqrt{\frac{\lambda_x^2}{\lambda_x^2+\lambda_1^2}} \tag{12-39}$$

$$\lambda_0=\mu\lambda_x=\sqrt{\lambda_x^2+\lambda_1^2} \tag{12-40}$$

如果在式（12-40）中引入长度系数，则可将其写成欧拉问题的基本形式

$$F_{\mathrm{Pcr}}=\frac{\pi^2 EI}{(\mu l)^2} \tag{12-41}$$

式中，$\mu=\sqrt{1+\frac{\pi^2 I}{l^2}\frac{1}{A_{1x}\sin\alpha\cos^2\alpha}}$。

12.7 刚架稳定

刚架是梁柱组合的高次超静定结构，它是土木工程中钢筋混凝土结构和钢结构的主要结构形式。它在竖向荷载作用下的失稳通常属于丧失第二类稳定性的问题，当刚架横梁上受到竖向荷载作用时，柱子将同时发生压缩变形和弯曲变形，荷载达到临界值时，将丧失第二类稳定性。计算第二类稳定的临界荷载是相当复杂的，实用上，将横梁上的荷载分解为作用于两端结点上的集中荷载，使柱子在丧失稳定以前只承受轴力。由此，将原第二类失稳问题就

简化为第一类失稳的问题来研究。

为简化计算，计算刚架失稳时，通常采用如下假定：

1）刚架失稳时，其变形是微小的，仍可用近似曲率公式代替精确的曲率计算公式，即仍采用$EIy''=-M$。

2）不考虑实心杆件的剪切变形和轴向变形的影响，且认为杆件弯曲后的弦长等于变形前的杆长。

3）失稳时，各杆的轴力变化可忽略不计。

4）荷载均转化为结点荷载，且在同一结构中所有结点荷载都按同一比例增长，即比例加载情况。

值得一提的是，在作刚架的内力分析时，若杆件所受的轴力很大（同临界荷载相比），则轴向力对杆件刚度的影响就往往不能忽略。这种考虑轴向力对刚度影响（即二阶效应）的结构分析称为二阶分析。例如，对于超高层建筑或构筑物来说，这种二阶效应通常是不能忽略的。

12.7.1 考虑轴向力效应的转角位移方程

如图 12-20a 所示，在平衡状态时，压杆两端的转角分别为θ_A、θ_B，横向相对线位移为Δ，杆端弯矩和剪力如图 12-20b 所示。

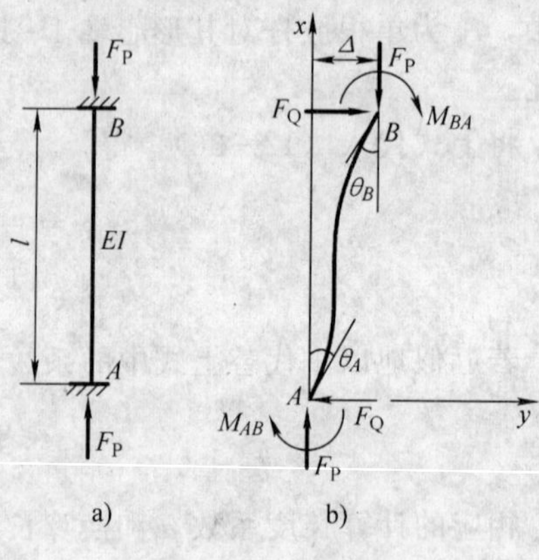

图 12-20 固端压杆

由图 12-20b，该压杆的平衡微分方程为

$$EIy''=-(M_{AB}+F_Qx+F_Py)$$

如令

$$u=l\sqrt{\frac{F_P}{EI}}=\sqrt{\frac{F_Pl}{i}} \tag{12-42}$$

则有

$$y''+\left(\frac{u}{l}\right)^2y=-\frac{M_{AB}+F_Qx}{EI}$$

其通解为

$$y=A\cos\frac{ux}{l}+B\sin\frac{ux}{l}-\frac{M_{AB}+F_Qx}{F_P}$$

上式中 A、B、M_{AB}、F_Q 为未知数，其值可根据以下边界条件确定：当 $x=0$ 时，$y=0$；当$x=0$时，$y'=\theta_A$；当 $x=l$ 时，$y=\Delta$；当 $x=l$ 时，$y'=\theta_B$。

根据力矩平衡条件 $\sum M_A=0$，得

$$M_{BA}=-(M_{AB}+F_P\Delta+F_Ql)$$

由上式并运用以上边界条件，有

$$\left.\begin{aligned}M_{AB}&=2i\left[2\theta_A\xi_1(u)+\theta_B\xi_2(u)-\frac{3\Delta}{l}\eta_1(u)\right]\\M_{BA}&=2i\left[2\theta_B\xi_1(u)+\theta_A\xi_2(u)-\frac{3\Delta}{l}\eta_1(u)\right]\\F_{QBA}&=F_{QBA}=-\frac{6i}{l}\left[(\theta_A+\theta_B)\eta_1(u)-\frac{2\Delta}{l}\eta_2(u)\right]\end{aligned}\right\} \tag{12-43}$$

式中，函数 ξ_1（u）、ξ_2（u）、η_1（u）、η_2（u）称为考虑轴向力效应的修正系数，其表达式见表 12 - 3。

表 12 - 3　单位位移作用下的杆端弯矩和杆端剪力

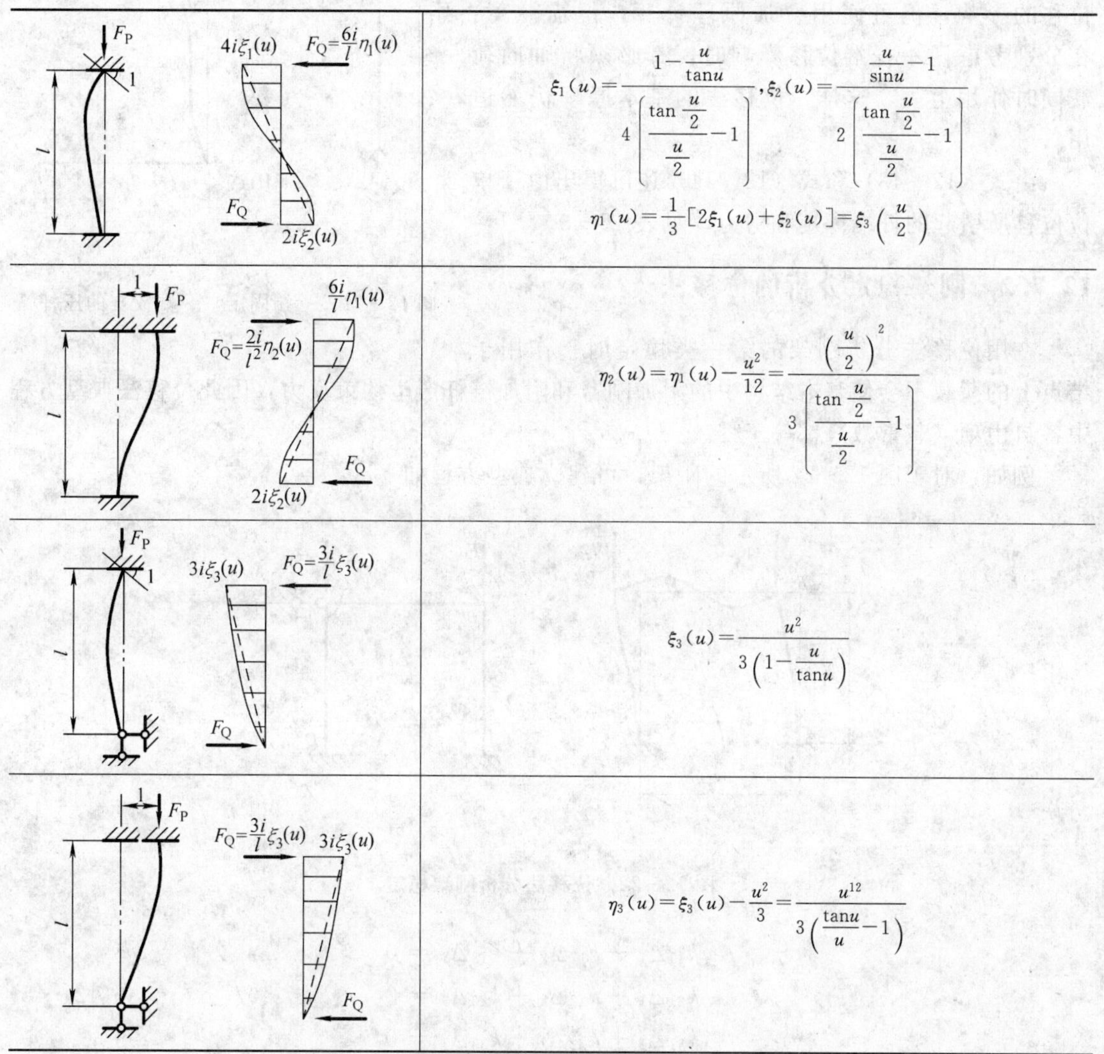

简图	表达式
F_P；1；l；$4i\xi_1(u)$；$F_Q=\frac{6i}{l}\eta_1(u)$；$F_Q$；$2i\xi_2(u)$	$\xi_1(u)=\dfrac{1-\dfrac{u}{\tan u}}{4\left(\dfrac{\tan\frac{u}{2}}{\frac{u}{2}}-1\right)}$，$\xi_2(u)=\dfrac{\dfrac{u}{\sin u}-1}{2\left(\dfrac{\tan\frac{u}{2}}{\frac{u}{2}}-1\right)}$ $\eta_1(u)=\frac{1}{3}[2\xi_1(u)+\xi_2(u)]=\xi_3\left(\frac{u}{2}\right)$
1；F_P；l；$\frac{6i}{l}\eta_1(u)$；$F_Q=\frac{2i}{l^2}\eta_2(u)$；$F_Q$；$2i\xi_2(u)$	$\eta_2(u)=\eta_1(u)-\dfrac{u^2}{12}=\dfrac{\left(\frac{u}{2}\right)^2}{3\left(\dfrac{\tan\frac{u}{2}}{\frac{u}{2}}-1\right)}$
F_P；1；l；$3i\xi_3(u)$；$F_Q=\frac{3i}{l}\xi_3(u)$；F_Q	$\xi_3(u)=\dfrac{u^2}{3\left(1-\dfrac{u}{\tan u}\right)}$
1；F_P；l；$F_Q=\frac{3i}{l}\xi_3(u)$；$3i\xi_3(u)$；F_Q	$\eta_3(u)=\xi_3(u)-\dfrac{u^2}{3}=\dfrac{u^{12}}{3\left(\dfrac{\tan u}{u}-1\right)}$

注：表中 $u=l\sqrt{\dfrac{F_P}{EI}}$，且表中的剪力按实际方向给出。

当 $F_P=0$ 时，式（12 - 43）的各项系数 ξ_1（u）、ξ_2（u）、η_1（u）和 η_2（u）均等于 1，于是，上式就变为普通情况下的转角位移方程。

如果 AB 的 A 端为铰支时，如图 12 - 21 所示，则可利用 $M_{AB}=0$ 的条件将式（12 - 43）中的 θ_A 消去，得到一端固定另一端铰支杆件计及轴力影响的转角位移方程为

$$\left.\begin{aligned} M_{BA} &= 3i\theta_B\xi_3(u)-3i\frac{\Delta}{l}\eta_3(u) \\ F_{QBA} &= -\frac{3i}{l}\theta_B\xi_3(u)+3i\frac{\Delta}{l^2}\eta_3(u) \end{aligned}\right\}\qquad(12-44)$$

式中，ξ_3（u）和 η_3（u）的表达式见表 12 - 3。

由式（12-43）和式（12-44）可以看出，杆端内力虽然不是轴向荷载 F_P 的线性函数，但仍是杆端位移的线性函数。因此，在稳定问题中，对于杆端位移的影响，仍可使用叠加原理计算，但需注意：在分别考虑任一杆端位移影响时，都必须将轴向荷载同时作用上去，这样，位移法的基本原理仍然适用。

由式（12-43）和式（12-44）还可得出由于单位位移所引起的杆端弯矩和剪力，见表 12-3。

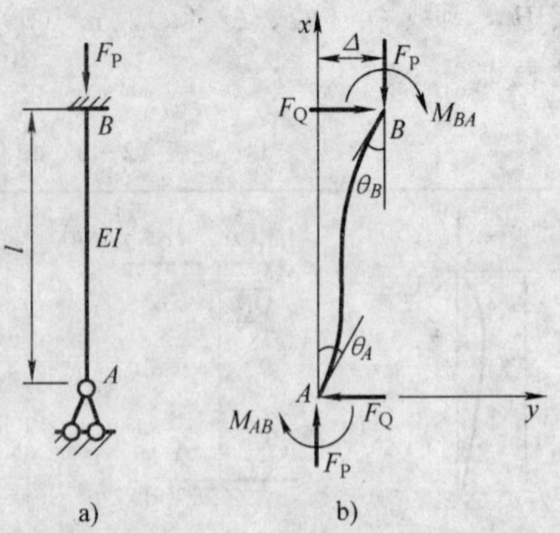

a)　　b)

图 12-21　一端固定，一端铰支的压杆

12.7.2　刚架稳定分析的位移法

在用位移法分析刚架的第一类稳定时，作用于结点上的荷载不会使基本结构中的附加刚臂和附加链杆产生约束反力，因此位移法典型方程中各自由项（载常数）都等于零。

例如，对于图 12-22 所示的刚架，可建立典型方程如下

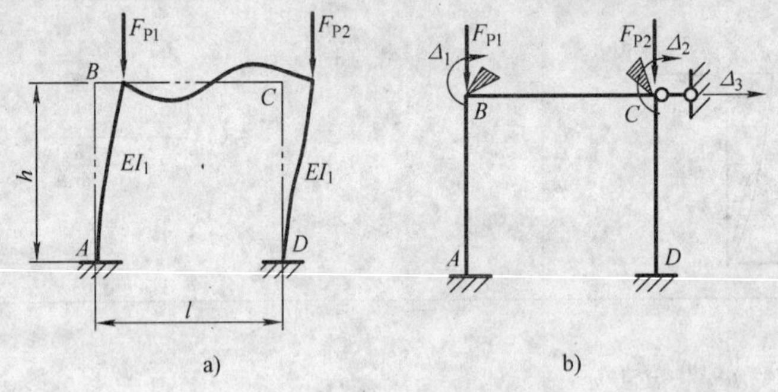

图 12-22　位移法分析刚架稳定

$$\begin{cases} k_{11}\Delta_1 + k_{12}\Delta_2 + k_{13}\Delta_3 = 0 \\ k_{21}\Delta_1 + k_{22}\Delta_2 + k_{23}\Delta_3 = 0 \\ k_{31}\Delta_1 + k_{32}\Delta_2 + k_{33}\Delta_3 = 0 \end{cases} \tag{12-45}$$

式（12-45）是一个齐次线性方程组，其中 Δ_1、Δ_2 和 Δ_3 为结点的位移未知量。各系数 k_{ij}（i，$j=1$，2，3）所表示的物理意义同第 7 章。所不同的是，对于承受轴向压力作用的杆件，转动刚度或侧移刚度按表 12-3 中所列出的相应公式计算求得。

由于稳定方程要求典型方程有不全为零的解答，这就要求其系数行列式等于零，故有稳定方程或特征方程

$$D=\begin{vmatrix} k_{11} & k_{12} & k_{13} \\ k_{21} & k_{22} & k_{23} \\ k_{31} & k_{32} & k_{33} \end{vmatrix}=0$$

展开此行列式并加以解算，即可得临界荷载。

【例 12-4】　试用位移法求图 12-23a 所示的铰接排架的临界荷载。

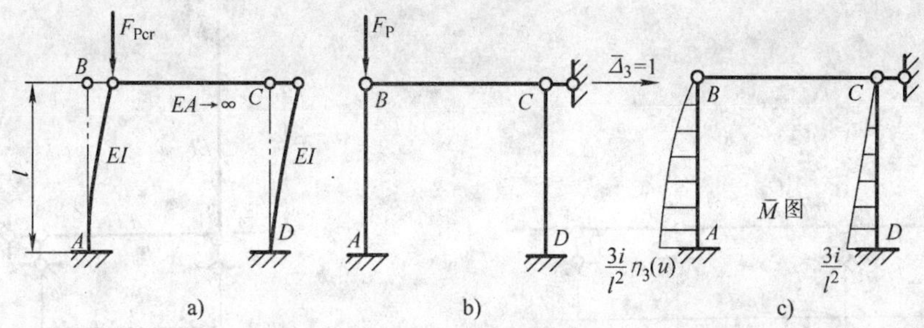

图 12-23 例 12-4 图

解：该结构只有一个独立的结点线位移 Δ_1，基本体系如图 12-23b 所示，相应的稳定方程为

$$D=k_{11}=0$$

利用表 12-3，并注意到柱 AB 有压力作用，其 u 值为 $u=l\sqrt{\frac{F_P}{EI}}$；柱 CD 无压力作用，其 u 值为零，便可画出单位弯矩图，如图 12-23c 所示。

在图 12-23c 中如取横梁 BD 为隔离体，利用平衡条件可得

$$k_{11}=F_{QBA}=F_{QCD}=\frac{3i}{l^2}[1+\eta_3(u)]$$

故稳定方程可写成

$$1+\eta_3(u)=0$$

即

$$\eta_3(u)=-1$$

通过试算，u 值为 2.204。将此值代入式（12-42），就可求得临界荷载为

$$F_{Pcr}=u^2\frac{EI}{l^2}=4.86\frac{EI}{l^2}$$

习 题

12-1 试分别用静力法和能量法求图 12-24 所示结构体系的临界荷载，并绘出相应的失稳形态。

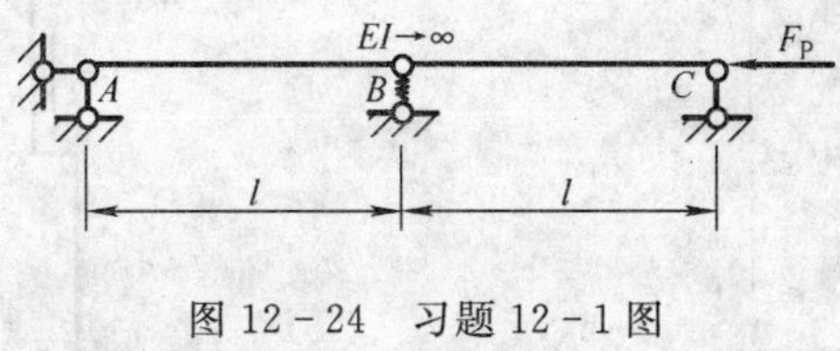

图 12-24 习题 12-1 图

12-2 试用静力法计算图 12-25 所示结构的临界荷载。已知 k_1、k_2 分别为 B、C 支座的刚度（发生单位位移所需的力）。

12-3 试用静力法建立图 12-26 所示结构的稳定方程。

12-4 试用静力法求图 12-27 所示结构的稳定方程及临界荷载。

12-5 试写出图 12-28 桥墩的稳定方程，失稳时基础绕 C 点转动，地基的抗转动刚度为 k。

12-6 试用能量法求图 12-29 阶形柱的临界荷载。假设挠度曲线为 $y=\Delta\left(1-\cos\frac{\pi x}{2l}\right)$

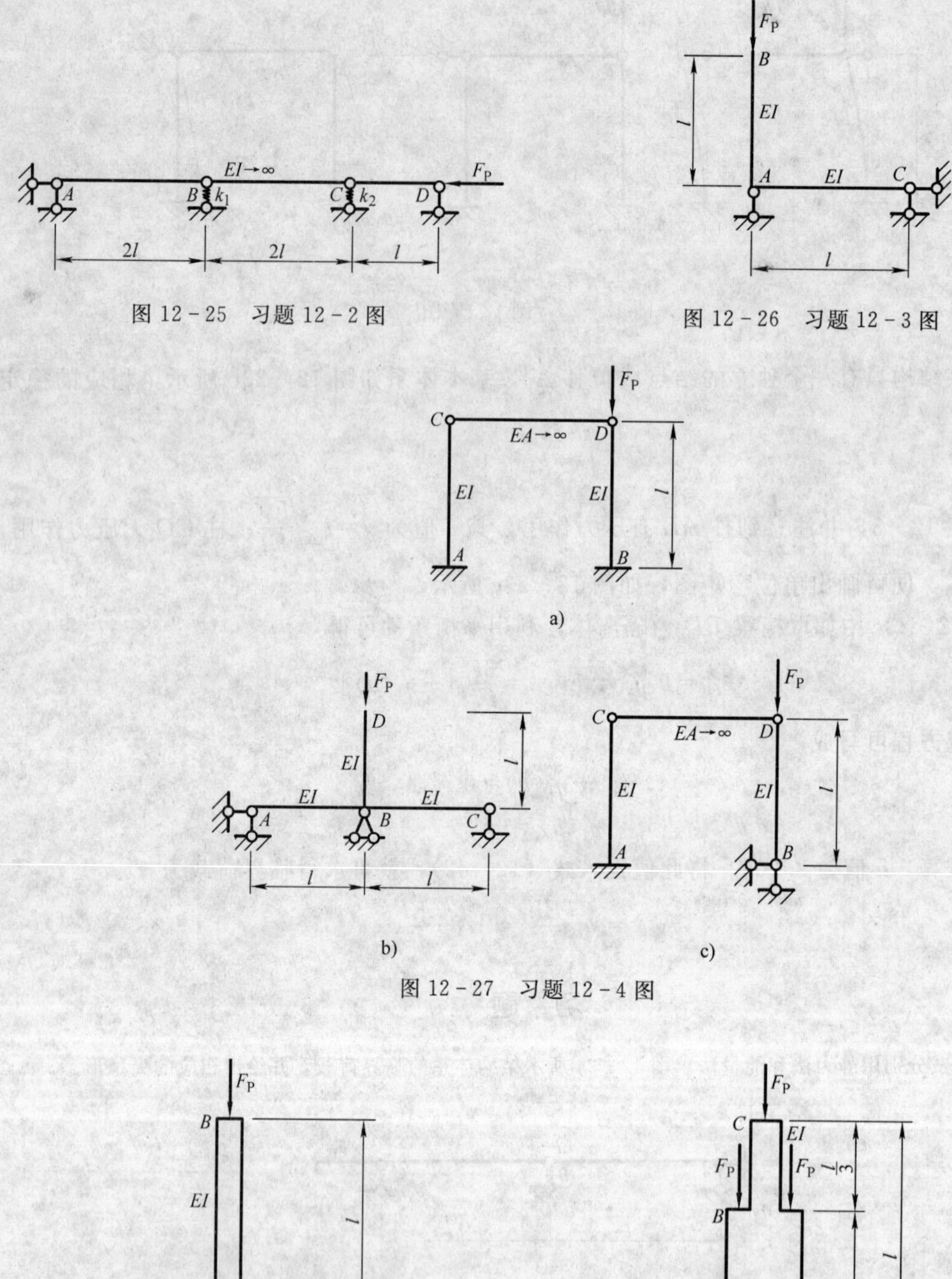

图 12-25　习题 12-2 图

图 12-26　习题 12-3 图

图 12-27　习题 12-4 图

图 12-28　习题 12-5 图

图 12-29　习题 12-6 图

第 13 章　结构的极限荷载

13.1　概述

前面几章主要讨论了结构的弹性计算，本章讨论结构的塑性计算。自 19 世纪中叶以来，人们采用容许应力法来计算结构的强度，实践证明，用这一理论来判断碳素钢的屈服阶段是相当准确的。该方法在计算中假设应力和应变为线性关系，应力为零时应变也为零。这一方法认为结构是由理想弹性材料组成的，故又称为弹性分析法。其强度条件可表示为

$$\sigma_{max} \leqslant [\sigma] = \frac{\sigma_u}{K_s} \tag{13-1}$$

式中，σ_{max} 为结构的实际最大应力；$[\sigma]$ 为材料的容许应力；σ_u 为材料的极限应力，对于脆性材料取 0.8 倍的极限强度 σ_b，对于塑性材料取屈服极限 σ_s；K_s 为安全系数。

容许应力法至今仍在使用，但是它存在一定的缺点。例如，对于理想弹塑性材料的结构，材料某一点的应力达到屈服极限，并不意味着整个结构达到屈服极限，结构仍然可以承载，直至出现足够数量的塑性铰，以至结构变为破坏机构而退出工作。由此可见，按照容许应力法以结构中某一截面某一点的应力达到屈服极限来衡量整个结构的承载力是不经济的。而且安全系数 K 也不能反映整个结构的强度储备。为此，自 19 世纪三四十年代以来，人们又建立了塑性设计方法，该方法不以结构在弹性阶段的最大应力作为结构破坏的标志，而是以结构进入塑性阶段结构变为破坏机构而不能承载时的极限状态作为结构破坏的标志，把极限状态对应的荷载称为极限荷载。与弹性分析法相对应，该方法又称塑性分析法，其强度条件可表示为

$$F_P \leqslant [F_P] = \frac{F_{Pu}}{K} \tag{13-2}$$

式中，F_P 为结构所能承受的实际最大荷载；$[F_P]$ 为结构所容许承担的荷载；F_{Pu}为结构的极限荷载。

由式（13-2）可以看出，利用塑性分析法进行结构设计更加经济，而且安全系数 K 是从整个结构所能承受的荷载来考虑的，故能比较正确地反映整个结构的强度储备。但应当注意：塑性分析法只能反映结构的最后状态，而不能反映结构从弹性阶段到塑性阶段再到极限状态整个过程；同时，安全系数 K 是从整个结构所能承受的荷载来考虑的，因而在实际荷载作用下结构处于什么工作状态是不能确定的。在正常使用极限荷载作用下，大多数结构处于弹性工作状态，因而在此阶段弹性计算也能给出足够准确的结果。

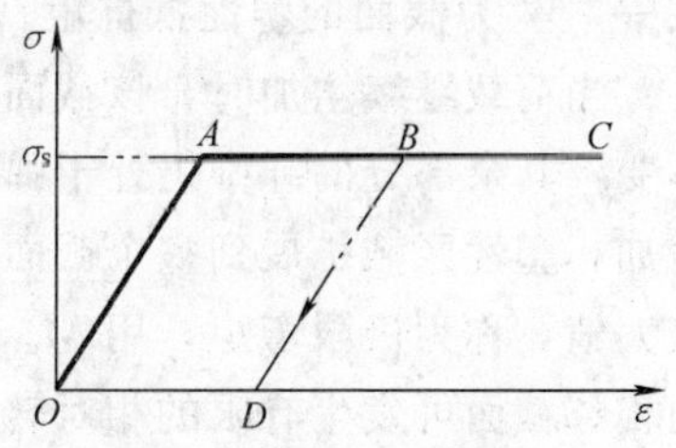

图 13-1　理想弹塑性模型

应用塑性分析法进行进行设计时，必须知道材料进入塑性阶段的工作情况。为了简化计算，对有明显流幅的塑

性材料，一般采用理想弹塑性材料模型，其应力应变关系如图 13－1 所示。

该模型认为，材料在应力达到屈服极限以前是理想弹性体，服从胡克定律；在应力达到屈服极限以后是理想塑性体，其应力保持 σ_s 不变，而应变将无限制地增加，如 AC 所示。当材料达到塑性阶段的某点 B 时，如果卸载，则应力应变将沿着与 OA 平行的直线 BD 下降，应力减至零时，有残余应变 OD，即加载时，材料是弹塑性的；卸载时，材料是弹性的。从图 13－1 还可以看出，在经历塑性变形以后，应力和应变之间不存在单值对应关系，即同一应力值可对应不同应变值，同一应变值可对应不同应力值。

需要强调的是，在结构的塑性分析中，叠加原理不再适用，因此对各种荷载工况都必须单独计算。本章主要讨论荷载一次加于结构，而且各荷载按同一比例增加的情况。

13.2　极限弯矩和塑性铰·破坏结构·静定梁的计算

为了能说明问题，以理想弹塑性材料的简支倒 T 形截面梁为例来说明几个基本概念。

设该 T 形截面梁在对称轴平面内作用着竖向均布荷载。取任一横截面作为研究对象（图 13－2a）。

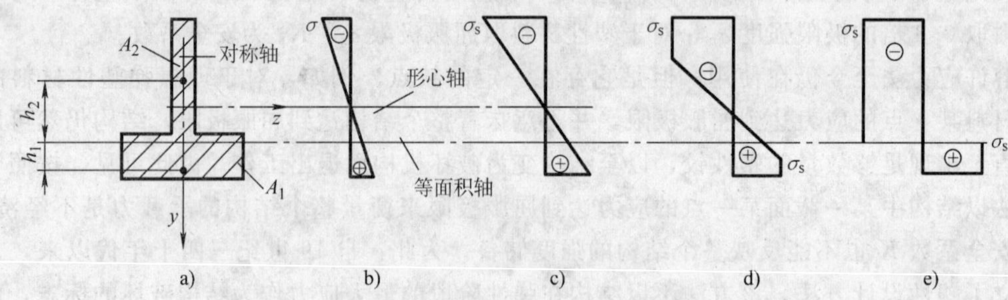

图 13－2　截面正应力变化图

随着荷载的增大，梁经历弹性阶段、弹塑性阶段、塑性阶段。实验表明，无论哪一阶段，平截面假定总是成立的。

当荷载较小时，梁完全处于弹性阶段，截面上任意一点的应力均小于屈服极限，应力与应变成正比，故应力沿截面高度成线性分布（图 13－2b）。通常剪力对梁承载力的影响很小，可忽略不计，故当荷载增大到一定值时，则最外层纤维某点的正应力首先达到屈服极限（图 13－2c），此时该截面的弯矩称为弹性极限弯矩，或称为屈服弯矩，用 M_s 来表示，根据弹性阶段的计算公式

$$M_s=\sigma_s W \tag{13-3}$$

式中，W 为截面的塑性抵抗矩。

当荷载继续增加时，该截面上由外向内将有更多的部分进入屈服阶段，其应力保持 σ_s 不变，其余部分的纤维仍处于弹性阶段（图 13－2d），该部分称为弹性核。随着荷载的继续增加，塑性区域扩展到整个截面，其应力均达到 σ_s（图 13－2e），这时该截面的弯矩达到了最大值，称为极限弯矩，用 M_u 来表示。此时该截面的弯矩不能继续增大，但两个无限靠近的相邻截面可发生有限的相对转角，这与带铰的截面相似，故把弯矩达到极限值时的截面称为塑性铰。与普通铰相比，它具有如下特点：

1）普通铰不能承受弯矩，但塑性铰能够承受弯矩，其值为极限弯矩 M_u。

2）普通铰可以向两个方向自由转动，而塑性铰只能沿弯矩增大的方向发生有限的相对转角，即为单向铰，如果向相反方向变形，则材料恢复其弹性刚度而不再具有铰的性质。

截面的极限弯矩值可由正应力分布图（图 13－2e）来确定。设受拉部分和受压部分的截面面积分别为 A_1、A_2，根据静力平衡条件 $\sum F_z = 0$，有

$$\sigma_s A_1 - \sigma_s A_2 = 0$$

如设 A 为梁截面的面积，则有

$$A_1 = A_2 = \frac{A}{2}$$

上式表明，中和轴为等面积轴。截面上两个大小相等、方向相反的力 $\sigma_s \frac{A}{2}$则组成一力偶，即截面的极限弯矩 M_u 为

$$M_u = \sigma_s A_1 h_1 + \sigma_s A_2 h_2 = \sigma_s (S_1 + S_2)$$

式中，h_1 为 面积 A_1 的形心到等面积轴的距离；h_2 为 面积 A_2 的形心到等面积轴的距离；S_1 为面积 A_1 到该轴的面积矩；S_2为 面积 A_2 到该轴的面积矩。

若设

$$W_s = S_1 + S_2$$

则有

$$M_u = \sigma_s W_s \tag{13-4}$$

式中，W_s 为塑性截面系数。

当截面为矩形时（宽度为 b 高度为 h），有

$$W_s = S_1 + S_2 = 2\,\frac{bh}{2}\,\frac{h}{4} = \frac{bh^2}{4}$$

相应的弹性极限弯矩和弹性截面系数为

$$M_s = \frac{bh^2}{6}\sigma_s, W = \frac{bh^2}{6}$$

可见，对矩形截面梁，有

$$\frac{M_u}{M_s} = 1.5$$

因此，采用塑性计算比弹性计算可提高承载力 50％。

若令

$$\alpha = \frac{M_u}{M_s} = \frac{W_s}{W} \tag{13-5}$$

因 α 只与截面的形状有关，故称为截面形状系数。对于常见的几种截面，α 取值如下：圆形，α=1.7；薄圆管，α=1.27；工字形梁，α=1.07。

以上推导均忽略剪力的影响，一般情况下，剪力的存在对极限弯矩值的降低很小，可忽略不计。

当结构出现足够数量的塑性铰而使结构变为破坏机构时即可变体系时，此时结构不能继续承载，达到了极限状态。

对于静定梁，若出现一个塑性铰以后结构变为瞬变体系，即成为破坏机构。对于等截面

梁，由式（13－4）知，塑性铰首先出现在弯矩绝对值最大的截面处，该处弯矩即为极限弯矩 M_u。根据平衡条件，很容易求得静定梁的极限荷载。

【例 13－1】 试求如图 13－3a 所示静定梁的极限荷载。

解：因为跨中截面弯矩最大，所以该处出现塑性铰以后，梁即成为破坏机构，同时该截面弯矩为极限弯矩 M_u。根据平衡条件作出弯矩图，如图 13－3b 所示，由

$$0.5F_{Pu}l=M_u$$

可得极限荷载为

$$F_{Pu}=\frac{2M_u}{l}$$

对于变截面梁，塑性铰则首先出现在所受弯矩与极限弯矩之比的绝对值最大处，即 $\left|\frac{M}{M_u}\right|_{max}$ 处或 $\left|\frac{M_u}{M}\right|_{min}$ 处。

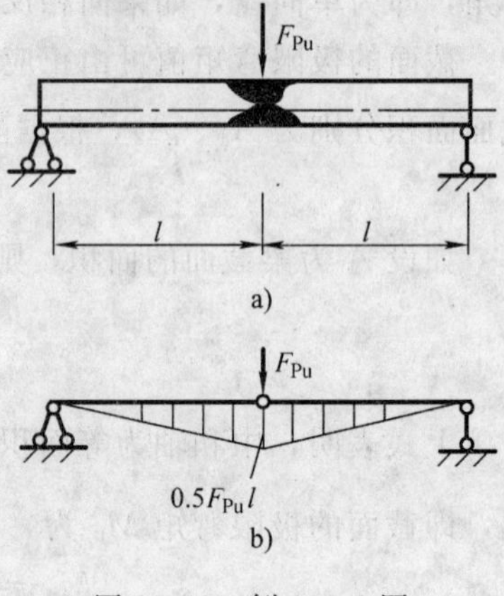

图 13－3　例 13－1 图

13.3　单跨超静定梁的极限荷载

从上一节的讨论可知，对于静定梁，只要其中一个截面出现塑性铰，梁便成为破坏机构，从而丧失了承载力。

对于超静定梁，由于存在多余约束，当出现一个塑性铰以后，梁仍然是几何不变的，还能继续承载。只有出现足够数量的塑性铰而使结构变为破坏机构，也就是变为几何可变体系时，才会丧失承载力而破坏。

下面以一端固定一端简支的等截面梁（图 13－4a）为例，来说明单跨超静定梁极限荷载的计算过程。

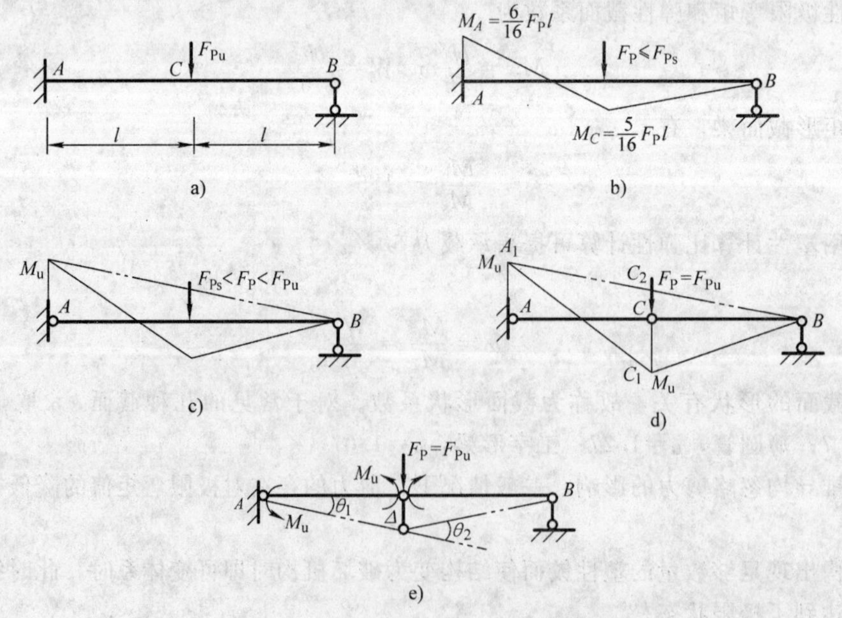

图 13－4　单跨超静定梁的极限荷载

当 $F_P \leqslant F_{Ps}$ 时，梁处于弹性阶段，弯矩图按照求超静定结构的方法进行求解，如图 13-4b所示。由于截面 A 的弯矩最大，当荷载增大到一定值时，截面 A 将首先出现塑性铰。这样梁变为 A 端弯矩为 M_u 的简支梁，其内力可由静力平衡条件求得，如图 13-4c 所示。随着荷载的增大，跨中截面 C 的弯矩也达到极限弯矩 M_u，从而该截面也形成塑性铰。这样，梁变为瞬变体系，结构变为破坏机构，此时的荷载称为极限荷载 F_{Pu}，弯矩图如图 13-4d所示。

极限荷载 F_{Pu} 可根据极限状态的弯矩图，由平衡条件确定。在图 13-4d 中，连接 A_1B，三角形 A_1C_1B 是简支梁在集中荷载作用下的弯矩图，所以 $C_1C_2=\frac{F_{Pu}l}{2}$，另外，由图上可以看出，$CC_2=0.5AA_1=0.5M_u$，所以

$$\frac{F_{Pu}l}{2}-\frac{M_u}{2}=M_u$$

故得

$$F_{Pu}=\frac{3M_u}{l}$$

由上可以看出，极限荷载的计算实际上无需考虑弹塑性变形的发展过程，只需确定结构最后的破坏机构形式，利用平衡条件求极限荷载，此问题已成为静定问题。因此，对于超静定结构，只需使破坏机构中各塑性铰处的弯矩均等于极限弯矩，然后按静力平衡条件作出弯矩图，便可确定极限荷载。这种利用平衡条件确定极限荷载的方法称为静力法。

另一方面，既然计算极限荷载的问题是平衡问题，因此，也可利用可以用虚功原理来求极限荷载，这种方法称为机动法。

如图 13-4e 所示的一种可能位移，设跨中虚位移为 Δ，则 $\theta_1=\frac{\Delta}{l}$，$\theta_2=\frac{2\Delta}{l}$，由变形体的虚功原理，即 $W=W_i$，得

$$F_{Pu}\Delta = M_u\theta_1 + M_u\theta_2$$

由上式同样得

$$F_{Pu} = \frac{3M_u}{l}$$

【例 13-2】 试求图 13-5a 所示等截面梁的极限荷载。

解：该结构是一次超静定结构，故出现两个塑性铰即达到极限状态。由图 13-5b 可以看出，一个塑性铰在最大负弯矩所在的 A 截面上，另一个塑性铰在最大正弯矩处，也就是剪力为零处。设剪力为零处距 B 支座的距离为 x，根据静力平衡条件求解。

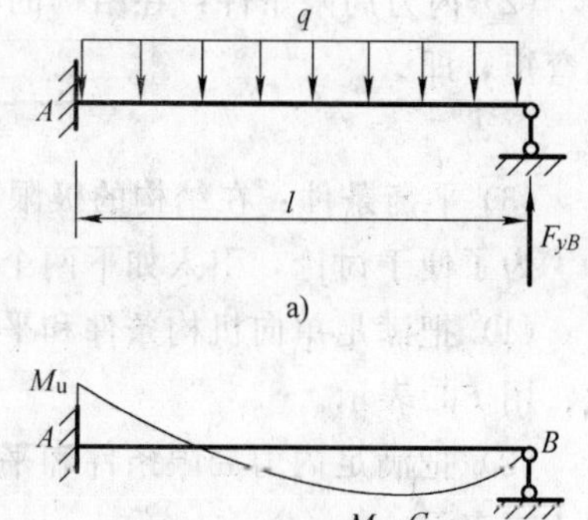

图 13-5 例 13-2图

由 $\sum M_A=0$，得

$$F_{yB} = \frac{1}{2}q_u l - \frac{M_u}{l}$$

又因为弯矩最大处剪力为零，故有

$$F_{QB} = q_u X - F_{yB} = 0$$

将 F_{yB} 代入，有

$$q_u = \frac{M_u}{l\left(\frac{l}{2} - X\right)}$$

荷载达到极限值时，最大正弯矩值也为 M_u，为此，取 CB 段为隔离体，由 $\sum M_B = 0$ 得

$$M_u = \frac{q_u X^2}{2}$$

将 q_u 代入,化简以后,有

$$x^2 + 2lx - l^2 = 0$$

解得 $X = (\sqrt{2} - 1)l$(其中 $X = -(\sqrt{2} + 1)l$ 不合题意应舍去)

所以

$$q_u = (4\sqrt{2} + 6)\frac{M_u}{l^2} = 11.7\frac{M_u}{l^2}$$

13.4 比例加载时有关极限荷载的几个定理

如前所述，当结构和荷载都比较简单时，其破坏机构的形式比较容易确定。但是，当结构和荷载较复杂时，真正的破坏机构形式则很难确定。为了确定复杂荷载和结构情况下的极限荷载，本节主要讨论有关极限荷载比例加载时的几个定理。

比例加载是指作用于结构上的各个荷载增加时，彼此保持固定的比例关系，整个荷载可用一个参数 F_P 来表示，即所有荷载组成一个广义力，且不出现卸载现象。因此，比例加载时，所有荷载都包含一个公共参数 F_P，该参数称为荷载参数。因此，极限荷载的确定问题实质上就是确定荷载参数的问题。

对于本章所讨论的极限荷载问题，假定材料是理想弹塑性的，忽略轴力和剪力的影响，截面的正负极限弯矩相等。

由前面分析可知，结构处于极限状态时，应同时满足如述三个条件：

(1) 单向机构条件：在结构的极限受力状态中，结构必须出现足够数量的塑性铰而成为破坏机构（几何可变体系），结构沿荷载作正功的方向发生单向运动。

(2) 内力局限条件：在结构的极限受力状态中，任一截面的弯矩绝对值都不能超过其极限弯矩，即

$$|M| \leqslant M_u$$

(3) 平衡条件：在结构的极限受力状态中，结构的整体或任一局部都能维持平衡。

为了便于讨论，引入如下两个定义：

(1) 把满足单向机构条件和平衡条件的荷载（不一定满足内力局限条件）称为可破坏荷载，用 F_P^+ 表示。

(2) 把满足内力局限条件和平衡条件的荷载（不一定满足机构条件）称为可接受荷载，用 F_P^- 表示。

由于极限荷载同时须满足上述三个条件，因此极限荷载既是可破坏荷载，又是可接受荷载。

下面给出比例加载时叛定极限荷载的几个定理：

(1) 基本定理　可破坏荷载 F_P^+ 恒不小于可接受荷载 F_P^-，即 $F_P^+ \geqslant F_P^-$。

证明：取任一可破坏荷载 F_P^+，对于相应的单向破坏机构可列出虚功方程，得

$$F_P^+ \Delta = \sum_{i=1}^{n} |M_{ui}||\theta_i| \tag{13-6}$$

式中，n 为塑性铰数目；M_{ui} 为第 i 个塑性铰处的极限弯矩；θ_i 为第 i 个塑性铰处的相对转角。

根据单向机构条件，极限弯矩所做的功恒为正，所以式 13-6 右边取绝对值。

再取任一可接受荷载 F_P^-，相应的弯矩用 M 来表示，同样可列出虚功方程，得

$$F_P^- \Delta = \sum_{i=1}^{n} M_{ui}\theta_i \tag{13-7}$$

根据条件（2），有

$$|M_i^-| \leqslant |M_{ui}|$$

式中，M_i^- 为 M^- 图中对应于上述机构条件状态的第 i 个塑性铰处的弯矩值。

所以

$$\sum_{i=1}^{n} M_i^- \theta_i \leqslant \sum_{i=1}^{n} |M_{ui}||\theta_i|$$

将式（13-6）和式（13-7）代入上式，故得

$$F_P^+ \geqslant F_P^-$$

(2) 唯一性定理　极限荷载值是唯一确定的。

证明：设存在两种极限内力状态，相应的极限荷载分别 F_{Pu1} 和 F_{Pu2}。如把 F_{Pu1} 看做 F_P^+，F_{Pu2} 看做 F_P^-，则有

$$F_{Pu1} \geqslant F_{Pu2}$$

如把 F_{Pu1} 看做 F_P^-，F_{Pu2} 看做 F_P^+，则有

$$F_{Pu1} \leqslant F_{Pu2}$$

所以

$$F_{Pu1} = F_{Pu2}$$

这就证明了极限荷载值的唯一性。

应当指出，同一结构在同一荷载参数 F_P 的作用下，其极限内力状态并不唯一，但极限荷载值是唯一的。

(3) 上限定理（或称为极小定理）　极限荷载是可破坏荷载中的极小者。

证明：因为极限荷载 $F_{Pu} \in F_P^-$，故由基本定理得

$$F_{Pu} \leqslant F_P^+$$

(4) 下限定理（或称为极大定理）　极限荷载是可接受荷载中的极大者。

证明：因为极限荷载 $F_{Pu} \in F_P^+$，故由基本定理得

$$F_{Pu} \geqslant F_P^-$$

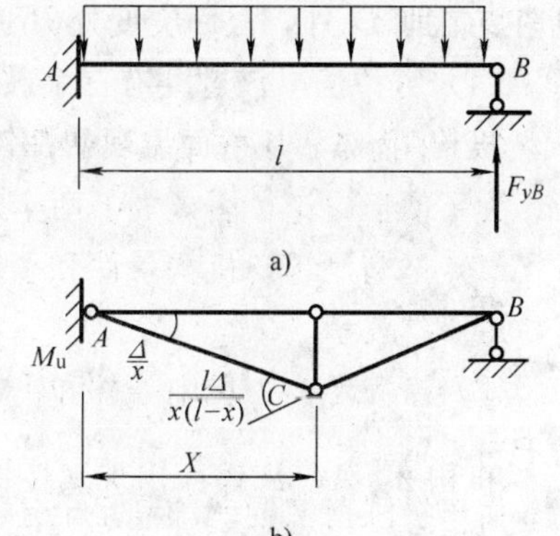

图 13-6　例 13-3 图

【例 13-3】　试求如图 13-6a 所示等截面梁的极限荷载 q_u。

解：该结构是一次超静定结构，故出现两个塑性铰即达到极限状态。由例 13-2 知，一个塑性铰在最大负弯矩所在的 A 截面上，另一个塑性铰在最大正弯矩处，但其截面位置 C 有待确定。设截面 C 距 A 支座的距离为 x，并设此破坏机构相应的可破坏荷载 q^+，由虚功方程得

$$q^+ \frac{l\Delta}{2} = M_u\left(\frac{\Delta}{x} + \frac{l\Delta}{x(l-x)}\right)$$

所以

$$q^+ = \frac{2l-x}{x(l-x)} \frac{2M_u}{l}$$

为了求 q^+ 的极小值，令 $\frac{dq^+}{dx}=0$，得

$$x^2-4lx+2l^2=0$$

解得 $x=(2-\sqrt{2})l$（其中 $x=(\sqrt{2}+2)l$ 不合题意应舍去）

所以 $$q_u = \frac{2\sqrt{2}}{3\sqrt{2}-4} \frac{M_u}{l^2} = 11.7\frac{M_u}{l^2}$$

13.5 计算极限荷载的穷举法和试算法

根据上限定理和下限定理。一方面可用来得出极限荷载的近似解，并给出精确解的上下限范围；但另一方面也可用来寻求极限荷载的精确解。例如，在完备地列出结构的各种可能的破坏机构以后，由平衡条件或虚功原理求出相应的可破坏荷载，从各种可破坏荷载中取出最小值便得到极限荷载的精确解。这种方法称为穷举法，也称为机动法或机构法。

唯一性定理可配合试算法来求极限荷载，任选一种破坏机构，由平衡条件或虚功原理求出相应的可破坏荷载，然后验算该荷载是否也是可接受荷载。若同时满足平衡条件、单向机构条件和内力局限条件，则根据唯一性定理，该荷载即为极限荷载。把这种方法称为试算法。

下面结合例题来说明穷举法和试算法。

【例 13-4】 试求图 13-7a 所示变截面梁的极限荷载。

解：该梁出现两个塑性铰便成为破坏机构。除最大负弯矩所在的截面 A 和最大正弯矩所在的截面 D 外，截面突变处 B 也可能出现塑性铰。

(1) 穷举法　该题共有三个破坏机构。

机构 1：A、B 截面出现塑性铰（图 13-7b），由虚功原理得

$$F_P\Delta = 3M_u \times \frac{2\Delta}{l} + M_u \times \frac{3\Delta}{l}$$

得

$$F_P = \frac{9M_u}{l}$$

机构 2：A、D 截面出现塑性铰（图 13-7c），由虚功原理得

$$F_P\Delta = 3M_u \times \frac{\Delta}{2l} + M_u \frac{3\Delta}{2l}$$

得

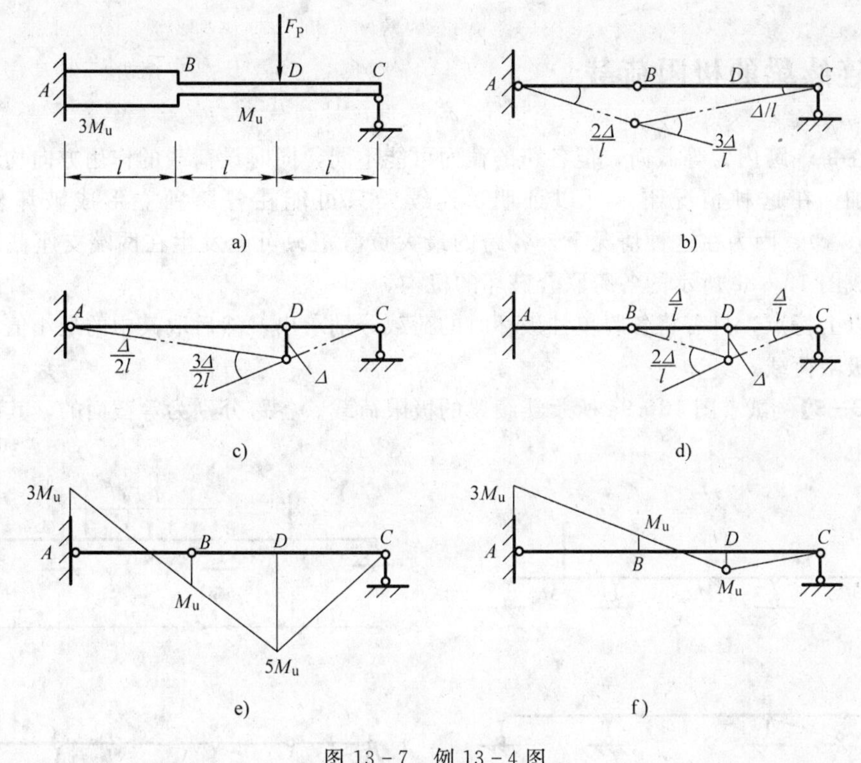

图 13－7　例 13－4 图

$$F_P = \frac{3M_u}{l}$$

机构 3：B、D 截面出现塑性铰（图 13－7d），由虚功原理得

$$F_P\Delta = M_u \times \frac{\Delta}{l} + M_u\,\frac{2\Delta}{l}$$

得

$$F_P = \frac{3M_u}{l}$$

选最小值得

$$F_P = \frac{3M_u}{l}$$

故实际的破坏机构为 2 或 3。

（2）试算法　选机构 1（图 13－7b），可求得其相应的荷载为 $F_P = \frac{9M_u}{l}$（计算步骤同上）。由塑性铰 A 处的弯矩为 $3M_u$（上边受拉），塑性铰 B 处的弯矩为 M_u（下边受拉），铰 C 处的弯矩为零，绘出弯矩图（图 13－7e）。由图看出，截面 D 的弯矩为 $5M_u$，超过其极限弯矩 M_u。因此该机构不是极限状态。

选机构 2（图 13－7c），同样可求得其相应荷载为 $F_P = \frac{3M_u}{l}$，同理可绘出其弯矩图（图 13－7f）。由图看出，所有截面的弯矩均未超过其极限弯矩。因此该机构是极限状态，此时的荷载为可接受荷载，因而是极限荷载

13.6 连续梁的极限荷载

设梁在每一跨内为等截面，但各跨的截面可能不同，同时设荷载的作用方向均相同，并按比例增加。在这种情况下，可以证明，连续梁只可能在各跨独立形成破坏机构（图 13-8a、b、c）。因为在这种情况下，各跨的最大负弯矩只可能发生在两端支座截面处，而不可能形成图 13-8e 所示的各跨联合破坏的机构。

根据以上特点，只需将各跨单独破坏时的荷载分别求出，然后取其中的最小值，便得到连续梁的极限荷载。

【例 13-5】 试求图 13-9a 所示连续梁的极限荷载。各跨分别为等截面的，其极限弯矩已标与图上。

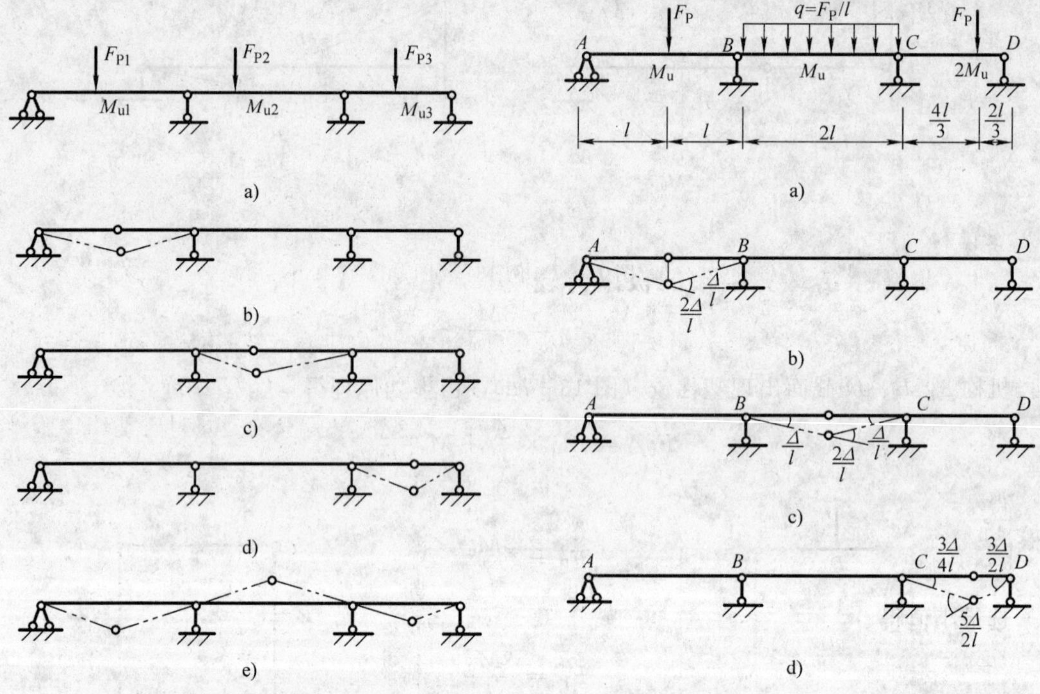

图 13-8 连续梁的极限荷载　　　　图 13-9 例 13-5 图

解：该梁可出现三个破坏机构。

第一跨破坏机构（图 13-9b），由虚功原理得

$$F_P\Delta = M_u\frac{2\Delta}{l} + M_u\frac{\Delta}{l}$$

所以

$$F_P = \frac{3M_u}{l}$$

第二跨破坏机构（图 13-9c），由对称性知，最大正弯矩塑性铰出现在跨中。由虚功原理得

$$\frac{F_P}{l}\ \frac{1}{2}2l\Delta = M_u\frac{2\Delta}{l} + 2M_u\frac{\Delta}{l}$$

所以
$$F_P = \frac{4M_u}{l}$$

第三跨破坏机构（图 13-9d），注意到 C 支座处截面有突变，极限弯矩应取其两侧的较小值。由虚功原理得

$$F_P\Delta = M_u\frac{3\Delta}{4l} + 2M_u\frac{3\Delta}{2l}$$

所以
$$F_P = \frac{15M_u}{4l}$$

比较以上结果，可知第一跨首先破坏，极限荷载为

$$F_P = \frac{3M_u}{l}$$

13.7 刚架的极限荷载

前面利用穷举法和试算法对连续梁的极限荷载进行了讨论，本节来讨论刚架的极限荷载。在讨论之前，作如下假设：

1）忽略剪力和轴力的影响。

2）每个杆件的极限弯矩为常数，各杆件的极限弯矩可不同。

13.7.1 用穷举法计算刚架的极限荷载

同连续梁的极限荷载一样，计算刚架的极限荷载时，首先应确定破坏机构的可能形式。如图 13-10a 所示，由弯矩图可知，塑性铰只可能出现在截面 A、B、C（下侧）、D（下侧）、E（下侧）等五个截面。但由于刚架为三次超静定结构，故破坏机构只能是同时出现四个塑性铰（常变体系）或三铰成一直线（瞬变体系）的情况。为此，可一一列出各种破坏机构。

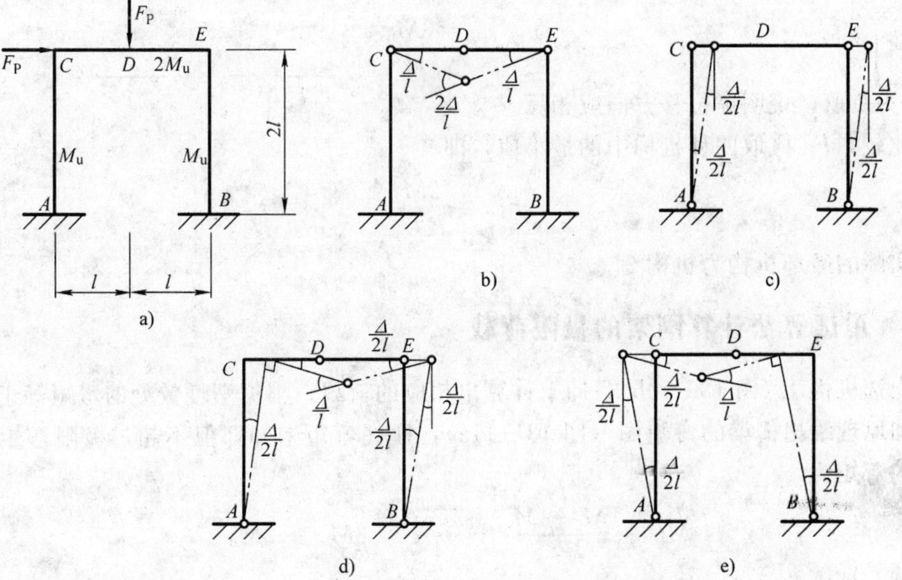

图 13-10 极限荷载穷举法计算示例

机构 1（图 13 - 10b）：横梁上出现三个塑性铰而成为几何可变体系。由于其他部分仍是几何不变的，故又称为梁机构。设竖向荷载 F_P 方向的位移为 Δ，根据虚功原理有

$$F_P \times \Delta = M_u \times \frac{\Delta}{l} + M_u \times \frac{\Delta}{l} + 2M_u \times \frac{2\Delta}{l}$$

得
$$F_P = \frac{6M_u}{l}$$

机构 2（图 13 - 10c）：在 A、B、C、E 处出现四个塑性铰而成为几何可变体系。由于各杆仍为直线，整个刚架发生侧移，故又称为侧移机构。设水平荷载 F_P 方向的位移为 Δ，根据虚功原理有

$$F_P \times \Delta = M_u \times \frac{\Delta}{2l} + M_u \times \frac{\Delta}{2l} + M_u \times \frac{\Delta}{2l} + M_u \times \frac{\Delta}{2l}$$

得
$$F_P = \frac{2M_u}{l}$$

机构 3（图 13 - 10d）：在 A、B、D、E 处出现四个塑性铰而成为几何可变体系。由于刚架发生侧移，横梁发生转折，故又称为联合机构。设水平荷载 F_P 方向的位移为 Δ，根据虚功原理有

$$F_P \times \Delta + F_P \times \frac{\Delta}{2} = M_u \times \frac{\Delta}{2l} + M_u \times \frac{\Delta}{2l} + M_u \times 2\,\frac{\Delta}{2l} + 2M_u \times \frac{\Delta}{l}$$

得
$$F_P = \frac{8M_u}{3l}$$

机构 4（图 13 - 10e）：在 A、B、C、D 处出现四个塑性铰而成为几何可变体系。由于刚架和横梁的变位同机构 3，故也称为联合机构。设水平荷载 F_P 方向的位移为 Δ，根据虚功原理有

$$-F_P \times \Delta + F_P \times \frac{\Delta}{2} = M_u \times \frac{\Delta}{2l} + M_u \times \frac{\Delta}{2l} + M_u \times 2\,\frac{\Delta}{2l} + 2M_u \times \frac{\Delta}{l}$$

得
$$F_P = -\frac{8M_u}{l}$$

F_P 为负值，说明虚位移方向应相反。

经比较，F_P 应取四种机构中的最小值，即

$$F_{Pu} = \frac{2M_u}{l}$$

故实际的破坏机构为机构 2。

13.7.2 用试算法计算刚架的极限荷载

首先选机构 1（图 13 - 10b），同上计算出相应的荷载。根据塑性铰处的弯矩等于极限弯矩及叠加原理绘出横梁的弯矩图（图 13 - 11a），柱底弯矩未知，但不超过极限弯矩，可知 D 截面的弯矩为

$$M_D = \frac{M_u - M_u}{2} + \frac{2F_P l}{4} = 3M_u > 2M_u$$

由此可见，机构 1 不满足内力局限条件，荷载是不可接受的。

首先选机构 2（图 13 - 10c），同上计算出相应的荷载。由于立柱上无节间荷载，故可先

画出两立柱的弯矩图；再根据叠加原理绘出横梁的弯矩图（图 13－11b），可知 D 截面的弯矩为

$$M_D=\frac{M_u-M_u}{2}+\frac{2F_Pl}{4}=M_u<2M_u$$

由此可见，机构 2 满足内力局限条件，故机构为极限状态，其极限荷载为

$$F_P=\frac{2M_u}{l}$$

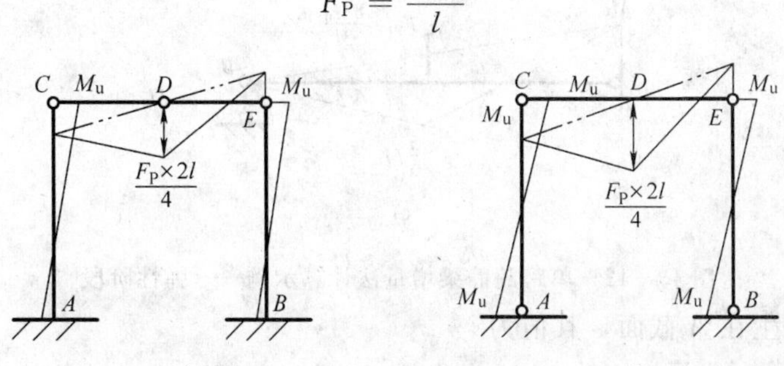

图 13－11　极限荷载试算法计算示例

13.7.3　用增量法计算刚架的极限荷载的概念

穷举法和试算法适用于计算一些简单刚架，但当可能出现的塑性铰较多时，上述方法已显得无能为力。下面介绍一种以矩位移法为基础的、适用于计算机求解的方法——增量法，也称为变刚度法。

1. 基本思路

1）把总的荷载参数分为几个荷载增量段，故称为增量法，即以新的塑性铰的出现为标志，把加载的全过程分为几个阶段：弹性阶段、一个塑性铰阶段、两个塑性铰阶段、三个塑性铰阶段等，直至结构的极限状态。对每一阶段，可算出相应的内力和位移增量，累加后便得到总的内力和位移。

2）对于每个荷载增量段，仍按弹性方法计算，但对不同阶段要采用不同的刚度矩阵，故又称为变刚度法，即在每个荷载增量段，由于没有新的塑性铰出现，故除原有的几个塑性铰截面以外，结构的其余部分仍是弹性的；当由前一阶段转到另一阶段时，由于出现了新的塑性铰，结构就变为具有新的铰结点的弹性结构，这时，由于结构的刚度发生了变化，因而要对刚度矩阵进行修正。

总之，增量法就是把原来的非线性问题转化为几个线性问题进行讨论。下面以单跨超静定梁为例来说明增量法的基本思路。

1）弹性阶段——从荷载为到第一个塑性铰出现前。由 $\overline{M_1}$ 图知（图 13－12b），A 端截面和 B 端截面为控制截面，其单位弯矩矢量为

$$\overline{M_1^{\mathrm{T}}}=\begin{pmatrix}\frac{6}{16}l & \frac{5}{16}l\end{pmatrix}$$

控制截面的极限弯矩和单位弯矩的比值为

$$\left[\frac{M_u}{\overline{M_1}}\right]^{\mathrm{T}}=\begin{pmatrix}\frac{16}{6l}M_u & \frac{16}{5l}M_u\end{pmatrix}$$

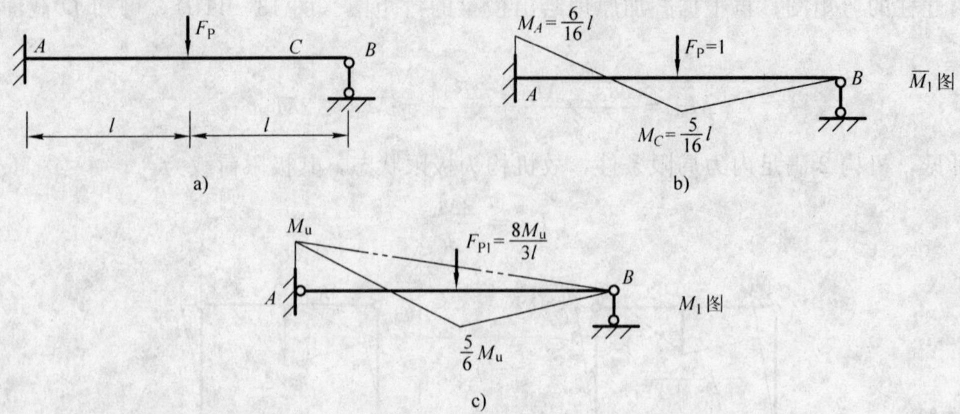

图 13-12　单跨超静梁增量法计算示例——弹性阶段

其中，最小比值发生在 A 截面，其值为

$$\left[\frac{M_u}{\overline{M}_1}\right]_{min}=\left(\frac{16M_u}{6l}\right)$$

将上式用 F_{P1} 来表示，即将荷载增大到

$$F_P=F_{P1}=\frac{8M_u}{3l}$$

时，梁的弯矩为

$$M_1=F_{P1}\overline{M_1}$$

M_1 图如图 13-12c 所示，相应的弯矩矢量 M_1 为

$$M_1^T=F_{P1}\overline{M}_1^T=\left(M_u\quad \frac{5}{6}M_u\right)$$

可以看出，当荷载由 $F_P=F_{P1}$ 时，在截面 A 出现第一个塑性铰，这意味着弹性阶段宣告结束。

2）弹塑性阶段——从形成第一个塑性铰到结构变为机构前。从第一个塑性铰出现以后到第二个塑性出现前为第一塑性铰阶段。在这一阶段，截面 A 变为单向铰结点，因而结构变为简支梁，如图 13-13a 所示。为了确定第二个塑性铰的位置，先作简支在单位荷载作用下的弯矩图（图 13-13a），由图可以看出，第二个塑性铰应出现在截面 C。

欲出现第二个塑性铰，所需的荷载增量为

$$\Delta F_{P2}=\left[\frac{M_u-M_1}{\overline{M_2}}\right]_C$$

式中，分子表示截面 B 的极限弯矩与弹性阶段终结时弯矩的差值；分母表示简支梁在单位荷载作用下截面 B 的弯矩。所以

$$\Delta F_{P2}=\frac{M_u-\frac{5}{6}M_u}{\frac{l}{4}}=\frac{2M_u}{3l}$$

由荷载增量所引起的弯矩增量为

$$\Delta M_2=\overline{M}_2(\Delta F_{P2})=\frac{2M_u}{3l}\overline{M_2}$$

ΔM_2 如图 13－13b 所示。

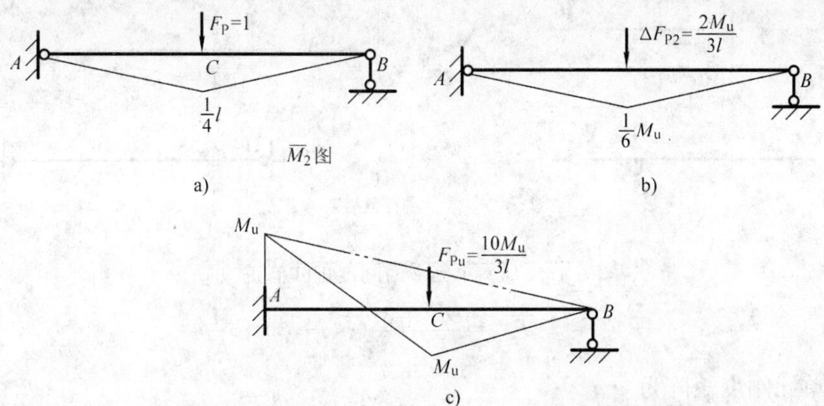

图 13－13　单跨超静定梁增量法示例——弹塑性阶段

3）极限状态 —— 结构变为机构。将前面两个阶段的弯矩累加，可知极限状态的弯矩为

$$M = M_1 + \Delta M_2$$

其弯矩图如图 13－13 所示。

相应的极限荷载为

$$F_{Pu} = F_{P1} + \Delta F_{P2} = \frac{2M_u}{3l} + \frac{8M_u}{3l} = \frac{10M_u}{3l}$$

2. 单元刚度矩阵修正

伴随着新的塑性铰的出现，相当于结构中部分刚结点变为铰结点，因此，要对部分单元的杆端项进行修正。

当单元两端为刚结点时，由 8.2 节知，单元刚度矩阵为

$$\overline{K}^e = \begin{bmatrix} \frac{EA}{l} & 0 & 0 & -\frac{EA}{l} & 0 & 0 \\ 0 & \frac{12i}{l^2} & \frac{6i}{l} & 0 & -\frac{12i}{l^2} & \frac{6i}{l} \\ 0 & \frac{6i}{l} & 4i & 0 & -\frac{6i}{l} & 2i \\ -\frac{EA}{l} & 0 & 0 & \frac{EA}{l} & 0 & 0 \\ 0 & -\frac{12i}{l^2} & -\frac{6i}{l} & 0 & \frac{12i}{l^2} & -\frac{6i}{l} \\ 0 & \frac{6i}{l} & 2i & 0 & -\frac{6i}{l} & 4i \end{bmatrix}$$

当结构中出现塑性铰时，参照第 9 章的内容，同样可推导出相应的单元刚度矩阵。

1）当 $\overline{1}$ 端出现塑性铰时（图 13－14b）。

$$\overline{M}_{\overline{1}}^e = 0$$

$$\overline{M}_{\overline{2}}^e = \frac{3i}{l}(\overline{v}_1^e - \overline{v}_2^e) + 3i\,\overline{\theta}_2^e$$

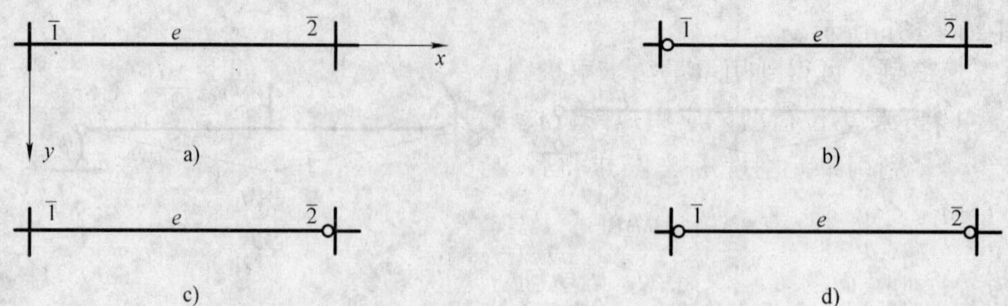

图 13-14　单元 e 的刚度矩阵修正

$$-\overline{F}^{e}_{y_1}=-\overline{F}^{e}_{y_2}=\frac{M_2}{l}=\frac{3i}{l^2}(\overline{v}^{e}_1-\overline{v}^{e}_2)+\frac{3i}{l}\overline{\theta}^{e}_2$$

因此，单元刚度矩阵为

$$\overline{k}^{e}_{\bar{1}}=\begin{bmatrix}\frac{EA}{l} & 0 & 0 & -\frac{EA}{l} & 0 & 0\\ 0 & \frac{3i}{l^2} & 0 & 0 & -\frac{3i}{l^2} & \frac{3i}{l}\\ 0 & 0 & 0 & 0 & 0 & 0\\ -\frac{EA}{l} & 0 & 0 & \frac{EA}{l} & 0 & 0\\ 0 & -\frac{3i}{l^2} & 0 & 0 & \frac{3i}{l^2} & -\frac{3i}{l}\\ 0 & \frac{3i}{l} & 0 & 0 & -\frac{3i}{l} & 3i\end{bmatrix} \tag{13-8}$$

角标 $\bar{1}$ 表示在该端铰结。

2）当 $\bar{2}$ 端出现塑性铰时（图 13-14c）。同上，可得到单元刚度矩阵为

$$\overline{k}^{e}_{\bar{2}}=\begin{bmatrix}\frac{EA}{l} & 0 & 0 & -\frac{EA}{l} & 0 & 0\\ 0 & \frac{3i}{l^2} & \frac{3i}{l} & 0 & -\frac{3i}{l^2} & 0\\ 0 & \frac{3i}{l} & 3i & 0 & -\frac{3i}{l} & 0\\ -\frac{EA}{l} & 0 & 0 & \frac{EA}{l} & 0 & 0\\ 0 & -\frac{3i}{l^2} & -\frac{3i}{l} & 0 & \frac{3i}{l^2} & 0\\ 0 & 0 & 0 & 0 & 0 & 0\end{bmatrix} \tag{13-9}$$

3）当 $\bar{1}$ 和 $\bar{2}$ 端同时出现塑性铰时（图 13-14d），单元刚度矩阵为

$$\overline{k}^{e}_{\bar{1}\bar{2}}=\begin{bmatrix}\frac{EA}{l} & 0 & 0 & -\frac{EA}{l} & 0 & 0\\ 0 & 0 & 0 & 0 & 0 & 0\\ 0 & 0 & 0 & 0 & 0 & 0\\ -\frac{EA}{l} & 0 & 0 & \frac{EA}{l} & 0 & 0\\ 0 & 0 & 0 & 0 & 0 & 0\\ 0 & 0 & 0 & 0 & 0 & 0\end{bmatrix} \tag{13-10}$$

3. 计算步骤

通过以上简例，可得到用增量法求解极限荷载的步骤，具体如下：

1）设刚架承受单位荷载，应用矩阵位移法进行弹性求解，利用整体刚度矩阵 K 求得刚架的结点位移；利用单元刚度矩阵 $\overline{k}^e$ 求得各单元的杆端内力，则各控制截面的弯矩组成单位弯矩矢量$\overline{M}_1$。

2）将各控制截面的极限弯矩 M_u 与单位弯矩$\overline{M}_1$相比，得出矢量$\left[\dfrac{M_u}{\overline{M}_1}\right]$，其中最小的元素即为弹性阶段结束时的 F_{P1}，相应各控制截面的弯矩为

$$M_1 = F_{P1}\,\overline{M}_1$$

这时，第一个塑性铰出现在单元 e_1 的$\overline{i}_1$（$\overline{i}_1=\overline{1}$，$\overline{2}$）。第一阶段结束。

3）将第一个塑性铰处改为铰结，结构变为 $n-1$ 次超静定结构。重复步骤 1)，并注意按照式（13-6）或式（13-7）修改单元刚度矩阵，修改后的单元刚度矩阵称为 $\overline{k}^{e_1}_{\overline{i}_1}$。同时整体刚度矩阵修改为 K_2。

4）检验总刚是否为奇异矩阵，如果 $|K_2|\neq 0$，则表明结构尚未达到极限状态，还能继续承载。令出现塑性铰后的结构承受单位荷载，利用矩阵整体刚度 K_2 可求出刚架的结点位移；利用修改后的单元刚度矩阵 $\overline{k}^{e_1}_{\overline{i}_1}$ 求出各单元的杆端内力。最后各控制截面的弯矩组成新的单位弯矩矢量$\overline{M}_2$。

5）将各控制截面的弯矩差值（M_u-M_1）与单位弯矩$\overline{M}_2$相比，得到矢量$\left[\dfrac{M_u-M_1}{\overline{M}_2}\right]$，取其中最小的元素为第二阶段的荷载增量 ΔF_{P2}，即

$$\Delta F_{P2} = \left[\frac{M_u - M_1}{\overline{M}_2}\right]_{\min}$$

在荷载增量 ΔF_{P2} 作用下各控制截面的弯矩增量为

$$\Delta M_2 = \Delta F_{P2}\,\overline{M}_2$$

荷载和弯矩的累加值为

$$F_{P2} = F_{P1} + \Delta F_{P2}$$

$$M_2 = M_1 + \Delta M_2 = F_{P1}\,\overline{M}_1 + \Delta F_{P2}\,\overline{M}_2$$

这时，第二个塑性铰出现在单元 e_2 的 $\overline{i}_2$ 端，第二阶段结束。

6）重复 3)、4)、5)，若到第 n 个阶段，总刚变为奇异矩阵，则结构变为破坏机构，那么，第 $n-1$ 阶段的荷载累计值 F_{Pn-1} 即为极限荷载。

需要强调的是：以上各阶段都应计算各塑性铰处的相对转角，若发生相反方向的变形，则应恢复为刚结重算。

习　题

13-1　设材料的屈服极限为 σ_s，试求图 13-15 所示截面的极限弯矩值。

13-2　试求图 13-16 所示各等截面梁的极限荷载。

13-3　试求图 13-17 所示各等截面梁的极限荷载。

13-4　试求图 13-18 所示变截面梁的极限荷载及相应的破坏机构。

13-5　试求图 13-19 所示连续梁的极限荷载，M_u 为常数。

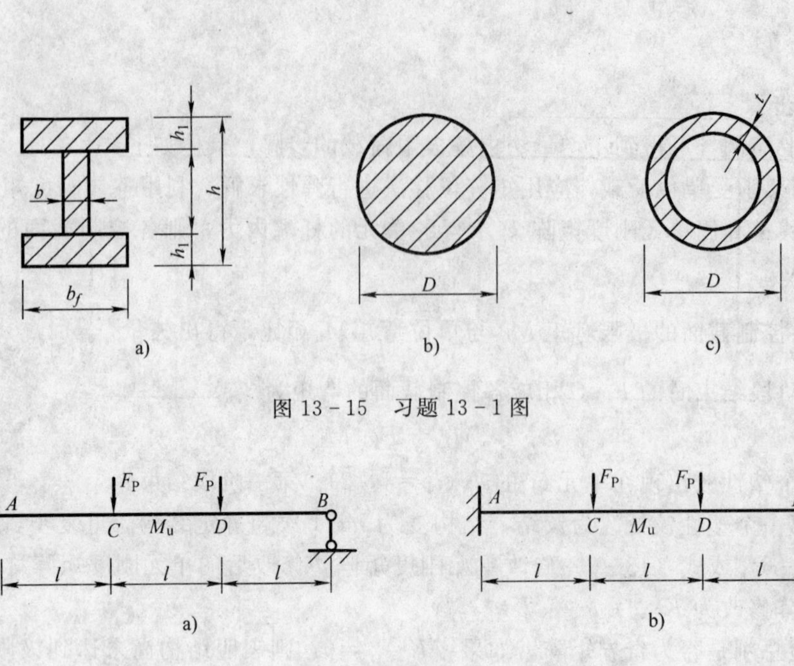

图 13-15　习题 13-1 图

图 13-16　习题 13-2 图

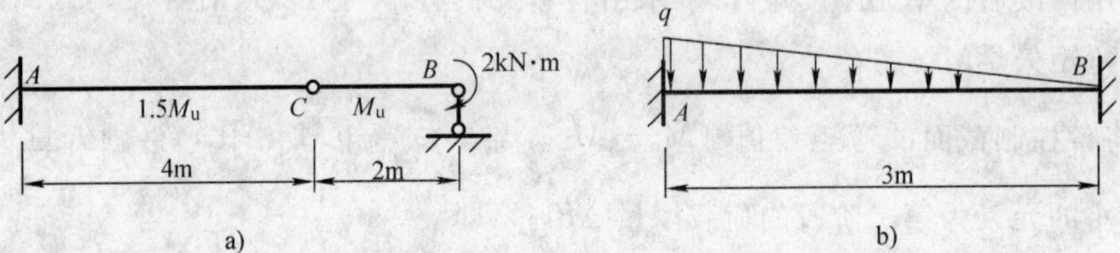

图 13-17　习题 13-3 图

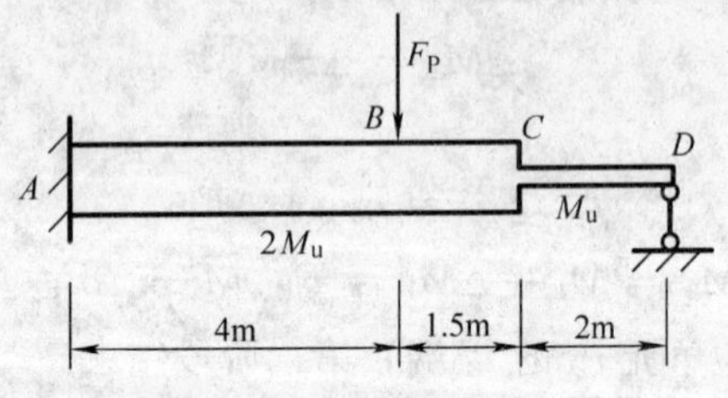

图 13-18　习题 13-4 图

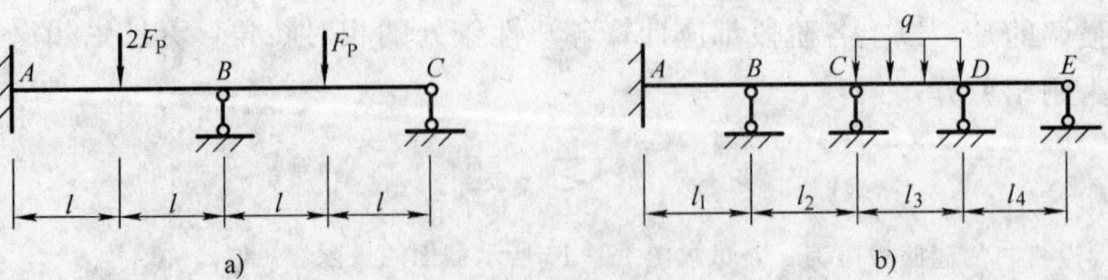

图 13-19　习题 13-5 图

13-6　试求图 13-20 所示连续梁的极限荷载，M_u 为常数。

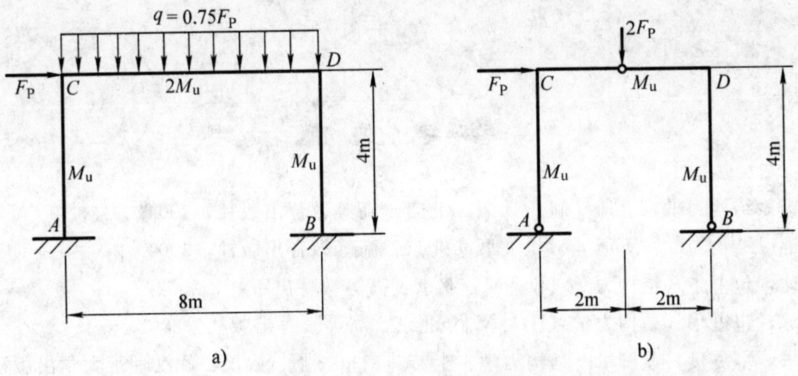

图 13-20 习题 13-6 图

参考文献

[1] 李廉锟．结构力学：上册［M］．4版．北京：高等教育出版社，2004.

[2] 李廉锟．结构力学：下册［M］．4版．北京：高等教育出版社，2004.

[3] 龙驭球，包世华．结构力学（I）［M］北京：高等教育出版社，2002.

[4] 龙驭球，包世华．结构力学（II）［M］．北京：高等教育出版社，2002.

[5] 包世华，辛克贵，燕柳斌．结构力学：上册［M］．2版．武汉：武汉理工大学出版社，2006.

[6] 包世华，辛克贵，燕柳斌．结构力学：下册［M］．2版．武汉：武汉理工大学出版社，2006.

[7] 袁驷．从矩阵位移法看有限元应力精度的损失与恢复［J］．力学与实践，1998，20（4）：1-6.

[8] 张延庆，樊友景，刘署光，等．结构力学：上册［M］．北京：科学出版社，2006.

[9] 张延庆，樊友景，刘署光，等．结构力学：下册［M］．北京：科学出版社，2006.

[10] 杨国义，安英浩，程选生，等．结构力学［M］．北京：中国计量出版社，2007.

[11] 朱慈勉．结构力学：上册［M］．北京：高等教育出版社，2004.

[12] 朱慈勉．结构力学：下册［M］．北京：高等教育出版社，2004.